普通高等院校计算机类专业规划教材·精品系列

Oracle 12c 云数据库原理与应用技术

姚世军　沈建京　主　编

陈楚湘　尹祖伟　吴善明　郭晓峰　副主编

U0316252

中国铁道出版社

CHINA RAILWAY PUBLISHING HOUSE

内 容 简 介

Oracle 12c 是 Oracle 公司推出的基于云计算的云数据库系统。本书根据作者讲授 Oracle 课程和应用 Oracle 数据库管理系统的经验，在参考 Oracle 12c 原版手册和国内外同类图书的基础上，从应用者的角度由浅入深地介绍数据库的基础知识、云计算和云数据库知识、Oracle 数据库结构、Oracle 数据库管理和 PL/SQL 数据库编程方法。读者通过本书的学习可以了解云数据库的基础理论，掌握 Oracle 云数据库系统的管理和开发方法。

本书共 14 章，全面介绍 Oracle 云数据库管理系统的基本原理、管理方法和开发方法，包括数据库基本概念、Oracle 12c 云数据库概述、管理 Oracle 实例、管理数据库存储结构、管理 Oracle 网络结构、SQL 工具与 SQL 语言基础、数据库管理、管理数据库结构、数据库对象管理、数据库安全与事务管理、数据库备份与恢复、闪回技术、PL/SQL 程序设计基础、管理多租户数据库等内容。

本书内容全面，条理清楚，理论难度适中，实例丰富，图文并茂，写作风格上深入浅出，每章配有例题和习题，以便于读者自学。

本书适合作为计算机相关专业的教材、Oracle 认证培训教材和应用培训教材，也可作为信息管理和计算机从业人员自学 Oracle 云数据库系统的参考用书。

图书在版编目（CIP）数据

Oracle 12c 云数据库原理与应用技术 / 姚世军，沈建京主编.
—北京：中国铁道出版社，2016.1
普通高等院校计算机类专业规划教材. 精品系列
ISBN 978-7-113-21389-3

Ⅰ．①O… Ⅱ．①姚… ②沈… Ⅲ．①关系数据库系统—
高等学校—教材 Ⅳ．①TP311.138

中国版本图书馆 CIP 数据核字（2016）第 011584 号

书　　名：Oracle 12c 云数据库原理与应用技术
作　　者：姚世军　沈建京　主编

策　　划：周海燕　　　　　　　　　　读者热线：（010）63550836
责任编辑：周海燕　鲍　闻
封面设计：穆　丽
责任校对：汤淑梅
责任印制：郭向伟

出版发行：中国铁道出版社（100054，北京市西城区右安门西街 8 号）
网　　址：http://www.51eds.com
印　　刷：三河市兴达印务有限公司
版　　次：2016 年 1 月第 1 版　2016 年 1 月第 1 次印刷
开　　本：787mm×1 092mm　1/16　印张：22　字数：534 千
书　　号：ISBN 978-7-113-21389-3
定　　价：46.00 元

前　　言

随着云计算技术逐步进入实际应用中，基于云计算的数据库产品应运而生。Oracle 公司率先推出了支持云计算的 Oracle 12c 云数据库管理系统。因此，在云计算应用随处可见的情况下，掌握 Oracle 云数据库技术是计算机从业人员的基本要求。

目前，市场上关于 Oracle 12c 的书籍并不多，针对高等学校而编写的教材就更少。Oracle 12c 云数据库管理系统非常庞大，它早已不是简单的数据库管理系统，而是提供多种云数据库解决方案。云计算及云数据库应用又是几乎涉及每个行业，它的使用者或管理者有许多是非计算机专业的或 Oracle 数据库的初学者。如何尽快掌握 Oracle 云数据库的精华是每个使用者的希望。因此，如何在一本书中将 Oracle 云数据库的核心内容全面介绍出来，既让初学者很快掌握 Oracle 12c，同时又让一般读者能从中得到提高，这就是编写本书的主要目的。

本书根据编者讲授 Oracle 课程和科研应用 Oracle 数据库管理系统的经验，并在参考 Oracle 12c 原版手册和国内外同类书籍与论文的基础上编写而成。本书从应用者的角度由浅入深地介绍云数据库的基础知识、Oracle 12c 云数据库结构、Oracle 12c 云数据库管理和 PL/SQL 数据库编程的方法，使读者能通过本书的学习了解数据库的基础理论，掌握 Oracle 12c 云数据库系统的管理和开发方法。

本书共分 14 章，全面介绍 Oracle 12c 云数据库管理系统的基本原理、管理方法和开发方法，包括数据库基本概念、Oracle 12c 云数据库概述、管理 Oracle 实例、管理数据库存储结构、管理 Oracle 网络结构、SQL 工具与 SQL 语言基础、数据库管理、管理数据库结构、数据库对象管理、数据库安全与事务管理、数据库备份与恢复、闪回技术、PL/SQL 程序设计基础、管理多租户数据库等内容。

本书的主要特点：

- 全书以 Oracle12c 云数据库管理系统为主要内容，全面介绍关系数据库的基础知识、云数据库的基本结构和基本原理，既包括 Oracle 12c 的使用和管理方法，也包括数据库应用的基本开发方法。

- 全书的章节安排条理清晰，写作风格上深入浅出，语言通俗易懂，理论难度适中并与实践紧密结合。通过本书学习既能掌握 Oracle 12c 云数据库的原理和结构，同时能熟悉 Oracle 12c 数据库的管理与开发方法。

- 本书从应用者角度，由浅入深来安排章节内容，很好地把云数据库原理与数据库应用结合起来，实例丰富，操作性强，每章有大量例题和习题。

- 本书编者长期从事 Oracle 数据库方面的科研和教学工作，书稿的主要内容都经过了从 Oracle 9i 到 Oracle 12c 的多次讲授或应用。

本书虽然是针对 Oracle 12c 编写的，但由于 Oracle 的上下兼容性很好，所以本书特别适用于计算机专业、信息管理等专业大学教材和各类 Oracle 认证培训的教材，也适用于 Oracle 数据库管理员参考，另外本书也是计算机从业人员自学 Oracle 数据库系统的合适教材。

作为大学教材，建议有 60 个学时理论讲授，同时要有不少于 20 学时的上机实习。在实验环境中建议每台计算机都安装 Oracle 12c 的企业版，以使学生能自由地、全面地了解 Oracle 12c 的全部内容，并能很好地实习分布式数据库的基本知识。

本书由姚世军、沈建京任主编，陈楚湘、尹祖伟、吴善明和郭晓峰任副主编。姚世军编写第 8 章、第 9 章和第 10 章，沈建京编写第 2 章、第 3 章和第 7 章，陈楚湘编写第 4 章、第 5 章，尹祖伟编写第 13 章和第 14 章，吴善明编写第 11 章和第 12 章，郭晓峰编写第 1 章和第 6 章。全书由姚世军统稿。

在本书的编写和出版过程中，中国铁道出版社的编辑对全书提出了许多宝贵意见，为本书的出版提供了很大的帮助，作者在此对他们以及参与本书出版的各位同志表示衷心的感谢。

本书在编写过程中参考了一些学者关于云计算、云数据库、Oracle 管理技术等相关理论的论文及书籍，这里不一一列出，一并表示感谢。

由于编者水平有限，本书难免存在疏漏或不足之处，敬请广大读者批评指正，编者将非常感谢！

编　者

2015 年 9 月

目 录

第1章

数据库基本概念 ‹‹‹

学习目标

- 理解数据库、数据库管理系统、数据库系统、数据模型、关系模型等基本概念；
- 掌握数据库管理系统的组成和主要功能，以及数据库系统的结构；
- 掌握实体-关系图的使用方法。

数据库技术是一门涉及操作系统、数据结构、程序设计、计算机网络、信息安全等多学科知识的综合性技术，是当今信息社会的重要基础技术之一，也是计算机科学领域中发展最为迅速和应用最为广泛的分支之一。

1.1 数据库概述

学习数据库原理或进行数据库应用开发，都要正确理解与数据库有关的基本概念，同时要了解它与传统文件系统的主要区别，更重要的是掌握数据库的组成和数据库系统的结构类型，并能根据不同应用需求设计不同的数据库应用系统。

1.1.1 数据库和数据库系统

数据是描述事务的符号记录，常见的表示形式有数字、文字、图形、图像、声音等。数据完整的表示形式需要有语义的支持，即对数据含义的解释。例如：数字 83 可能表示一门课的成绩，也可能表示一个人的年龄。数据之间是有联系的，也是有结构的。例如：姓名、学号、出生地等数据组成一个学生的信息。

数据库是以文件形式存储在计算机内、有组织的和可共享的数据集合，是数据的一种结构化高级组织形式。数据库中的数据按一定的数据模型（如关系模型、网状模型和层次模型等）组织、描述、存储和操作，具有较小的冗余度、较高的数据独立性和易扩展性，并可为网络中多用户共享。

以数据库为核心，并对其进行管理的计算机应用系统称为数据库系统，它实现了有组织地和动态地存储大量关联数据，方便多用户访问。它与文件系统的主要区别是数据的充分共享、交叉访问以及应用程序与数据的高度独立性。

数据库系统重点要解决如何有效地组织数据，如何方便地将数据输入到计算机中，如何根据用户的要求将数据从计算机中抽取出来等问题。数据库系统对数据的完整性、一致性和安全性都提供一套有效的管理手段；同时提供控制数据的各种简单操作命令，使用户易于编写程序。

数据库系统是最有效、最方便的数据处理方法。所谓数据处理是指对各种类型的数据进行收集、存储、分类、计算、加工、检索和传输的过程，通常人们也将其称为信息管理。数据处理经过了手工数据处理阶段、文件系统阶段和数据库系统阶段。数据库系统向着分布式数据库、智能数据库、数据仓库、云数据系统等技术方面发展。

1.1.2 数据库系统的组成

数据库系统实际上是一个应用系统，由用户、数据库管理系统（DBMS）、存储在存储介质上的数据、应用程序、开发工具和计算机硬件组成。在不引起混淆的情况下也可把数据库系统简称为数据库。

1. 数据

数据是指数据库系统中存储的数据，它是数据库系统操作的对象。大量的数据按一定的数据模型组织存储在数据库中，从而实现数据共享。

2. 应用程序和开发工具

应用程序是针对某一个管理对象（应用）而设计的一个面向用户的软件系统，它是建立在 DBMS 基础上的，具有良好的交互操作性和用户界面，如人事管理系统、财务管理系统等。它与数据库管理系统和数据库一同构成数据库软件系统。在建立应用程序开发过程中，需要各种建模工具、开发工具来快速开发应用程序，如 JDeveloper、Visual Studio、UML 工具和 Powerbuilder 等。

3. 用户

用户是指使用数据库的人。根据工作的内容，可将数据库用户分成三类：使用应用程序来完成数据库操作和生成报表等任务的终端用户；负责设计和编制应用程序的程序员；全面负责数据库系统的管理维护，保证系统能够正常运行的数据库管理员。

4. 数据库管理系统（DBMS）

数据库管理系统是对数据库进行管理和实现对数据库的数据进行操作的管理软件系统。它把应用程序中所使用的数据汇集在一起，以便应用程序查询和使用。数据库管理系统具有对数据库中的数据资源进行统一管理和控制的功能，是数据库系统的核心。

5. 硬件

硬件特指存放数据库及运行 DBMS 的所需的各种硬件资源。

1.1.3 数据库系统的特征

现代计算机应用系统多数与数据库有关，即都会利用到数据库存储和管理数据而成为数据库系统。因此，数据库技术已经成为信息管理的最新、最重要的技术之一，这是由数据库系统本身的下列特点所决定的。

1. 数据结构化

数据库中的数据不再像文件系统中的数据那样从属特定的应用，而是按照某种数据模型组织成为一个结构化的数据整体。它不仅描述了数据本身的特性，而且描述了数据与数据之间的种种联系，这使得数据库具备了复杂的内部组织结构。文件系统中最小存取单位是记录，

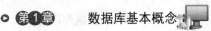

数据库的最小存取单位可以是一个或多个记录甚至是数据项。

2. 实现数据共享

由于数据库中的数据是按照数据模型组织为一个结构化的数据结构，实现了多个应用程序、多种语言及多个用户能够共享一个数据库中的数据，大大提高了数据的利用率和工作效率。

3. 减少数据冗余度

由于数据库实现了数据共享，避免了重复存储数据，节省了存储空间，减少了数据冗余度。

4. 数据独立性

数据库技术中的数据与程序相互独立，互不依赖，不因一方的改变而改变另一方，这大大简化了应用程序设计与维护的工作量，同时数据也不会随程序的结束而消失，可长期保留在计算机系统中。

数据独立性包括物理独立性和逻辑独立性。物理独立性是指应用程序和数据库中数据的存储位置和存储格式等是相互独立的。逻辑独立性是指应用程序和数据库的逻辑结构是相互独立的，逻辑结构的改变不会引起应用程序的修改。

5. 数据由 DBMS 统一管理

数据库中的数据是由数据库管理系统进行统一管理的，各类用户可以通过应用程序、DBMS 等来访问和操作数据。数据库管理系统为管理数据提供了安全性、完整性、并发控制、备份恢复等功能。

1.1.4　数据库系统的结构

数据库系统可以根据其功能表示为分层模型。负责与用户进行交互的界面部分称为表示层；负责系统的应用逻辑实现的部分称为应用逻辑层；负责数据资源管理的部分称为资源管理层。这三层存在着线性依赖关系，即表示层依赖于应用逻辑层，应用逻辑层依赖于资源管理层。根据这三层所在整个数据库系统硬件存储的位置，可将数据库系统分为单层结构、客户/服务器结构和多层结构。

1. 单层结构数据库系统

在单层结构的系统中，整个数据库系统的表示层、应用逻辑层和资源管理层在一台计算机上，即应用程序、DBMS 和数据库本身均在一台主计算机上。用户通过网络或哑终端来访问数据库。这种结构也称为主机结构，它的优点是简单，数据易于管理维护，缺点是当终端用户数目增加到一定程度后，数据的存取通道会形成瓶颈，从而使系统性能大幅度下降。

2. 客户/服务器数据库系统

客户/服务器数据库系统将表示层放在客户端，把 DBMS 资源管理功能和应用程序逻辑放在服务器端。客户端与服务器端通过网络连接起来。这种结构可以充分利用客户端的处理能力，降低服务器的运算负担；另一方面也可针对不同用户呈现不同的表示层。客户端也可根据需要设计得复杂或简单。

在客户/服务器结构的系统中，客户端的用户将数据传送到服务器，服务器进行处理后，只将结果返回给用户，从而减少网络上的数据传输量，提高系统的性能和负载能力，但也存在可扩展性差和维护代价高的缺点。

3. 多层结构的数据库系统

三层结构是在二层结构的基础上，将服务器端的应用逻辑层和资源管理层分开，即将应用逻辑层交给独立的应用服务器负责，同时将表示层分为标准表示层（如浏览器）和非通用表示层。客户端使用标准表示层（如浏览器），而非通用表示层和应用逻辑层放在中间层。应用逻辑层和资源管理层可部署在多台服务器中。这种结构使数据库系统结构更加清晰，也可减少各层之间的耦合度。如果将非标准表示层和应用逻辑层分开，就成为当前最新的多层结构。

1.2 数据库管理系统

数据库管理系统（DBMS）是对数据库进行管理和实现对数据库的数据进行操作的管理系统。它是建立在操作系统之上、位于操作系统与用户之间的一层数据管理软件，负责对数据库的数据进行统一的管理和控制。DBMS 把用户程序和数据库数据隔离开，用户或应用程序中的各种对数据库的操作命令，都要通过 DBMS 来执行。DBMS 是实现数据库和管理数据库的核心内容。

数据库结构的基础是数据模型。数据模型是一个用于描述数据、数据间关系、数据语义和数据约束的概念工具的集合。根据数据库管理系统的数据模型可把 DBMS 分为网状数据库管理系统、层次数据库管理系统和关系数据库管理系统等，其中关系型数据库管理系统应用最为广泛。

关系型数据库是通过数学方法处理数据库的组织结构，近年来发展非常迅速，其主要特点是简单灵活，数据独立性强，理论严格。目前市场上的 DBMS 产品绝大部分是关系型的，包括本书介绍的 Oracle 数据库管理系统。

1.2.1 数据库管理系统的功能

数据库管理系统的功能决定了 DBMS 的性能或处理数据的能力。目前流行的关系型 DBMS 有很多种，如 Oracle、DB2、Informix 等。不同的 DBMS 提供的功能各有侧重，但一般都提供以下六方面的功能。

1. 数据库定义功能

为了提高数据库的独立性，DBMS 把数据库从逻辑上分为三个层次，即面向数据库用户的外层（用户数据库）、由 DBMS 管理的概念层（概念数据库）及内部层（存储数据库）。用户看到的只是外层，而数据实际上是按内部层的结构存储的，它是通过概念层二级抽象（或称映像）来完成的。

DBMS 的数据库定义功能不但提供了用户数据库、概念数据库和存储数据库三级数据的定义，而且还提供了从用户数据库到概念数据库的映像和从概念数据库到存储数据库的映像功能。数据库定义一般都由 DBMS 以数据定义语言（Data Definition Language，DDL）的形式提供给用户。

数据库用户利用 DDL 定义用户数据库结构，建立所需要的数据库，同时由 DBMS 自动翻译为存储数据库。存储数据库独立于一般数据库用户，数据库用户也不必关心存储数据库的实际模型。

2. 数据库操纵功能

DBMS 提供数据操纵语言（Data Manipulation Language，DML）来实现对数据库数据的操纵。数据操纵包括对数据库中的数据进行查询（检索和统计）和更新（增加、删除与修改）等基本操作。

3. 数据库运行与控制功能

DBMS 提供的运行与控制功能保证所有访问数据库的操作都在控制程序的统一管理下，检查安全性、完整性和一致性，保证多用户对数据库的并发访问。这些功能对用户是透明的，即不需要用户来执行操作而是由系统自动完成。

4. 数据库维护功能

DBMS 提供实用程序来完成数据库初始数据输入、数据转换、数据库数据的转储、恢复、重组织、系统性能监视与分析等。

5. 数据字典管理功能

DBMS 将所定义的数据库按一定的形式分类编目，对数据库中有关信息进行描述，以帮助用户使用和管理数据库。这一功能称为数据字典功能。数据字典是管理员或用户了解数据库描述的重要途径。

6. 数据通信功能

DBMS 提供数据通信功能，实现 DBMS 与用户程序之间的网络通信。

目前许多成熟的 DBMS 产品都集成了以上的多项功能，同时还提供一套应用程序开发工具。著名的 SQL（Structured Query Language）就是被国际标准化组织（ISO）公布的数据定义、数据操纵和数据控制为一体的标准数据库语言。

1.2.2　数据库管理系统的组成

数据库管理系统通常由以下三个部分组成：数据定义语言及其翻译程序，数据操纵语言及其编译程序和数据库管理例行程序。

1. 数据定义语言及其翻译程序

DBMS 要提供数据库的定义功能，应具有一套数据定义语言 DDL 来正确描述数据及数据之间的联系。DBMS 根据这些数据定义从物理记录导出全局逻辑记录，又从全局逻辑记录导出应用程序所需的记录。

2. 数据操纵语言及其编译程序

数据操纵语言 DML 是 DBMS 提供给应用程序员或者用户使用的语言工具，它用于对数据库中的数据进行插入、查找、修改等操作。

DML 有两种类型：一类是宿主型，其不能独立使用，必须嵌入宿主语言中使用，如嵌入在 Pascal、FORTRAN 等高级语言；另一类是自含型，其可以独立用来进行查找、修改操作等。目前 DBMS 广泛使用这种独立的自含语言，如 Oracle 中的 PL/SQL 就是自含型操纵语言；Oracle 中的 Pro* C 就是宿主型，它嵌入在 C 语言之中。

3. 数据库管理例行程序

数据库管理例行程序主要包括两方面的程序：系统运行控制程序和系统维护程序。系统运行控制程序包括如下程序：系统总控程序、访问控制程序、并发控制程序、数据库完整性控制程序和数据访问等程序。

系统维护程序包括：数据装入程序、工作日志程序、性能监督程序和系统恢复等程序。

DBMS 是数据库系统的核心软件，学习使用数据库，通常就是学习具体 DBMS 的基本原理和管理方法。

1.3 数据模型与关系模型

模型是对客观世界中复杂对象的描述，例如航模飞机、三维场景、建筑模型等。模型表示出客观世界的外部特征和内部结构，如飞机模型可以看出飞机的简单基本结构和机头、机身等组成部分。

1.3.1 数据模型

数据模型是对客观世界数据的抽象，用来描述数据的结构和性质、数据之间的联系以及在数据或联系上的操作和约束。就像在建筑施工中不同阶段使用不同的建筑模型一样，数据模型按照不同阶段、不同应用目的分为概念模型、逻辑模型和物理模型。

① 概念模型是从用户的观点对企业所关心的信息结构、数据进行信息建模，是对主要数据对象的基本表示和概括性描述，主要用于数据库设计。概念模型独立于计算机系统的表示，它的描述工具主要有实体关系模型或 UML。

② 逻辑模型是直接面向数据库的逻辑结构，具有一组严格定义的、无二义性的语法和语义描述的数据库语言，可以用这种语言来定义、操纵数据库中的数据。逻辑模型包括网状模型、层次模型、关系模型、对象关系模型等，它是按计算机系统的观点对数据建模，用于 DBMS 实现。

③ 物理模型是对数据最低层的抽象，它描述数据在存储介质中的存储方式和存取方法。

数据模型通常由数据结构、数据操作和完整性约束三部分组成。

1. 数据结构

数据结构是所研究对象类型的集合，一类是与数据类型、内容、性质有关的对象，另一类是与数据之间联系有关的对象。

2. 数据操作

数据操作是指对数据库中各种对象的实例所执行操作的集合。数据模型必须定义操作的确切含义、操作符号、操作规则及实现操作的语言。

3. 数据的约束条件

数据的约束条件是一组完整性规则的集合。完整性规则是给定的数据模型中数据及其联系所具有的制约和存储规则，用以限定符合数据模型的数据库状态以及状态的变化。

1.3.2 关系模型

在所有数据模型中，关系模型是目前最重要也是最流行的数据模型之一，各类主流的数据库管理系统都以关系模型作为数据的组织方式。

1. 关系的基本概念

关系是一张规范化的二维表。一个关系由关系名、关系模式和关系实例组成。关系模式描述了一个实体型，即关系的结构。关系实例是由一组实体组成的。实体之间的联系也用一个关系来表示。例如：学生的关系模式（学号，姓名，性别，籍贯，出生年月，系别，年级），而一个班级学生的集合就是学生关系实例，其中学号、姓名等称为属性。

关系中的一行称为元组。关系模型规定在一个关系中不能有两个一样的元组。

码是指能唯一确定一个元组的一组属性，码最小是一个属性，最大是所有属性。任何一个包含码的属性组称为超码。若一个关系中有多个码，每一个码称为候选码。从候选码中选定一个码用来作为一个实体区分于其他实体的标志，这个码称为主码。

如果关系 R 中某属性集 F 是关系 S 的主码，则对关系 R 而言，F 称为外码。关系 R 和关系 S 可以是同一关系。

关系中每个属性都有一个取值范围，这个取值范围称为属性的域。每个属性都对应一个域，不同的属性可以对应于同一个域。

2. 关系模型

关系模型是一种数据模型，它由数据结构、数据操作和数据的完整性约束三部分组成。关系模型中的数据结构即上面介绍的关系；数据操作由关系代数或关系演算表述，主要的操作有查询、插入、删除和更新；数据的完整性约束是对关系的某种约束条件。

关系模型中有三类完整性约束：实体完整性、参照完整性和用户定义的完整性。

实体完整性是指若属性 A 是构成关系 R 的码的属性组中的任何一个属性，则任何一个元组在属性 A 上不能取空值，即码的值不能为空。所谓空值就是"不知道"或"无意义"的值。

参照完整性是指关系 R 的任何一个元组在外码 F 上的取值要么是空值，要么是参照关系 S 中一个元组的主码值。参照完整性要保证不引用不存在的实体。实体完整性和参照完整性是关系模型必须满足的完整性约束，被称为是关系的两个不变性，由关系数据库管理系统自动支持。

用户定义的完整性是针对某一具体应用环境由用户根据需求自己定义的约束条件，它反映某一具体应用所涉及的数据必须满足的语义要求。

📚 1.4 实体-关系图

在实际应用中，要根据实际问题和数据处理的需要进行正确的分析以确定系统中的实体、实体的属性及实体之间的联系，然后用实体-关系图正确地描述。

实体是指客观存在并可相互区别的事物，它可以是具体的人、事、物或抽象的概念，也可以是联系。例如：一个学生、一门课、学生的选课、老师与系的工作关系等都是实体。

实体具有的某一特性称为属性，它定义了数据对象或实体的性质，即一个实体可以由若干个属性来描述。例如：学生实体有姓名、年龄、性别等属性。

实体内部的联系是指组成实体的各属性之间的联系。实体之间的联系是指不同实体集之间的联系，即数据对象彼此之间的相互联系，称为联系。联系有一对一、一对多和多对多三种不同类型。在不引起混淆的情况下，有时也将联系称为关系，但不同于关系模型中的关系概念。

1. 一对一联系（1:1）

如果实体集 A 中的每个实体，实体集 B 中至多有一个实体与之联系；反之亦然，则称实体集 A 与实体集 B 具有一对一的联系，记为 1:1。例如：一个大学只有一个校长，一个校长只能在一所大学工作，这样大学集合与校长集合之间是一对一联系。

2. 一对多联系（1:n）

如果实体集 A 中的每个实体，实体集 B 中有 n（$n \geq 0$）个实体与之联系；反之，对实体集 B 中的每一个实体，实体集 A 中至多有一个实体与之联系，则称实体集 A 与实体集 B 具有一对多的联系，记为 1:n。例如：一个学生只能在一个班学习，但一个班可以有多个学生，这样班集合和学生集合之间就是一对多的联系。

3. 多对多关系（ *m*：*n* ）

如果实体集 *A* 中的每个实体，实体集 *B* 中有 *n*（ *n*≥0 ）个实体与之联系；反之，对实体集 *B* 中的每一个实体，实体集 *A* 中有 *m*（ *m*≥0 ）个实体与之联系，则称实体集 *A* 与实体集 *B* 具有多对多的联系，记为 *m*：*n*。例如：一个学生学习多门课程，一门课程有许多学生学习，学生集合与课程集合之间的联系是多对多的联系。

实体-关系图（Entity Relation Diagram，E-R 图）是用来描述实体及其联系的图形化工具。E-R 图中包含了实体、联系和属性等基本成分。通常用矩形框代表实体，用连接相关实体的菱形框表示联系，用椭圆形或圆角矩形表示实体（或联系）的属性，并用无向边把实体（或联系）与其属性连接起来，每条边上标识出联系的类型。如果实现实体之间的联系没属性，也可省去表示联系的菱形框，直接用标识联系类型的线表示，如例 1.1 所示。

【例 1.1】某公司的人力资源管理部门需要处理员工的基本信息、所在部门信息、部门位置信息（包括大洲、国家）、员工工作历史记录、每个工种的基本信息。画出人力资源部 E-R 图并用 SQL 实现建表和查表功能。

解　根据人力资源要处理信息的内容，设计以下实体：员工实体 Employees，部门实体 Departments、工作实体 Jobs、部门地址实体 Locations、地址所在国家实体 Countires、所在洲实体 Regions 和工作历史实体 Job_histories。实体之间的关系按照常规的理解实现。

画出的人力资源 E-R 关系图如图 1-1 所示。图 1-1 中的实体实际上是 Oracle 数据库管理系统安装时的实例数据库，即 HR 模式中的表结构，在后面各章的示例中都会用到。这些表对应着 E-R 图中的实体，表的列对应着 E-R 图中的属性。

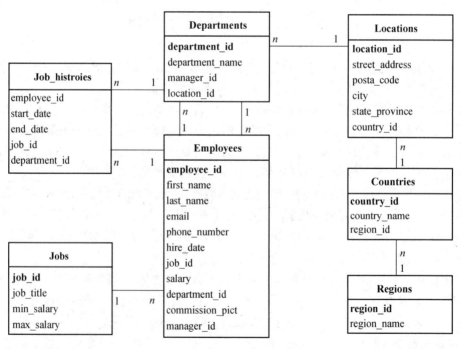

图 1-1　人力资源 E-R 图

例如，有如下代码：

```
SQL> select table_name from user_tables;

TABLE_NAME
```

```
------------------------------
LOCATIONS
COUNTRIES
DEPARTMENTS
REGIONS
JOB_HISTORY
JOBS
EMPLOYEES
```

可用 SQL Plus 中的 DESC 命令来查看 LOCATIONS、COUNTRIES 和 DEPARTMENTS 等表的结构，即显示表的属性（列）及其定义，如下面命令将显示出 LOCATIONS 表的结构信息：

```
SQL> desc locations
名称                              是否为空?        类型
------------------------------    --------        --------------------
LOCATION_ID                       NOT NULL        NUMBER(4)
STREET_ADDRESS                                    VARCHAR2(40)
POSTAL_CODE                                       VARCHAR2(12)
CITY                              NOT NULL        VARCHAR2(30)
STATE_PROVINCE                                    VARCHAR2(25)
COUNTRY_ID                                        CHAR(2)
```

图 1-1 中每个表的粗体行表示该列为主码。表之间关系的连接属性是两个表之间的相同属性名，数字"1"所在的表为父表，数字"N"所在的表为子表，如 Departments 表与 Employees 表之间是一对多的关系，即 Departments 中的一个部门在 Employees 有多个行（表示同一部门的多个员工），但 Employees 中的每一行在 Departments 只有一行对应（即一个员工只在一个部门工作）。每列的英文名称表示该列的含义。

【例1.2】某校管理系统中要使用教师基本信息、课程基本信息、教师讲授课程的信息和学生选修课程的信息。画出学校管理中数据实体的 E-R 图。学校规定：一个学生可选多门课程，一门课程有多个学生选修；一个教师可教多门课，但一门课只有一个教师来讲授。

解　根据以上信息，画出学校管理中的 E-R 图，如图 1-2 所示。图 1-2 描述了学校管理中实体之间关系的 E-R 图，它有教师、学生和课程三个实体。学生实体具有属性：学号、姓名、性别、年级、系名。学生与课程之间有多对多的关系，教师与课程之间是一对多的关系。

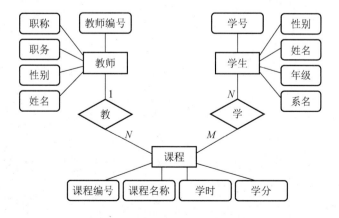

图 1-2　学校数据实体的 E-R 图

在实际应用中分析 E-R 图时，主要是分析出应用系统中要处理的数据对象（或实体），每个实体所要描述的属性（或性质），最后分析出实体之间的关系，这些内容的获取是建立在详细的需求分析基础上的；另外，E-R 图中的内容与实际的应用环境密切相关，不需要描述所有属性或所有的联系。

小　结

本章主要介绍了数据库、数据库管理系统、数据库系统、数据模型、关系模型等基本概念；详细讲解了数据库管理系统的组成和主要功能以及数据库系统的结构。实体关系图（E-R 图）是用来描述概念模型的重要工具，即描述数据实体及实体之间的关系。

习　题

1. 解释下列名词：数据库、数据库管理系统、数据库系统、数据库系统结构、数据模型、关系模型、数据独立性、实体、实体关系模型、关系、主码、外码。

2. 数据库管理系统的主要功能及组成部分是什么？DBMS 与数据库系统的区别与联系是什么？

3. 数据模型的组成部分是什么？每部分所代表的意义是什么？

4. 什么是关系型数据库？举例说明。

5. 举例说明实体关系中的一对一、一对多和多对多联系。

6. 根据所在的学校的实际情况，画出学校、系别、教研室、教师、学生、课程这些实体的属性及关系，并用 E-R 图描述。

7. 数据库系统分层结构的含义是什么？分层结构有几种？各有什么优点或缺点？

8. 查阅资料找出目前常用的画 E-R 图的工具有哪些，以及各有什么特点。

9. 就你所了解的学校，要进行学生基本信息和学生成绩管理，设计出这个应用的多层结构，并描述每层中应该完成的功能模块。

第 2 章

Oracle 12c 云数据库概述 《《

企业和组织内部存在的信息孤岛使资源利用率低下，系统运行缓慢，维护成本提高。为了应对计算需求的不可预测性和即时性，企业不得不扩大服务器规模来适应高峰需求，同时要有专业人员处理各种问题。为了解决这些问题，提出了网格计算模型，但是网格计算过多地限制在科学计算领域，不重视商业行为，因而缺少发展的原动力。正是商业需求的驱动，催生了云计算、云数据库等相关专业概念。

2.1　云计算技术简介

云计算（Cloud Computing）概念自从 2007 年第 3 季度诞生以来，逐步从概念走向应用。云计算的概念就是网格计算概念的延伸，是互联网计算的一种商业表现形式，这也是它区别于网格计算的主要特点。

2.1.1　云计算概念及特征

1. 云计算的概念

虽然云计算已进入实用阶段，但还没有一个统一的标准定义，下面介绍几种常用的定义，它们从不同角度描述了云计算。

① 中国云计算网：云计算是并行计算（Parallel Computing）、分布式计算（Distributed Computing）和网格计算（Grid Computing）的发展，或者说是这些计算科学概念的商业实现，它强调云计算是多种 IT 技术的商业实现。

② 美国国家标准技术研究院（NIST）：云计算是一种可以通过网络便捷地按需访问可配置的共享计算资源（如网络、服务器、存储、应用和服务等）池的模式。这些资源能迅速提供并发布，同时可以实现管理成本的最小化，而且与服务提供商的交互最少。这也是应用比

较多的云计算定义。

③ 从商业角度定义：云计算是一种商业计算模型。它将计算任务分布在大量计算机构成的资源池上，使各种应用系统能够根据需要获取计算力、存储空间和各种软件服务。

④ 维基百科：云计算将 IT 相关的能力以服务的方式提供给用户，允许用户在不了解提供服务的技术、没有相关知识以及设备操作能力的情况下，通过互联网获取需要的各种服务。

2. 云计算的特点

美国国家标准技术研究院（NIST）在给出云计算定义时总结了云计算的五大特征：

① 按需自助服务（On Demand Self Service）：消费者可以单方面地按需自动获取计算能力，如服务器时间和网络存储，从而免去了与每个服务提供者进行交互的过程。

② 泛在的网络访问（Broad Network Access）：通过网络提供所有服务，使用统一的标准机制，通过多样化的客户端（如移动电话、笔记本电脑或掌上电脑等终端）访问服务。

③ 资源池化（Resource Pool）：提供者将计算资源进行池化，使用多租户模式为多个消费者服务，根据消费者的需求对不同的物理资源和虚拟资源进行动态分配或重新分配。资源具有位置无关性，消费者通常不知道资源的确切位置，也无力控制资源的分配，但是消费者可以在更高、更抽象的层次（如国家、省或者数据中心）上规定资源的位置。资源类型包括存储、处理、内存、带宽和虚拟机等。

④ 快速弹性扩展（Rapid Elasticity）：快速且弹性地提供各种能力。在需要时可自动地快速扩展资源或自动地快速释放资源。

⑤ 服务可度量（Measured service）：云系统利用计量功能自动调控和优化资源，根据不同的服务类型（如存储、处理、带宽和活跃用户账户）按照合适的度量指标进行计量。可监控和报告服务的资源使用情况，提升服务提供者和服务消费者的透明度。

2.1.2　云计算分类

按照云的应用范围，NIST 给出了四种云计算模型，也是四种云部署模式，这也是人们普遍认可的分类方法。

1. 私有云（Private Cloud）

云设施仅为单一组织使用，该组织可以有多个使用者（如多个业务部门等）。云设施可以由该组织拥有、管理和运用，也可以由第三方单独或经某种形式联合共同拥有、管理和运用。云设施可以部署在组织（使用者）内部或外部。

2. 公有云（Public Cloud）

云设施为大众公开使用。云设施可由商业机构、学术部门或者政府组织单独拥有、管理和运用，也可以三者联合。云设施通常位于云提供者的设施内。公有云是一种外包形式。资源共享的程度不尽相同，共享的资源可以包括部分或全部设施、网络、存储、计算服务器、数据库、中间件和应用程序。

3. 社区云（Community Cloud）

云设施仅为单一的特定消费者社区使用，这些消费者有共同的关注点（如任务、安全需求、政策、对合法性的考虑等）。社区内的一个或者多个组织、第三方或者其某种形式的联合来拥有、管理和运用云设施。云设施可以部署在社区内部或外部。例如，一个社区可能由一些不同的军事机构、某个地区的所有大学或某个大型制造商的所有供货商所组成。

4. 混合云（Hybrid Cloud）

云设施是两个或者多个独立云（私有云、社区云或者公共云）通过标准或者私有技术绑定而形成，这些独立的云之间可实现数据和应用可移植（例如负载均衡时，数据或者应用可以自动在多个云之间迁移）。例如，在"云爆发"的情形中，一个组织可能在私有云上运行某个应用的稳态负载，但是当负载骤升时（如，每个财季末），可以突然开始使用公有云的计算容量，当不需要这些资源时再将它们退回池。

2.1.3　云计算服务模式

从用户使用云计算环境来说，云计算中的"一切皆为服务"。即应用软件成为服务、支撑应用软件的软件中间件（工具与平台）成为服务、支撑平台的基础设施也成为服务。为此，美国国家标准技术研究院（NIST）将云计算的服务模式分为 SaaS（Software as a Service，软件即服务）、PaaS（Platform as a Service，平台即服务）、IaaS（Infrastructure as a Service，设施即服务），这是云计算定义的核心内容。

SaaS、PaaS 和 IaaS 云服务模型的访问工具及服务内容如图 2-1 所示。

图 2-1　云服务模型

从云使用者的角度，图 2-2 描述了 IaaS、PaaS 和 SaaS 三种服务模型中用户（消费者）和服务提供者应该完成的任务。从另一个角度描述了三种服务模型的层次关系。

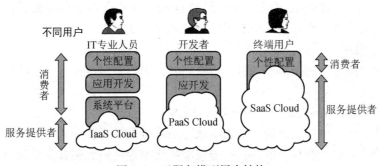

图 2-2　云服务模型层次结构

1. SaaS

消费者可使用运行在云设施的提供者提供的应用，并且可以用不同的客户设备通过浏览器等瘦客户界面访问这些应用。消费者不直接管理或控制底层云设施，包括网络、服务器、操作系统、存储，甚至是单个应用功能，但是对极少数特定用户的应用，消费者可能会做一些配置信息的设置。

SaaS 针对性更强，它将某些特定应用软件功能封装成服务。用户通常通过 Web 浏览器将应用程序作为服务提供给最终用户。如今，已经提供了数百种 SaaS 服务产品，其范围从横向企业应用程序到针对特定行业的专业应用程序。

Oracle CRM On Demand 就是 SaaS 产品的一个例子，它既提供了多承租方选件，也提供了单承租方选件，这取决于客户的选择。Oracle 还为独立软件供应商提供了企业级中间件和数据库平台，使其可以构建自己的 SaaS 产品。数以百计的 ISV 已经使用 Oracle 技术构建了自己的 SaaS 产品。

2. PaaS

消费者可将自己创建或者购买的应用程序部署到云设施上，这些应用程序使用的编程语言、库、服务和工具必须是云设施支持的。消费者不直接管理或控制底层的云设施，包括网络、服务器、操作系统和存储，但是消费者控制和管理部署的应用，并且可能对应用的托管环境进行配置。

PaaS 对资源的抽象层次更进一步，提供用户应用程序运行环境，它将应用程序开发和部署平台作为服务提供给开发人员以便其使用该平台构建、部署和管理应用程序。该平台通常包括数据库、中间件和管理工具，所有这些均作为服务通过互联网提供给用户。

PaaS 产品通常特定于某种编程语言或 API，如 Java、Python 或 Ruby。虚拟化和集群计算架构是 PaaS 产品的基础，因为虚拟化和集群实现了资源共享和按需伸缩的能力，而这两者正是云的关键要求。Oracle 为企业私有云和服务供应商公有云提供了全面的 PaaS 解决方案。

3. IaaS

IaaS 为消费者提供可租用的处理、存储、网络和其他基础的计算资源设施，消费者可在这些设施上部署和运行任意软件，包括操作系统和各种应用。消费者不直接管理或控制底层云设施，但控制操作系统、存储和部署的应用，也有可能对某些网络部件（如主机防火墙）实施有限的控制。

IaaS 这种基础架构的硬件是虚拟的，虚拟化、操作系统和管理软件也是 IaaS 的组成部分。IaaS 的一个著名的例子就是 Amazon 的 Elastic Compute Cloud （EC2）和 Simple Storage Service （S3）。Oracle 提供 IaaS 云服务，但是 Oracle 为其他 IaaS 供应商提供硬件和软件产品以支持其公有云服务，而且还向企业提供相同的技术供私有使用。

4. 其他服务模式

除了上面介绍的常用的服务模式外，也有将其他内容封装成服务，从而提供不同的云服务模式。

（1）存储即服务（Storage as a Service，SaaS）

存储作为服务是一种存储机制，它把本地应用所需的资源存储到远程物理设备上。将基础的云组件存储作为服务有如下好处：一是按需扩展磁盘空间数量并支付使用费可以减少冗余的磁盘空间并降低成本；二是对数据量大的应用，存储作为服务解决方案的成本效益提高，存储作为服务供应商作为关键数据的一种冗余备份；三是用户不必维护磁盘等硬件存储设备，存储作为服务供应商可提供系统故障恢复功能，并找回被删除的文件或整个目录，不必花钱找人来处理数据中心内的任务，也不需要有存储维护的责任。

当然存储作为服务依懒于互联网和访问速度。如果通过提供更快的连接从而增加费用，这样可能抵消了使用存储作为服务的好处。存储作为服务提供者的成本与内部部署解决方案相比也不一定总是好的。

（2）数据库即服务（DataBase as a Service，DBaaS）

数据库即服务提供了一个能够充分利用远程托管的与其他用户共享的数据库，它不仅提供像本地数据库一样的基本数据库功能，而且也提供品牌特有的服务，例如 Oracle、Sybase和微软可以在需要时利用专有功能。数据库即服务 DBaaS 相对于其他云服务（SaaS、PaaS、IaaS）来说是一个更为强大的数据解决方案，它提供全面的数据库功能。在 DBaaS 中，管理层负责连续监测和配置数据库，以实现优化缩放、高可用性、多租户、并在云中有效地分配资源。像存储即服务一样，数据库即服务可以节省硬件、软件和维护成本。

数据库即服务和其他云服务之间的区别是：DBaaS 专注于提供类似关系数据库管理系统RDBMS（比如 SQL Server、MySQL 和 Oracle）的数据库功能。RDBMS 已被证明是一种适合于在各种情况下管理结构化数据的有效工具。

Oracle 通过多租户技术为用户提供数据库即服务的功能。

（3）管理即服务

MaaS 是按需服务，它提供管理一个实现或多个云服务的能力。

2.1.4 云计算中的主要角色

在云计算的应用环境中，会涉及各种应用角色，它们都有各自的地位和作用。NIST（National Institute of Standards and Technology，美国国家标准与技术研究院）按照服务的模式来理解，主要包括服务消费者、服务提供者等。

1. 服务消费者（Service Consumer）

服务消费者是一个组织，它决定将某些 IT 资源从企业范围内迁移到一个或更多的外部伙伴，合作伙伴专注于满足关键任务的资源需求。

2. 服务提供者（Service Provider）

服务提供者是一个组织，它专注于通过网络为多个消费者提供 IT 服务。服务提供者通过部署大型可扩展和高可靠基础设施将传统的 IT 能力转变为云服务，使得消费者可以自助式地获取服务而且能够自动对服务计量，并提供后续的服务维护升级和特殊消费者支持。

3. 云产品或技术（Cloud Products or Technology）

它不是提供可在网络上消费的服务，许多云服务供应商提供产品，如 IBM 蓝云，这些提供商的客户使用这些产品进行消费。

4. 云中介（Cloud Broker）

云中介或云代理是介于云服务提供商和消费者之间的一个代理实体，它协调两者之间的关系，负责管理云服务的使用、执行和交付。

2.2 Oracle 12c 云计算模型

云计算概述出现以来，一直在推动企业数据中心及服务供应商的各种技术趋势的发展与融合，这些技术趋势包括网格计算、集群、服务器虚拟化、SOA（Service-Oriented Architecture，面向服务的体系结构）共享服务以及大规模管理自动化等等。Oracle 在这些领域已经处于领先地位。如今，Oracle 为云计算注入强大动力，成为世界上许多公有云和私有云的基础。

2.2.1 Oracle 云解决方案

Oracle 的战略是提供一系列软件、硬件和服务来支持公有云、私有云和混合云，帮助客户选择适合于自身的云计算方法。Oracle 针对所有层次的云系统（SaaS、PaaS、IaaS），为客户提供涵盖云开发、云管理、云安全和云集成等功能的私有云和公有云解决方案。

1. Oracle 云应用程序

Oracle 融合应用程序是一套模块化企业应用程序，它们建立在 Oracle 融合中间件基础之上，可以从零开始设计，也可使用于云环境并与其他 Oracle 应用程序无缝连接。Oracle 融合中间件是一种基于标准的平台，提供各种常用组件，让开发人员能够轻松地进行应用程序扩展。Oracle 融合应用程序作为可以递增的模块化方式采用的集成套件，可为业务提供更多价值，支持快速业务创新，而不会带来解决方案的碎片化。

2. Oracle PaaS

Oracle PaaS 是一种以公有云或私有云服务形式提供的弹性可伸缩的共享应用程序平台。Oracle PaaS 基于 Oracle 行业领先的数据库和中间件产品，可运行从任务关键性应用程序到部门应用程序（Oracle 应用程序、来自其他 ISV 的应用程序或定制应用程序）的所有负载。Oracle PaaS 利用基于标准的共享服务和按需弹性可伸缩性提供更大的敏捷性，可以在一个共享的通用架构上整合现有应用程序，并构建利用该平台提供的共享服务的新应用程序。

Oracle PaaS 包括基于 Oracle 数据库和 Oracle 数据库云服务器（Exadata）的数据库即服务，以及基于 Oracle WebLogic 和 Oracle 中间件云服务器（Exalogic）的中间件即服务。Oracle Exadata 是数据库服务器，而 Oracle Exalogic 是为在中间件/应用程序层执行 Java 而优化的服务器。客户当然也可以在其他硬件上运行 Oracle 数据库和 Oracle 融合中间件。Exadata 和 Exalogic 是全面的工程化系统，是私有和公有 PaaS 的理想基础。

除应用程序的运行是基础之外，Oracle PaaS 还包含开发和配置云应用程序、管理云、云安全、跨云集成和云协作等功能。

3. Oracle IaaS

Oracle 提供了基础架构即服务（IaaS）所需的计算服务器、存储、网络结构、虚拟化软件、操作系统和管理软件。Oracle 针对 IaaS 提供以下产品：一系列机柜式、机架式和刀片式安装的 SPARC 和 x86 服务器，包括闪存、磁盘和磁带在内的存储，聚合的网络结构，包括 Oracle VM for x86、Oracle VM for SPARC 和 Oracle Solaris Containers 在内的虚拟化选件，Oracle Solaris 和 Oracle Linux 操作系统，以及 Oracle Enterprise Manager。

4. PaaS 和 IaaS 的选择

在考虑是构建 PaaS 还是 IaaS 时，关键问题是想要向用户提供标准化、可重用和共享平台的内容的多少。IaaS 提供基本计算、存储和网络功能，因此它是最灵活的，但是它要求用户提供应用程序、中间件和数据库等内容，导致更大的开发成本、时间和异构性。PaaS 为用户进行应用程序开发提供了一个标准化、可重用的共享起点，它让开发工作更迅速更简单，同时又具有充分的灵活性。从 IT 的角度而言，PaaS 产品意味着更高的可管理性、安全性、一致性、高效率和可控制。

2.2.2 Oracle 私有云

对于私有云，Oacle 提供以下内容：

① 广泛的横向和行业特定 Oracle 应用程序，这些应用程序在基于标准的、共享的、可灵活伸缩的云平台上运行。

② 用于私有 PaaS 的 Oracle 数据库云服务器和 Oracle 中间件云服务器，支持客户整合现有应用程序并且更加高效地构建新应用程序。

③ 用于私有基础架构即服务（IaaS）的硬件产品。Oracle 的服务器、存储和网络硬件与虚拟化和操作系统相结合，共同用于私有 IaaS，支持客户在共享硬件上整合应用程序公有云。

④ Oracle 支持跨公有云和私有云集成一系列的身份和访问管理产品，同时还支持 SOA 和流程集成以及数据集成。

2.3 云数据库概述

随着云计算技术的不断升温，它对数据库等各个技术领域的影响开始显现。传统的数据库厂商，比如 Oracle、Teradata、IBM、Microsoft 等都已经推出了基于云计算环境的相关数据库产品。原来没有从事数据库产品开发的公司，如 Amazon 和 Google 等也发布了 SimpleDB 和 BigTable 等云数据库产品。

迅速发展的云数据库市场极大地影响着数据库技术的未来发展方向，许多云数据库的相关问题开始被关注，例如云数据库的体系架构、数据模型、事务一致性、数据安全和性能优化等等。

2.3.1 云数据库概念

云数据库是在 SaaS 成为应用趋势的大背景下发展起来的云计算技术，它极大地增强了数据库的存储能力，消除了人员、硬件、软件的重复配置，让软硬件升级变得更加容易，同时也虚拟化了许多后端功能。在大规模应用的情况下，存在海量的非结构化数据的存储需求，同时应用对资源的需求也是动态变化的，这意味着大量虚拟机器的增加或减少。对于这种情形，传统的关系数据库已经无法满足要求，云数据库成为必然的选择，换言之，海量的非结构化数据存储催生了云数据库。云数据库是数据库技术的未来发展方向。

目前，对于云数据库的概念界定不尽相同，本书将云数据库定义为：云数据库是部署和虚拟化在云计算环境中的数据库。

在云数据库应用中，客户端不需要了解云数据库的底层细节，所有的底层硬件都已经被虚拟化，对客户端而言是透明的，就像在使用一个运行在单一服务器上的数据库一样，非常方便、容易，同时又可以获得理论上近乎无限的存储和处理能力。

2.3.2 云数据库的特性

1. 动态可扩展

理论上，云数据库具有无限可扩展性，可以满足不断增加的数据存储需求。在面对不断变化的条件时，云数据库表现出很好的弹性。例如，对于一个从事产品零售的电子商务公司，会存在季节性或突发性的产品需求变化；或者对于类似 Animoto 的网络社区站点，可能会经历一个指数级的增长阶段。这时，就可以分配额外的数据库存储资源来处理增加的需求，这个过程只需要几分钟，一旦需求过去以后，就可以立即释放这些资源。

2. 高可用性

云数据库不存在单点失效问题。如果一个结点失效了，剩余的结点就会接管未完成的事务，而且在云数据库中，数据通常是复制的，在地理上也是分布的，如 Google、Amazon 和 IBM 等大型云计算供应商具有分布在世界范围内的数据中心，通过在不同地理区间内进行数据复制，可以提供高水平的容错能力，因此，即使整个区域内的云设施发生失效，也能保证数据继续可用。

3. 较低的使用代价

云数据库通常采用多租户（Multi-tenancy）的形式，这种共享资源的形式对于用户而言可以节省开销，而且用户采用按需付费的方式使用云计算环境中的各种软、硬件资源，不会产生不必要的资源浪费。云数据库底层存储通常采用大量廉价的商业服务器，这也大幅度降低了用户开销。

4. 易用性

使用云数据库的用户不必控制运行原始数据库的机器，也不必了解它身在何处。用户只需要一个有效的链接字符串就可以开始使用云数据库。

5. 大规模并行处理

支持几乎实时的面向用户的应用、科学应用和新类型的商务解决方案。

2.3.3　云数据库与传统的分布式数据库

分布式数据库是计算机网络环境中各场地或结点上的数据库的逻辑集合。逻辑上它们属于同一系统，而物理上它们分散在用计算机网络连接的多个结点，并统一由一个分布式数据库管理系统管理。

分布式数据库已经存在很多年，它可以用来管理大量的分布存储的数据，并且通常采用非共享的体系架构。云数据库和传统的分布式数据库具有相似之处，比如，都把数据存放到不同的结点上。但是，分布式数据库在可扩展性方面是无法与云数据库相比的。由于需要考虑数据同步和分区失败等开销，前者随着结点的增加会导致性能快速下降，而后者则具有很好的可扩展性，因为后者在设计时就已经避免了许多会影响到可扩展性的因素，比如采用更加简单的数据模型，将元数据和应用数据进行分离，以及放松对一致性的要求，等等。

另外，在使用方式上，云数据库也不同于传统的分布式数据库。云数据库通常采用多租户模式，即多个租户共用一个实例，租户的数据既有隔离又有共享，从而解决数据存储的问题，同时也降低了用户使用数据库的成本。

2.4　Oracle 12c 新增功能概述

从 Oracle 公司 1979 年推出的 Oracle 2 到 2013 年的 Oracle 12c R1，Oracle 的功能与技术不断的加强与发展，并从支持单机、网络、网格和互联网，到最新的支持云计算的云数据库平台。Oracle 公司也从原来的数据库公司发展成为 DBMS、开发工具、应用服务器、数据仓库、云平台等各类软件的服务提供商。

Oracle 12c 除了传统的关系型数据库管理功能外，特别新增了有关云计算的支持功能，主要表现在以下六大新特性：

1. 云端数据库整合的全新多租户架构

作为 Oracle 12c 的一项新功能，Oracle 多租户技术可以在多租户架构中插入任何一个数据库，就像在应用中插入任何一个标准的 Oracle 数据库一样，对现有应用的运行不会产生任何影响。Oracle 12c 可以保留分散数据库的自有功能，能够应对客户在私有云模式内进行数据库整合。通过在数据库层而不是在应用层支持多租户，Oracle 多租户技术可以使所有独立软件开发商（ISV）的应用在为 SaaS 准备的 Oracle 数据库上顺利运行。

Oracle 多租户技术实现了多个数据库的统一管理，提高了服务器资源利用，节省了数据库升级、备份、恢复等所需要的时间和工作。

2. 数据自动优化

为帮助客户有效管理更多数据、降低存储成本以及提高数据库性能，Oracle 12c 新添加了最新的数据自动优化功能。热图监测数据库读/写功能使数据库管理员可轻松识别存储在表和分区中数据的活跃程度，判断其是热数据（非常活跃），还是温暖数据（只读）或冷数据（很少读）。

3. 深度安全防护

相比以往的 Oracle 数据库版本，Oracle 12c 推出了更多的安全性创新，可帮助客户应对不断升级的安全威胁和严格的数据隐私要求。新的校订功能使企业无须改变大部分应用即可保护敏感数据，如显示在应用中的信用卡号码。敏感数据基于预定义策略和客户方信息在运行时即可校对。Oracle 12c 还包括最新的运行时间优先分析功能，使企业能够确定实际使用的权限和角色，帮助企业撤销不必要的权限，同时充分执行必须权限，且确保企业运营不受影响。

4. 面向云数据库的最大可用性

Oracle 12c 加入了数据高可用性功能，并增强了现有技术，以实现对企业数据的不间断访问。全球数据服务为全球分布式数据库配置提供了负载平衡和故障切换功能。数据防护远程同步不仅限于延迟，并延伸到任何距离的零数据丢失备用保护。应用连续完善了 Oracle 真正应用集群，并通过自动重启失败处理以覆盖最终用户的应用失败。

5. 高效的数据库管理

Oracle 企业管理器 12c 云控制的无缝集成，使管理员能够轻松实施和管理新的 Oracle 12c 功能，包括新的多租户架构和数据校订。通过同时测试和扩展真正任务负载，Oracle 真正应用测试的全面测试功能可帮助客户验证升级与策略整合。

6. 简化大数据分析

Oracle 12c 通过 SQL 模式匹配增强了面向大数据的数据库内 MapReduce 功能。这些功能实现了商业事件序列的直接和可扩展呈现，例如金融交易、网络日志和点击流日志。借助最新的数据库内预测算法，以及开源 R 语言与 Oracle 12c 的高度集成，数据专家可更好地分析企业信息和大数据。

2.5　Oracle 12c 安装

Oracle 是目前世界上覆盖面最为广泛的数据库管理系统，它几乎可运行于任何类型的操作系统之上，从 Windows 系统到 UNIX、Linux 等操作系统，它在各类机型上具有实质上相同的功能。所以，只要在一种机型上学会了 Oracle 的知识，便能在各种类型的机器上使用它。

2.5.1　Oracle 12c 数据库基本组成

Oracle 产品包括的内容十分广泛。随着 Oracle 公司的战略转移到面向应用系统集成，所提供的产品越来越多。Oracle 云数据库管理系统只是其众多产品中的基础性平台。Oracle 云数据库管理系统的基本组成有：数据库服务器、客户端服务、网络通信、开发工具和其他服务等。

1. 数据库服务器

服务器是 Oracle 数据库管理系统的核心，是 DBMS 的主要内容，它完成 DBMS 的功能。用户可以通过企业管理器 OEM 或 SQL 命令对数据库进行管理。

2. 客户

每个用户是一个客户，购买 Oracle 时需要购买客户数。客户部分是安装在用户端的软件，它同时具有相应的管理工具和开发工具，提供客户端与数据库之间的连接与管理等功能。

3. 网络通信

客户端与服务器的通信工具，它通常自动安装在服务器端和客户端。

4. 中间件

Oracle 提供了许多中间件产品以完成指定的功能。Oracle Application Server 12c 提供基本的 Web 服务环境，也是运行企业管理器网格控制的基础。Oracle Collaboration Suite 是利用关系数据库来降低硬件及管理成本，从而减化商业通信和整合信息。

5. 开发工具

用户可以通过 SQL 语言来操纵 Oracle 数据，但是在该语言下进行操作很不方便并且对用户要求很高；因此，需要相应的开发工具进行应用系统的开发。Oracle 提供的开发工具功能很强大，如 Oracle Developer Suite 12c，JDeveloper 12c 等。

6. 其他服务

以上五部分内容是 Oracle 的主要部分，同时也是最基本的部分。另外，还有许多辅助产品，如计算机辅助软件工程工具 CASE、编程接口 Pro* C、财务系统、办公系统、制造系统等，Oracle 可以为企业提供全面的服务。

Oracle 数据库安装是数据库应用的一个重要环节，Oracle 的不同版本或不同平台采用了基本相同的安装方法。Oracle 安装程序是用 Java 编写的，所以这个程序在不同操作系统平台运行的效果几乎是一样的。本书只介绍在 Windows 环境的安装过程。

2.5.2　Oracle 12c 安装前的准备

Oracle 12c 的安装包括服务器端和客户端。服务器端安装是使用数据库的第一步，它安装相应数据库管理系统及所需的其他工具，客户端通常是安装驱动程序或工具。Oracle 12c 利用 Universal Installer 来进行客户端和服务器端安装，其过程都是向导型的可视化环境。所以这里只简单介绍一下服务器端的安装步骤。

1. 获得软件

如果是企业正式的商业应用开发，那么就应该从正规渠道购买正版的数据库管理系统软件。如果是学习之用，可以直接从 Oracle 的官方网站下载 Oracle 12c。Oracle 官方的网址是 http://www.oracle.com。官方免费软件与购买的正版软件的主要区别在 Oracle 支持的用户数量、处理器数量、磁盘空间及内存空间的大小等方面。如果要下载 Oracle 12c Release1，在免费注册成 Oracle 网络用户后，可从 http://www.oracle.com/technetwork/database/enterprise-edition/downloads/index.html 下载。显示的页面类似于图 2-3。

下载后的压缩包为 winx64_12c_database_1of2.zip 和 winx64_12c_database_2of2.zip，解压后将两个解压包的文件复制到同一文件夹中，最后运行 setup.exe 安装程序来安装数据库软件。

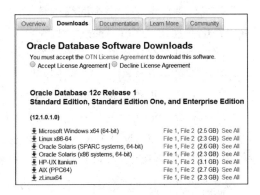

图 2-3　Oracle 12c 下载页面

2. 安装服务器的系统需求及准备

利用 Universal Installer 可以完成 Oracle 数据库服务器软件的安装并创建数据库。Oracle 可安装在 64 位 Windows 系统上，如 Windows Server 2008 x64 的标准版、企业版和数据中心版；Windows Server 2012 x64 或 2013 的标准版、数据中心版等；以及 Windows 7 x64 和 Windows 8 x64 的专业版及企业版。

在服务器安装之前要做好下面的准备工作：

- 检查服务器是否满足系统最低硬件需求（内存至少 2 GB，硬盘至少有 10 GB 自由空间），并完成对服务器硬件的配置。10 GB 硬盘空间分配：临时空间 500 MB，Oracle 主目录（Oracle Home）要用 6.0 GB，数据文件要用 3.5 GB。
- 如果有以前版本的 Oracle 数据库，要进行数据备份。
- 配置服务器网络，包括设置主机名、安装 TCP/IP 网络协议等工作。
- 停止服务器上运行的任何其他 Oracle 服务。
- 以 administrator 身份登录操作系统。
- 确定是用数据库配置助手 DBCA 还是手工方式建立数据库。
- 决定服务器或客户机的网络配置方法。通常结束时会启动 ONCA（Oracle Net Configuration Assistant）来自动进行网络配置。

在 Oracle 安装完成后，将在安装系统中创建数据库并且启动默认的 Oracle 网络监听程序和 Oracle Enterprise Manager（OEM）Database Express，此时可以使用 Web 浏览器访问 OEM。

3. 推荐文件系统

Oracle 数据库推荐将 Oracle 数据库主目录（数据库、跟踪文件等内容）建立在 Oracle ACFS 系统中或 NTFS 文件系统中。如果使用 Oracle ACFS，必须将数据库文件存储在 Oracle ASM 中。这样做的原因是保证数据库文件的安全性。

2.5.3　Oracle 12c 安装中的概念

在服务器安装过程中会用到许多新的 Oracle 数据库的概念和名词，这里组织在一起进行介绍。

1. 基本概念

（1）数据库名

数据库名是一个数据库的名称标识，在创建数据库时由初始化参数 DB_NAME 指定，在一个网络域内是唯一的。只要前 8 个字符是唯一的，它就可以最多包含 30 个字符［字母数字、下画线（_）、美元符号（$）和井号（#）]。

（2）全局数据库名

全局数据库名是在整个网络中数据库的唯一标识，包含数据库的名称和所在网络的域名，由初始化参数 db_unique_name 和 db_name 共同组成，表示为：db_unique_name.db_domain。

数据库域名是用于数据库的计算机环境，它包含的字符数不应超过 128 个，其中可以是字母数字字符、下画线（_）字符和井号（#）字符。

（3）系统标识描述符（System Indentifier，SID）

SID 是 Oracle 实例的唯一名称标识。如果数据库只具有一个实例，SID 与数据库名相同，每个实例的 SID 由 INSTANCE_NAME 初始化参数定义。SID 是局部于实例运行的服务器，帮助标识控制文件并定位打开数据库时所需的文件。

（4）服务名

服务名是为客户端连接数据库服务的别名。使用服务名，客户机可以连接到服务，而不是连接到特定的 Oracle 数据库实例。使用服务名可在 Oracle RAC One Node 数据库已故障转移或重新定位到其他结点时仍然为客户机提供持续的连接。

2. 几个目录

（1）Oracle 基目录（Oracle Base）

Oracle 基目录（又称 Oracle 根目录）是存储 Oracle 数据库软件的顶级目录位置。第一次安装 Oracle 时，Oracle Universal Installer（OUI）将提示指定 Oracle 基目录路径，可以根据需要更改该路径。下次再安装 Oracle 其他组件时，OUI 会自动检测到 Oracle 根目录。Oracle 建议只设置环境变量 ORACLE_BASE 来定义基目录，其他目录让 OUI 自动建立。如果同台服务器安装有多个 Oracle 产品，可以同时存在多个 Oracle 基目录。

缺省时，Oracle 基目录为：盘符:\app\用户名。如果使用 Windows 固定账号安装 Oracle 12c 时，用户名就是安装 Oracle 12c 时的 Windows 账号；如果用标准 Windows 用户账号安装，用户名就是 Oracle 主目录。

（2）Oracle 主目录（Oracle Home Directory）

Oracle 主目录是 Oracle 软件安装的目录，它必须是 Oracle 基目录下的子目录，OUI 支持在同一台机器建立多个活动的 Oracle 主目录。Oracle 主目录由下面几部分组成：产品安装的目录、系统路径设置、安装在主目录的产品程序组以及从主目录中运行的服务。例如：在默认设置下安装 Oracle 12c，名为 dbhome_1 的主目录完全路径为：盘符:\app\用户名\product\12.1.0\dbhome_1。

（3）Oracle 清单目录（Oracle Inventory Directory）

Oracle 清单目录用于存放已经安装的 Oracle 软件的列表清单。下次安装 Oracle 组件时，Oracle 会读取这些信息，所以这些信息非常重要，用户不得随意删除目录下的内容。

3. Oracle 数据库版本

如果在安装过程中要建立数据库，可以选择四种典型数据库：

（1）企业版

这种类型是为企业级应用设计的，用于关键任务或对安全性要求较高的联机事务处理（OLTP）和数据仓库环境。如果选择此安装类型，则会安装所有单独许可的企业版选件。

（2）标准版

这种安装类型是为部门或工作组级应用设计的，也适用于中小型企业（SME）。它设计用于提供核心的关系数据库管理服务和选项。它将安装一组集成的管理工具，完全分发品，复制品，Web 功能和用于构建业务关键性应用程序的工具。

（3）标准版 1

这种类型仅限桌面和单实例安装，是为部门、工作组级或 Web 应用设计的。从小型企业的单服务器环境到高度分散的分支机构环境，它包括用于构建业务关键性应用程序所必需的所有工具。

（4）个人版

这种类型仅限 Microsoft Windows 操作系统，它将安装与企业版安装类型相同的软件（管理包除外）。但是，它仅支持要求与企业版和标准版的完全兼容性的单用户开发和部署环境。个人版不会安装 Oracle RAC。

2.5.4　Oracle 12c 安装步骤

在确认系统满足 Oracle 12c 的安装需求后，运行解压目录中的 setup.exe 程序，就会出现如图 2-4 所示的"配置安装更新"窗口。

① 配置安装更新窗口。可以根据需求提供安全联系人的电子邮件地址以接收关于安装的安全信息或提供 My Oracle Support 电子邮件地址或账户以接收关于安装的安全信息。

图 2-4　配置安装更新窗口

安全更新收集的信息仅限于配置信息。如果不启用安全更新，仍可使用所有授权的 Oracle 功能，此时将此屏幕中的所有字段留空。

② 在图 2-4 中输入电子邮件地址后，单击"下一步"按钮将显示如图 2-5 所示的窗口。在这个页面，选择软件更新的下载方式，有下面三种选项：

a. 使用 My Oracle Support 身份证明进行下载。提供启用对 My Oracle Support 的访问和启用代理连接所需的信息，如 My Oracle Support 的用户名和口令，或者提供要在此安装中使用其 Oracle Support 身份证明的人员的用户名和口令。提供此信息可在该安装会话期间启用软件更新。代理设置和测试连接要为 Oracle Universal Installer 配置一个用来连接到 Internet 的代理。

单击"确定"按钮可输入代理设置信息。单击"测试"按钮连接可执行检查以确保输入的代理设置正确并且安装程序可以下载更新。

b. 使用预先下载的软件更新。如果已使用 Oracle Universal Installer 命令 setup.exe -downloadUpdates 下载软件更新，则选择此选项。

c. 跳过软件更新。如果不想在安装过程中进行软件更新，可选择此选项跳过可用软件更新并继续安装。

图 2-5　下载软件更新

③ 在图 2-5 中选择"跳过软件更新"单选按钮，单击"下一步"按钮将显示图 2-6 所示的"选择安装选项"窗口。

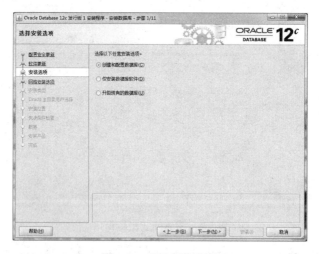

图 2-6　选择安装选项

如果创建新数据库以及示例方案，选择"创建和配置数据库"单选按钮。如果仅安装数据库二进制文件可选择"仅安装数据库软件"单选按钮，此时必须在安装软件之后运行 Oracle Database Configuration Assistant 来创建和配置数据库。如果原来有 Oracle 12c 版本以下的数据库，可选择"升级现有的数据库"单选按钮，此时在新的 Oracle 主目录中安装二进制文件，安装结束后即可升级现有数据库。

④ 在图 2-6 中选择"创建和配置数据库"单选按钮，然后单击"下一步"按钮将显示图 2-7 所示的"系统类"窗口。

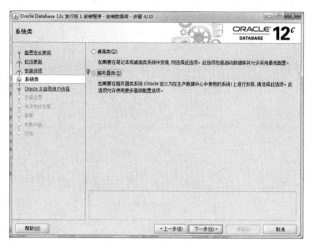

图 2-7 系统类窗口

如果要在笔记本或桌面类系统中进行安装，则选择"桌面类"单选按钮，此选项包括启动数据库并允许采用最低配置，适用于快速启动并运行数据库的用户。

如果要在服务器类系统中进行安装，则选择"服务器类"单选按钮，此选项允许使用更多高级配置选项，包括 Oracle RAC、自动存储管理、备份和恢复配置和与 Enterprise Manager Cloud Control 的集成，以及更细粒度的内存优化等许多其他选项。

⑤ 为了全面展示安装过程，在图 2-7 中选择"服务器类"单选按钮，然后单击"下一步"按钮将显示图 2-8 所示的"网络安装选项"窗口。

图 2-8 网络安装选项

如果安装数据库和监听程序，选择"单实例数据库安装"单选按钮。如果安装 Oracle Real Application Clusters，选择"Oracle Real Application Clusters 数据库安装"单选按钮。如果安装 Oracle RAC One Node 数据库结点，选择"Oracle RAC One Node 数据库安装"单选按钮。

⑥ 在图 2-8 中选择"单实例数据库安装"单选按钮，单击"下一步"按钮将显示图 2-9 所示的"选择安装类型"窗口。

图 2-9　选择安装类型

默认情况下会选择典型安装方法，此时可以用最少输入快速安装 Oracle 数据库。它将安装软件并使用在此对话框中指定的信息选择性地创建通用数据库。如果在图 2-9 中选择"典型安装"单选按钮，将显示图 2-10 所示的"典型安装配置"窗口。

图 2-10　典型安装配置

在典型安装窗口，可选择 Oracle 根目标位置、软件位置、数据库文件位置、数据库类型、字符体、全局数据库、全局数据库口令等。一般可直接使用系统提供的默认值进行安装。

如果要将本数据库作为容器数据库 CDB，选择"创建为容器数据库"单选按钮，同时输入插接式数据库 PDB 的数量和名称。

如果要进行复杂的定制安装，可以选择"高级安装"单选按钮，此时可以为不同的账户创建单独的口令，也可创建特定类型的启动数据库（如用于事务处理或数据仓库系统）等等。

⑦ 在图 2-9 中选择"高级安装"单选按钮，单击"下一步"按钮将显示"选择产品语言"窗口。默认选择的是简体中文和英语。可根据数据库中处理的语言来增加其他语言。

选择所需的指定语言后，在"选择产品语言"窗口中单击"下一步"按钮将显示"选择数据库版本"窗口，可根据需求选择企业版、标准版、标准版 1 和个人版。

⑧ 选择数据库版本后，如企业版，在该窗口中单击"下一步"按钮将显示如图 2-11 所示的"指定 Oracle 主目录用户"窗口。

图 2-11　指定 Oracle 主目录用户

使用 Windows 内置账户或指定标准 Windows 用户账户（非管理员账户）来安装和配置 Oracle 主目录以增加安全性。这个账户用于运行 Oracle 主目录的 Windows 服务，不能用此账户登录完成数据库管理任务。

如果原来有现存的非管理员 Windows 用户，可以选择"使用现有 Windows 用户"单选按钮。如果安装 Oracle RAC 数据库和 Oracle Grid Infrastructure，只能使用 Windows 域用户账户。如果要设置 Oracle Universal Installer 创建的 Windows 本地用户的用户名和口令，可以选择"创建新 Windows 用户"单选按钮，并输入确认口令。创建的新用户没有 Windows 的登录权限，Windows 管理员可以像管理任何其他 Windows 账户那样管理此账户。

在图 2-11 中选择"创建新 Windows 用户"单选按钮，并输入用户名 ORAUSER 和口令。如果选择"使用 Window 内置账户"单选按钮，将不要求用户名或口令。Oracle 使用 Windows 内置账户（LocalSystem 或 LocalService）来创建 Windows 服务。

⑨ 在图 2-11 中选择"创建新 Windows 用户"单选按钮，输入非管理员用户名 ORAUSER 和口令，单击"下一步"按钮将显示图 2-12 所示的"指定安装位置"窗口。

图 2-12　指定安装位置

在图 2-12 中可单击"浏览"按钮来改变 Oracle 基目录和软件安装位置。

⑩ 在图 2-12 中指定安装位置后，单击"下一步"按钮将显示图 2-13 所示的"选择配置类型"窗口。

图 2-13　配置类型

在此窗口中可选择"一般用途/事务处理"和"数据仓库"两种安装方式。

a. 一般用途/事务处理。此配置类型可创建适合各种使用情况（从由大量并行用户运行的简单事务处理到复杂查询）的预配置数据库。主要提供对下列应用的支持：大量并行用户快速访问数据，这是事务处理环境的特征；少量用户对复杂历史数据执行长时间的查询，这是决策支持系统（DSS）的特征；高可用性和卓越的事务处理性能；可以大量恢复数据等。

b. 数据仓库。数据仓库配置类型可创建适合运行有关特定主题的复杂查询的预配置数据库。数据仓库数据库通常用于存储历史数据，这些数据是回答有关某些主题（如客户订单、支持电话、销售人员的潜在客户和客户购买模式）的策略性业务问题时所必需的。

数据仓库配置可为具有以下需求的数据库环境提供最佳支持：快速访问大量数据；支持联机分析处理（OLAP）。

这些预配置数据库类型之间的差异仅在于为某些初始化参数指定的值不同。针对每种类型创建和使用的数据文件都是相同的，此外，它们的磁盘空间要求也是相同的。

⑪ 在图 2-13 中选择"一般用途/事务处理"单选按钮，单击"下一步"按钮将显示图 2-14所示的"指定数据库标识符"窗口。

图 2-14　指定数据库标识符

在图 2-14 所示的窗口中可指定全局数据库和 Oracle 系统标识符。如果要将数据库创建为容器数据库，选择"创建为容器数据库"单选按钮，此时数据库创建为支持一个或多个可插接式数据库（PDB）的容器数据库（CDB）。如果希望 Oracle Universal Installer 在创建 CDB 时创建 PDB，可插入数据库名字段中指定 PDB 名称。PDB 名称必须唯一并且遵守数据库命名惯例。

⑫ 在图 2-14 中输入相应内容后，单击"下一步"按钮将显示"指定配置选项"窗口。在此窗口中可指定启动自动内存管理、设置所有字符集和创建具有事例方案的数据库。

在内存管理页面选择"启动自动内存管理"单选按钮，在字符集页面选择"使用默认值"单选按钮，在示例方案页面选择"创建具有事例方案的数据库"单选按钮后，单击"下一步"按钮将显示如图 2-15 所示的"指定数据库存储选项"窗口。

图 2-15　指定数据库存储选项

如果要将数据库文件存储到文件系统中，选择"文件系统"单选按钮，此时在指定数据库文件位置字段中指定数据库文件目录的父目录。对于 Oracle Real Application Clusters（Oracle RAC）安装，选择的文件系统必须是集群文件系统或者必须位于经过认证的网络附加存储（NAS）设备上。

Windows 操作系统中默认目录路径为 ORACLE_BASE\oradata， 其中 ORACLE_BASE 为选择安装该产品的 Oracle 主目录的父目录，即基目录。

如果已安装网格基础结构并且要将数据库文件存储到 Oracle 自动存储管理磁盘组中，选择"Oracle 自动存储管理"单选按钮。通过指定一个或多个将由单独 Oracle 自动存储管理实例管理的磁盘设备，即可创建 Oracle 自动存储管理磁盘组。

在图 2-15 中指定文件系统位置后，单击"下一步"按钮将显示"指定管理选项"窗口。管理选项提供使用 Oracle Enterprise Manager Cloud Control 管理数据库的选项。如果选择注册到 Enterprise Manager（EM）Cloud Control 并为 Oracle Enterprise Manager Cloud Control 配置指定 OMS 主机名、OMS 端口、EM 管理员用户名和口令。

⑬ 在"指定管理选项"窗口中，单击"下一步"按钮将显示图 2-16 所示的"指定恢复选项"窗口。

如果选择文件系统目录用作快速恢复区，就在恢复区位置字段中指定快速恢复区路径。选择 Oracle 自动存储管理可对快速恢复区使用自动存储管理磁盘组。为了提高性能并确保单点故障不会导致丢失数据，Oracle 建议为快速恢复区选择单独的文件系统。

确保用于运行 Oracle Universal Installer 的操作系统用户对指定的目录具有写权限。对于

Oracle Real Application Clusters（Oracle RAC）安装，选择的文件系统必须是集群文件系统或经过认证的 NAS 设备上的 NFS 文件系统。

图 2-16　指定恢复选项

⑭ 在图 2-16 中指定恢复文件系统及目录位置，单击"下一步"按钮将显示图 2-16 所示的"指定方案口令"窗口。

在此窗口中设置 SYS、SYSTEM 和 DBSNMP 等数据库用户的口令。可以为每个用户指定不同的口令，也可设置所有用户有相同的口令。

Oracle 建议指定的口令：至少包含一个小写字母，至少包含一个大写字母，至少包含一个数字。口令不能超过 30 个字符，且口令不能包含无效字符（! @ % ^ & *（　）+ = \|`~ [{] } ; : ' "，＜＞?）。

SYS 账户口令不能为 change_on_install（不区分大小写）。SYSTEM 账户口令不能为 manager（不区分大小写）。DBSNMP 账户口令不能为 dbsnmp.（不区分大小写）。如果选择对所有账户使用相同的口令，则该口令不能为 change_on_install、manager 或 dbsnmp（不区分大小写）。

⑮ 在图 2-17 所示窗口中设置完数据库用户口令后，单击"下一步"按钮将执行先决条件检查，条件都满足后将显示"概要"窗口。

图 2-17　指定方案口令

概要窗口中列出在安装过程中选定选项的概要信息。信息包括全局设置（如磁盘空间、Oracle 服务用户、源位置、基目录、软件位置等）和数据库信息［如全局数据库名称、Oracle 系统标识符（SID）、分配的内存、数据库字符集、数据库存储机制、数据库文件位置等内容］。

在"概要"窗口中，在每个信息后单击"编辑"按钮可直接编辑修改相关内容，单击"上一步"按钮可返回到相应的窗口。如果要将所有安装步骤保存到响应文件中，单击"保存响应文件"按钮。确定概要信息正确后，单击"安装"按钮将开始安装 Oracle 数据库软件系统并自动创建数据库。

数据库软件安装完成后，将自动启动数据库实例，如 myoracle，并自动利用 Oracle Net 进行网络配置，成功后将利用 Oracle Database Configuration Assistant 建立数据库。数据库建立完成后，将显示图 2-18 所示的对话框。

图 2-18 中显示了安装过程后创建的数据库基本信息：全局数据库（myoracle）、系统标识符（myoracle）、EM 数据库管理工具地址（https://xxgcysj-pc:5500/em，xxgcysj-pc 是安装的主机名），创建过程的日志文件（\app\orauser\cfgtoollogs\dbca\myoracle）。

所有数据库用户账号都是锁定的，可单击"口令管理"对用户账号进行解锁。

在 Windows 系统安装 Oracle 12c 数据库后，将有两个必须的基本服务：

- OracleOraDB12Home1TNSListener（数据库监听程序）；
- OracleServiceMYORACLE（数据库实例 MYORACLE）。

如果要正常连接到数据库，数据库监听程序服务和数据库实例服务必须启动。利用 SQL*Plus 工具可测试数据库是否创建成功。在 Window 系统开始程序中找到 SQL* Plus 启动菜单，然后输入数据库管理员 SYSTEM 及口令，显示图 2-19 所示的窗口表示安装成功。

图 2-18　DBCA 口令对话框

图 2-19　SQL *Plus 使用界面

如果在浏览器中输入 EM 的网址：https://xxgcysj-pc:5500/em，将显示图 2-20 所示的页面。

图 2-20　企业管理器界面

2.5.5　Oracle 12c 卸载步骤

如果在 Windows 系统上多次安装 Oracle，可能会造成系统的混乱，导致不能重新安装 Oracle。此时要重新安装 Oracle，必须彻底卸载以前安装的 Oracle。

在进行卸载前，通常先备份整个数据库，备份数据库的方法参考第 11 章的内容。实际应用中，在对数据库做重大修改以前，都应该对数据库进行备份。

在数据库备份完成后，可按下面步骤完全卸载 Windows 系统中非 RAC 的单机版 Oracle。

（1）用 deinstall 命令卸载数据库

无论 Oracle 是否完好，都应该首先运行 deinstall 尝试卸载 Oracle。deinstall 命令在 Oracle 主目录下。可在注册表中搜索关键字"ORALE_HOME"找到主目录位置。执行如下的命令：k:\app\administrator\product\12.0.1\dbhome_1\deinstall\deinstall.bat。

按照 deinstall 的提示就可卸载 Oracle。在 Oracle 完好时，deinstall 能够卸载单机版 Oracle RAC。如果 Oracle 被破坏了，deinstall 可能不能正常运行，但不影响继续后面的卸载操作。如果不能卸载 Oracle，或没有 deinstall 命令，或者要卸载 Oracle11g 以前的产品，按下面的步骤手工卸载 Oracle。

（2）用 DBCA 删除 Oracle 数据库

DBCA 删除数据库要有 SYSDBA 的数据库系统权限。用 DBCA 删除数据库同时也删除该数据库对应的服务 OracleService<SID>。

注意：有时在删除数据库时，数据库可能已经遭到破坏，此时用 DBCA 并不一定能够成功删除数据库。但是，不论数据库处于何种状态，还是推荐用 DBCA 首先执行删除数据库的操作。即使用 DBCA 删除数据库不成功，也不影响成功卸载数据库。

（3）停止 Oracle 的所有服务

在 Windows 系统中，连续单击"开始、控制面板、管理工具、服务"来显示服务窗口，或者执行命令"serviccs. msc"直接进入"服务"管理窗口，然后逐个停止 Oracle 的所有服务。Oracle 的服务名通常是以"Oracle"或"ora"开头。

（4）用 Oracle Universal Installer 删除 Oracle 的组件

从 Windows 系统的开始菜单启动 Oracle Universal Installer（OUI），出现 OUI 欢迎界面后，单击"卸载产品（D）"按钮，然后在出现的对话框中选择要删除的产品，如 Oracle 12c，最后单击"删除"按钮，确认后就开始删除选择的产品组件。

不管卸载是失败还是成功，都可继续下面的步骤。

（5）手工删除注册表中与 Oracle 相关的内容

以 Windows 管理员的身份登录操作系统，执行 regedit 命令。在注册表中不断搜索以 ora、Oracle、orcl、EnumOra 开头的值并删除。

（6）删除与 Oracle 相关的环境变量

在 Windows 系统中依次选择"开始"→"控制面板"→"系统"→"系统属性"→"高级"→"环境变量"，显示环境变量的属性，在此窗口中删除环境变量 PATH 和 CLASSPATH 中与 Oracle 相关的设置，删除环境变量 ORACLE_HOME、ORACLE_SID、TNS_ADMIN、JSERV、WV_GATEWAY_CFG 等。

（7）重新启动计算机

重新启动计算机后，删除所有与 Oracle 相关的目录和文件，如 C:\program files\oracle、控制文件、数据文件、日志文件。

从 Windows 系统中删除启动菜单中的 Oracle 或其他快捷方式。

经过以上步骤，Oracle 产品将完全从 Windows 系统中删除，此时可重新规划系统并安装 Oracle 产品。

小　结

云计算概念逐步从概念走向应用。云计算的概念就是网格计算概念的延伸，是互联网计算的一种商业表现形式。云计算有公有云、私有云和混合云。云计算有 SaaS、PaaS 和 IaaS 等多种云服务模型。在使用 Oracle 前必须先规划数据库并安装，在必要时可以完全卸载数据库。

习　题

1. 解释下列名词：云计算、云数据库、IaaS、PaaS、SaaS、Oracle 数据库名、Oracle 服务名、系统标识描述符 SID、Oracle 基目录、Oracle 主目录。

2. 简述 IaaS、PaaS 和 SaaS 三种云服务模型中服务提供商及消费者都应该完成的功能，三者之间的关系，并给出提供相应服务的公司及服务产品。

3. 简述云计算的基本特点。

4. 简述云数据库的特点，并找几个云数据库产品进行比较。

5. 简述 Oracle 12c 服务器安装所需的软件环境及硬件环境最低要求。

6. 简述 Oracle 12c 新增的主要功能。

7. 在什么时候需要完全卸载 Oracle 12c？简述从 Windows 系统中完全卸载 Oracle 系统的步骤。

管理 Oracle 实例 ‹‹‹

数据库服务器是信息管理的核心，它能可靠地管理多用户环境中的大量数据，阻止未授权的用户访问，同时提供高效的故障恢复功能。Oracle 数据库服务器由数据库和至少一个数据库实例（instance）组成。

3.1　Oracle 实例概念

数据库由一组磁盘文件组成，它们可独立于实例而存在。数据库实例（简称实例）是管理数据库文件的内存结构和进程，它由共享内存结构［系统全局区（System Global Area，SGA）］和一组后台进程（Background Process）组成。实例可独立于数据库文件而存在。

每当数据库实例启动时，就会为 SGA 分配内存并启动 Oracle 数据库后台进程，当实例关闭时释放 SGA 空间。一个数据库可以被多个实例访问（在 Oracle 的 RAC 结构中）。

图 3-1 所示显示了 Oracle 数据库和数据库实例之间的关系。每个用户进程是直接连接到数据库实例，实例中有相应的服务进程为其提供服务。服务进程有自己专有的称为 PGA（程序全局区，Program Global Area）的私有会话内存。实例管理与其相关的数据为数据库用户提供服务。数据库实例存在于内存，数据库存在于磁盘，二者可以独立存在。

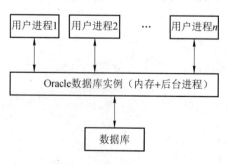

图 3-1　数据库与实例

3.2 Oracle 实例结构

每当启动实例时，Oracle 数据库就分配一个叫 SGA（系统全局区）的内存区域，并启动一个或多个后台进程，然后由实例加载并打开数据库（即将数据库与实例联系起来），最后由这个实例来访问和控制硬盘中的数据库文件。

每当用户与数据库建立连接时，实际上是连接到数据库实例中，然后由实例负责与数据库通信，并将处理结果返回给用户，实例在用户和数据库之间充当中间层的角色。

数据库与实例之间可以是一对一的，即一个实例管理一个数据库；也可以是一对多的，即一个数据库由多个实例访问（如 Oracle RAC）。同一台计算机可以并行运行多个实例，每个实例访问自己的物理数据库。在大型簇系统中，Oracle Real Application Clusters 允许多个实例装载到同一个数据库上。不管是一对一还是一对多的，数据库实例在同一时间只与一个数据库关联，可以启动实例然后装载一个数据库，但不能同时装载多个数据库。

系统标识符（System Identifier，SID）是 Oracle 数据库实例在指定计算机的唯一标识。SID 省略时用作定位参数文件的位置，而参数文件中又包含有数据库其他文件（如控制文件、数据文件等）的位置。

SID 对应的环境变量为 ORACLE_SID。客户在连接实例时可以在网络连接或网络服务名中指定要连接的 SID，数据库将服务名转换为 ORACLE_HOME 和 ORACLE_SID。

实例组成结构如图 3-2 所示。关于图 3-2 中的系统全局区的介绍参见 3.3.1 节，关于后台进程的详细介绍参见 3.4.1 节。

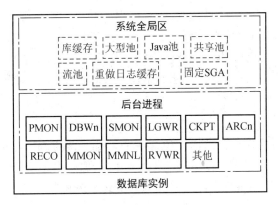

图 3-2 Oracle 实例结构

注意：只有数据库管理员才可以启动或关闭实例，从而打开或关闭数据库。

3.3 数据库内存结构

当数据库实例启动时，Oracle 数据库服务器分配内存并启动若干后台进程。Oracle 实例在启动时创建的内存结构用来保存数据库实例在运行过程中所需要处理的数据，主要记录如下内容：

- 被执行的程序代码，即解析后的 SQL 或 PL/SQL 程序代码。

- 用户连接会话信息，包括不活动的会话信息。
- 缓存的数据，如用户查询和修改过的数据块以及重做记录等。
- 程序运行时所需的各种信息，如查询状态等。
- 进程之间共享和通信时所需的信息，如数据加锁信息等。

根据内存中存放的内容将数据库基本内存结构分为软件代码存储区、系统全局区（SGA）、程序全局区（PGA）和用户全局区（User Global Area，UGA）四部分。

软件代码区存放正在运行或可以运行的程序代码，Oracle 数据库代码是与用户程序分开的，存储在更加受保护的区域。SGA 是由所有服务进程和后台进程所共享的内存段，它包含数据库实例的数据与控制信息。PGA 区是存放每个 Oracle 进程（如服务进程和后台进程）私有的数据和控制信息的非共享内存，它是在 Oracle 进程启动时由 Oracle 数据库创建的。Oracle 中每个进程都拥有自己的 PGA 区。用户全局区 UGA 存放的是用户会话相关的内容。

实例内存结构如图 3-3 所示。

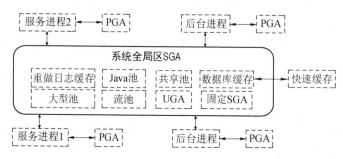

图 3-3　Oracle 的内存结构

从图 3-3 可以看出，SGA 中的数据被所有进程所共享，PGA 中的数据只能由每个进程访问。图 3-3 中的 SGA 中的每块内存的详细介绍参见 3.3.1 节，PGA 的介绍参见 3.3.2 节，UGA 的介绍参见 3.3.4 节，后台进程和服务进程的详细介绍参见 3.4.1 节。快速缓存定义在一个或多个磁盘设备中，它比使用内存要经济，它通常用在 Solaris 或 Oracle Enterprise Linux 环境中。

3.3.1　系统全局区

SGA 是一组可读/写共享内存结构，包含一个 Oracle 数据库实例的数据和控制信息。如果多个用户并发连接到同一个实例，那么 SGA 中的数据是由多个用户共享。每个 Oracle 实例只有一个 SGA，SGA 区中的信息能够被所有 Oracle 进程共享使用。数据库的各种操作主要都是在 SGA 区中进行的。

在 SGA 区中保存着在进行数据管理、重做日志管理及 SQL 程序分析时所必需的共享信息，如数据库和实例状态、加锁信息等。

1. 数据库缓存（Database Buffer）

数据库缓存是 SGA 中保存的最新的从数据文件中读取的数据，所有连接到实例中的用户都共享数据库缓存。当用户向数据库请求数据时，如果所需的数据已经位于数据库缓存中，Oracle 将直接从数据库缓存中提取数据并将其返回给用户；如果不在数据库缓存中，将从数据文件中读取数据到数据库缓存。

使用数据库缓存块可优化数据库的物理 I/O 操作，保持频繁使用的数据块在缓存中，从而提高数据库访问的速度。

根据数据库缓存中数据的内容，可将数据库缓存分成三种缓存块：

- 脏缓存块：它保存的是已经被修改过但还没有写入数据文件的数据。当一条 SQL 语句对缓存块中的数据做出修改之后，这些缓存块将被标记为脏，同时将修改写入重做日志，然后等待 DBWn 进程将它们写入数据文件。
- 空闲缓存块：它是不包含任何数据且后台进程或服务进程可以写入数据的缓存块。当 Oracle 从硬盘的数据文件中读取数据后，将会寻找空闲缓存块来存储数据。
- 干净缓存块：它是以前某个时间点使用的，并包含读一致的数据块，即不需要对数据执行检查点就可重用这些一致的数据。

数据库缓存使用 LRU（Least Recently Used）调度算法来管理，即数据库缓存中访问次数最少的数据块最先被移出数据库缓存，这样就能够保证最频繁使用的块始终保存在内存中。

数据库缓存的大小由 DB_BLOCK_SIZE 和 DB_BLOCK_BUFFERS 两个初始化参数共同决定。DB_BLOCK_SIZE 定义数据库块的大小；DB_BLOCK_BUFFERS 参数定义数据库缓存所包含的块数。数据库缓存的大小也可直接由初始化参数 DB_CACHE_SIZE 指定。

2. 重做日志缓存（Redo Log Buffer）

重做日志缓存是存储对数据库所做修改信息的缓存区，这些重做信息以重做记录的形式存放。重做记录包含重做构造变化所需的各种信息。每当用户执行对表进行修改的 INSERT、UPDATE、DELETE 等语句时，或者执行 CREATE、ALTER、DROP 等语句创建或修改数据库对象时，Oracle 都会自动为这些操作生成重做记录。重做记录是由 Oracle 服务进程将它们从用户内存空间拷贝到 SGA 的重做日志缓存，然后由 LGWR 后台进程把重做日志缓存中的内容写入到联机重做日志文件中。

重做日志缓存是一个循环缓存区，在使用时从顶端向底端写入数据，然后再返回到缓冲区的起始点循环写入。重做日志缓存占用缓存区中连续的存储空间。

重做日志缓存的大小由 LOG_BUFFER 初始化参数指定，该参数可以在数据库运行过程中动态修改，默认时是操作系统块的 4 倍。重做日志缓存区是否具有合适的大小对数据库的性能有很大影响。

3. 共享池（Share Pool）

SGA 中的共享池缓存各类程序数据，包括解析过的 SQL、PL/SQL 代码、系统参数、数据字典信息等内容，几乎每个数据库操作都会用到共享池。共享池又分为代码库缓存（Library Cache）、数据字典缓存（Data Dictionary Cache）和结果缓存（Result Cache）等子组件。共享池的主要子组件结构如图 3-4 所示。

代码库缓存用于存放已经解析并执行过的 SQL 语句、PL/SQL 程序代码、分析过的格式、执行计划和 Java 类等。使用库缓存可以提高 SQL 语句的执行效率。当一条 SQL 语句提交时，Oracle 在共享池的库缓存中进行搜索，查看相同的 SQL 语句是否已经被解析、执行并缓存过。如果有，Oracle 将利用缓存中的 SQL 语法分析结果和执行计划来执行该语句，而不必重复进行解析。

数据字典是关于数据库、数据库结构和用户信息的表或视图的集合。Oracle 数据库在 SQL 语句解析过程中将频繁访问数据字典。数据字典缓存保存

图 3-4　共享池结构

最常使用的数据字典信息，如数据库用户的账户信息、数据库的结构信息等。

服务器结果缓存由 SQL 查询结果缓存和 PL/SQL 函数结果缓存组成，它们有同样的结构。数据库可以利用结果缓存的内容来回答客户相同的查询，这样可以提高查询速度。通过设置 RESULT_CACHE_MODE 初始化参数来控制是否对所有查询进行 SQL 结果缓存。当事务修改数据和结果缓存中的数据库对象的元数据时，数据库将自动使结果缓存无效。

客户结果缓存在应用程序级配置，并且使用客户端机器的内存，而不在数据库内存中。

共享池的总容量由 SHARED_POOL_SIZE 参数指定，默认大小为 8 MB。

4. Java 池（Java Pool）

Java 池是 SGA 中专门为所有 Java 代码、Java 语句语法分析表、Java 语句执行方案和 JVM 中的数据而分配的内存。

Java 池在不同的数据库服务器模式（专用服务模式和共享服务模式）下所包含的内容有所不同。在专用服务模式，Java 池主要存储每个会话中每个类的共享部分，包括代码向量、类的方法等只读内存，但不包括每个会话的 Java 状态。在共享服务模式下，Java 池包括每个类的共享部分和某些表示会话状态的 UGA 信息。UGA 的大小根据需要变化，但整个 UGA 必须在 Java 池中。

每个类平均使用 4 ~ 8 KB，总的 Java 池不要超过 10 MB。除了专用服务模式中的内容外，还包含每个会话的会话状态信息等。

用初始化参数 JAVA_POOL_SIZE 指定 Java 池的大小。

5. 大型池（Large Pool）

大型池是 SGA 区中可选的一个内存结构。在进行数据库备份和恢复操作、执行具有大量排序操作的 SQL 语句或者执行并行化的数据库操作等情况时，可能需要在内存中使用大量的缓存。如果没有在 SGA 区中创建大型池，这些操作所需的缓存空间将在共享池或 PGA 中分配。由于这些操作都会占用大量的缓存空间，因此会影响到共享池或 PGA 的使用效率。此时可以考虑创建大型池来为这些操作分配所需的缓存空间。

大型池可以为共享服务器的 UGA、并行处理的消息缓存和 RMAN 的缓存提供大的内存空间。大型池主要用于共享服务的会话内存、I/O 服务进程、Oracle 备份和恢复操作和并行执行的消息缓存。

大型池缓存的大小由初始化参数 LARGE_POOL_SIZE 指定。

6. 流数据池（Stream Pool）

流数据池是专门为 Oracle Streams 使用的，用来存储缓存队列消息，并为 Oracle Streams 捕获进程和申请进程提供内存空间。除非专门配置流数据池，否则该池的初始大小为零，当使用 Oracle Streams 时按需要动态增加其大小。

7. 固定 SGA（Fixed SGA）

固定 SGA 是内部内存区，它包括数据库和实例状态的通用信息、进程间通信信息等。固定 SGA 的大小是由 Oracle 数据库自动设置的，不能手工修改。

8. 保留池（Reserved Pool）

数据库以块（Chunk）为单位从共享池中分配内存。保留池是数据库用来分配大的连续内存块的共享池内存区。使用保留池可把大对象（大于 5 KB）装入到缓存，这样数据库可减少碎片运行的可能性。

Java、PL/SQL 或 SQL 游标有时也会从共享池中分配空间。

9. 查询 SGA

所有数据库后台进程和服务进程都可以读 SGA 中的信息，数据库操作期间服务进程也可以写入到 SGA 中。如果系统使用共享服务结构，请求队列和响应队列及 PGA 中的部分内容也在 SGA 中。

在创建实例时，Oracle 数据库自动为 SGA 分配内存，在终止实例时，SGA 将被释放。在 Oracle 11g 中能够在实例运行过程中改变与 SGA 区相关的初始化参数，即不必重新启动实例，就可以动态地调整 SGA 区中数据库缓存、共享池以及大型池的大小。

如果要了解 SGA 内存的大小，可以在 SQL Plus 中执行 SHOW SGA 命令或查询动态性能视图 V$SGA。如果要显示 SGA 更详细的信息，可以查询动态性能视图 V$SGASTAT。

```
SQL> SHOW SGA;
```

命令执行结果：

```
Total System Global Area  118255568  bytes
Fixed Size                   282576  bytes
Variable Size              83886080  bytes
Database Buffers           33554432  bytes
Redo Buffers                 532480  bytes
SQL> SELECT * FROM v$sgastat;
```

上面语句显示的 POOL 字段是池名，如 Java 池、共享池和大型池；Name 表示 SGA 组成部分的名称，BYTES 表示组成部分的大小。

3.3.2　程序全局区（PGA）

PGA 是在用户进程连接数据库并创建会话时，由 Oracle 为服务进程分配的，专门用来保存服务进程的数据和控制信息的内存结构。只有服务进程本身才能够访问它自己的 PGA。每个服务进程都有它自己的 PGA，各个服务进程 PGA 的总和即为实例的 PGA 的大小。PGA 的大小由操作系统决定，并且分配后保持不变。

通常实例 PGA 的内容由私有 SQL 区和会话内存组成。私有 SQL 区中包含有联编变量以及 SQL 语句运行时的内存结构等信息。会话内存区用于保存用户会话的变量（登录信息）以及其他与会话相关的信息。如果数据库处于共享服务模式下，会话内存区是共享而不是私有的。

在 Oracle 数据库中，从下面几个动态性能视图中可以查询 PGA 区内存分配信息：

- V$SYSSTAT　　　　　　　　　　　　系统统计信息和用户会话统计信息。
- V$PGASTAT　　　　　　　　　　　　显示内存使用统计信息。
- V$SQL_WORKAREA　　　　　　　　　SQL 游标所用工作区的信息。
- V$SQL_WORKAREA_ACTIVE　　　　　当前系统工作区的信息。
- SQL> SELECT * FROM v$pgastat;　　上面语句可以显示 PGA 的各类信息。

在 V$PROCESS 动态性能视图中可以查询到每个 Oracle 进程的 PGA 分配的内存和已使用的内存情况，其中 PGA_USED_MEM 表示已使用的，PGA_ALLOC_MEM 表示已分配的，PGA_MAX_MEM 表示 PGA 的最大值。用下面的语句进行查询：

```
SQL> SELECT pid,pga_used_mem,pga_alloc_mem,pga_max_mem FROM v$process;
```

3.3.3　用户全局区（UGA）

UGA 是会话内存区，即为登录信息等数据库会话所需的会话变量分配的内存，它本质存储的是会话状态。UGA 由会话变量和 OLAP 池两部分组成。

如果会话过程中要装入 PL/SQL 包到内存，那么 UGA 将包含包的状态（即包中所有变量的取值），当包的子程序改变变量，包的状态将发生变化。默认情况下，包变量是唯一的并在会话周期内永久存在。关于包的说明与使用参见 13.6 节。

OLAP 池也存放在 UGA 中，它管理 OLAP 数据页（相当于数据块）。在 OLAP 会话开始时分配 OLAP 池，在会话结束时释放该池。当用户查询多维对象（如立方体）时将自动打开一个 OLAP 会话。

UGA 会话生命周期内必须都可以使用。因此，在共享服务器连接时不能将 UGA 存储在 PGA 中，因为 PGA 是单个进程专用的，即在共享服务器连接时，UGA 存储在 SGA 中，从而保证每个共享服务器进程都可以访问它。当使用专用服务器连接时，UGA 存储在 PGA 中。

3.3.4　Oracle 数据库的内存管理

内存管理是指维护 Oracle 数据库实例内存结构随着数据库变化保持最优的值，即要管理 SGA 和实例 PGA 内存（Instance PGA）。实例 PGA 内存是指所有 PGA 的集合。可以通过设置初始化参数来选择 Oracle 数据库自动或手动内存管理方法，但 Oracle 推荐使用自动内存管理方法。

1. 自动内存管理

从 Oracle 11g 开始，Oracle 对 SGA 和实例 PGA 的管理完全自动化。只需设置实例使用的总内存的大小，Oracle 数据库将自动根据进程需要来调整 SGA 和实例 PGA，同时数据库也可以动态地调用 SGA 中每个组件和每个 PGA 的大小。

当数据库处于自动管理内存方式时，通过设置初始化参数 MEMORY_TARGET 设置可用内存总的大小。可用内存的上限由 MEMORY_MAX_TARGET 指定。由于 MEMORY_TARGET 是动态参数，所以可在任何时候不用重新启动数据库就可改变它的值。MEMORY_MAX_TARGET 是静态参数，修改后必须重新启动数据库才生效。

2. 激活自动内存管理

如果在创建数据库时没有激活自动内存管理，可通过下面的步骤激活自动内存管理，然后才可通过 MEMORY_TARGET 设置可用内存总的大小。

激活自动内存管理的步骤：

（1）以 SYSDAB 的管理员连接到数据库。

（2）计算 MEMORY_TARGET 的可用值。

首先确定 SGA_TARGET 和 PGA_AGGREGATE_TARGET 参数的值；然后从动态性能视图 V$PGASTAT 中查询列名为 maximum pga allocated 的值，以得到当前分配给实例 PGA 的最大值 MAXPGA，最后确定 MEMORY_TARGET 的最小值：

MEMORY_TARGET=SGA_TARGET+MAX(PGA_AGGREGATE_TARGET, MAXPGA）

MEMORY_TARGET 的值可在上面计算出的最小值和 MEMORY_MAX_TARGET 值之间选择。

① 修改 MEMORY_TARGET 和 MEMORY_MAX_TARGET 参数值。

如果用服务器端初始化文件，就用下面的语句修改参数值：

```
ALTER SYSTEM SET MEMORY_MAX_TARGET = nM SCOPE = SPFILE;
```

如果用文本初始化参数文件，可在参数文件中加入两行：

```
MEMORY_MAX_TARGET = nM
MEMORY_TARGET = mM
```

上面的 nM，mM 是指具体的内存大小（MB）。

② 关闭数据库，重新启动后修改内容将生效。

3. 查看自动内存管理信息

通过动态性能视图 V$MEMORY_DYNAMIC_COMPONENTS 可显示所有动态 SGA 组件的名称、当前内存大小、启动以来的最小内存和最大内存等。通过查询动态性能视图 V$MEMORY_TARGET_ADVICE 可得到关于 MEMORY_TARGET 参数的信息。

4. 配置手动内存管理

管理 SGA 和实例 PGA 分别可采用手动或自动管理的方式。如果想更直接的控制每个内存组件的大小，可以配置数据库的手动内存管理。手动内存管理有两种方法。一是管理员采用自动共享内存管理来设置 SGA 的最大值，由数据库来调整 SGA 中各组件的大小；二是采用手动方式来设置 SGA 和实例 PGA 的大小。

实现手动内存管理是通过配置 MEMORY_TARGET、SGA_TARGET、SHARED_POOL_SIZE、LARGE_POOL_SIZE、JAVA_POOL_SIZE、STREAMS_POOL_SIZE、RESULT_CACHE_MAX_SIZE 等初始化参数完成。因为现在多数使用自动内存管理，所以这里不在详述手动内存管理。

3.4　进 程 管 理

进程是操作系统中一组用于完成指定任务的动态执行的程序。进程是一个动态概念，动态地创建，完成任务后即会消亡。每个进程都有自己的专用内存区。所有 Oracle 用户要访问 Oracle 数据库实例都会执行两类代码：一类是应用程序代码或 Oracle 工具代码，另一类是 Oracle 服务器代码，这些代码由进程来执行。

3.4.1　进程分类

Oracle 使用多个进程运行 Oracle 代码的不同部分，并为用户创建服务进程。每个连接用户各有一个服务进程或多个用户共享一个或多个服务进程。Oracle 中每个进程完成指定的工作。根据每个进程所完成的任务，在 Oracle 系统中将进程分为用户进程和 Oracle 进程。Oracle 数据库可以根据不同的配置工作在专用服务模式（一个用户进程对应一个服务进程）和共享服务模式（一个服务进程被多个用户进程共享）。

1. 用户进程

用户进程（User Process）运行应用程序或 Oracle 工具代码，它在用户方（如客户端）工作。当用户执行应用程序或工具软件（如 SQL Plus）等连接数据库时，由 Oracle 创建用户进程来运行应用程序。用户进程向服务进程请求信息，但它不是实例的组成部分。

用户进程通过 SGA 与服务器中的 Oracle 进程进行通信。

2. Oracle 进程

Oracle 进程（Oracle Process）是在创建实例时由 Oracle 本身产生，执行的是 Oracle 数据库的服务器端的代码，用于完成特定的服务功能。在多线程结构，Oracle 进程可以是操作系统进程，也可以是操作系统进程中的一个线程。

Oracle 进程又分为服务进程（Server Process）和后台进程。服务进程由 Oracle 数据库自身在服务器端创建，用于处理连接到实例中的用户进程所提出的请求；后台进程是与数据库实例一起启动的进程，它们用来完成实例恢复、写数据库、写重做日志到磁盘文件等功能。

3.4.2　服务进程

Oracle 通过创建服务进程为连接到数据库实例中的用户进程提供服务，用户进程总是通过服务进程与 Oracle 数据库进行通信。

为每个用户建立的服务进程主要完成如下任务：

- 解析并执行应用程序所提交的 SQL 语句，包括创建和执行查询计划。
- 如果所要数据不在缓存中，就从数据文件中读出必要的数据块到 SGA 的数据库缓存中。如果数据在缓存中，直接将数据返回给用户。
- 按应用程序能够处理的方式将数据返回给用户进程。
- 执行 PL/SQL 程序代码。

根据数据库提供服务的方式，服务进程可分为专用服务进程和共享服务进程。

1. 专用服务进程

专用服务进程（Dedicated Server Process）的工作方式如图 3-5 所示。

在专用服务进程模式中，Oracle 为每个连接到实例的用户进程启动一个专用的服务进程。一个专用服务进程仅为一个用户进程提供服务。专用服务进程之间是完全独立的，它们不需要共享数据。在用户进程连接到实例的过程中，不论用户进程是否活动，专用服务进程一直存在，直到用户进程断开连接时专用服务进程才被终止。

在专用服务进程模式下，用户进程数量与实例中的服务进程数量是一样的。因此，当同一时刻存在大量的用户进程时，专用服务进程操作模式的效率可能会很低。

在专用服务进程结构中，如果用户进程和服务器进程在同一台计算机上运行，程序接口将通过操作系统内部进程通信机制来工作；如果两者是运行在不同计算机上，程序接口需要在两者之间提供 Oracle 网络服务等通信机制。

图 3-5　Oracle 专用服务进程

通常在下面数据库应用时才选择专用服务进程模式：提交批量作业，如数据仓库或决策支持系统（DSS）；或者只有少数客户机并发连接到数据库（C/S 环境）；或者客户机经常需要对数据库建立持久的、长时间运行的请求，如用 RMAN 进行数据库备份、恢复或修复时。

2. 共享服务进程

如果想用少量服务进程为大量用户进程提供服务，使这些服务进程始终处于繁忙状态，那么可以使用 Oracle 数据库提供的共享服务进程（Shared Server Process）模式。

在共享服务进程中，Oracle 在创建实例时启动指定数目的服务进程（由初始化参数决定），在调度进程的管理下，这些服务进程可以为任意数量的用户进程提供服务。每个共享服务进程可以为多个用户进程提供服务。共享服务进程的工作方式如图 3-6 所示。

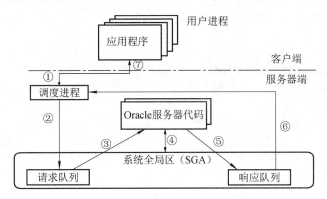

图 3-6　共享服务进程结构

共享服务进程方式的工作过程描述如下：应用程序将请求发给调度进程（①），调度进程将客户请求放在 SGA 的请求队列中（②）；Oracle 服务进程代码在空闲时从请求队列中读出请求进行处理（③），处理过程中将数据存储到 SGA 或从 SGA 中读出数据（④）；服务进程将处理结果存放到 SGA 的响应队列中（⑤）；调度进程在空闲时从响应队列中读取结果（⑥），然后将结果返回给用户进程（⑦）。

共享服务进程结构可以减少操作系统中的服务进程的数量和实例 PGA 的大小，可增加应用的伸缩性和并发用户数。调度进程直接将多个网络会话请求传送到共享服务池。闲置的共享服务进程从公用队列中抽出服务请求并为其提供服务。这样，用少量的共享服务进程为多个请求服务，同样对内存需求也少，因为每个用户本身使用的内存减少。

为了更好地进行资源管理，可将共享服务进程配置成多路会话（Session Multiplexing），即通过单个网络连接传输多个会话信息，以减少对操作系统资源的消耗。

共享服务器结构需要 Oracle Net 服务，即用户进程和服务器进程必须通过 Oracle Net 服务进行通信，即使它们运行在同一个系统中。因此，共享服务进程需要监听程序、一个或多个调度进程和一个或多个服务进程。

在联机事务处理（OLTP）环境中使用数据库或者有大量用户需要连接到数据库或者受系统内存的限制或者要使用 Oracle Net 的特性（如连接共享、连接集中和负载均衡）时可以选择共享服务模式（又称多线程服务器模式）。

3.4.3　共享服务器配置

共享服务器结构的数据库服务器允许多个用户进程共享几个服务进程，从而增加服务器的用户数量。在共享服务器结构中，用户进程连接到调度进程，由调度进程排队并将用户请求分配给空闲的服务进程。如果设置数据库使用共享服务器结构，那么要设置一些数据库的初始化参数，其中初始化参数 DISPATCHERS 和 SHARED_SERVERS 是必须设置的，初始化参数 MAX_DISPATRCHERS、MAX_SHARED_SERVERS、CIRCURTES、SHARED_SERVER_SESSIONS 等是可选的。

1. 配置参数
（1）DISPATCHERS 参数

DISPATCHERS 是共享服务器必须配置的参数，它决定了数据库实例启动的调度程序的协议类型和数量。定义格式：

```
DISPATCHERS=' (特性1=值1) (特性2=值2)…'
```

常用的特性有：

```
PROTOCOL=协议类型
DISPATCHERS=调度程序数量
ADDRESS=监听程序的协议地址（即协议和主机地址）
```

在初始化文件中可以定义：

```
DISPATCHERS=" (PROTOCOL=TCP)(DISPATCHERS=2)\
              (PROTOCOL=IPC) (DISPATCHERS=1)"
```

下面的例子为调度进程分配固定 IP 地址（运行实例的机器的 IP 地址），并用两个调度进程来监听同一 IP 地址：

```
DISPATCHERS="(ADDRESS=(PROTOCOL=TCP)\
             (HOST=144.25.16.201))(DISPATCHERS=2)"
```

下面的例子要求调度进程使用指定的端口号：

```
DISPATCHERS="(ADDRESS=(PROTOCOL=TCP)(PORT=5000)"
DISPATCHERS="(ADDRESS=(PROTOCOL=TCP)(PORT=5001)"
```

DISPATCHERS 初始值空 NULL，可以通过 ALTER SYSTEM 修改它的值：

```
SQL> ALTER SYSTEM SET DISPATCHERS=
  2  '(PROTOCOL=TCP)(DISPATCHER=2) ';
```

（2）SHARED_SERVERS 参数

SHARED_SERVERS 参数指定在数据库实例启动时启动共享服务器进程的数量，默认设置时为 0，即不启动共享服务器进程。Oracle 根据请求队列的长度动态调整共享服务器进程的数量。共享服务器进程的范围在初始化参数 SHARED_SERVERS ~ MAX_SHARED_SERVICES 之间。通常是每十个连接请求共享一个服务进程。

使用共享服务器结构时，SHARED_SERVERS 参数的值必须配置且大于零。

```
SHARED_SERVERS=n
```

可以用 ALTER SYSTEM 在数据库运行时修改该参数：

```
SQL> ALTER SYSTEM SET SHARED_SERVERS=4;
```

（3）MAX_DISPATCHERS 参数

MAX_DISPATCHERS 参数指定最大的调度进程数量，DISPATCHERS 的值不能超过该值。实例运行时不能修改该参数，它的默认值为 5。

（4）MAX_SHARED_SERVERS 参数

MAX_SHARED_SERVERS 参数指定最大共享服务器进程数量，SHARED_SERVERS 参数的值不能超过该值。在实例运行时不能修改该参数，默认值为 20。

（5）SESSION 参数

SESSION 参数设置能够连接到数据库的最大并发会话数量，不能在运行中进行修改。

```
SESSION=n
```

（6）CONNECTIONS 参数

CONNECTIONS 参数设置数据库的并发物理连接用户数。

2. 连接池配置

在用户数量很多的 Web 应用中，通常会有很多闲置的会话连接。连接池（Connection Pool）

技术把闲置超过指定时间的连接用于当前活动的会话，此时逻辑连接仍然打开，当有新的请求时将自动重新用其他闲置连接建立物理连接，这样可以减少与调度进程的物理连接数，从而使硬件处理更多的用户数。通过配置初始化参数 DISPATCHERS 的 POOL 特性来激活连接池。例如：

```
DISPATCHERS="(PROTOCOL=tcp)(DISPATCHERS=1)(POOL=on)(TICK=1)
(CONNECTIONS=950)(SESSIONS=2500)"
```

3. 修改共享服务器参数

如果用户具有 ALTER SYSTEM 系统权限，在实例运行期间可以使用 ALTER SYSTEM 语句动态修改调度进程和共享服务器进程的数量。

（1）配置调度进程数为 5

```
SQL> ALTER SYSTEM  SET DISPATCHERS =
2 '(PROTOCOL=TCP)(DISPATCHERS=5) (INDEX=0)',
3 '(PROTOCOL=TCPS)(DISPATCHERS=2) (INDEX=1)';
```

执行上面的语句后，如果当前使用 TCP 协议的调度进程少于 5 个，Oracle 数据库将增加到 5 个；如果当前使用的多于 5 个，在连接的用户断开连接后将终止一些进程至 5 个。使用 INDEX 关键字可以标识要修改的调度进程。

（2）终止调度进程

在知道了特定调度进程号后，可以通过 ALTER SYSTEM 语句终止调度进程：

```
SQL>SELECT name, network FROM  v$dispatcher;
NAME NETWORK
----  --------------------------------------------------------------
D000  (ADDRESS=(PROTOCOL=tcp)(HOST=jsj1.chxy.com)(PORT=3499))
D001  (ADDRESS=(PROTOCOL=tcp)(HOST=jsj1.chxy.com)(PORT=3531))
D002  (ADDRESS=(PROTOCOL=tcp)(HOST=jsj1.chxy.com)(PORT=3532))
```

执行下面的命令将终止调度进程 D002：

```
SQL> ALTER  SYSTEM  SHUTDOWN  IMMEDIATE  'D002';
```

一旦所有共享服务客户进程都断开连接，可用下面的语句终止所调度进程：

```
ALTER SYSTEM SET DISPATCHERS = '';
```

（3）终止共享服务进程

如果将 SHARED_SERVERS 设置为 0，Oracle 将在服务进程变空闲时终止所有当前的共享服务器进程。只有在 SHARED_SERVERS 的值大于零时，Oracle 才会启动新的共享服务器进程。因此，可以通过设置 SHARED_SERVERS 为 0 来禁止共享服务器方式：

```
SQL>ALTER SYSTEM SET SHARED_SERVERS=0;
```

4. 监视共享服务器

通过下面的动态性能视图可以了解共享服务器进程的信息并有效监视共享服务。

① V$DISPATCHER：该视图提供关于调度进程的信息，包括进程名、网络地址、进程状态、各种使用统计数据和索引号。

② V$DISPATCHER_RATE：调度进程的速度统计信息。

③ V$QUEUE：包括共享服务器消息队列中的信息。

④ V$SHARED_SERVER：包括共享服务器进程的信息。

3.4.4 后台进程

Oracle 数据库可以处理多个并发用户请求并进行复杂的数据操作,同时还要维护数据库系统使其始终具有良好的性能。为了完成这些任务,Oracle 数据库将不同的工作交给多个系统进程专门进行处理。每个系统进程的大部分操作都是相互独立并且完成指定的一类任务,这些系统进程称为后台进程。图 3-7 描述了常用后台进程与 Oracle 数据库不同部分进行交互的过程。

后台进程的主要作用是以最有效的方式为并发建立的多个用户进程提供 Oracle 的系统服务,如进行 I/O 操作、监视各个进程的状态、维护系统的性能和可靠性等。

Oracle 12c 有多个后台进程,根据后台进程启动的时机可分成三类:

强制后台进程(Mandatory Background Processes):它们是所有常用数据库配置都必须有的,在数据库启动时必须在实例中启动。主要有:数据库写进程 DBWn、日志写进程 LGWR、检查点进程 CKPT、系统监视进程 SMON、进程监视进程 PMON、可管理性监控进程 MMON 和 MMNL、恢复进程 RECO 和监听程序注册进程 LREG。

可选后台进程(Optional Background Processes):强制后台进程以外的所有进程都是可选的后台进程,它们专门针对某项任务,如归档进程 ARC0、作业调度进程 CJQ0 和 Jnnn、闪回数据归档进程 FBDA 和空间管理合作进程 SMCO 等。

从进程(Slave Processes):它是代替其他进程完成任务的后台进程。Oracle 数据库使用的从进程有:I/O 从进程模拟系统与不支持设备间的异步操作、并行执行的服务进程和查询协调进程。

下面重点介绍常用的几个后台进程。

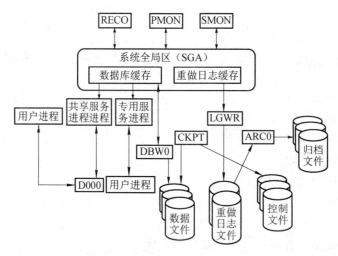

图 3-7 后台进程与数据库各部分的关系

ARC0—归档进程;CKPT—检查点进程;DBW0—数据库写进程;D000—调度进程;

LGWR—日志写进程;PMON—进程监视进程;SMON—系统监视进程

1. 数据库写进程

DBWn 负责将数据库缓存中的脏缓存块成批写入到数据文件中。通常 Oracle 只在创建实例时启动一个 DBWn 进程(称为 DBW0)。如果数据库中的数据操作十分频繁,管理员可以启动更多的 DBWn 进程以提高写入能力。Oracle 11g 最多允许 20 个 DBWn 进程(DBW0 ~ DBW9 和 DBWa ~ DBWj)。由初始化参数 DB_WRITER_PROCESSES 决定启动 DBWn 进程的数量。如

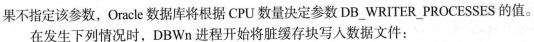

果不指定该参数，Oracle 数据库将根据 CPU 数量决定参数 DB_WRITER_PROCESSES 的值。

在发生下列情况时，DBWn 进程开始将脏缓存块写入数据文件：

- 当用户执行 INSERT 或 UPDATE 等更新操作时，服务进程没有找到可用的空闲缓存块；服务进程将向 DBWn 进程发信息要求写入脏数据块。
- 当检查点发生时，LGWR 进程通知 DBWn 进程进行写操作，DBWn 收到通知后开始写入脏数据块。
- 当数据库缓存的 LRU 列表的长度达到初始化参数指定值的一半时，DBWn 进程将被启动。
- 若发生超时（大约 3s 内未被启动），DBWn 进程将被启动。

DBWn 进程的行为对整个 Oracle 系统的性能有很大影响。如果 DBWn 进程过于频繁启动，将降低整个系统的 I/O 性能。但是，如果 DBWn 进程间隔很久才启动一次，也会在数据库恢复等方面带来不利影响。

2. 日志写进程

LGWR 负责将重做日志缓存中的重做记录写入联机重做日志文件。在 LGWR 进程将缓存中的数据写入重做日志文件的同时，Oracle 还能够继续向缓存中写入新的数据。LGWR 进程将缓存中的数据写入重做日志文件之后，相应的缓存内容将被清空。由于 LGWR 进程写入重做日志文件的速度要快于 Oracle 写入重做日志缓存的速度，因此能够保证重做日志缓存中始终有足够的空闲空间可以记录重做日志。

只有在下列情况发生时，LGWR 进程才开始将缓存数据写入重做日志文件：

- 用户进程通过 COMMIT 语句提交当前事务。
- 重做日志缓存被写 1/3。
- 在 DBWn 进程开始将脏缓存块写入数据文件前，与之相关的重做记录也必须写到磁盘。如果 DBWn 发现没有写入重做记录，DBWn 将通知 LGWR 进程将重做记录写入磁盘并等待 LGWR 进程写完后才将脏缓存块写入数据文件。
- 每隔 3s，即发生一次超时，此时会启动 LGWR。

LGWR 进程除了要将重做日志缓存中的内容写入重做日志文件外，它还在实例没有启动 CKPT 进程时来完成检查点任务。此时在配置 LGWR 进程时，需要对一些与检查点相关的初始化参数进行配置。

3. 检查点进程

检查点是一个事件，当该事件发生时 CKPT 进程让 DBWn 进程将所有 SGA 数据库缓存中修改过的数据写入数据文件，同时将对数据库控制文件和数据文件的头结构进行更新，以记录下当前的数据库结构的状态，此时数据库处于一个完整状态。检查点信息包括检查点位置、SCN、恢复时的重做日志中的位置等。

在数据库崩溃后，只需要将数据恢复到上一个检查点执行时刻即可。因此，缩短检查点执行的间隔，可以缩短数据库恢复所需的时间。Oracle 数据库利用检查点可以减少实例或介质故障后恢复所需的时间；保证数据库缓存中脏数据能定期写入磁盘；保证所有一致性关闭时已提交数据都写到磁盘。

管理员可以根据实际应用为检查点选择合适的执行间隔，因为检查点执行间隔太短，将会产生过多的 I/O 操作；执行间隔过长，数据库的恢复将耗费过多的时间。通过设置初始化参数 LOG_CHECKPOINT_TIMEOUT 可指定检查点执行的最大时间间隔。

Oracle 数据库在不同时刻执行不同级别的检查点：每当进行日志切换时（即从当前日志文件换到另一个日志文件），执行数据库检查点，此时 DBWn 进程将 SGA 中数据库缓存的所有脏数据块写入数据文件中；在将表空间设置为脱机状态时，执行表空间检查点，此时 DBWn 进程将 SGA 中数据库缓存的与该表空间相关的脏数据块写入数据文件中；根据参数设置每隔一段时间执行一个时间检查点。

4. 系统监视进程

SMON 在实例启动时负责对数据库进行崩溃恢复操作。如果上一次数据库是非正常关闭的，当下一次启动实例时，SMON 进程会自动读取重做日志文件，对数据库进行恢复，即将已提交的事务写入数据文件、回滚未提交的事务等操作。另外，SMON 进程也从临时段或临时表空间中回收不再使用的存储空间并将各个表空间中的空闲空间碎片合并在一起。在 Oracle RAC 数据库中，一个实例的 SMON 进程也可以为另一实例完成实例故障恢复。

SMON 进程除了会在实例启动时执行一次外，在实例运行期间，它会被定期地唤醒以检查是否有工作需要它来完成。如果其他任何进程需要使用到 SMON 进程的功能，它们将随时唤醒 SMON 进程。

5. 进程监视进程

Oracle 数据库的连接可能会发生崩溃、挂起或其他非正常终止现象，此时，PMON 负责对那些失败的用户进程或服务进程进行恢复，并且释放这些进程所占用的资源。

PMON 进程还会定期检查调度程序和服务进程的状态，如果它们失败，将会尝试重新启动它们，并释放它们所占用的各种资源。与 SMON 进程类似，PMON 进程在实例运行期间会被定期唤醒，检查是否有工作需要它来做。如果任何其他进程需要使用到 PMON 进程的功能，它们将随时唤醒 PMON 进程。

6. 恢复进程（RECO）

恢复进程 RECO 负责在分布式数据库环境（Distributed Database）中自动恢复那些失败的分布式事务（Distributed Transactions）。一个结点中的 RECO 进程会自动连接分布式事务中涉及的其他数据库，如果不能连接远程数据库，RECO 将每隔一段时间重新连接。

当某个分布式事务由于网络连接故障或者其他原因而失败时，RECO 进程将尝试与事务相关的所有数据库进行联系，以完成对失败事务的处理工作。RECO 进程一般不需要管理员进行干预，它会自动完成自己的任务。

如果将数据库配置为分布式事务处理，即将 DISTRIBUTED_TRANSACTIONS 初始化参数的值设置为大于 0，RECO 进程会自动启动。如果将该参数设置为 0，则 RECO 进程不会启动。

7. 可管理性监控进程 MMON 和 MMNL

可管理性监控进程 MMON（Manageability Monitor Processes）完成与自动负载资料库（Automatic Workload Repository）有关的任务；可管理性监控站点进程 MMNL（Manageability Monitor Lite Process）将把活动会话历史（Active Session History，ASH）缓存中的内容写入磁盘。

8. 可选的后台进程

除了上面的后台进程外，Oracle 中还有下面 4 种可选后台进程，配置后将启动相关的后台进程。

（1）归档进程（ARCn）

当数据库运行在归档模式下时，归档进程 ARCn 负责在日志切换后将已经写满的重做日志文件复制到归档重做日志文件中，以防止写满的联机重做日志文件被覆盖。

只有数据库运行在归档模式下并激活自动归档时，ARCn 进程才能被启动。要启动 ARCn 进程，需要将初始化参数 ARCHIVE_LOG_START 设置为 TRUE。 ARCn 进程启动后，数据库将具有自动归档功能。但即使数据库运行在归档模式下，如果初始化参数 ARCHIVE_LOG_START 设置为 FALSE，ARCn 进程也不会被启动。这时，当重做日志文件全部被写满后，数据库将被挂起，等待 DBA 进行手工归档。

在默认情况下，实例启动时仅启动一个归档进程 ARC0。当 ARC0 进程在归档重做日志文件时，任何其他进程都无法访问这个重做日志文件。

如果 LGWR 进程要使用的下一个重做日志文件正在进行归档，数据库将被挂起，直到该重做日志文件归档完毕为止。如果当前 ARCn 的数量不能处理负载时，为了加快重做日志文件的归档速度，避免发生等待，LGWR 进程会自动启动更多的归档进程。当 LGWR 启动新的 ARCn 进程时，都会在警告文件中生成一条记录。

Oracle 最多可以启动 10 个归档进程，从 ARC0 到 ARC9。可以用 ALTER SYSTEM 命令动态修改初始化参数 LOG_ARCHIVE_MAX_PROCESSES 以增加或减少归档进程的数量。

（2）作业排队进程 CJQ0 和 Jnnn

一个作业（Job）是可按指定时间运行一次或多次用户定义的任务。Oracle 数据库利用作业排队进程管理批处理方式中的用户作业，例如：可以用作业排队进程将需要长时间更新的任务放在后台。作业协调进程 CJQ0 自动启动或停止 Oracle 调度程序，并定期从作业表中选择需要运行的作业。作业排队被动进程 Jnnn 由 CJQ0 进程动态生成，并运行作业。

（3）闪回数据归档进程 FDAP

FDAP（Flashback Data Archive Process）将跟踪表的历史行写入到闪回数据归档中。当对跟踪表执行包括 DML 语句的事务时，FBDA 进程将把该表的前镜像（pre-image）和关于行的元数据写入闪回数据归档中。FBDA 自动管理闪回数据归档的空间。

（4）空间管理协调进程 SMCO

SMCO（Space Management Coordinator Process）协调各种与任务有关的空间管理任务的执行，并动态生成被动进程 Wnnn 来实现任务（Task）。

小　结

Oracle 数据库实例由内存结构和数据库后台进程组成。SGA 是所有进程可以共享的内存块。PGA 是进程专用的内存块。UGA 是存储用户会话信息的内存区。服务进程由 Oracle 数据库自身在服务器端创建，用于处理用户进程所提出的请求；后台进程用来完成实例恢复、写数据库、写重做日志到磁盘文件等功能。服务进程又分为专用服务进程和共享服务进程。后台进程有 DBWn、LGWR、ARC0 等，有的后台进程必须启动，而有的可在需要时启动。

习 题

1. 解释下列名词：实例、SGA、PGA、脏数据、服务进程、检查点、后台进程。

2. SGA 由哪几部分组成？每部分主要存放什么内容？DBWn 和 LGWR 进程主要对 SGA 哪个部分的数据进行操作？

3. 专用服务进程和共享服务进程分别适用什么情况？比较两者的优点和缺点。在哪些应用环境使用专用服务进程或共享服务进程？

4. Oracle 主要有哪些后台进程？每个后台进程主要完成什么任务？

5. 用自己的语言解释图 3-7 所示的各后台进程和物理文件的关系。

6. Oracle 对数据库更新时，是先写数据文件还是先写重做日志文件？为什么？

7. 检查点事件发生时，哪些进程需要做哪些动作？设置检查点的作用是什么？设计检查点的时间间距是不是越小越好？为什么？

第4章

管理数据库存储结构 «‹‹

学习目标

- 掌握 Oracle 数据库的逻辑结构、物理结构以及其中的概念；
- 理解逻辑数据库的组成及每部分的作用；
- 理解物理数据库各部分的作用和功能；
- 理解并掌握数据字典及动态性能视图的使用方法。

Oracle 数据库存储结构描述的是数据组织的方式。根据不同层次的数据组织方式，将数据库存储结构分为逻辑存储结构（或称为逻辑数据库）与物理存储结构（或称为物理数据库）。关系型数据库管理系统的特性之一是将逻辑数据结构（如表、视图和索引）与物理存储结构分离，这样就可以保证物理结构的变化不会影响对逻辑结构的访问。

逻辑存储结构用于描述在 Oracle 内部组织和管理数据的方式，而物理存储结构定义了操作系统中组织和管理 Oracle 数据文件的方式。Oracle 对两者的管理是分开进行的，两者之间不直接影响，但两者相互独立又密切相关，两者之间的联系如图 4-1 所示。

从图 4-1 可以看出，逻辑数据库是由若干个表空间组成的，每个表空间是由若干个段组成的，每个段是由若干区组成的，每个区是由若干个连续的数据块组成的，每个 Oracle 数据块是由若干个操作系统块组成的。一个表空间是由若干个数据文件组成的。物理数据是由若干个数据文件组成的，一个数据文件又由多个操作系统块组成。

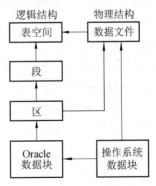

图 4-1　逻辑结构与物理结构之间的关系

4.1　物理数据库结构

从物理上讲，一个 Oracle 数据库是由若干个物理文件组成的，即物理数据库主要由数据文件、控制文件、联机重做日志文件和归档重做日志文件等操作系统文件组成。每个物理文件是由若干个操作系统数据块组成的。

4.1.1　数据文件

Oracle 数据库逻辑上由一个或多个表空间组成，每个表空间在物理上由一个或多个数据文件（Data File）组成，而一个数据文件只能属于唯一的表空间或数据库。Oracle 通过为表空间创建数据文件来从硬盘中获取物理存储空间。Oracle 的数据逻辑上存储在表空间中，而物理上存储在表空间所对应的数据文件中。

1. 数据文件概述

数据文件是由 Oracle 数据库创建的物理文件，它用来存储表、索引和视图等数据结构。临时文件是属于临时表空间的数据文件。Oracle 数据库将数据以其他程序不可读的专用格式写入数据文件。

在创建数据库对象时，用户不能指定将对象存储在哪一个数据文件中，而由 Oracle 负责为数据库对象选择一个数据文件并为其分配物理存储空间。一个数据库对象的数据可以全部保存在一个数据文件中，也可以分布在同一个表空间的多个数据文件中。数据文件与表空间的关系见图 4-1。

创建数据文件时，分配的磁盘空间将被格式化。组成表空间的各数据文件的大小决定了表空间的大小，可以通过下面几种方式来增加表空间的大小：

- 为同一个表空间追加新的数据文件；
- 手工扩大现有数据文件的大小；
- 把数据文件配置为自动增长方式，在需要更大空间时自动扩大表空间中数据文件的空间。

2. 数据文件结构

通过为表空间分配指定的磁盘空间来创建表空间的数据文件，磁盘空间中也包括和数据文件头信息。

数据文件头信息包括数据文件大小和检查点 SCN 等元数据。每个数据文件头中包括绝对文件号和相对文件号，前者在数据库中唯一地标识数据文件，后者在一个表空间中唯一地标识数据文件。

数据文件刚建立时分配的空间被格式化，但不包含用户数据。随着表空间中数据的增加，Oracle 将数据文件中的自由空间以区为单位分配给段。

数据文件中有不同类型的空间。每个区可能有下面几种状态：包含段的数据，即备用；可自由分配的，即自由空间。

4.1.2　控制文件

控制文件（Control File）是一个记录数据库结构的二进制文件，它是数据库正常启动和使用时所必需的重要文件。控制文件中记录着启动和正常使用数据库时实例所需的各种数据库信息，主要有：

- 控制文件所属的数据库名，数据库建立的时间。
- 数据文件的名称、位置、联机/脱机状态信息。
- 重做日志文件的名称和路径。
- 表空间名称等信息。
- 当前日志序列号，日志历史记录。

- 归档日志信息。
- 最近检查点信息。
- 数据文件复制信息。
- 备份数据文件和重做日志信息。

实例在加载数据库时读取控制文件，以找到自己所需的操作系统文件（数据文件、重做日志文件等）。如果控制文件中记录了错误的信息，或者实例无法找到一个可用的控制文件，数据库将无法加载和打开。

在数据库运行的过程中，当数据库中的数据文件或重做日志文件被增加、重命名或删除时，或者是数据库物理结构发生变化（如执行 ALTER DATABASE 命令）时，都要更新控制文件以记录这些变化。因此，控制文件必须在整个数据库打开期间始终保持可用状态。

控制文件中的内容只能由 Oracle 本身来修改，任何 DBA 或者数据库用户都不能编辑控制文件中的内容。如果由于某种原因导致控制文件不可用，数据库将会崩溃。

每个数据库必须至少拥有一个控制文件。一个数据库也可以同时拥有多个相同的控制文件，但是一个控制文件只能属于一个数据库。

由于控制文件的重要性，Oracle 建议每个数据库至少有两个完全镜像的控制文件，并将它们保存在不同磁盘中。

4.1.3　联机重做日志文件

Oracle 联机重做日志文件（Online Redo Log File）中以重做记录的形式记录了用户对数据库进行的所有修改操作。重做记录由一组变更向量组成，每个变更向量中记录了事务对数据库中某个数据块所做的修改。

利用重做记录，在系统发生故障而导致数据库崩溃时，Oracle 可以恢复丢失的数据修改操作信息；同时还能够恢复对撤销段所做的修改操作。在进行数据库恢复时，Oracle 会读取每个变更向量，然后将其中记录的修改信息重新应用到相应的数据块上。因此，重做日志文件不仅能够保护用户数据，还能够保护回滚（或撤销）数据。

1. 联机重做日志的结构

重做记录包含对数据库修改的以下元数据信息：

- SCN 号和变化的时间戳（Time Stamp）。
- 进行修改事务的事务 ID。
- 如果事务提交了，提交时的 SCN 和时间戳。
- 产生变化的操作类型。
- 被修改数据段的名称和类型。

2. 写入联机重做日志文件

数据库实例的联机重做日志又称重做线程。在单实例配置中，只有一个实例访问数据库，所以只有一个重做线程。在 Oracle RAC 配置中，有两个或多个实例并行访问数据库，每个实例都有独立的重做线程。每个实例中的重做线程读/写各自的联机重做日志文件。

每个数据库至少有两个联机重做日志文件，一个用于记录重做记录，一个用于归档（在 ARCHIVELOG 模式下）。在任何时刻，Oracle 只使用一个联机重做日志文件。当前正在被 LGWR 进程所用的联机重做日志文件称为活动重做日志文件或当前重做日志文件（Active Online Redo Log Files）。

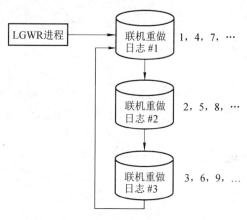

图 4-2　重做日志写入方式

Oracle 是以循环方式来使用联机重做日志文件的。重做记录以循环方式在 SGA 区的重做日志缓存中进行缓存，然后由 Oracle 实例的后台进程 LGWR 以循环方式写入联机重做日志文件中。如果当前重做日志文件已被写满，LGWR 进程继续使用下一个可用的重做日志文件。如果最后一个可用的重做日志文件也被写满，LGWR 进程将重新写入第一个重做日志文件。LGWR 进程写入重做日志文件的方式如图 4-2 所示。

当一个事务被提交时，LGWR 进程把与该事务相关的所有重做记录全部写入当前重做日志文件中，同时生成一个系统变更号（System Change Number，SCN）。系统变更号与重做记录一起保存在重做日志文件中，用来标识与重做记录相关的事务。只有当某个事务所产生的重做记录全部被写入重做日志文件之后，Oracle 才认为这个事务已经成功提交。SCN 是数据库状态是否一致的标志。图 4-2 中的重做日志文件右侧的数字表示日志文件使用顺序中的编号，即日志序列号。

在非归档模式（NOARCHIVELOG）下，写满的重做日志文件在其中的修改信息全部写入数据文件后就立即变成可重新使用的；而在归档模式（ARCHIVELOG）下，写满的重做日志文件只有将其中的修改全部写入数据文件并且归档完成后才可以重新使用。

重做记录中记载的是事务对数据修改的结果。回滚条目中记录的是事务进行修改之前的数据。如果用户在事务提交之前想撤销事务，Oracle 将通过回滚条目来撤销事务对数据所做的修改，也可以使用闪回技术来恢复某些操作。

3. 日志切换和日志序列号

日志切换是指 LGWR 进程结束当前重做日志文件的使用，开始写入下一个重做日志文件的过程。通常只有在当前重做日志文件被写满时才会发生日志切换，但是，管理员可以设置在指定时间进行日志切换，甚至在必要时还可以用手工方式强制进行日志切换。

每当日志切换发生时，数据库就会生成一个新的日志序列号，并将这个号码分配给即将开始使用的重做日志文件，如图 4-2 中的文件右边标识的数字 1，2，3 等。如果数据库处于归档模式中，在归档重做日志文件时，日志序列号将随重做日志文件一同保存在归档日志文件中。

日志序列号不会重复，同一重做日志文件在不同的写入循环中使用时，将赋予不同的日志序列号，如图 4-2 中的重做日志文件每次写入时的日志序列号分别为 1，4 等。

每个联机或归档的重做日志文件通过分配给它的唯一日志序列号来进行标识。进行数据库恢复时，Oracle 通过识别日志文件的序列号，能够按照先后次序正确地使用这些重做日志文件。

4. 多路重做日志文件

多路重做日志文件是指同时保存一个重做日志文件的多个镜像文件，这样可以防止重做日志文件被破坏。这些完全相同的重做日志文件构成一个重做日志文件组，组中每个重做日志文件称为一个日志组成员，每个组有一个编号。重做日志组中的所有成员必须具有相同的大小和完全相同的内容。

多路重做日志文件的工作原理如图 4-3 所示。同一组中的不同重做日志文件通常分别存放在不同磁盘上。

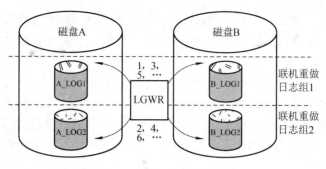

图 4-3　多路重做日志文件

在使用多路重做日志文件的情况下，LGWR 进程同步地写入相互镜像的一个日志组中的多个重做日志文件，这样就能保证某个重做日志文件被破坏后，数据库仍然能够不受影响地继续运行。

4.1.4　归档重做日志文件

如 4.1.3 节中所述，Oracle 是以循环方式将数据库修改信息保存到重做日志文件中，在重新写入同一重做日志文件时，原来保存的重做记录将被覆盖。如果能够将所有重做记录永久地保留下来，就可以完整地记录数据库的全部修改过程，从而可以用它们进行数据库恢复。

归档（Archive）是指在重做日志文件被覆盖之前，Oracle 将已经写满的重做日志文件以文件形式复制到指定的位置存放的过程。归档后的日志文件称为归档重做日志文件（Archived Redo Log Files）。归档重做日志文件是已经写满的重做日志组的成员的一个精确文件副本，其中不仅包括所有的重做记录，还包含重做日志文件的日志序列号。

归档重做日志文件主要用于进行数据库恢复和更新备份数据库，同时借用 LogMiner 工具可以得到数据库操作的历史信息。

1．归档过程

只有数据库处于归档模式中，才会对重做日志文件执行归档操作。归档操作可以由后台进程 ARCn 自动完成，也可以由管理员手工通过命令来完成。

重做日志文件的归档过程如图 4-4 所示。

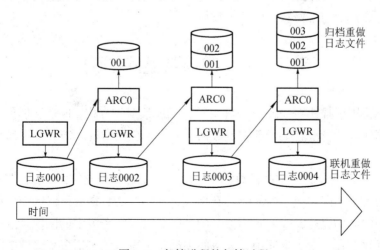

图 4-4　归档进程的归档过程

从图 4-4 可以看出，LGWR 后台进程负责写入联机重做日志文件，当联机重做日志文件写满后，由 ARCn 后台进程将联机重做日志文件的内容复制到归档重做日志文件中。如果联机重做日志组中第一个文件损坏，ARCn 会将同组中的另一个文件进行归档。

2. 数据库的归档模式

数据库的归档模式是指数据库是否进行归档的设置。数据库可以运行在归档模式（ARCHIVELOG）或非归档模式（NOARCHIVELOG）下。数据库的归档模式记录在控制文件中。

如果将数据库设置为非归档模式，Oracle 将不会对重做日志文件进行归档操作。当发生日志切换时，LGWR 进程直接写入下一个可用的联机重做日志文件，联机重做日志文件中原有的重做记录将被覆盖。

由于在非归档模式下没有保留被覆盖的重做日志，因此对数据库操作有如下限制：

① 数据库只具有从实例崩溃中恢复的能力，而无法进行介质恢复。

② 只能使用在非归档模式下建立的完全备份来恢复数据库，并且只能恢复到最近一次进行完全备份时的状态下，而不能进行基于时间的恢复。因此，在非归档模式下，管理员必须定期对数据库进行完全备份。

③ 不能够进行联机表空间备份操作，而且在恢复时也不能够使用联机归档模式下建立的表空间备份。

如果数据库设置为归档模式，Oracle 将对重做日志文件进行归档操作。LGWR 进程在写入下一个重做日志文件之前，必须等待该联机重做日志文件完成归档，否则 LGWR 进程将被挂起，数据库也停止运行。

在归档重做日志文件中，记录了自从数据库置于归档模式后，用户对数据库进行的所有修改操作。

数据库处于归档模式下具有以下优点：

① 当发生介质故障时，使用数据库备份和归档重做日志，能够恢复所有提交的事务，保证不会发生任何数据丢失。

② 利用归档重做日志文件，可以使用在数据库打开状态下创建的备份文件来进行数据库恢复。

③ 如果为当前数据库建立了一个备份数据库，通过持续地为备份数据库应用归档重做日志，可以保证源数据库与备份数据库的一致性。

4.2 逻辑数据库结构

逻辑存储结构用于描述在 Oracle 内部组织和管理数据的方式，也是管理员日常管理的主要内容。在数据库设计阶段就要合理规定数据库的逻辑存储结构。Oracle 逻辑数据库结构如图 4-5 所示。

从图 4-5 中可以看出，一个逻辑数据库是由若干表空间组成的，每个表空间由若干个段组成，每个段由若干个区组成。Oracle 以数据块为单位存储数据，而以区为单位为段分配存储空间。当段中的区用完后，Oracle 为段分配另一个区。每个段中的区数是按需要分配的。段和它所有的区存储在一个表空间中。表空间中的每个段可以包括多个文件中的区，而每个区中只能包含一个数据文件中的数据。

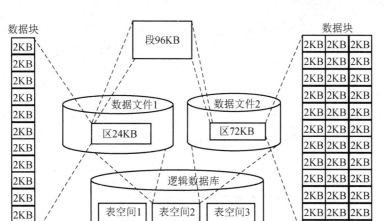

图 4-5 逻辑数据库的结构

4.2.1 数据块

Oracle 是以数据块（Data Block）为单位管理数据文件中的存储空间，即以数据块为单位存储数据。数据块是数据库读/写数据的最小 I/O 单位，但在物理的操作系统级，所有数据是以操作系统块为单位进行存储的。

一个 Oracle 块由一个或多个操作系统块组成。Oracle 块的大小在数据库创建时一旦确定，以后不能再更改。块的标准大小由初始化参数 DB_BLOCK_SIZE 指定。

块中存储着各种类型的数据，如表数据、索引数据、簇数据等。一个 Oracle 块的基本结构由块头部（包含块的物理地址、块所属段的类型等一般属性信息）、表目录（表中的行数据存储在本块中的那些表的信息）、行目录（表的行数据在本块中的行数据地址）、行数据（表或索引中的数据）和自由空间。

块的存储区是由空闲空间和行空间组成的。空闲空间是块中尚未使用的存储空间，它是插入新行或更新行时可以分配的空间。行空间是块中已经使用的空间，在其中保存了数据库对象的数据。每行的数据允许存储在一个或多个数据块中，这些数据块构成一个行数据的链表。

对块的存储空间管理可以采用自动和手工两种方式。如果在创建表空间时使用的是本地管理方式，并且将段的存储空间管理方式设置为 AUTO，Oracle 将自动管理表空间中块的空闲存储空间。

手工方式是通过设置 PCTFREE 和 PCTUSED 两个存储参数来定义的，即在创建表空间或表的 CREATE 语句中指定 PCTFREE 和 PCTUSED 参数。

PCTFREE 参数定义了为本块中数据可能的更新必须保留的最小空闲空间的比例。如果块中的空闲空间的比例减少到该值时，块将标记为已满，不能再向块中插入新数据，此时块中的空闲空间只能被 UPDATE 语句用于更新。

假如在执行 CREATE TABLE 命令时指定选项 PCTFREE 20，就表示对该表的每个数据段中的数据块必须保留 20% 的空闲空间，它们将对已在本块中的行数据进行更新，因为更新数据可能需要更多的行数据空间。

PCTUSED 参数用于指定块中已经使用的存储空间小于指定的百分比时，这个块才被重新标记为可用状态，即可以向块中插入新的行数据。当数据块空闲空间达到 PCTFREE 的值时，Oracle

数据库就把该块标记为满，直到数据块已用空间的百分比小于 PCTUSED 时才标记为可用。

正确设置 PCTFREE 和 PCTUSED 参数可以优化一个数据段的数据块中空间的使用。

4.2.2 区

区（Extent）是由物理上连续存放的块所构成的 Oracle 逻辑存储单位，由一个或多个区构成段。区是 Oracle 为段分配空间的最小单位。

分配给段的区将一直保留在段中，不论区中是否存有数据。只有在删除数据库对象时，组成段的所有区才会被回收。

Oracle 在创建带有实际存储结构的数据库对象（如表、索引等）时，自动分配若干个区作为对象的初始存储空间。当段中已分配的空间用完后，Oracle 将为段分配一个新的区，以便存放更多的数据。

本地管理方式的表空间是将表空间的区信息保存在表空间数据文件的头部；字典管理方式是将表空间的存储管理信息保存在 SYSTEM 表空间的数据字典中。由于本地管理方式有更好的性能和更简单的管理，所有默认时表空间都用本地管理方式。

在本地管理方式的表空间中，所有段的初始区和后续区可以具有同样的大小，也可以由 Oracle 自动决定后续区的大小和增加方式。

在字典管理方式的表空间中，默认的初始区的大小、后续区的大小和增加方式可以通过 STORAGE 子句设置，即设置 STORAGE 中的 INITIAL、NEXT 和 PCTINCREASE 存储参数来指定。如果在创建表等对象时不指定 INITIAL、NEXT 和 PCTINCREASE 等参数，将自动继承表空间的存储参数设置，即使用与表空间相同的区分配方式。如果在创建表时显式地指定了参数 INITLAL、NEXT 和 PCTINCREASE，它将按照指定的方式为数据段分配区。

4.2.3 段

段（Segment）由一个或多个区组成，是独立的逻辑存储结构，而不是存储空间分配的单位。具有独立存储结构的对象中的数据将全部保存在段中。在段的首部存放了组成这个段的所有区的列表。

段只属于一个特定的数据库对象（如表、索引等）。每当创建一个具有独立段的数据库对象时，Oracle 将为它创建一个段，在这个段中至少包含一个初始区。

在创建对象时可以指定 PCTFREE、PCTUSED 等参数来控制块的存储空间管理方式，也可以指定 INITIAL、NEXT、PCTINCREASE 等存储参数来指定区的分配方式。如果没有为段指定这些参数，段将自动继承表空间的相应参数。

在 Oracle 中，根据数据库对象的不同也有不同类型的段，主要有数据段、索引段、撤销段等。

1. 数据段（Data Segment）

Oracle 数据库的数据段存放所有表的数据。当用 CREATE 语句建立表或簇时将建立数据段。Oracle 中所有未分区的表和表的簇都用一个段来保存数据，而分区的表每个分区有一个独立的数据段。在创建表时可以通过 STORAGE 参数来指定数据段的区分配方式。STORAGE 参数的设置直接影响存取数据段数据的性能。

2. 索引段（Index Segment）

索引段保存的是索引中的索引条目。在创建索引（如用 CREATE INDEX 语句或自动创建索引）时，Oracle 将为索引创建索引段。Oracle 中所有未分区索引都使用一个段来保存数据，而分区的索引每个分区使用一个独立的索引段。在创建索引时可以通过 STORAGE 子句来指定索引段的区分配方式。

3. 临时段（Temporary Segment）

临时段是 Oracle 在进行大的查询或排序时自动分配的临时工作空间，用来保存 SQL 语句分析和执行的中间结果。如果排序操作能在内存中进行，Oracle 不会建立临时段。当用户会话需要临时段时，Oracle 将在用户的临时表空间中为其分配临时段。

下列语句在执行时可能需要临时段：

- CREATE INDEX；
- SELECT ... ORDER BY；
- SELECT DISTINCT ...；
- SELECT ... GROUP BY；
- SELECT ... UNION；
- SELECT ... INTERSECT；
- SELECT ... MINUS。

如果应用程序中经常使用上面的语句，可以增加 SORT_AREA_SIZE 初始化参数的值来改进性能。没有索引的连接操作、聚类操作和创建临时表也可能需要临时段。

4. 撤销段（Undo Segment）

Oracle 数据库记录着能将修改操作恢复到修改前所需要的各类信息，这些信息由事务操作的记录组成，通称为撤销段。撤销段记录了每个事务修改数据时数据的旧值，不管这个事务是否提交。撤销段是由若干撤销条目组成的。每个撤销条目包括块信息（修改的文件号和块 ID）和修改前的数据。Oracle 将同一事务撤销的条目连接在一起，这样在事务撤销时很容易找到。每个数据库可以包含一个或多个撤销段。撤销数据存储在撤销表空间的撤销段中。Oracle 利用撤销信息可以回滚活动事务、恢复中止事务、提供读一致性和恢复逻辑故障。

当执行 ROLLBACK 语句时，它利用撤销记录来撤销未提交事务所做的修改。在数据库恢复期间，也可用撤销记录把重做日志中所有未提交的修改恢复到数据文件中。

5. 自动撤销管理（Automatic Undo Management）

Oracle 9i 以后的版本中提供了一种新的管理撤销空间的方式，即自动撤销管理。自动撤销管理是基于撤销表空间的。要使用自动撤销管理方式，管理员只需为实例建立撤销表空间并将初始化参数 UNDO_MANAGEMENT 设置为 AUTO 即可。在使用 DBCA 建立数据库时会自动建立默认的撤销表空间 UNDOTBS。实例使用的撤销表空间由初始化参数 UNDO_TABLESPACE 指定。

在自动撤销管理方式下，由 Oracle 负责为事务在撤销表空间中分配回滚条目存储空间，无须建立回滚段。这样无须用户过多干预，就可有效地实现数据库的回滚功能。

4.2.4 表空间

表空间（Tablespace）是 Oracle 数据库内部最高层次的逻辑存储结构，在逻辑上数据库数据存储在表空间里，而物理上是存储在表空间对应的数据文件中。一个 Oracle 数据库至少由两个表空间 SYSTEM 和 SYSAUX 组成，TEMP 表空间是可选的。

在逻辑上，Oracle 数据库是由一个或多个表空间组成的，表空间被划分为一个个独立的段，数据库中创建的所有对象都必须保存在指定的表空间中。

图 4-6 中描述了表空间与数据文件之间的关系。在物理上，一个表空间对应于操作系统中的一个或多个数据文件。Oracle 可将一个对象（如表、索引）的数据存储在表空间的任意一个数据文件中，也可以将同一个对象的数据分布在表空间的多个数据文件中，还可以将同一个对象分布在多个表空间中（如对表进行分区后的分区表）。

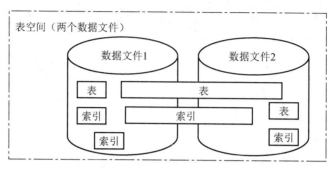

图 4-6　表空间与数据文件的关系

根据表空间存放的内容可将表空间分成用户定义表空间、SYSTEM 表空间、撤销表空间、临时表空间、SYSAUX 表空间等。

1. 用户定义表空间

用户自己定义的表空间是用于存储用户数据的普通表空间，它是根据实际应用由用户自己来建立的。

2. SYSTEM 表空间

Oracle 数据库必须至少具有一个默认的 SYSTEM 表空间。在创建新数据库时，Oracle 将自动创建 SYSTEM 表空间。在打开数据库时，SYSTEM 表空间自动打开。

SYSTEM 表空间中存储整个数据库的数据字典、所有 PL/SQL 程序的源代码和解析代码（如存储过程和存储函数、包、数据库触发器等）、数据库对象的定义（如视图、对象类型说明、同义词和序列的结构定义）和 SYSTEM 撤销段。

数据字典是一组保存数据库自身信息的内部系统表、视图及 Oracle 用于内部处理的一些对象。在数据库中创建新的对象时，对象的实际数据可以存储在其他表空间中，但是对象的定义信息必须保存在 SYSTEM 表空间中。

SYSTEM 表空间对于 Oracle 数据库来说是至关重要的。一般在 SYSTEM 表空间中应该仅保存属于 SYS 模式的对象，即与 Oracle 自身相关的数据，而用户的对象和数据都应当保存在非 SYSTEM 表空间中。

3. 撤销表空间

撤销表空间是用来在自动撤销管理方式下存储撤销信息的专用表空间。在撤销表空间中只能建立撤销段（回滚段）。任何数据库用户（包括管理员）都不能在撤销表空间中创建数据库对象。如果需要也可以建立大文件撤销表空间。

如果使用手工撤销管理方式，则只需要使用回滚段而不需要使用撤销表空间。如果数据库使用撤销表空间，可以为数据库创建多个撤销表空间，但是每个实例同时最多只能使用一个撤销表空间。撤销表空间只能使用本地管理方式。

在使用 DBCA 创建数据库时，自动建立一个默认的撤销表空间 UNDOTBS。如果需要在数据库建立之后创建其他的撤销表空间，可以使用 CREATE UNDO TABLESPACE 语句。如果要更改撤销表空间的属性，可以像更改普通表空间一样使用 ALTER TABLESPACE 语句，或者使用 DROP TABLESPACE 语句来删除撤销表空间。

4. 临时表空间

Oracle 运行过程中要使用临时空间来保存 SQL 语句（如排序）执行过程中产生的临时数据，包括中间排序结果、临时表、临时索引、临时 LOB 和临时 B 树。当 SYSTEM 表空间是本地管理方式时，就必须至少建立一个默认的临时表空间，因为本地管理方式的 SYSTEM 表空间不能存放临时数据。如果数据库的 SYSTEM 表空间是字典管理方式，那么 SYSTEM 表空间可以存储临时数据。

如果数据库将临时数据保存在 SYSTEM 表空间中，那么不仅占用 SYSTEM 表空间的存储空间，并且频繁地释放临时段会在 SYSTEM 表空间中产生大量的存储碎片，从而影响整个数据库的性能。因此，管理员应当在数据库中创建专门存储临时数据的临时表空间，即在使用 CREATE DATABASE 命令创建数据库时指定 DEFAULT TEMPORARY TABLESPACE 子句或者使用 CREATE TEMPORARY TABLESPACE 语句。

不能在临时表空间中建立永久对象，临时表空间中的数据在故障后不能恢复。

5. SYSAUX 表空间

SYSAUX 表空间是从 Oracle 10g 开始引进的表空间，它是 SYSTEM 表空间的辅助表空间，许多数据库组件（如 Oracle Spatial、Oracle Streams、Oracle Data Mining 和 Oracle interMedia 等）都使用 SYSAUX 表空间作为默认存储位置，因此建立数据库时总是创建 SYSAUX 表空间。在以前版本中这些组件都使用 SYSTEM 表空间或独立的表空间，使用 SYSAUX 表空间可以减少默认表空间的数量，减轻 SYSTEM 表空间的负荷，提高作业效率。

正常数据库运行期间，SYSAUX 表空间不能删除、更名和转换。如果 SYSAUX 表空间不能使用，Oracle 数据库的基本操作仍能正常进行，但使用 SYSAUX 表空间的组件的功能将不能使用或功能受限制。

4.3　数据字典和动态性能视图

数据字典是 Oracle 数据库最重要的部分之一，它是由一系列提供数据库信息的只读表或视图组成。动态性能视图中包含实例运行过程中有关数据库运行情况的信息。

本节将介绍数据字典和动态性能视图的使用方法，正确使用它们将给管理员和用户带来很大的方便。

4.3.1　数据字典

数据字典是提供数据库系统信息和实例性能信息的只读表或视图，这些表和视图都存储在数据库的 SYSTEM 表空间中。在数据字典中主要保存如下信息：

- 各种对象的定义信息，包括表、视图、索引、同义词、序列、存储过程、存储函数、包、触发器以及其他各种对象的定义。
- 数据库存储空间的分配信息，如为对象分配的空间和已用的存储空间。
- 数据库安全信息，包括用户、权限、角色等。
- 字段的默认值和完整性约束信息。

- 数据库运行时的性能和审计信息，如哪个用户修改或访问了哪个表。
- 其他关于数据库本身的基本信息。

数据字典的主要用途如下：

- Oracle 通过访问数据字典来获取有关用户、模式、对象，以及存储结构的信息。
- 执行 DDL 语句来修改对象的结构时，Oracle 将修改数据字典中的记录。
- 数据库用户可从数据字典的只读视图中获取各种与数据库相关的信息。
- 管理员能够从数据字典的动态性能视图中监视数据库的运行状态，从而获得进行性能调整的依据。

数据字典由基础表和用户视图两部分组成。基础表存储数据库信息，只有 Oracle 本身才有读/写基础表的权限。用户不能直接访问基础表，因为它们中存储的信息通常是经过加密处理的。大部分数据字典基础表的名称中都包含 "$" 等特殊字符。基础表中的信息经过解密和其他加工处理后以视图的方式展示给用户，这就是用户视图。大多数用户都可以通过查询数据字典视图来获取与数据库系统相关的信息。

SYS 是拥有数据字典的所有基础表和用户视图的唯一模式，没有任何 Oracle 用户能够修改 SYS 模式中的对象和记录，只有 Oracle 负责对数据字典进行管理和维护。永久改变数据字典基本表中的数据会影响数据库的正确操作。

数据字典视图主要有 USER 视图、DBA 视图、ALL 视图和 CDB 视图。表 4-1 描述了这些视图的作用。

表 4-1　数据字典视图及其作用

视图名称	视图前缀	作用描述	视图示例
USER 视图	USER_	每个数据库用户都拥有一套属于自己的 USER 视图。在 USER 中包含了该用户模式下所有对象和对象权限等信息。USER 视图可以看作 ALL 视图的一个子集，通常没有 OWNER 列	USER_TABLES 表示拥有者为当前用户的所有表信息
ALL 视图	ALL_	对于某个数据库用户来说，在 ALL 视图中包含了该用户所能访问的所有对象的信息，包括属于该用户模式扩展对象以及用户能够访问的属于其他模式的对象	ALL_TABLES 表示当前用户可访问的所有表信息
DBA 视图	DBA_	在 DBA 数据字典视图中包含着全部数据库对象的信息。只有 DBA 或被授予 SELECT ANY DICTIONARY 系统权限的用户才可以访问 DBA 视图	DBA_TABLES 表示数据库中所有的表
CDB 视图	CDB_	对每个 DBA 数据字典视图都有对应的 CDB 视图。在 CDB 视图中只是增加 CON_ID 列。对于非 CDB 数据库，对应的 CDB_视图的 CON_ID 列的值为 0。对于 CDB 数据库，CON_ID 列对应着容器的编号	CDB_TABLES 表示数据库中所有的表

4.3.2　动态性能视图

在实例的运行过程中，Oracle 维护一组虚拟表，它们记录当前数据库活动的相关信息，这些表称为动态性能表。动态性能表并不是实际的表，它们是在 Oracle 实例启动时被动态地创建，并向其中写入数据；在 Oracle 关闭时，动态性能表不会保存下来，同时它们不能被大多数数据库用户所访问。但是，管理员可以访问这些表，并可以为这些表创建视图，同时将访问视图的权限授予其他用户。

所有的动态性能表都属于 SYS 用户，它们以 V_$开头。Oracle 自动根据动态性能表建立视图（称为动态性能视图），并为视图建立公共同义词。这些公共同义词都以 V$开头，如

V$DATAFILE 包括数据文件的信息。

数据库管理员可以通过 SELECT 语句来查询所有动态视图。例如：

```
SQL> SELECT  *  FROM  v$sga
```

查询的结果如下：

```
NAME                 VALUE
-------------------- ----------
Fixed Size           282576
Variable Size        83886080
Database Buffers     33554432
Redo Buffers         532480
```

小　结

Oracle 数据库存储结构分为逻辑存储结构与物理存储结构。逻辑存储结构描述 Oracle 内部组织和管理数据的方式，而物理存储结构定义了操作系统中组织和管理 Oracle 数据文件的方式。Oracle 逻辑数据库有表空间、段、区、块；物理数据库结构中涉及数据文件、控制文件、联机重做日志文件和归档重做日志文件；逻辑结构与物理结构之间既互相独立又相互关联。

数据字典是存储在数据库的 SYSTEM 表空间中，提供数据库系统信息和实例性能信息的只读表或视图。动态性能表在实例的运行过程中使 Oracle 维护一组虚拟表。Oracle 自动根据动态性能表建立动态性能视图。

习　题

1. 什么是逻辑数据库和物理数据库？它们分别由哪些部分组成？两者之间的联系与区别是什么？

2. 控制文件记录的主要内容是什么？如何防止控制文件被破坏？管理员能修改控制文件的内容吗？为什么？

3. 联机重做日志文件的作用是什么？什么是日志切换和日志序列号？为什么要用日志组？同一组的日志成员有什么要求？

4. 什么是归档？归档模式的优点和缺点是什么？可以最多启动几个归档进程？

5. 你认为数据库在什么时候应该运行在归档模式，什么时候运行在非归档模式？非归档模式下不能完成什么工作？

6. 什么是数据字典？数据字典的作用是什么？数据字典的类型有哪些？

7. 什么是自动撤销管理？它是如何实现的？

8. 通过本章学习，你认为管理数据库结构要做哪些事情？

9. 用户 HR 分别查询 USER_TABLES 和 ALL_TABLES 视图会得到什么结果？两个视图中的内容有什么差别？

第 5 章

管理 Oracle 网络结构 ‹‹‹

学习目标

- 了解 Oracle 网络服务组成及 Oracle Net、监听程序、管理连接器和网络工具的功能和作用；
- 理解服务名、连接描述符、连接标识符等基本概念；
- 掌握 Oracle 网络在服务器端和客户端的配置方法；
- 了解 Oracle 应用的不同解决方案。

Oracle 12c 数据库是基于计算机网络的数据库，它通过网络实现了数据共享、数据完整性控制、数据安全传输、跨操作系统平台和多平台之间的数据互操作。Oracle 网络服务已经成为它的一个关键部分，它提供了网络互连方案、专门的分层结构及网络配置工具。本章将重点介绍 Oracle 网络服务的结构及配置方法。

5.1 Oracle 网络服务组成

Oracle 网络服务以分布式、分层次的计算环境为企业提供了多种连接方案，如客户/服务器解决方案、基于 Web 解决方案等。Oracle 网络服务大大减少了网络配置和管理的复杂性，使网络性能最大化，并改进了网络诊断功能。

Oracle 网络服务是管理、配置、监控和连接网络的一组网络组件，主要由 Oracle Net、监听程序（Listener）、Oracle 连接管理器（Oracle Connection Manager）、网络工具（Net Tools）和 Oracle 高级安全管理（Oracle Advanced Security）组成。

5.1.1 Oracle Net

Oracle Net 安装在客户端和服务器端的软件层，它负责建立和维护客户应用与服务器之间的连接，并按照工业标准协议在它们之间交换信息。

Oracle Net 由 Oracle 网络基础层（Oralce Net Foundation Layer）和 Oracle 协议支持层（Oracle Protocol Support）组成。

1. Oracle 网络基础层

Oracle 网络基础层利用 TNS（Transparent Network Substrate）技术来负责建立和维护客户端、数据库服务器的连接和信息交换。TNS 为工业标准协议提供了单一的通用接口，并建立点到点对等应用连接。在这个对等结构中，网络中任何两台计算机可以直接通信而不需要中间层设备。

在客户端，Oracle 网络基础层接到客户请求并解析所有与计算机连接有关的内容，如数据库服务器位置，是否使用多协议，客户和服务器端如何处理中断等。应用程序与 Oracle 网络基础层通信建立和维护连接，而基础层用 Oracle 协议支持层提供的工业标准协议（如TCP/IP）与数据库服务器通信。从客户端来看，网络层次为应用程序、网络基础层、协议支持层和标准网络协议。

在服务器端，网络协议将客户请求信息发送给 Oracle 协议支持层，而协议支持层又把这些信息传送给 Oracle 网络基础层。网络基础层同数据库服务器通信以处理客户请求。从服务器端来看，网络层次为 RDBMS、网络基础层、协议支持层和网络协议。服务器端通过监听程序（Listener）来获得客户的请求。

Oracle 网络基础层利用命名方法（Naming Methods）进行名字解析，并使用安全服务来保证连接的安全。

2. Oracle 协议支持层

Oracle 协议支持层位于 Oracle 网络基础层和网络协议层之间。在客户与服务器连接中，Oracle 协议支持层将 TNS 功能映射为工业标准协议。Oracle 网络基础层利用 Oracle 协议支持层可为基于工业标准的以下协议通信：TCP/IP、具有 SSL 的 TCP/IP、命名管道（Named Pipes）和 SDP（Socket Directary Protocol）。

TCP/IP 是客户/服务器应用方式的事实标准协议。具有 SSL 的 TCP/IP 使 Oracle 应用可以利用 TCP/IP 和 SSL 安全访问远程数据库，使用它需要 Oracle 高级安全管理。命名管道协议是在 PC LAN 环境中使用的客户和服务器进程间通信的高级接口，即在服务器建立管道，而客户端通过名字打开管道。SDP 是无线网络使用的一种工业标准协议。

3. 客户/服务器应用连接的协议层

图 5-1 中显示了在客户与数据库服务器建立连接后，在客户与服务器端的协议层次。

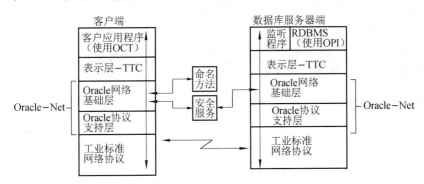

图 5-1　客户/服务器应用的网络协议层

在与数据库会话期间，客户端调用 OCI（Oracle Call Interface）与数据库服务器交互。OCI 是一个提供客户程序与 SQL 语言之间接口的软件组件。由于客户端与服务器端的字符集可能不同，表示层就在必要时使用 TTC（Two-Task Common）技术完成字符集的转换。TTC 在连接开始时比较两端的内部数据和字符集，并在必要时提供不同字符集之间的字符和数据类型的转换。

5.1.2　监听程序

监听程序是位于服务器端的一个后台进程，它监听客户端的连接请求，并且负责对服务器端的连接负荷进行调整。监听程序通常与数据库服务器运行在同一台计算机上。

当客户端试图与服务器端建立网络会话时，首先由监听程序接收网络连接请求，如果客户连接信息与监听程序信息一致，那么就可建立客户与数据库服务器的连接。一旦客户端与服务器建立连接，监听程序为客户选择一个服务处理程序并将客户请求转发给服务处理程序，然后客户与服务处理程序将直接进行通信，不再需要监听程序的参与。

每个监听程序可以配置成监听一个或多个协议地址，而配置了其中某个协议地址的客户端就可与该监听程序发出连接请求。协议地址是标识网络对象的网络地址，通常是由协议名称、主机名和端口地址等组成。建立连接时，客户端与请求的接收者（如监听程序、Oracle命名服务器或 Oracle 连接管理器）要配置成相同的协议地址。

监听程序的基本结构如图 5-2 所示。

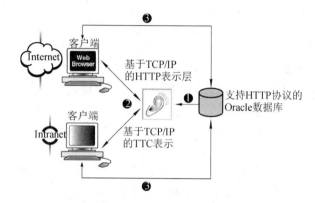

图 5-2　监听程序结构

如图 5-2 所示，第 1 步是由 PMON 后台进程向监听程序注册关于服务、实例和服务处理程序（调用程序或专用服务进程）等信息，即向监听程序提供数据库服务名、实例名、可用服务程序以及有关它们的信息。第 2 步是客户端与监听程序建立初始连接。第 3 步监听程序分析客户请求，如果请求信息正确，那么将客户请求转发给数据库的服务处理程序；如果实例没有注册，监听程序会拒绝客户请求。

关于专用服务进程和共享服务进程可以参见 3.4.2 节所述。

5.1.3　Oracle 连接管理器

Oracle 连接管理器（Oracle Connection Manager）是一个运行在独立计算机中的软件组件，它与客户端和数据库服务器是分离的，它为数据库服务器的请求做代理，即将客户连接请求转发到下一网络或直接转到数据库服务器。Oracle 连接管理器可以实现多路会话、访问控制或协议转换的功能。

Oracle 连接管理器由监听程序、连接管理器网关 CMGW 和连接管理控制 CMADMIN 组成。监听程序接收客户请求，并将请求转发给网关进程 CMGW，CMGW 进程又将请求转发给另一个连接管理器或直接转发给数据库服务器。如果连接已经存在，网关可以实现多路会话。CMADMIN 监控网关进程和监听程序，在适当的时候可以启动或关闭它们。

连接管理器的结构如图 5-3 所示。

Oracle Net 为互联网和 Intranet 环境提供更大的可调整结构方案。图 5-4 就显示了利用 Oracle 连接网络管理器和共享服务器结构灵活调整与数据库服务器的多个连接。Oracle 连接管理器可以减少 Web 服务器的网络负载，共享服务器结构可为更多的并发用户服务。

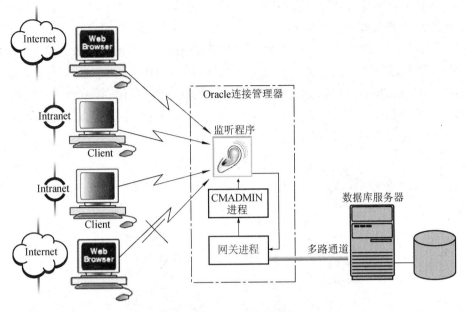

图 5-3　连接管理器结构

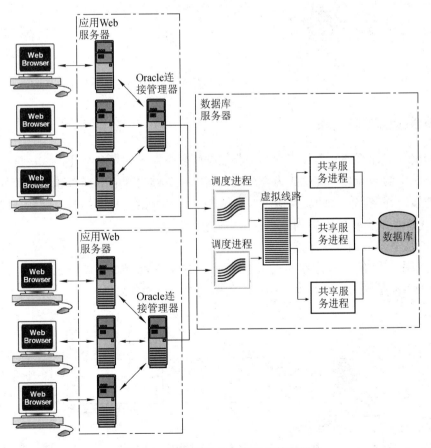

图 5-4　可调整的 Oracle 连接管理器

利用多路会话功能，Oracle 连接管理器可以通过单个物理协议连接建立多个到数据库的会话连接，这样可以减少对资源的需求。

如果将 Oracle 连接管理器配置成访问控制过滤器，它可以控制客户对 Oracle 数据库服务器的访问。通过指定过滤规则，就可以允许或限制客户对数据库服务器或计算机的访问。过滤规则中的参数可以是客户主机名或 IP 地址、服务器名或 IP 地址和数据库服务名等。

在图 5-5 中，把 Oracle 连接管理器配置成防火墙，它允许前两个 Web 客户机访问数据库，而禁止第三个客户访问。在这个配置中，客户端需要有 JDBC（Java Database Connectivity Driver）Thin Driver（JDBC 瘦驱动程序）。

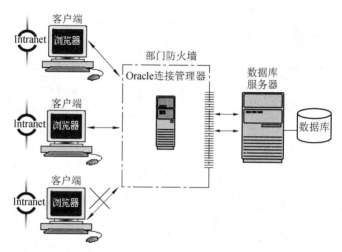

图 5-5　Oracle 连接管理器的过滤原理

5.1.4　Oracle 应用解决方案

利用 Oracle Net 将建立客户应用程序与数据库服务器的网络会话连接，一旦建立连接，在每台计算机中的 Oracle Net 就成为客户与数据库服务器之间的数据传递者，即负责建立和维护这种连接，并在它们之间交换信息。利用 Oracle Net 的这种网络互连功能，Oracle 可以提供客户/服务器和基于 Web 应用等多种网络连接解决方案。

1. 客户/服务器应用程序连接

Oracle Net 支持客户/服务器模式应用程序到数据库服务器的连接方式，其原理如图 5-6 所示。Oracle Net 是同时驻留在客户端和服务器端的一个软件组件。

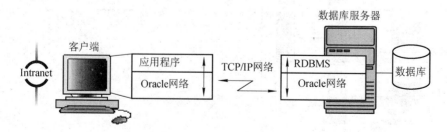

图 5-6　客户/服务器应用程序连接方式

从 Oracle 9i 开始，Oracle 正式采用 Java 作为主要程序开发语言，越来越多的客户端程序采用 Java 编写。Java 客户端是通过 JDBC 来访问数据库服务器。JDBC 是专门为 Java 语言访问关系数据库所设计的一个标准编程接口。Oracle 提供两种 JDBC 驱动程序，一种是用于安装了 Oracle 客户程序的客户端的 JDBC OCI；另一种是用于不安装 Oracle 客户程序的客户端的 JDBC Thin 驱动程序。

基于 Java 的应用方式如图 5-7 所示。从图 5-7 可以看出，Java 客户端应用程序调用 JDBC OCI 驱动程序，驱动程序把 JDBC 调用直接转换成 Oracle Net 层的调用，然后客户端使用 Oracle Net 与数据库服务器进行通信。

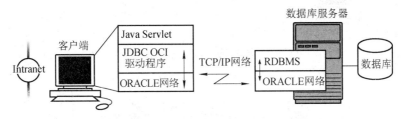

图 5-7 Java 应用连接方式

2. Web 客户端应用程序连接

Web 应用程序已经逐渐取代传统的客户/服务器应用程序，而成为主流的客户端应用方式。通过浏览器来访问数据库的 Web 应用程序类似于 C/S 连接方式，只是在结构上有所不同。Web 应用的结构如图 5-8 所示。

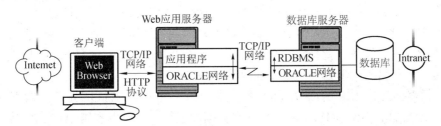

图 5-8 使用 Web 应用服务器的 Web 客户端连接

图 5-8 所示为 Web 客户连接的基本结构，包括客户端的 Web 浏览器、Web 应用服务器和 Oracle 数据库服务器。浏览器通过 HTTP 协议与 Web 服务器进行通信以发出连接请求。Web 应用服务器管理 Web 站点的数据，控制对数据的访问并将连接请求传递到服务器端的应用程序来处理，然后应用程序通过 Oracle Net 与 Oracle 数据库服务器进行通信。

Web 应用服务器也可以运行基于 Java 应用程序或 Java Servlet 的计算机，这种方式的结构如图 5-9 所示。客户请求传递给一个应用进程或 Servlet，它们使用 JDBC OCI 或 JDBC Thin 驱动程序与数据库服务器连接。

Web 客户浏览器可以不通过 Web 应用服务器而直接访问数据库服务器，通常是使用 Java Applet 来访问数据库。数据库除了正常的配置以外，还应该配置成能支持 HTTP、FTP 或 WebDAV 协议，这些协议用于连接 Oracle XML DB。

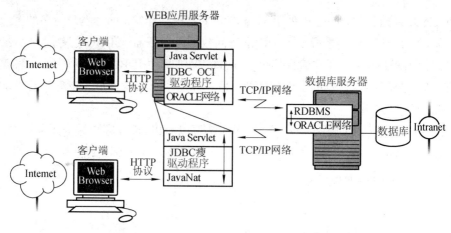

图 5-9 基于 Java 程序的应用服务器

5.2 网络配置概念

在进行网络配置过程中要用到许多新的概念。如果要想正确配置网络，就必须理解和使用下面的相关概念或名词。

5.2.1 服务名

服务名（Service Name）或数据库服务名是数据库的逻辑表示，对于客户端来说就是数据库的存在方式。一个数据库可以具有多个服务名，一个服务名也可以通过多个数据库实例来实现。通常数据库服务名就是它的全局数据库名（Global Database Name），即数据库名加上网络域名。服务名不同于客户端定义的网络服务名。

初始化参数 SERVICE_NAME 用来指定数据库服务名，默认值为全局数据库名，即 DB_NAME 参数加上 DB_DOMAIN 参数。在数据库运行时，可以利用 ALTER SYSTEM 语句来修改 SERVICE_NAMES 参数的值。

5.2.2 连接描述符

连接描述符（Connect Descriptor）是一个网络连接目标的格式描述字符串，它包括目标服务连接信息（即数据库服务名或数据库 SID）和网络路由信息（即数据库监听的网络地址和端口号等）组成。连接描述符中提供了数据库服务名和数据库服务器的位置，客户端必须使用连接描述符来与数据库服务器建立连接。连接描述符可以由 DBA 手工创建，也可以由 Oracle Net Manager 等网络配置工具来自动创建。

下面是一个连接描述符的例子，使用这个连接描述符，客户端能够连接到一个服务名为 student.edu.cn 的数据库，连接时使用的协议为 TCP/IP，数据库服务器主机名为 server，端口号为默认的 1521。

```
（DESCRIPTION=
    （ADDRESS =（PROTOCOL=tcp）（HOST=server）（PORT=1521））
    （CONNECT_DATA=（SERVICE_NAME=student.edu.cn）））
```

ADDRESS 部分是数据库服务器监听程序的协议地址。CONNECT_DATA 中包括目标服务信息。

如果客户端使用的连接描述符中所包含的网络位置信息与某个监听程序所监听的位置相同，那么监听程序就会接收客户端的连接请求。客户端在必要时可在连接描述符中设置 INSTANCE_NAME 参数来指定连接的数据库实例，也可以通过 SERVER 参数来指定是专用服务器进程（server=dedicated）还是共享服务器进程（server=shared）。

5.2.3 网络服务名

连接描述符是连接数据库时所必须提供的信息，但它结构比较复杂。因此，在连接数据库时使用一种更简单明了的连接描述符，即网络服务名（Net Service Name）。用户可以使用用户名、密码和网络服务名来连接数据库服务器。

```
SQL>CONNECT username/password@net_service_name;
```

根据应用需求，可将网络服务名存储在每个客户计算机的 tnsnames.ora 文件中或者是目录服务中，也可以是外部命名服务 NIS 或 CDS 中。

5.2.4 连接字符串和连接标识符

连接字符串（Connect String）是指客户端在连接数据库时需要提供的信息所组成的字符串，这些信息包括用户名、密码及连接标识符。

连接标识符（Connect Identifier）可能是网络服务名、数据库服务名或是存储在目录中的网络服务别名。用户使用连接标识符建立连接。

```
SQL>CONNECT 用户名/密码@连接标识符
```

客户端连接数据库时要在连接字符串中包含一个连接标识符，然后由命名方法将连接标识符解析为对应的连接描述符，最后利用连接描述符中包含的信息建立与数据库服务器的连接。

5.3 服务器网络配置

客户端应用程序连接数据库服务器时首先利用连接描述符中的信息连接到监听程序，然后由监听程序将连接请求传递给专用服务器进程或调度进程。所以在 Oracle 网络中，服务器端主要是对监听程序的配置与服务进程的配置。专用服务器进程是 Oracle 自动生成的，因此主要是共享服务器结构下的调度进程的配置。

5.3.1 Oracle 网络工具

Oracle Net 服务提供了图形化用户接口工具和命令行程序，使用户很容易配置、管理和监视网络。

1. Oracle Enterprise Manager（OEM）

OEM 可以跨平台的对 Oracle 网络服务进程配置和管理。利用 OEM 可以配置监听程序、命名方法、Oracle 主目录位置等。

2. Oracle 网络配置助手

Oracle 网络配置助手（Oracle Net Configuration Assistant，ONCA）是用来配置基本网络

组件的工具。用它可以配置监听程序名、协议地址、客户端解析连接标识符的命名方法、
TNSNAMES.ORA 文件中的网络服务名和目录服务器用法等。

3. Oracle 网络管理器

Oracle 网络管理器（Oracle Net Manager）把配置功能和组件控制功能组合在一起为配置
和管理 Oracle 网络服务提供一个集成环境。用网络管理器可以完成下面功能：

- 调整和配置由 ONCA 建立的监听程序和命名方法；
- 利用向导工具来测试网络的连通性；
- 迁移命名方法中的数据；
- 建立其他网络组件。

命令行工具可以用来配置、管理和监视网络组件，如监听程序和 Oracle 连接管理器。

5.3.2 监听程序的配置

监听程序用来监测所有连接数据库服务器的请求信息，只有配置了监听程序或者使用默
认监听程序，数据库服务器才能工作。

1. 监听程序配置文件内容

对监听程序的配置包含如下内容：

- 配置监听程序所监听的一个或多个协议地址；
- 配置监听程序所支持的数据库服务信息；
- 设置控制监听程序运行的参数。

这些配置内容都保存在一个名称为 listener.ora 的配置文件中。默认情况下，listener.ora
文件位于 Oracle 安装目录的%Oracle-HOME%\network\admin 目录下。

由于所有的配置参数都具有默认值，因此在不进行任何配置的情况下，监听程序也可以
工作。在这种情况下，后台进程 PMON 自动将数据库服务信息注册到默认的监听程序
（LINSTENER）中，并使监听程序使用默认配置（TCP/IP，1521 端口）。在启动时支持任何
数据库服务，在数据库企业版及标准版的安装过程中，并不需要在 ONCA（Oracle Net
Configuration Assistant）中修改监听程序的配置，只要接收默认的配置（网络协议为 TCP/IP，
协议端口号为 1521）即可。

在 Oracle 数据库软件安装过程中，ONCA 将自动启动。利用 ONCA 可以对监听程序的
监听协议地址及数据库服务信息进行配置。

默认监听程序的配置如下：

```
LISTENER=
  (DESCRIPTION=
    (ADDRESS_LIST=
      (ADDRESS=(PROTOCOL=TCP)(HOST=SWJ_SERVER)(PORT=1521))
      (ADDRESS=(PROTOCOL=ICP)(KEY=EXTPROC))))
SID_LIST_LISTENER=
  (SID_LIST=
    (SID_DESC=
        (GLOBAL_DBNAME=swj.gov.cn)
        (ORACLE_HOME=e:\app)
        (SID_NAME=swj))
    (SID_DESC=
```

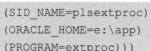

```
(SID_NAME=plsextproc)
(ORACLE_HOME=e:\app)
(PROGRAM=extproc)))
```

上面的监听程序的参数说明如下：

- LISTENER 是监听程序的名字，一个文件中可以定义多个互不相同的名字。
- ADDRESS 表示一个协议地址，ADDRESS_LIST 是若干相同属性的协议地址的列表。
- DESCRIPTION 包括监听程序所监听的各种协议类型的列表。
- SID_LIST 包含注册到监听程序的一个或多个数据库服务注册信息，SID_DESC 是某个特定数据库服务在监听程序中的注册信息。
- GLOBAL_DBNAME 指定数据库的全局数据库，它必须包含在 SID_DESC 参数之中，它的值与初始化参数 SERVICE_NAME 的值一样。
- Oracle_HOME 指定数据库服务的 Oracle 主目录路径，它必须包含在参数 SID_DESC 之中。
- SID_NAME 指定数据库实例的 SID，它必须包含在 SID_DESC 参数中，且与初始化参数 INSTANCE_NAME 的值一致。

2. 监听程序配置方法

监听程序的默认配置通常可以满足大部分情况的需要。但是，如果需要修改，可以使用 ONCA 或 Oracle Net Manager 来修改 listener.ora 配置文件。在一个 lisnter.ora 配置文件中可以配置多个监听程序，但是，每个监听程序必须具有唯一的名称。

下面将介绍使用 Oracle Net Configuration Assistant 配置监听程序的步骤。

（1）依次选择"开始"|"程序"|"Oracle-OraDB12Home1"|"配置和移植工具"|"Net Configuration Assistant"命令，弹出图 5-10 所示的对话框。

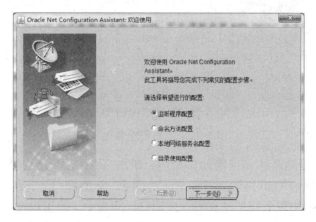

图 5-10　网络配置项选择

（2）选择"监听程序配置"单选按钮，单击"下一步"按钮将显示图 5-11 所示对话框。

如果当前没有任何监听程序，只有"添加"选项可用；如果已有监听程序，那么所有选项都可用。选择"添加"单选按钮可添加新的监听程序，选择"重新配置"单选按钮可以修改已有监听程序的配置，选择"重命名"单选按钮可更改监听程序的名称，选择"删除"单选按钮可删除现有的监听程序。

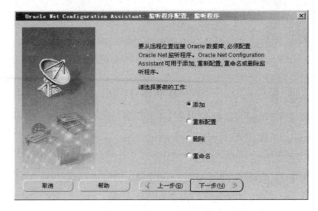

图 5-11　监听程序配置功能项

（3）选择"添加"单选按钮，单击"下一步"按钮将显示图 5-12 所示的对话框。在此对话框口中输入监听程序名称和 Oracle 主目录用户口令。监听程序的名称不得超过 138 个字符。 监听程序是一个代表客户端应用程序接收连接请求的进程。每个监听程序有唯一的名称标识。LISTENER 是第一个监听程序的默认名称。

Oracle 主目录口令就是在创建数据库时使用的用户口令，如选择创建新的 Windows 用户 ORAUSER，口令就是当时输入的口令。

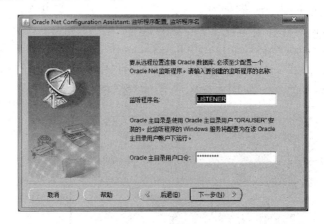

图 5-12　监听程序名称

（4）输入完监听程序名称和正确的口令后，单击"下一步"按钮将显示图 5-13 所示的选择协议对话框，默认为 TCP 协议。选择不同协议下一步的操作会有所不同。

在可用协议中双击协议名将把它移到选定的协议列表中（也可以在选择协议名后，用箭头按钮来移动）。在选定的协议框中可以单击上下箭头按钮来调整协议的顺序。双击协议名称将删除选择的协议。

（5）如果选择 TCP 选项，单击"下一步"按钮将显示图 5-14 所示的选择端口的对话框。

① 如果选择"使用标准端口号 1521"单选按钮，将使监听程序监听默认端口 1521。Oracle 公司建议将此端口号用于对数据库服务的客户机连接。默认情况下，动态服务注册使用的监听程序配置为 TCP/IP 的端口 1521。

② 如果选择"请使用另一个端口号"单选按钮以指定 1521 以外的另一个端口。服务器端的监听程序的端口号要与客户端一致。

单击"下一步"按钮配置完成。监听程序配置完成后，可以使用 Oracle Net Manager 或 Oracle Net Configuration Assistant 进行修改、删除和重命名等操作。

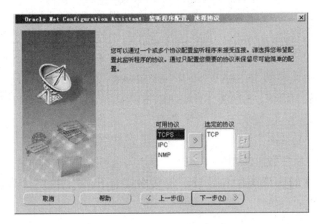

图 5-13　选择协议

3. 监听程序管理

在 Windows 环境下，可用命令行程序 LSNRCTL 来启动、关闭和管理监听程序。只要在 DOS 提示符或"开始"的运行菜单中执行 LSNRCTL 就可进入图 5-15 所示的界面。

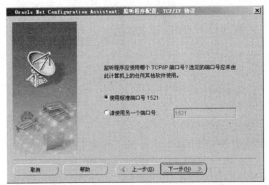

图 5-14　配置端口

图 5-15　监听程序管理界面

在图 5-15 的 LSNRCTL 程序提示符下，可用表 5-1 中的命令管理监听程序。

表 5-1　常用监听程序的命令

命 令 格 式	命 令 说 明
CHANGE_PASSWORD [监听程序名字]	修改监听程序的口令
START [监听程序名字]	启动由监听程序名字指定监听程序
STOP [监听程序名字]	停止由监听程序名字指定监听程序
STATUS	显示监听程序的状态
SERVICES [监听程序名字]	显示监听程序的服务信息
SET 参数值	设置参数值
SAVE_CONFIG [监听程序名字]	将参数设置保存到参数文件
VERSION [监听程序名字]	显示监听程序的版本信息
HELP [命令名]	显示所有命令使用格式

5.3.3 共享服务器配置

共享服务器结构的数据库服务器允许多个用户进程共享几个服务进程，从而增加服务器的用户数量。在共享服务器结构中，用户进程连接到调度进程，由调度进程排队并将用户请求分配给空闲的服务进程。如果设置数据库使用共享服务器结构，那么要设置一些数据库的初始化参数，其中初始化参数 DISPATCHERS 和 SHARED_SERVERS 是必须设置的，初始化参数 MAX_DISPATRCHERS、MAX_SHARED_SERVERS、CIRCURTES，以及 SHARED_SERVER_SESSIONS 等是可选的。

1. 配置参数

（1）DISPATCHERS 参数：DISPATCHERS 是共享服务器必须配置的参数，它决定了数据库实例启动的调度程序的协议类型和数量。定义格式如下：

```
DISPATCHERS=' (特性 1=值 1) (特性 2=值 2)…'
```

常用的特性有：

```
PROTOCOL=协议类型
DISPATCHERS=调度程序数量
ADDRESS=监听程序的协议地址（即协议和主机地址）
```

在初始化文件中可以定义：

```
DISPATCHERS='(PROTOCOL=TCP)(DISPATCHERS=2)\
(PROTOCOL=IPC) (DISPATCHERS=1)'
```

下面例子为调度进程分配固定 IP 地址（运行实例的计算机的 IP 地址），并用两个调度进程来监听同一 IP 地址。

```
DISPATCHERS="(ADDRESS=(PROTOCOL=TCP)\
      (HOST=144.25.16.201))(DISPATCHERS=2)"
```

下面的例子要求调度进程使用指定的端口号：

```
DISPATCHERS="(ADDRESS=(PROTOCOL=TCP)(PORT=5000))"
DISPATCHERS="(ADDRESS=(PROTOCOL=TCP)(PORT=5001))"
```

DISPATCHERS 初始值为空 NULL，可以通过 ALTER SYSTEM 修改它的值：

```
SQL> ALTER SYSTEM SET DISPATCHERS=
  2  '(PROTOCOL=TCP)(DISPATCHER=2)';
```

（2）SHARED_SERVERS 参数：SHARED_SERVERS 参数指定在数据库实例启动时启动共享服务器进程的数量，默认设置时为 0，即不启动共享服务器进程。Oracle 根据请求队列的长度动态调整共享服务器进程的数量。共享服务器进程的范围是在初始化参数 SHARED_SERVERS 和初始化参数 MAX_SHARED_SERVICES 之间。通常是每十个连接请求共享一个服务进程。

使用共享服务器结构时，SHARED_SERVERS 参数的值必须配置且大于零。

```
SHARED_SERVERS=n
```

可以用 ALTER SYSTEM 在数据库运行时修改该参数：

```
SQL> ALTER SYSTEM SET SHARED_SERVERS=4;
```

（3）MAX_DISPATCHERS 参数：MAX_DISPATCHERS 参数指定最大的调度进程数量，DISPATCHERS 的值不能超过该值。实例运行时不能修改该参数，它的默认值为 5。

（4）MAX_SHARED_SERVERS 参数：MAX_SHARED_SERVERS 指定最大共享服务器进程数量，SHARED_SERVERS 参数的值不能超过该值。在实例运行时不能修改该参数，默认值为 20。

（5）SESSION 参数：SESSION 设置能够连接到数据库的最大并发会话数量，不能在运行中进行修改。

```
SESSION=n
```

（6）CONNECTIONS 参数：设置数据库的并发物理连接用户数。

2. 连接池配置

在用户数量很多的 Web 应用中，通常会有很多闲置的会话连接。连接池（Connection Pool）技术把闲置超过指定时间的连接用于当前活动的会话，此时逻辑连接仍然打开，当有新的请求时将自动重新用其他闲置连接来建立物理连接，这样可以减少与调度进程的物理连接数，从而使硬件可处理更多的用户。通过配置初始化参数 DISPATCHERS 的 POOL 特性来激活连接池。例如：

```
DISPATCHERS="(PROTOCOL=tcp)(DISPATCHERS=1)(POOL=on)(TICK=1)
             (CONNECTIONS=950)(SESSIONS=2500)"
```

3. 修改共享服务器参数

如果用户具有 ALTER SYSTEM 系统权限，在实例运行期间可以使用 ALTER SYSTEM 语句动态修改调度进程和共享服务器进程的数量。

```
SQL> ALTER SYSTEM  SET DISPATCHERS=
  2 '(PROTOCOL=TCP)(DISPATCHERS=5) (INDEX=0)',
  3 '(PROTOCOL=TCPS)(DISPATCHERS=2) (INDEX=1)';
```

执行上面语句后，如果当前使用 TCP 协议的调度进程少于 5 个，Oracle 将增加到 5 个；如果当前使用的多于 5 个，在连接的用户断开连接后将终止一些进程至 5 个。使用 INDEX 关键字可以标识要修改的调度进程。

在知道了特定调度进程号后，可以通过下面 ALTER SYSTEM 语句来终止调度进程：

```
SQL>SELECT name,network FROM  v$dispatcher;
NAME NETWORK
---- ------------------------------------------------------
D000 (ADDRESS=(PROTOCOL=tcp)(HOST=jsj1.chxy.com)(PORT=3499))
D001 (ADDRESS=(PROTOCOL=tcp)(HOST=jsj1.chxy.com)(PORT=3531))
D002 (ADDRESS=(PROTOCOL=tcp)(HOST=jsj1.chxy.com)(PORT=3532))
```

执行下面命令将终止调度进程 D002：

```
SQL> ALTER SYSTEM SHUTDOWN IMMEDIATE  'D002';
```

如果将 SHARED_SERVERS 设置为 0，Oracle 将在服务进程变空闲时终止所有当前的共享服务器进程。只有在 SHARED_SERVERS 的值大于零时，Oracle 才会启动新的共享服务器进程。因此，可以通过设置 SHARED_SERVERS 为 0 来禁止共享服务器方式。

```
SQL>ALTER SYSTEM SET SHARED_SERVERS=0;
```

4. 监视共享服务器

通过下面的动态性能视图可以了解共享服务器进程的信息并有效地监视共享服务。

（1）V$DISPATCHER：该视图提供关于调度进程的信息，包括进程名、网络地址、进程状态、各种使用的统计数据和索引号。

（2）V$DISPATCHER_RATE：调度进程的速度统计信息。

（3）V$QUEUE：包括共享服务器消息队列中的信息。

（4）V$SHARED_SERVER：包括共享服务器进程的信息。

5.4 客户端网络配置

客户端应用程序连接数据库服务器的基本方法是先发出包含连接标识符的连接请求，然后通过某种命名方法将连接标识符解析为连接描述符，再利用连接描述符中的信息连接到监听程序，最后由监听程序将连接传递给服务进程。因此，客户端网络配置的主要任务就是为客户端选择所使用的命名方法，即建立连接标识符到连接描述符的映射关系，或者是定义网络服务名。

5.4.1 命名方法分类

命名方法（Naming Method）是客户程序在连接数据库服务时，将连接标识符解析为连接描述符的一种机制。Oracle Net 支持本地命名、目录命令等多种命名方法。

1. 本地命名方法（Local Naming）

本地命名方法是将网络服务名存储在本地计算机的 tnsnames.ora 的配置文件中，每个网络服务名对应着一个连接标识符与连接描述符的映射关系。客户端在本地就能够完成连接标识符到连接描述符的转换。

下面是 tnsnames.ora 文件中的一个网络服务名 sales 和它对应的连接描述符 DESCRIPTION，连接描述中包括协议地址和连接信息。

```
sales=
(DESCRIPTION=
    (ADDRESS=(PROTOCOL=tcp)(HOST=sales-server)(PORT=1521))
    (CONNECT_DATA=
        (SERVICE_NAME=sales.us.acme.com)))
```

本地命名方法的优点是网络服务名的解析方式直接、简单，可以在运行不同协议的网络中进行网络服务名的解析；缺点是需要对每个客户端进行本地配置。它适用于变化小且服务数量不多的分布式网络环境。

2. 目录命名方法（Directory Naming）

目录命名方法是将每个客户的连接标识符到连接描述符的映射信息存储在一个与 LDAP 兼容的目录服务器中，这些目录服务器可以是 Oracle Internet Directory、Microsfot Active Directory 等。

在目录命名方法下，客户端必须先访问目录服务器以完成连接标识符到连接描述符的映射，然后再利用连接描述符访问数据库服务器。

目录命名方法提供了数据库服务和网络服务名的集中管理，使增加或重新定义新的服务更加方便，不需要每个客户进行管理，同时目录中可以存储其他服务并提供简单的配置工具；缺点是需要访问目录服务器。这种方式适用于变化频繁的大而复杂的网络。

3. 易用连接命名方法（Easy Connect Naming）

对于小型的 TCP/IP 网络环境，可以使用易用连接命名方法，此时客户端不需要任何配置或目录服务就可以连接数据库服务器。客户在连接时只需要提供 TCP/IP 连接字符串（主机名、端口号或服务名、用户名等信息）即可直接连接数据库，它是对原来仅以主机命名方法的扩展。

4. 外部命名方法（External Naming）

外部命名方法利用支持命名方法的非 Oracle 名称服务器来存储连接标识符信息，这些服务器包括 NIS（Network Information Service）、CDS（Cell Directory Service）等。

以上命名方法中，本地命名方法是最常用的命名方法。

5.4.2 命名方法的配置

用户在连接数据库前，要指定连接数据库的命名方法以指定连接标识符解析为连接描述符的方法。配置命名方法使用 Oracle 网络配置助手 ONCA。

1. 选择命名方法的配置

按照"5.3.2 节 2.监听程序配置方法"启动 Oracle 网络配置助手 ONCA，在图 5-10 中选择"命名方法配置"单选按钮，单击"下一步"按钮将出现图 5-16 所示的界面。在图 5-16 中，通过单击左箭头按钮将选定的命名方法从"可用命名方法"列表框中移到右边的选定的命名方法列表中。可以选择多个命名方法，通过右边的上箭头按钮和下箭头按钮可以调整使用命名方法的顺序。

如果要选择 NIS 外部命名方法，那么单击"下一步"按钮将提示输入元映射名称，即包含数据库服务名的特殊文件；如果要选择分布式计算环境的服务目录 DCE CDS 外部命名方法，那么单击"下一步"按钮将提示输入完成网络服务名映射的单元名称。

选择的命名方法记录在 sqlnet.ora 的文本文件中，它位于 Oracle 安装目录的 network\admin 子目录中。完成上面的配置后，sqlnet.ora 文件中的内容如下：

```
SQLNET.AUTHENTICATION_SERVICES=(NTS)
NAMES.DIRECTORY_PATH=(TNSNAMES,EZCONNECT)
```

上面表示选择了本地命名方法和易用连接命名方法。也可以通过 Oracle Net Manager 来进行命名方法的选择。

2. 配置本地命名方法

本地命名方法将连接标识符到连接描述符的映射关系保存在名称为 tnsnames.ora 的文本文件中。Oracle 安装过程后自动启动 ONCA，因此可在安装时配置本地命名方法，也可在安装后用下面的方法来修改或重新配置。

本地命名方法的主要配置内容如下：

- 按照上面所述的方法配置本地命名方法为客户命名方法，生成 sqlnet.ora 文件。
- 配置网络服务名（在 tnsnames.ora 文件中）。
- 如果每个客户端有完全相同的配置，可以将 sqlnet.ora 和 tnsnames.ora 文件复制到每个客户端，或在每个客户端计算机上做同样的配置过程。如果每个客户端使用的协议等内容不完全相同，那么要在每个客户端进行不同的配置。

虽然 sqlnet.ora 和 tnsnames.ora 文件是文本文件，但不建议手工去修改它，而是使用 Oracle Net Manager 或 Oracle Net Configuration Assistant 来维护它。

用 Oracle Net Configuration Assistant 配置本地命名方法的步骤如下：

（1）按照"5.3.2 节 2.监听程序配置方法"启动 Oracle 网络配置助手 ONCA，在图 5-10 所示界面中选择"本地 Net 服务名配置"单选按钮，单击"下一步"按钮将出现图 5-17 所示的界面。

选择"添加"单选按钮可以添加网络服务名；选择"重新配置"单选按钮可以重新配置现有网络服务名；选择"删除"单选按钮可以删除网络服务名；选择"重命名"单选按钮可以更改现有的网络服务名；选择"测试"单选按钮可以测试网络服务名配置的网络信息是否正确。

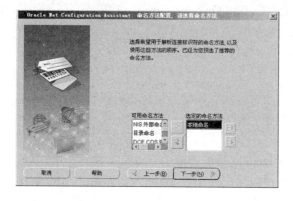

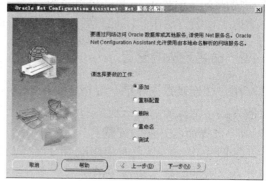

图 5-16　设置要使用的命名方法　　　　　图 5-17　网络服务名配置功能项

（2）选择"添加"单选按钮，单击"下一步"按钮，将显示图 5-18 所示的对话框，在此对话框中输入标识数据库服务的名称。服务名通常是由数据库名（DB_NAME）和域（DB_DOMAIN）组合的全局数据库名。例如：服务 teacher.lxy.edu.cn，其中 teacher 是数据库名，lxy.edu.cn 是域。数据库服务名是在数据库创建期间定义的。

（3）单击"下一步"按钮将显示选择协议对话框。默认时选择 TCP 协议。可用的协议有 TCP、TCPS、IPC 和 NMP 四种。

① TCP/IP 是实际的标准以太网协议，用于网络上客户机/数据库服务器的会话。TCP/IP 允许在客户机上的 Oracle 应用程序通过 TCP/IP 同远程 Oracle 数据库通信。

② TCPS 是带 SSL 的 TCP/IP。使用安全套接字层（SSL）的 TCP/IP 允许客户机上的 Oracle 应用程序通过 TCP/IP 和 SSL 同远程 Oracle 数据库通信。使用 SSL 的 TCP/IP 仅用于与 SSL 认证方法一起使用。

③ IPC 交互进程通信，它用于与监听程序在同一结点上的客户程序进行通信。IPC 可以提供比 TCP/IP 更快的本地连接速度。

④ 命名管道 NMP 仅用于未使用 TCP/IP 协议的 Windows NT 系统中。

（4）选择 TCP 协议，单击"下一步"按钮将显示图 5-19 所示的对话框。

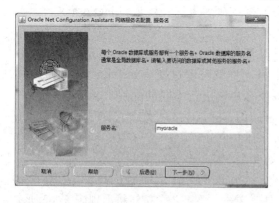

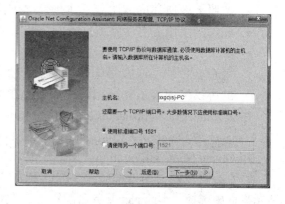

图 5-18　数据库服务名　　　　　　　图 5-19　主机名和端口号对话框

在该对话框的"主机名"文本框中输入监听程序所在的计算机主机名或 IP 地址。如果监听程序使用端口 1521 接收请求，选择"使用标准端口号 1521"单选按钮。如果指定除 1521

之外的其他监听端口，选择"请使用另一个端口号"单选按钮，指定的端口号必须已配置了监听程序。

（5）单击"下一步"按钮将显示测试对话框。如果由于目标服务或监听程序当前不可用或未运行而不想执行测试，可以选择"不，不进行测试"单选按钮；如果要建立与目标数据库服务的连接，可以选择"是，进行测试"单选按钮。

（6）在测试对话框中选择"是，进行测试"单选按钮，单击"下一步"按钮将显示是否测试成功。如果测试失败，要查找故障原因。常见的故障原因是测试账号无效、网络故障、协议配置错误、数据库服务名错误等。可以单击"更改登录"按钮来选择另一个合法账号进行登录，或者通过单击"上一步"按钮退回到可能输入错误的位置，或者调试网络环境。

（7）如果测试成功，单击"下一步"按钮将显示网络服务名编辑框，可以接收默认的网络服务名，或在"网络服务名"编辑框中输入自己的网络服务名。输入的网络服务名对客户机而言应该是唯一的。

网络服务名配置也可以使用 Oracle Net Manager 或 Oracle Enterprise Manager 来完成。网络服务名配置完成后，可以通过 SQL Plus 登录到数据库。

```
SQL>CONNECT username/password@net_service_name;
```

3. 易用连接命名方法的使用

易用连接命名方法是直接使用 TCP/IP 的网络连接的信息进行客户与服务器的连接，不需要客户端做任何的配置。

使用易用连接命名方法的第一步是选择易用连接命名方法，然后就可以直接进行数据库连接。在进行直接连接时，客户端用户在连接字符串中指定全局数据库名或服务器名和端口号等信息。

```
CONNECT username@[///]host[:port][/service_name][:server][/instance_name]
```

假设数据库服务器的计算机名为 oracle11g，数据库实例的名称为 example，那么用下面的命令就可建立数据库的连接：

```
e:>SQLPLUS  /nolog
SQL>CONNECT  hr/password@oracle11g/example;
```

如果不是使用标准的端口号 1521，那么可以在命令中指定数据库服务使用的端口号。

```
SQL>CONNECT  hr/password@oracle11g:1555/example;
```

5.4.3 共享服务器方式的客户端配置

如果服务器端配置为共享服务器方式，但在用户连接时没有注册任何调度程序，这个请求将由在 listener.ora 文件中配置的专用服务器进程处理。如果客户端使用调度程序，就可以在客户端的 tnsnames.ora 文件中的连接描述符部分加入 SERVER=shared 的配置。

```
sales=
(DESCRIPTION=
    (ADDRESS=(PROTOCOL=tcp)(HOST=sales-server)(PORT=1521))
    (CONNECT_DATA=
        (SERVICE_NAME=sales.us.acme.com)
    (SERVER=shared)))
```

如果此时调度进程不能使用，客户连接请求会被拒绝。

如果在共享服务器模式下，特定的客户需要使用专用服务器进程连接，可以在连接描述符的 CONNECT_DATA 部分中加入"(SERVER=dedicated)"进行配置，例如：

```
sales=
  (DESCRIPTION=
    (ADDRESS=(PROTOCOL=tcp)(HOST=sales-server)(PORT=1521))
    (CONNECT_DATA=
      (SERVICE_NAME=sales.us.acme.com)
      (SERVER=dedicated)))
```

小　结

Oracle 网络服务是管理、配置、监控和连接网络的一组网络组件，主要由 Oracle Net、监听程序、Oracle 连接管理器、网络工具和 Oracle 高级安全管理组成。Oracle Net 是安装在客户端和服务器端的软件层，它负责建立和维护客户应用与服务器之间的连接，并按照标准协议在它们之间交换信息。监听程序是位于服务器端的一个后台进程，它监听客户端的连接请求，并且负责对服务器端的连接负荷进行调整。

在 Oracle 应用方案中，需要利用网络工具在服务器端配置监听程序，在客户端配置不同的命名方法，服务名、连接描述符、连接标识符都是在配置客户端时用来标识连接目标的不同方式。

习　题

1. 解释下列名词：监听程序、连接字符串、连接描述符、连接标识符、命名方法、服务名、网络服务名、协议地址、易用连接命名方法、本地命名方法

2. 文件 listener.ora、tnsnames.ora 和 sqlnet.ora 各存放什么内容，有什么作用？它们在磁盘上的默认位置是什么？

3. 利用 Java 构建三层的 Web 应用，应用系统结构是什么样的？对 Web 服务器有什么软件要求？

4. 在易用连接命名方法中建立客户与数据库的连接，需要什么 TCP/IP 信息？假设有计算机，名字为 MY_SERVER，其上运行了数据库实例 teacher，客户用易用连接命名方法连接数据库的正确命令是什么？

5. 比较 5.4.1 中介绍的几种命名方法的优缺点。

6. 网络服务名的作用是什么？它存放在什么文件中？

7. 描述 Oracle Net 的网络结构及其各部分的功能。

8. 什么时候需要配置监听程序？如何配置监听程序？如果一台主机上运行多个数据库实例，需要配置多个监听程序还是只用配置一个，或者两种方法都可以？

第6章

SQL 工具与 SQL 语言基础 «

学习目标

- 了解 SQL 语言的功能;
- 掌握 SQL 语言的基本语法,包括数据类型、函数、表达式、SQL 条件、SQL 运算符和 SQL 集合运算等;
- 掌握 SQL 语言工具 SQL Plus 中的命令;
- 掌握 SQL Loader 工具批量装入数据到数据库中的方法;
- 掌握 SQL Developer 工具的使用方法。

SQL 语言是当前关系数据库中定义和操作数据的标准化查询语言,是用户与数据库之间进行通信的基础。Oracle 采用 ANSI 的 SQL 标准,并对标准进行扩充,使 Oracle 支持更多的附加功能。Oracle 数据库提供的许多有用而强大的功能是用 SQL 语言来实现的,因此要使用 Oracle 数据库,一定要掌握 SQL 语言。

在 Oracle 数据库中使用 SQL 语言有多种方式,包括 SQL Plus、Oracle Enterprise Manager、SQL Developer 等。

6.1 SQL 语言简介

1970 年 E.F Codd 提出了 RDBMS 查询模型,IBM 用该模型开发了结构化查询语言 SEQEL 1979。Oracle 公司第一个实现了 SQL 语言的商业应用。常用的 SQL 标准是 2003 年发布的 SQL:2003,其中的第 14 部分在 2006 年进行了修订,叫作 SQL/XML:2006。SQL 语言提供与关系数据库的接口,SQL 语句是对数据库操作的指令。

结构化查询语言 SQL(Structured Query Language)是由一系列命令或语句组成,所有程序和用户可以使用这些语句来访问 Oracle 数据库中的数据。用户以 SQL 语句提出要完成的工作,SQL 语言编译程序自动将它们翻译成访问数据库的指令来完成指定的任务。通常终端用户不直接使用 SQL 语句而是通过应用程序和 Oracle 工具来访问数据库。但是,服务器在响应用户请求时,应用程序或工具必须使用 SQL 语句来访问数据库中的数据。

Oracle SQL 对标准 SQL 进行了扩展,如增加对象类型、集合类型、REF 类型来处理复杂的数据结构;提供大对象 LOB 类型以处理字符或二进制非结构数据;提供 XMLType 数据类型以处理半结构化的 XML 数据。

SQL 语言为程序员、数据库管理员和终端用户提供了许多访问数据库的语句。在 Oracle 中使用 SQL 语句可以完成：

- 查询数据库中的各类数据；
- 插入、更新、删除表中的行；
- 建立、替换、改变和删除数据库中的对象；
- 控制对数据库及其数据库对象的访问权限；
- 保证数据库的一致性和完整性。

几乎所有关系型数据库都支持 SQL 语言。用 SQL 语言编写的程序在它们之间是可移植的，即只需要很少改动就可以从一个数据库移植到另一个数据库。

SQL 语言是当前关系数据库中定义和操作数据的标准化查询语言，是用户与数据库之间进行通信的基础。SQL Plus 是在 Oracle 中执行 SQL 语句的环境之一。

6.2　SQL Plus 工具

SQL Plus 是 Oracle 提供给开发人员和管理员使用的工具，它是用于访问 Oracle 数据库的交互式命令行应用程序，是数据库系统管理员不可缺少的工具。在客户端或服务器端都会自动安装 SQL Plus 应用工具。

SQL Plus 可以处理 SQL 语句和 PL/SQL 块，使用 SQL Plus 可以完成：

- 输入、编辑、存储、恢复和运行 SQL 语句和 PL/SQL 块。
- 以报表的形式对查询结果进行格式化、计算、存储和打印。
- 显示表等模式对象的列定义。
- 开发并运行 SQL 脚本程序。
- 完成数据库管理功能。

6.2.1　SQL Plus 的启动和退出

使用 SQL Plus 之前要保证计算机上安装了 SQL Plus 工具，并且有合法的数据库用户名和口令。如果在客户端使用 SQL Plus，还要配置好访问数据库的网络服务名。

1. 启动 SQL Plus

如果要启动 SQL Plus，可依次单击"开始"|"程序"|"Oracle-OraDb12Home1"|"应用程序开发"|"SQL Plus"，按提示要求输入用户名、口令或主机字符串后，将显示图 6-1 所示的命令行窗口。

在客户端的主机字符串为网络服务名。如果在服务器端只有一个数据库实例，可以不输入主机字符串，也可输入数据库的 SID 或数据库名；如果数据库服务器运行了多个实例，在服务器端启动 SQL Plus 时必须指定主机字符串，即全局数据库名或实例名。

图 6-1　SQL Plus 的命令行窗口

只要设置好路径，在操作系统命令提示符下

输入下面的命令也可启动 SQL Plus 并登录到数据库中。

```
c:\> SQLPLUS 用户名/口令[@网络服务名]
```

或者用下面的方式，先启动 SQL Plus 软件，然后执行 SQL Plus 中的命令 CONNECT 登录到数据库中：

```
c:\> SQLPLUS  /NOLOG
SQL> CONNECT 用户名/口令 [@网络服务名];
```

在命令提示符下输入下面命令将启动 SQL Plus，显示的窗口如图 6-1 所示。

注意：在以后介绍 SQL 命令时，"SQL>"均表示是 SQL Plus 环境的提示符，而不是命令的一部分，因此不用输入。

```
c:\> SQLPLUS  system/lhyybh@netexample
```

2. 退出 SQL Plus

在 SQL Plus 提示符"SQL>"下，输入 EXIT 或 QUIT 即可退出 SQL Plus。

6.2.2 SQL Plus 的基本概念

在介绍 SQL Plus 使用方法之前，先介绍几个基本概念。

1. 命令

命令是指用户给 SQL Plus 或 Oracle 数据库发的指令。在 SQL Plus 提示符下可以输入下面三种命令：

- 访问和处理数据库信息的 SQL 语句。本书在使用时详细介绍各类 SQL 语句。
- 访问和处理数据库信息的 PL/SQL 命令块。PL/SQL 块是指一组相关的 PL/SQL 语句组成的程序，参见第 13 章。
- 只能在 SQL Plus 环境中使用的 SQL Plus 命令，它们用于对查询结果格式化、设置参数、编辑与存储 SQL 命令和 PL/SQL 块。常用 SQL Plus 命令参见 6.2.3 节所述。

2. 查询、查询结果和报告

查询是指从一个或多个表中恢复数据的 SELECT 命令。查询结果是指一个查询返回的数据行。报告是指用 SQL Plus 命令格式化后的查询结果。

3. SQL 缓冲区

SQL 缓冲区是指存储最后输入的 SQL 命令或 PL/SQL 块的内存区域，可以对其内容进行编辑、修改、重写、保存和显示。SQL Plus 命令没有缓冲区。

6.2.3 SQL Plus 命令

在 SQL Plus 提示符下输入的各种命令（SQL 语句和 PL/SQL 命令块），必须在行尾以分号";"或在最后一个空白行输入"/"表示命令结束。如果一个命令占多行，只需在每行行尾按【Enter】键，最后输入命令结束符";"或"/"。

SQL Plus 的命令在结束处可以有";"或"/"，也可以直接按【Enter】键。

【例 6.1】在 SQL 环境中一行输入一个命令的示例。

```
SQL> SELECT  TO_CHAR(SYSDATE)  FROM DUAL;
```

【例 6.2】在 SQL 环境中一个命令分多行输入。

```
SQL>SELECT employee_id, first_name, last_name
  2  FROM hr.employees
  3  WHERE  email is not null  --或在此输入分号"；"
```

对 SQL 命令或 PL/SQL 块的编辑方式通常用 SQL Plus 的 EDIT 命令来编辑修改，也可用 SQL Plus 的行命令方式来编辑 SQL 缓冲区的内容。

SQL Plus 命令的主要作用是编辑、保存 SQL 命令或 PL/SQL 块，对查询结果进行格式化操作等。这里主要介绍 SQL Plus 命令。

1. 连接数据库命令

CONNECT 命令首先断开现有会话连接，然后以新用户重新连接到数据库，其命令格式为

CONNECT 用户名/口令[@连接标识符][AS SYSDBA|AS SYSOPER]

其中，AS SYSDBA|SYSOPER 是以管理员身份连接数据库。

2. 断开连接命令

DISCONNECT 或 DISC 命令断开当前用户的连接，但不退出 SQL Plus。

3. 对 SQL 缓冲区进行操作的命令

表 6-1 中列出了在 SQL Plus 环境中对 SQL 缓冲区进行操作的常用命令。

表 6-1　SQL 缓冲区操作命令

缓冲区操作命令格式	命 令 说 明
append text 或 a text	将 text 加在行尾
change /old/new 或 c/old/new	将当前行中的 old 变为 new
change /text 或 c/text	从当前行删除 text
clear buffer	删除 SQL 缓冲区所有行
del [n|*|last|n *|m n]	删除 SQL 缓冲区中的指定行或若干行，n、m 为行号
input text 或 I text	插入 text 作为 SQL 缓冲区一新行
list [n|*|m n|last]	显示 SQL 缓冲区内容
run 或 r 或 /	运行 SQL 缓冲区的 SQL 命令或 PL/SQL 块
get 文件名	将指定文件的内容装入到 SQL 缓冲区
edit [文件名]	用文本编辑程序编辑 SQL 缓冲区或指定文件名
save 文件名[create|replace|append]	将 SQL 缓冲区的内容保存为文件，create：新建；replace：重写；append：添加原文件中

4. 字段显示格式

格式：COL [字段名|表达式][选项]

COL 可以指定表中每列显示标题、格式和宽度。其中，选项可以为

CLEAR——将列的显示属性设置为默认值。

HEADING text——定义列的显示名称为 text。

WRAPPED|TRUNCATED——指定列的内容显示是换行（WRAPPED）或截断。

FORMAT 格式串——按格式串格式显示列的内容。

格式串是由下面内容并用单引号括起来，格式串中的格式可以为：

字符型 An。用于 char 和 varchar2 类型，n 为宽度。

数据型 9999、$9999、99D99(小数点)、9G999(分组符)。

日期型 An。用于日期型，n 为宽度。 JUSTIFY [CENTER|LEFT|RIGHT] 列内容对齐方式。

【例 6.3】在 SQL Plus 提示符下按格式显示查询结果，即生成报告。

```
SQL> TTITLE LEFT '这是按格式显示查询结果的例子'
SQL> COL EMPLOYEE_ID HEADING '编号' JUSTIFY LEFT FORMAT '9999'
SQL> COL FIRST_NAME HEADING '姓名' FORMAT 'A10' JUSTIFY CENTER
```

```
SQL> select  employee_id, first_name  from  hr.employees
  2 where department_id=90
  3 /
```

例 6.3 执行后按格式在屏幕上显示查询结果：

编号	姓名
100	Steven
101	Neena
102	Lex

5. 数据库启动和关闭命令

启动数据库实例使用 STARTUP 语句，关闭数据库实例使用 SHUTDOWN 语句，详细介绍见 7.4.1 节和 7.4.2 节。

6. 运行命令

格式：@filename[.ext]或@@filename[.ext]

功能：运行由 filename 指定文件的 SQL 命令文件或 PL/SQL 块。如果不指定扩展名.ext，默认扩展名为.sql。

7. 清除命令

格式：CLEAR [BUFFER|COL|SCREEN|SQL]。

功能：CLEAR BUFFER——删除当前 SQL 缓冲区的内容，等价于 CLEAR SQL。

CLEAR COL——将列的显示属性恢复到默认值。

CLEAR SCREEN——清除屏幕。

CLEAR SQL——删除 SQL 缓冲区的内容。

8. 数据库复制

格式：COPY [FROM database | TO database | FROM database TO database]

{APPEND|CREATE|INSERT|REPLACE}

destination_table [(列名1，列名2，列名3，...)]

USING query

功能：把查询出的数据复制到当前数据库或其他数据库的表中。只能复制数据类型为 CHAR、DATE、LONG、NUMBER 和 VARCHAR2 的列。

① database：表示为 username/password@连接标识符。

② FROM database：指定要复制数据所在的数据库。如果省略 FROM 子句，默认的源数据库是 SQL Plus 当前连接的数据库。

③ TO database：指定目的表所在的数据库。如果省略 TO 子句，默认的目标数据库是 SQL Plus 当前连接的数据库。

④ APPEND：如果表存在，将查询出的行插入目标表 destination_table 中。如果表不存在，COPY 命令将建立该表。

⑤ CREATE：先建立表，然后将查询的行插入到新建立表中。如果表已存在，COPY 将出错。

⑥ INSERT：将查询出的行插入到表中。如果表不存在，COPY 将出错。在用 INSERT 时，USING query 必须为目标表中的每一列选取对应的列。

⑦ REPLACE：用查询的行内容替换 destination_table 表中行。如果目标表不存在，COPY

命令将建立该表。如果目标表存在，COPY 命令先删除表，然后用包括新数据的表替换。

⑧ destination_table：指定目标表的名称。

⑨ (列名 1,列名 2,列名 3,...)：指定目标表中的列名。如果指定列名，列的数量必须等于查询中的列数。如果不指定列名，目标表中列名与查询中的列名相同。

⑩ USING query：选择要复制数据的查询语句（SELECT 命令）。

【例 6.4】在数据库 hq 和 west 之间复制数据：hr 用户的 emp 表中的数据复制到 john 用户的 westemp 表中。

```
SQL>COPY FROM hr/hr@hq TO john/chrome@west
  2  REPLACE westemp USING SELECT * FROM emp;
```

【例 6.5】在同一数据库中进行表的复制：将 hr 表 employees 中的部分数据复制到 hr 用户的 salesman 表中。

```
SQL>COPY FROM hr/hr@oracle01
  2  CREATE salesmen (employee_id, sa_man)
  3  USING SELECT employee_id, last_name FROM employees
  4  WHERE job_id='sa_man';
```

9. 变量定义命令

格式：DEFINE [变量名][变量名=text]

功能：为用户变量赋一个 CHAR 类型的值或显示用户变量的定义。在以后的语句中可以用 "&变量名" 来引用该变量。text 是赋给变量的 CHAR 类型的值，如果它包含有空格或其他特殊字符要用单引号括起来。

【例 6.6】显示已定义用户变量。

```
SQL> define
```

命令显示的结果：

```
DEFINE _DATE                 = "03-2 月 -06" (CHAR)
DEFINE _CONNECT_IDENTIFIER = "teacher" (CHAR)
...
DEFINE _O_RELEASE            = "1002000100" (CHAR)
```

【例 6.7】定义变量 DEPTNO 为 100，并在 SELECT 语句中使用变量。

```
SQL>DEFINE DEPTNO = "100"    --或者用 DEFINE DEPTNO=100
SQL>SELECT last_name FROM employees WHERE department_id=&deptno
原值 1: select last_name from employees where department_id=&deptno
新值 1: select last_name from employees where department_id=100
```

在 SQL 语句中使用由 DEFINE 定义的变量，可以在执行 SQL 语句中输入变量的值从而得到不同的结果。

10. 查询对象的列定义命令

格式：DESC [模式.]对象名[@连接标识符]

功能：显示指定表、视图、同义词的列定义或存储过程、包和存储函数的参数定义。

【例 6.8】显示当前的 hr 模式中的 jobs 表的列定义。

```
SQL>DESC jobs;
```

命令执行的结果显示为

名称	是否为空?	类型
JOB_ID	NOT NULL	VARCHAR2(10)

JOB_TITLE	NOT NULL	VARCHAR2(35)
MIN_SALARY		NUMBER(6)
MAX_SALARY		NUMBER(6)

11. 执行单个命令 PL/SQL 语句

格式：EXECUTE 语句

功能：执行单个 PL/SQL 语句。通常在执行引用存储过程的 PL/SQL 语句时使用 EXECUTE 命令。

【例 6.9】给 PL/SQL 中的变量 N 赋值。

```
SQL>VARIABLE n number;
SQL>EXECUTE :n := 1;
```

12. 执行操作系统命令

格式：HOST [命令]

功能：在 SQL Plus 中执行操作系统命令或暂时退出 SQL Plus 而回到操作系统提示符下。

```
SQL>HOST;--出现 WINDOWS 操作系统命令提示符，EXIT 返回到 SQL Plus 中
SQL>HOST DIR;--直接执行命令 DIR，列出当前目录的内容后仍然在 SQL Plus 中
```

13. 改变用户口令

格式：PASSWORD [用户名]

功能：改变当前数据库用户或指定用户的口令。

【例 6.10】改变当前用户 HR 的口令。

```
SQL> password hr
```

屏幕提示如下内容：

```
更改 HR 的口令
旧口令：******
新口令：******
重新键入新口令：******
```

14. 改变环境变量值

格式：SET 环境变量名　变量值

功能：设置当前会话的环境变量。

SET AUTOCOMMIT ON|OFF——控制是否自动提交事务。

SET AUTOTRACE ON|OFF——显示 DML 语句时的执行过程。

SET ECHO ON|OFF——执行 START 命令时显示文件内容。

SET EDITFILE 文件名——指定 EDIT 命令使用的编辑程序

SET PAGESIZE [24|n]——指定每页行数为 n。

SET SERVEROUT ON|OFF——DBMS_OUTPUT_PUTLINE 输出是否显示。

15. 显示环境变量的值

格式：SHOW [ALL|SGA|ERRORS|USER|SPOOL]

功能：显示所有的环境变量的值其他对象的定义。

SHOW ALL——显示所有环境变量的当前值。

SHOW USER——显示当前数据库用户。

SHOW SGA——显示数据库实例中 SGA 大小，对视图 V$SGA 有 SELECT 权限。

SHOW SPOOL——显示 SQL Plus 是否假脱机。

SHOW ERRORS [FUNCTION|PROCEDURE|PACKAGE|PACKAGE BODY| TRIGGER|

VIEW| TYPE| TYPE BODY | DIMENSION | JAVA CLASS]——显示存储过程（存储函数、包等）的编译错误。

16. 输入假脱机

格式：SPOOL [文件名|OFF|OUT]

功能：将在 SQL Plus 环境中执行的过程存储到指定文件中或送到默认打印机(OUT)。SPOOL OFF 关闭假脱机。如果需要将命令运行情况及其结果发送到一个文件中保存起来、以便存档、打印结果或使用字处理软件来编辑它们，可以执行下面命令：

```
SQL> SPOOL   文件名
```

6.3　SQL Developer 工具

Oracle SQL Developer 是与 SQL*Plus 对应的图形化数据库开发工具。使用 SQL Developer，可以浏览、建立、编辑和删除数据库对象；可以运行 SQL 语句和 SQL 脚本；可以编辑和调试 PL/SQL 程序；可以管理和导出数据；可以移植非 Oracle 数据库到 Oracle 中；可以运行所提供的任何报表以及创建和保存自己的报表（Reports）。SQL Developer 可以提高工作效率并简化数据库开发任务。

SQL Developer 以 Java 编写而成，是可以跨平台的 SQL 开发工具，即可以运行在 Windows、Linux 和 Mac OS X 平台。SQL Developer 到数据库的默认连接使用的是瘦 JDBC 驱动程序。这意味着无须安装 Oracle 客户端，从而将配置和占用空间大小降至最低。

6.3.1　SQL Developer 基础

1. 安装 SQL Developer 工具

通常在安装 Oracle 11g 或更高版本的数据库软件时会自动安装 SQL Developer。如果在客户端单独安装 SQL Developer 工具，只要从下面的 Oracle 公司的网站页面上下载软件后，然后解压后安装即可：

http://www.oracle.com/technetwork/developer-tools/sql-developer/downloads/index.html。

2. 启动 SQL Developer 工具

在 Windows 环境中，依次选择"开始"|"所有程序"|"Oracle-OraDB12Home1"|"应用程序开发"|"SQL Developer"命令将显示图 6-2 所示的界面；或者双击"sqldeveloper.exe"，其位于 e:\app\ORAUSER\product\12.1.0\dbhome_1\sqldeveloper 文件夹中。

因为 SQL Developer 是由 Java 开发的，启动运行时本机上必须有 Java 运行环境。

3. 建立数据库连接

要想对数据库对象进行操作，必须使用标准的数据库授权，连接到任何数据库模式；也可连接到非 Oracle 的第三方数据库，如 MySQL、Microsof SQL Server、Sybase Adaptive Server、Microsoft Access 和 IBM DB2 等。

（1）在图 6-2 的启动界面中，单击"文件"|"新建"命令将显示图 6-3 所示的对话框。

（2）在图 6-3 中选择"数据库连接"选项，然后单击"确定"按钮，将显示图 6-4 所示的"新建/选择数据库连接"对话框。

图 6-2 SQL Developer 启动界面

图 6-3 新建窗口

图 6-4 数据库连接对话框

如图 6-4 所示，对话框左边显示已经存在的连接，可以直接选择或编辑已有的连接来连接数据库。

连接名是连接数据库的别名，连接名不存储在数据库中。通常连接名中包括数据库和用户名，MYORACLE_SYSTEM 表示 MYORACLE 数据库的 SYSTEM 用户建立的数据库连接。

用户名和口令是连接数据库的数据库用户名和口令。主机名是数据库服务器所在的主机名或域名地址，localhost 表示是本地服务器。端口号是监听程序的端口号。SID 是本地数据库名。服务名是远程数据库的网络服务名。

单击"保存"按钮将连接信息记录下来，会在左边文本框中显示。单击"测试"将测试数据库参数是否能正确连接数据库。

单击"连接"按钮将连接数据库。连接成功后，单击"查看"和"连接"菜单将显示图 6-5 所示的窗口。

4. 断开和删除数据库连接

在图 6-2 中单击"查看"和"连接"菜单，将显示图 6-5 所示的数据库连接信息。右击数据库连接的名称，如 MYORACLE_SYSTEM，将弹出图 6-6 所示的菜单。单击"断开连接"命令将断开此连接。如果再要使用此连接，可双击数据库连接名称。

要删除数据库连接，单击"删除"命令或直接按【Delete】键即可。删除后的数据库连接将不显示在连接列表中。

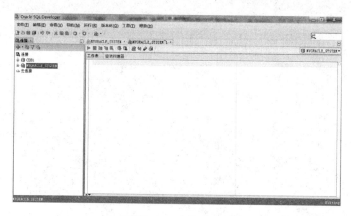

图 6-5　连接窗口

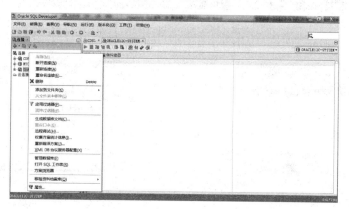

图 6-6　数据库连接的右键菜单

6.3.2　执行 SQL 语句

如果已经建立了数据库连接，在图 6-2 中单击"工具"和"SQL 工作表"将显示选择数据库连接的对话框，选择数据库连接后，单击"确定"按钮显示图 6-7 所示窗口。工作表有自己的工具栏，工具栏最右边显示当前的数据库连接 MYORACLE_SYSTEM。

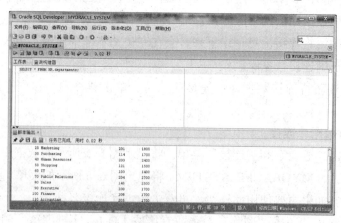

图 6-7　工作表窗口

在工作表窗口中输入合法的 SQL 脚本，单击 ▷ "运行语句（快捷键为【Ctrl+Enter】）"

或 "运行脚本（快捷键为【F5】）"工具按钮将执行语句或脚本，并显示执行结果，如图 6-7 所示。

6.4　SQL 语言的数据类型

Oracle 处理的每个数据都有一个数据类型。每个数据类型都有一组特性，使其不同于其他数据类型。

当建立表或簇（cluster）时必须指定每列的数据类型；建立存储过程或存储函数时，必须指定每个参数的数据类型。数据类型定义了列或参数的取值范围。

Oracle 定义了许多内置的数据类型，同时允许用户自定义新的数据类型。本节将重点介绍 Oracle 的 SQL 语言中的内置数据类型。

1. 字符数据类型

字符数据类型是指以单引号括起来的若干字符组成的字符串。字符型有下面几种：

① CHAR(n)或 NCHAR(n)：CHAR 是定长的 n 个字节字符串，n 的取值范围为 1～2 000B。如果数据长度不到 n，Oracle 将用空格填充。如果数据长度超过 n，会报告数据错误。NCHAR 仅用于 Unicode 字符集，其中的 n 表示 n 个 Unicode 字符而不是字节，对于中文字符集 n=100 时，所需字节数为 200。

② VARCHAR2(n)和 NVARCHAR2(n)：VARCHAR2 是可变长的字符串，n 代表 n 个字节。如果数据长度没有达到最大值 n，Oracle 根据数据大小自动调节字段长度。如果字符数据前后有空格，Oracle 将自动删除空格。NVARCHAR2 仅用于 Unicode 字符集的可变长的字符串。VARCHAR2 和 NVARCHAR2 总的字节数为 1～4 000。

③ VARCHAR(n)：与 VARCHAR2(n)完全一样。未来 Oracle 可能不支持 VARCHAR，所以建议使用 VARCHAR2。

2. 数值数据类型

NUMBER(p,s)：NUMBER 可以用来存放任何可变长的数值型数据，其绝对值为 $1.0 \times 10^{-130} \sim 1.0 \times 10^{126}$（但不包括 1.0×10^{126}）。p 是所有有效数字的位数，s 是小数点后的位数。p 值为 1～39 位，s 取值为-84～127。s 为正数表示小数点后的位数，s 为负数表示小数点左边的位数。当用指数 e 计数时，允许 s 大于 p。

如果长度超过 p，Oracle 会报告错误。如果精度超过 s，将按四舍五入截断。

NUMBER(n)等价于 NUMBER(n,0)。NUMBER 是从最小值到最大值的浮点数。

【例 6.11】数值数据及实际存储的例子。

实际数据	类型	实际存储
7456123.89	NUMBER	7456123.89
7456123.89	NUMBER(9)	7456124
7456123.89	NUMBER(9,2)	7456123.89
7456123.89	NUMBER(9,1)	7456123.9
7456123.89	NUMBER(6)	超出范围
7456123.89	NUMBER(7,-2)	7456100
7456123.89	NUMBER(7,2)	超出范围
0.000127	NUMBER(4,5)	0.00013

0.0000012	NUMBER(2,7)	0.0000012
0.00000123	NUMBER(2,7)	0.0000012
1.2e-4	NUMBER(2,5)	0.00012

FLOAT(n)是 NUMBER 类型的子集，n 是总长度。

3. 日期数据类型 DATE

DATE 数据类型存储日期和时间信息，它存储世纪、年、月、日、时、分和秒。DATE 数据类型中总是包括日期和时间，可以用 TRUNC()函数截断时间。

可以用日期字面符 DATE 或转换函数 TO_DATE()将字符或数字数据表示成日期型。日期型数据可以加减一个整数。 DATE 取值从公元前 4712 年 1 月 1 日到公元 4712 年 12 月 31 日的所有合法日期。例如：

- DATE 字面符(Date Literals)：DATE '1998-12-25'。
- TO_DATA 函数：TO_DATE('98-DEC-25 17:30','YY-MON-DD HH24:MI')。

4. 大对象数据类型（Large Object Datatype LOB）

Oracle 中的 LOB 用来存储大的非结构化的数据，如格式文本、图像、视频、音频、空间数据等。

LOB 列存放的是指向 LOB 对象的指针。BLOB、CLOB 或 NCLOB 指向的对象是在数据库的某个表空间中，最大值可达 4 GB；BFILE 数据是存储在数据库外部的操作系统文件中，最大值可达 16 GB。一个表中可以有多个 LOB 列。从表中查询 LOB 列实际上返回的是对象的指针。

① BLOB 数据类型存储非结构的二进制大对象。SQL 语句或存储过程可以对 BLOB 列进行修改，并支持事务提交和回滚，但 BLOB 列不能出现在 SELECT 命令中。

② CLOB 类型存放单字节和多字节字符数据，支持定长或变长字符集，支持事务的提交与回滚。可以使用 SQL 命令修改。

③ 存储使用国家字符集的 Unicode 数据，支持变长或定长的字符集。其与 CLOB 类似。

④ BFILE 类型可以访问存储在数据库之外的外部文件（即不占用数据库的空间），程序只能查询文件内容，不能修改文件内容。BFILE 列中存放的是包含路径名和文件名的 BFILE 指针。可以用 BFILENAME()函数来修改 BFILE 数据类型的文件名和目录名，即指针，但要确认文件名和目录名已经存在。BFILE 不参与事务处理，也不可恢复。

在表中使用 LOB 数据类型时应注意如下事项：

- 在 ORDER BY 或 GROUP BY 子句中不能用 LOB 列。
- 不能将 LOB 存储在自动管理表空间。
- LOB 不能作为主键，不能作为索引列。

5. 其他数据类型

① RAW(n)：可变长的二进制数据，n 的取值范围为 1~2 000 B。用这种格式的数据类型保存较小的图形文件和带格式的文本文件。

② LONG RAW：可变长的二进制数据，最大长度是 2 GB。用于保存图形文件、多媒体文件、音频和视频文件。在同一个表中，不能同时有 LONG 类型和 LONG RAW 类型。Oracle 建议不用 RAW 或 LONG RAW 数据类型。

③ ROWID：数据库表中的每一行都有一个称为 ROWID 的行地址。通过查询伪列 ROWID 得到一行的地址。伪列的值是每行地址的十六进制串，这些串的数据类型为 ROWID。ROWID

行地址中包括找到一行所必需的信息，如行在数据文件中的数据块、行在数据块的位置、行所在的数据文件等。通常行地址唯一地标识出一行。

使用行地址 ROWID 可以快速访问一行，也可以了解表中的行是如何存储的。ROWID 列可以用在 SELECT 语句或 WHERE 子句，但它们并不真正存储在数据库，不能插入、删除或更新 ROWID 伪列的值。

【例 6.12】写出从员工表 employees 中查询部门编号为 20 的员工的行地址和姓名的查询语句。

```
SQL> SELECT  ROWID, first_name  FROM employees WHERE department_id = 20;
```

查询结果显示：

```
ROWID                        FIRST_NAME
──────────────────           ───────────────
AAARAgAAFAAAABUAAD           Michael
AAARAgAAFAAAABUAAE           Pat
```

Oracle 除了提供以上各种数据类型外，还允许用户使用 CREATE TYPE 或 CREATE TYPE BODY 来定义数据类型。

6.5 SQL 语言运算符

像一般程序设计语言一样，SQL 语言可以进行各种运算，每种运算有相应的运算符，它们的运算特性与方法与其他程序设计语言类似，具体应用例子参见第 7 章，这里只简单介绍运算符的类型。

1. 数值运算符

① +或-：表示数值的正负符号。
② +：实现两个数值表达式相加。
③ -：实现两个数值表达式相减。
④ *：实现两个数值表达式相乘。
⑤ /：实现两个数值表达式相除。

【例 6.13】计算表达式的值。

```
SQL> SELECT  43+2*4/(4-10) 计算结果  FROM  DUAL;
```

屏幕显示表达式 43+2*4/(4-10)的结果：

```
计算结果
──────────
41.6666667
```

2. 字符运算符

||：两个字符串或 CLOB 类型数据的合并。

3. 集合运算符

SQL 查询语句返回的是数据集，即若干个记录。集合运算就是将两个或多个查询语句的返回结果组合成一个。所有集合运算符都有相同的优先级。如果 SQL 语句中有多个集合运算符且没有括号标明先后顺序，Oracle 将从左到右计算。

UNION——两个查询语句返回的行进行合并，不包括重复行。

UNION ALL——两个查询语句返回的行进行合并，包括重复行。

INTERSECT——两个查询语句返回行中所有相同的行。

MINUS——所有在第一个查询中但不在第二个查询的行。

集合运算中的两个或多个查询中的列名表在数据类型和个数上要一致。集合运算不能应用于 CLOB、BLOB、BFILE 或 LONG 列。

【例6.14】从员工表 employees1 和 employees2 中查询部门编号为 10 或 20 的员工。

```
SQL> SELECT first_name FROM employees1 WHERE department_id=10
  2  UNION
  3  SELECT first_name FROM employees2 WHERE department_id=20;
```

除了上面介绍的基本运算以外，Oracle 还提供了 CONNECT_BY_ROOT 和 PRIOR 多层次查询运算符、MULTISET 多集运算符和用户自定义运算符 CREATE OPERATOR。

6.6 SQL 语言中的函数与表达式

与其他计算机语言一样，SQL 语言中也提供了许多内置的函数进行各类处理。将各种类型数据通过运算符连接将变成 SQL 语言的表达式。

6.6.1 SQL 语言的函数

在对数据操作过程中，要改变输出形式或进行各种复杂数据运算，此时就要用到 Oracle SQL 语言中的存储函数操作。Oracle 提供了许多类型的 SQL 存储函数，同时还允许用户自定义存储函数。

SQL 存储函数是建立在 Oracle 内部，所有用户都可以在 SQL 命令中使用它们，而不需要预先定义它们。自定义存储函数是用户用 PL/SQL 或 Java 等语言编制的存储函数，它是作为用户的一个模式对象，只有授权的用户才可以使用。

所有 Oracle 函数都有函数名、零个或多个参数和返回值，其结构如下：

函数名(参数1,参数2,...)

根据存储函数处理的行数，可将 SQL 语言的存储函数分为单行存储函数和多行存储函数。

1. 单行数值存储函数

单行数值存储函数如表 6-2 所示。

表 6-2　单行数值存储函数

函　数	作　　　用	函　数	作　　　用
ABS(N)	返回 N 的绝对值	FLOOR(N)	返回等于或小于 N 的最大整数值
ACOS(N)	返回 N 的反余弦值	LN(N)	返回 N 的自然对数值
ASCII(char)	返回 char 中第一个字符的 ASCII 码值	LOG(M,N)	返回以 M 为底的 N 的对数值
ASIN(N)	返回 N 的反正弦值	MOD(M,N)	返回 M 被 N 除的余数，N 为 0 时返回 M
ATAN(N)	返回 N 的反正切值	POWER(M,N)	返回 M 的 N 次方的值
BITAND(n1,n2)	返回 n1 与 n2 按二进制位与运算的结果	ROUND(exp,N)	返回表达式 exp 四舍五入后的值，保留 N 位小数
CEIL(N)	返回大于或等于 N 的最小整数值	SIN(N)	返回 N 的正弦值
COS(N)	返回 N 的余弦值	SQRT(N)	返回 N 的平方根值
EXP(N)	返回 e 的 N 次方。e=2.71828183…	TRUNC(M,N)	返回 M 保留 N 位小数后的值，不四舍五入

2. 单行字符存储函数

单行字符存储函数如表 6-3 所示。

表 6-3 单行字符存储函数

函 数	作 用	函 数	作 用
CHAR(N)	返回数值 N 对应的字符	RTRIM(C)	删除字符串 C 右边的空格
CONCAT(c1,c2)	返回字符串 c1 与 c2 合并后的字符串，等价于‖	SUBSTR(C,m,n)	返回字符串 C 中从 m 个开始后的 n 个字符
LOWER(char)	将 char 中的所有字符转换为小写字母	TRIM(C)	删除字符串 C 两边的空格
LTRIM(C)	删除字符串 C 左边的空格	LENGTH(C)	返回字符串 C 的长度
REPLACE(c1,c2,c3)	将 c1 中所有的 c2 替换为 c3		

3. 单行日期存储函数

单行日期存储函数如表 6-4 所示。

表 6-4 单行日期存储函数

函 数	作 用	函 数	作 用
CURRENT_DATE	按会话时区返回当前日期	SYSDATE	返回本地数据库的当前日期与时间
EXTRACT(YEAR FROM d1)	返回日期型数据 d1 中的数字年份。YEAR 可以替换为 MONTH、DAY、HOUR、MINUTE、SECOND 来返回 d1 日期的月、日、时、分和秒	TRUNC(d1,fmt)	返回以 fmt 格式表示的日期 d1
LAST_DAY(d1)	数值形式返回日期数据 d1 中月份的最后一天		

4. 单行类型转换存储函数

单行类型转换存储函数如表 6-5 所示。

表 6-5 单行类型转换存储函数

函 数	作 用	函 数	作 用
TO_CHAR(c1)	将 NCLOB 和 CLOB 数据 c1 转换成数据库字符串	TO_DATE(c1[,fmt])	将字符串 c1 按 fmt 格式转换成 DATE 类型
TO_CHAR(d1[,fmt])	将日期 d1 按 fmt 格式转换成字符串	TO_MULTI_BYTE(c)	将单字节字符串转换成双字节字符串
TO_CHAR(n1[,fmt])	将数值 n1 按 fmt 格式转换成字符串	TO_NUMBER(c1[,fmt])	将字符串 c1 按 fmt 格式转换成数值
TO_CLOB(c1|lob 列)	将字符 c1 转换成 CLOB 类型	TO_SINGLE_BYTE(c)	将双字节字符串转换成单字节字符串

5. 多行存储函数

下面的存储函数都是用到表中的多行，通常会与 SELECT 语句的 GROUP BY 等子句共同使用。

① AVG([DISTINCT|ALL]表达式)：返回表达式的平均值。如果同分组命令一起使用，DISTINCT 子句只计算表达式值不同的平均值，ALL 计算所有的平均值。以下各存储函数中这两个子句的意义相同。

```
SQL>SELECT avg(salary) 平均工资 FROM employees;
```

在屏幕中显示为

```
平均工资
----------
6461.68224
```

② COUNT([DISTINCT|ALL]表达式)：统计查询结果中返回的行数。如果指定表达式，只统计表达式不空的行数；如果返回所有行，用星号 "*" 代替表达式。

```
SQL>SELECT count(*) 人数 FROM employees WHERE salary>10000;
```

在屏幕中显示为

```
人数
----------
15
```

③ MAX([DISTINCT|ALL]表达式)：返回表达式中的最大值。

```
SQL>SELECT  MAX(salary) 最高工资  FROM employees WHERE salary>10000;
```

在屏幕中显示为

```
最高工资
----------
24000
```

④ MIN([DISTINCT|ALL]表达式)：返回表达式中的最小值。

```
SQL>SELECT MIN(salary) 最低工资  FROM employees WHERE salary>10000;
```

在屏幕中显示为

```
最低工资
----------
2100
```

⑤ SUM([DISTINCT|ALL]表达式)：返回表达式的和。

```
SQL>SELECT SUM(salary) 工资总和 FROM employees;
```

在屏幕中显示为

```
工资总和
----------
691400
```

6.6.2 SQL 语言的表达式

表达式是由值、列名、运算符、函数和括号 "（ ）" 组成并返回结果值的式子，返回的值具有某种数据类型。在 SELECT 语句的列名表、WHERE 子句、HAVING 子句、CONNECT BY 子句、START WITH 子句和 ORDER BY 子句中可以使用表达式；在 INSERT 语句 VALUES 子句和 UPDATA 语句的 SET 子句中也会用到表达式。

SQL 语言中的基本表达式与其他程序设计语言类似，这里不再详细描述。

【例 6.15】从表 employees 中查询出工作年数超过 10 的姓名与工作年数。

```
SQL> SELECT  first_name 姓名, SYSDATE-hiredate 工作年数 FROM employees
2   WHERE  SYSDATE-hiredate>10;
```

【例 6.16】在插入语句和更新语句中使用表达式。

```
SQL> INSERT INTO employees(salary) VALUES(300+6/4);
SQL> UPDATE employees SET salary=salary*(SYSDATE-hiredate);
```

📚 6.7 SQL 语言中的条件运算

在许多 SQL 命令中都需要条件来限制操作的记录范围。SQL 命令中的条件是指用逻辑运算符将一个或多个表达式组合起来，并返回逻辑值 TRUE 或 FALSE 或未知的式子。

1. 比较条件

比较条件是指将一个表达式与另一个同类型表达式通过比较运算符进行比较，比较结果为 TRUE、FALSE 或 UNKNOWN。

比较条件是由比较运算符来完成。比较运算符如表 6-6 所示。

表 6-6　比较运算符

比较运算符	含　　义
=	等于
!=	不等于
<>	不等于
<	小于
>	大于
<=	小于等于
>=	大于等于
ANY/SOME	将一个值与列表中或查询结果中的每个值进行比较，如果列表中没有一个满足条件，则返回 FALSE；否则（即只要有一个满足条件）返回 TRUE。在 ANY 或 SOME 的前面必须有比较运算符=、!=、<>、<、>、<=或>=
ALL	将一个值与列表中或查询结果中的每个值进行比较，如果列表中所有都满足条件，则返回 TRUE；否则返回 FALSE。ALL 的前面必须有比较运算符=、!=、<>、<、>、<=或>

2. 逻辑运算符

逻辑运算符如表 6-7 所示。

表 6-7　逻辑运算符

逻辑运算符	含　　义
NOT	对逻辑结果取反
AND	两个条件同时为 TRUE 时返回 TRUE；否则返回 FALSE
OR	两个条件只要有一个 TRUE 时返回 TRUE；否则返回 FALSE

3. 成员条件

成员条件如表 6-8 所示。

表 6-8　成 员 条 件

逻辑运算符	含　　义
exp1 IN 表达式表或查询结果	如果 exp1 与表达式表或查询结果中的任何一个值相等，返回 TRUE；否则返回 FALSE。等价于=SOME（表达式列表）
exp1 NOT IN 表达式表或查询结果	如果 exp1 不与表达式表或查询中的任何一个值相等，返回 TRUE；否则返回 FALSE。等价于!=SOME（列表或子查询）

4. 范围条件

范围条件如表 6-9 所示。

表 6-9　范 围 条 件

范　围　条　件	含　　义
exp1 BETWEEN exp2 AND exp3	如果 exp1 的值大于或等于 exp2 并且 exp1 的值小于或等于 exp3 时，返回 TRUE；否则返回 FALSE。等价于 exp1>=exp2 and exp1<=exp3
exp1 NOT BETWEEN exp2 AND exp3	如果 exp1 的值大于或等于 exp2 并且 exp1 的值小于或等于 exp3 时，返回 FALSE；否则返回 TRUE

5. NULL 测试

如果一行中的某列没有值，则称该列为空（NULL），或者说是包含 NULL。NULL 可以出现在任何数据类型的列中。任何值与 NULL 进行任何运算（除字符串合并）其结果总是NULL。NULL 测试如表 6-10 所示。

表 6-10　NULL 测试

NULL 测试	含　义
exp IS NULL	如果表达式 exp 的值为 NULL，返回 TRUE；否则返回 FALSE
exp IS NOT NULL	如果表达式 exp 的值为 NULL，返回 FALSE；否则返回 TRUE

6. 存在条件

存在条件如表 6-11 所示。

表 6-11　存 在 条 件

存 在 条 件	含　义
EXISTS (子查询)	如果子查询至少返回一行，其结果为 TRUE；否则结果为 FALSE

7. 相似条件（LIKE）

相似条件（LIKE）如表 6-12 所示。

表 6-12　相似条件（LIKE）

相似条件（LIKE）	含　义
expC_1 LIKE expC_2	如果字符表达式 expC_1 与 expC_2 相匹配，即是子串，则返回 TRUE；否则返回 FALSE。ExpC_2 是匹配模板表达式，可以包括%或-。%匹配零个或任何多个字符。"-"只匹配一个字符。通常用它们进行模糊查询

6.8　SQL 语言的数据格式模式

格式模式（Format Mode）是描述 DATE 或 NUMBER 数据按字符串形式存储时的格式字符串。当把字符串转换成日期型和数值型数据时，或者反之，格式模式告诉 Oracle 如何解释该字符串。

在 SQL 语句中，格式模式可以作为 TO_CHAR 和 TO_DATE 等存储函数的参数，以指定从 Oracle 数据库中返回数据的格式或指定要求 Oracle 存储到数据库中数据的格式。格式模式并不改变数据库中数据的内部表示形式。

1. 数值格式模式

在使用 TO_CHAR 存储函数将 NUMBER 类型转换为 VARCHAR2 类型时，或使用存储函数 TO_NUMBER 将 CHAR 或 VARCHAR2 类型转换为 NUMBER 时，都要使用数值格式模式。数值格式模式将数据以指定的精度进行四舍五入。

数值格式模式是由一个或多个数值格式元素组成。表 6-13 所示中列出了常用的数值格式元素。

表 6-13　常用数值格式元素

元 素 字 符	元 素 含 义	数值格式模式示例
9	每个 9 表示一个数据位	999 返回 3 位整数
0	返回不包括空格的前导零或后继零	0999 返回 3 位整数，如果不够 4 位显示为 0
,	在指定位置上使用逗号	999,999,999 表示每 3 位用逗号分开
.	在指定位置上使用小数点	99.999 返回 2 位整数 3 位小数的值
$	返回数字前加美元符号	$999.99 返回数字前加$
D	指定小数点位置的字符	999D99 等价于 999.99
S	正数前加+，负数前加-	S999.99 返回带正负号的数值
EEEE	科学计数法对应的数值	9.99EEEE 返回指数表示的数值

【例 6.17】将数值"123.456"带正号显示。

```
SQL> SELECT  TO_CHAR(124.456, 'S999.999 ' ) FROM DUAL;
```

查询显示结果为+123.456。

【例 6.18】将数值"123.456"按科学计数法显示。

```
SQL> SELECT  TO_CHAR(124.456, 'S9.99EEEE ' ) FROM DUAL;
```

查询显示结果为+1.20E+02。

注意：数值格式必须在 TO_CHAR 等格式转换函数中使用。

2. 日期格式模式

如果要把表示日期的字符串用 TO_DATE 存储函数转换成日期数据，或用 TO_CHAR 将日期型数据转换成字符串时，都要使用日期格式模式。

日期格式模式的长度不能超过 22 个字符。默认日期格式由 NLS_DATE_FORMAT 初始化参数决定，可用 ALTER SESSION 命令来改变默认值。

日期格式模式是由一个或多个日期格式元素所组成的字符串。表 6-14 所示列出了常用日期格式元素。

表 6-14　常用日期格式元素

格式元素	格式元素含义	日期格式模式示例
D	一周内第几天（1～7）	TO_CHAR(SYSDATE,'D')
DD	一月内第几天（1～31）	TO_CHAR(SYSDATE,'DD')
DDD	一年的第几天（1～366）	TO_CHAR(SYSDATE,'DDD')
DAY	一周内星期名称	TO_CHAR(SYSDATE,'DAY')
W	一月内第几周（1～5）	TO_CHAR(SYSDATE,'W')
WW	一年内第几周（1～53）	TO_CHAR(SYSDATE,'WW')
MM	一年内第几月（1～12）	TO_CHAR(SYSDATE,'MM')
MON	每月名称的缩写（如 Mon,June）	TO_CHAR(SYSDATE,'MON')
YYYY	四位表示的年份，也可用 YEAR	TO_CHAR(SYSDATE,'YEAR')
HH	十二进制小时（1～12）	TO_CHAR(SYSDATE,'HH')
HH24	二十四进制小时（0～23）	TO_CHAR(SYSDATE,'HH24')
MI	分钟数（0～59）	TO_CHAR(SYSDATE,'MI')
SS	秒数（0～59）	TO_CHAR(SYSDATE ,'SS')
Q	季度（1～4）	TO_CHAR(SYSDATE,'Q')

【例 6.19】显示当天的年、月、日、时、分。SYSDATE 返回当天的日期与时间。

```
SQL> SELECT TO_CHAR(SYSDATE,'yyyy"年"mm"月"dd"日"hh24"时"MI"分"')
  2  当天时间 FROM DUAL;
```

在屏幕显示结果如下：

```
当天时间
--------------------
2015 年 07 月 29 日 15 时 21 分
```

【例 6.20】将字符型数据转换成日期。

```
SQL>SELECT TO_DATE('1999-12-23 23:43:33','yyyy-mm-dd hh24:mi:ss')
  2 FROM dual;
```

【例 6.21】用 ALTER SESSION 修改默认日期格式。

```
SQL>SELECT SYSDATE FROM DUAL;      --修改默认前
```

在屏幕显示结果如下：

```
SYSDATE
----------
18-6 月-15
SQL>ALTER SESSION SET NLS_DATE_FORMAT= 'yyyy-mm-dd hh:mi:ss';
SQL>SELECT SYSDATE FROM DUAL;      --修改默认格式后
```

在屏幕显示结果如下：

```
SYSDATE
--------------------
2015-06-18 08:15:14
```

6.9 SQL 语言的语句

SQL 语句是 SQL 语言中的命令，用户利用 SQL 语句来操作数据库中的数据。SQL 语句是 SQL 语言的核心，也是学习 SQL 语言的重点。实际上，管理员要学会利用 SQL 语句来完成各类数据库操作。

根据 SQL 语句（或称为 SQL 命令）的功能，可以将 SQL 语句分成数据定义、数据处理、事务控制、会话控制和系统控制五类。关于这些语句的使用方法将在以后的有关章节中进行介绍。

1. 数据定义语句

使用数据定义语句（DDL）可以完成如下任务：

- 建立、修改和删除模式对象。
- 授权或回收权限或角色。
- 分析关于表、索引和簇的信息。
- 对表进行审计。
- 向数据字典中添加注释。

CREATE、ALTER 和 DROP 语句操作时需要以独占方式访问对象。GRANT、REVOKE、ANALYZE、AUDIT 和 COMMENT 不需要采用独占方式。在每个 DDL 语句执行前或执行后，Oracle 都隐式提交事务。

在 PL/SQL 程序中利用 DBMS_SQL 包或动态 SQL 语句可以调用 DDL 语句。参见 PL/SQL 一章中关于动态 SQL 语句的内容。

2. 数据处理语句

数据处理语句查询并处理模式对象中的数据。这些语句不隐式提交当前事务。DML 包括 CALL、DELETE、EXPLAIN PLAN、INSERT、SELECT、UPDATE、LOCK TABLE 和 MERGE 语句。

除了 CALL 和 EXPLIN PLAN 语句在 PL/SQL 块中需要动态执行外，所有其他 DML 语句完全可以直接应用在 PL/SQL 程序中。

3. 事务控制语句

事务控制语句管理由 DML 语句对数据所做的变化，包括 COMMIT、ROLLBACK、SAVEPOINT、SET TRANSACTION 和 SET CONSTRAINT。除了 COMMIT 和 ROLLBACK 语句外，PL/SQL 程序中支持所有其他事务控制语句。

4. 会话控制语句

会话控制语句动态管理用户会话的属性，它们不隐式提交当前事务。这些语句有 ALTER SESSION 和 SET ROLE。PL/SQL 程序中不支持会话控制语句。

5. 系统控制语句

系统控制语句 ALTER SYSTEM 动态管理 Oracle 实例的特性。它不隐式提交当前事务，也不能在 PL/SQL 程序中使用。

6.10 SQL Loader 工具

SQL Loader 是 Oracle 提供的装入大量外部数据的工具，使用它可以将外部数据文件的内容装入 Oracle 数据库表中。SQL Loader 可以完成一次装入多个数据文件，将数据加载到多个表中，指定数据集的特性，有条件装入记录或者在装入前用 SQL 函数处理数据等多种功能。

6.10.1 SQL Loader 结构

典型 SQL Loader 工具应用如图 6-8 所示。它以数据文件和控制文件作为输入，并将执行的结果输出到 Oracle 数据库中（正常数据装入）、日志文件（Log Fils）、坏文件（Bad File）或者废弃文件（Discard File）。要注意这里的控制文件、数据文件、日志文件等名称不是 Oracle 数据库中介绍的定义，它仅是 SQL Loader 中的概念。

1. 控制文件（Control File）

控制文件是用 SQL Loader 能理解的语言编辑的文本文件，它告诉 SQL Loader 查找数据文件的位置，如何分析和解释数据文件中的数据，如何将数据插入到什么表中。

通常控制文件由三部分组成。第一部分指定数据文件的位置和要装入数据等内容；第二部分是由一个或多个 INTO TABLE 块组成，它指定数据插入的表或表的字段名列表；第三部分是可选的，主要包括输入数据。

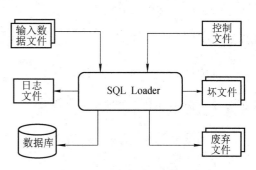

图 6-8 SQL Loader 工作过程

2. 日志文件（Log File）

SQL Loader 开始执行时，就建立日志文件。日志文件中记录数据装入过程的详细内容，包括成功执行语句的记录信息和统计信息，如数据文件名、表名、字段名或命令参数等信息。

3. 坏文件（Bad File）

SQL Loader 插入数据库中的数据要经过两步验证。第一步是按照控制文件中的说明验证数据的格式。如果数据的格式或长度与说明不一致，SQL Loader 将该记录写入坏文件。当记录通过第一步验证后，它们被传递给数据库用于插入。第二步验证是在数据库内部进行，数据库由于各种原因（如数据库检查约束错误、数据类型转换错误、主键不唯一等）可能会拒绝记录，此时被拒绝的记录也被写入坏文件。

如果拒绝的记录数目达到一定阈值（默认值为 50），SQL Loader 会话将终止并退出，这个阈值可以在命令行上使用 errors 参数设置。

4. 废弃文件（Discard File）

如果在执行 SQL Loader 时指定了废弃文件，那么不满足控制文件中指定条件的记录将被记录到废弃文件中，即废弃文件中包括不能插入数据库表中的记录。如果废弃记录超出DISCARDMAX 参数指定的废弃文件记录的最大值，那么超出的记录不再写入废弃文件中。

6.10.2 SQL Loader 启动

在操作系统命令提示下，SQL Loader 的启动命令行格式为

```
SQLLDR 关键字=值 [,keyword=value,…]
```

有效的关键字如表 6-15 所示。

表 6-15 有效的关键字

有效关键字	含　　义	有效关键字	含　　义
userid	用户名/口令	discardmax	允许废弃的最多记录数，默认为全部
control	控制文件名称	skip	可以跳过的逻辑记录数，默认为 0
log	日志文件名称	load	可以装入的逻辑记录数，默认为全部
bad	坏文件名称	errors	允许出现的错误数，默认为 50
data	外部数据文件名	silent	运行过程中不显示信息
discard	废弃文件名称		

如果启动 SQL Loader 时不指定任何参数（如 c:\>SQLLDR），将显示所有 SQL Loader 的命令行参数的解释信息。

下面的命令将以 hr 用户登录到网络服务名为 student 的数据库中，使用的控制文件为 c盘中的 hr.txt。

```
c:\>SQLLDR  userid=hr/hr@student  control=c:\hr.txt
```

6.10.3 使用 SQL Loader 装入数据

利用 SQL Loader 装入数据文件时，通常是先建立控制文件，然后在启动 SQL Loader 时指定控制文件。

控制文件中主要指定要装入的数据文件、数据文件的格式、要装入的表等信息，控制文件中的内容是没有顺序的。用"--"表示注释行。

1. 控制文件中指定文件名称的语句

① INFILE *：

这一行表示要插入的数据包括在控制文件内部，此时控制文件最后一定要有以
BEGINDATA 开头的一行，后跟若干行数据。它适用于少量装入数据。

② INFILE 文件名：

这一行表示数据在指定的数据文件名中，默认扩展名为 DAT。例如：

```
INFILE  'C:\data\ddd.dat'
```

在一个控制文件中可用多个数据文件，但记录格式必须相同。

如果在启动 SQL Loader 时和控制文件中都不指定坏文件和废弃文件的名称，系统将自动
按数据文件名称进行命名。坏文件的默认扩展名为.bad，废弃文件的默认扩展名为.dis。可以
按下面的方式在控制文件中指定它们的名称：

```
INFILE mydat1.dat BADFILE mydat1.bad DISCARDFILE mydat1.dis
```

2. 控制文件中定义表名和列名

用下面行指定数据导入的目标表的名称和导入方式：

```
INTO TABLE 表名  [INSERT|REPLACE|TRUNCATE|APPEND]
```

可以在控制文件中一次装入多表，每个表对应着一个或多个 INTO TABLE 语句。用户对
要插入的表必须具有 INSERT 权限。例如：

```
INTO TABLE scott.em
```

在使用 INTO 语句时有四种装入方法：INSERT、APPEND、REPLACE、TRUNCATE，
默认时为 INSERT。

① 向空表中插入数据必须使用 INSERT 装入方法，此时用户对表要有 INSERT 权限。如
果使用 INSERT 方法但表不空，SQL Loader 将中止。

② 向现有表中追加数据时使用 APPEND，此时对表要有 SELECT 权限。

③ 要想先删除表中所有行再装入新数据使用 REPLACE，此时对表必须有 DELETE 权限
或者是用户自己模式中的表。

④ TRUNCATE 方法在装载数据前将用 TRUNCATE 命令删除老的记录。TRUNCATE 是
一个不可恢复命令。为了使用这种方法，表引用完整性约束必须被禁止，并且要授予特定的
权限。

字段名表是直接用括号括起的一组字段名，字段名之间用逗号分开。例如：

```
(deptno,dname,loc)
```

3. 控制文件中定义条件

如果有选择的装入数据记录，可以在表名后使用 "WHEN 条件" 子句指定字段应该满足
的条件。条件中只能用等于 "=" 或不等于 "!=" 比较，也可用 AND 连接多个条件。

SQL Loader 在装入数据时，首先检查记录是否满足 WHEN 指定的条件。如果满足条件，
将记录增加到表中；否则将把不满足条件的记录放在废弃文件中。

4. 控制文件中指定分隔符

在装入数据的语句中使用 FIELDS 以指定数据文件中字段之间的分隔符。它的完整格式为

```
FIELDS TERMINATED BY ['字符串'| X |"十六进制数"|WHITESPACE]
[OPTIONALLY ENCLOSED BY '字符串'| X | "十六进制数"]
```

用 FIELDS 表示数据文件中字段分隔符为指定字符串，或者是十六进制数。如果指明是
WHITESPACE，表示分隔符可以是空格、TAB、回车符、换行符或回车换行符。

OPTIONALLY ENCLOSED BY '字符串'表明数据文件中有些字符型数据是以双引号"字符串"括起来的。如果没有该子句，指定的字符串将作为字符串的内容添加到表中。

5. 使用 SQL Loader 装入数据

【例 6.22】要装入的数据存放在控制文件内部，表为 dept(depno, dname, loc)。

控制文件名为 d:\student\dept.txt，内容如下：

```
LOAD DATA
INFILE *
INTO TABLE dept
FIELDS TERMINATED BY ',' OPTIONALLY ENCLOSED BY '"'
(deptno,dname,loc)
BEGINDATA
12,RESEARCH,"SARATOGA"
10,"ACCOUNTING",CLEVELAND
11,"ART",SALEM
13,FINANCE,"BOSTON"
21,"SALES",PHILA.
22,"SALES",ROCHESTER
42,"INT'L","SAN FRAN"
```

首先在 HR 模式中创建空表 dept：

```
SQL>CREATE TABLE dept (
  2   deptno number(3),
  3   dname  varchar2(20),
  4   loc    varchar2(20));
```

执行 SQL Loader 装入数据：

```
e:\>SQLLDR hr/hr@student control=d:\student\dept.txt
```

屏幕将显示：

```
SQL*Loader: Release 12.1.0.6.0 - Production on 星期五 8 月 22 14:43:48 2009
(c) Copyright 2013 Oracle Corporation. All rights reserved.
达到提交点，逻辑记录计数 7
```

控制文件中 FIELDS TERMINATED BY ','指定数据文件中字段的分隔符为逗号","；OPTIONALLY ENCLOSED BY ""表示数据文件中有些字符型数据是以双引号""""括起来的。如果没有该子句，双引号也将作为字符串的内容添加到表中。

【例 6.23】从数据文件 dept1.txt 中装入 deptno 等于 200 的行。控制文件名为 cont.txt，控制文件的内容如下：

```
LOAD DATA
INFILE "d:\student\dept1.txt"
INTO TABLE dept  APPEND WHEN (deptno='200')
FIELDS TERMINATED BY ',' OPTIONALLY ENCLOSED BY '"'
(deptno,dname,loc)
```

数据文件 dept1.txt 的内容如下：

```
112,RESEARCH,"SARATOGA"
120,"ACCOUNTING",CLEVELAND
131,"ART",SALEM
143,FINANCE,"BOSTON"
200,"SALES",PHILA.
```

```
222,"SALES",ROCHESTER
```
执行下面命令只将 deptno 字段的值为 200 的记录添加到表中：

```
e:\>SQLLDR  hr/hr@student   CONTROL=d:\student\cont.txt
```

小　　结

　　SQL 语言是 Oracle 数据库管理数据的语言。SQL 语言有数据类型、函数、各类运算符、表达式、各种条件或逻辑表达式和各同类型的语句。在 Oracle 数据库中交互式使用 SQL 语言需要 SQL Plus 和 SQL Developer 等工具，利用 SQL Plus 中的命令可以完成数据库复制、执行 SQL 语句、编写 PL/SQL 块、连接数据库等功能。SQL Developer 是使用 SQL 语句的可视化环境，利用它可以完成几乎所有的数据库管理任务。SQL Loader 工具可以批量装入有组织的数据到数据库中。

习　　题

　　1. 解释 SQL、SQL Plus 和 PL/SQL 的区别与联系。

　　2. SQL Plus 能完成的主要功能是什么？在 SQL Plus 环境中能够将哪些内容保存到文件中？

　　3. SQL 语言有哪些主要数据类型？SQL 语言中的条件和函数如何使用？

　　4. 将数据库 DB1 中用户 user1 的表 table1 的结构复制到数据库 DB2 的 user1 用户中，写出完成上述功能的正确的 SQL Plus 命令。

　　5. SQL Loader 工具的作用是什么？什么时候需要使用它？自己编写一个例子描述 SQL Loader 工具的使用方法。

　　6. SQL 语言的集合运算对参与运算的对象有什么要求？SQL 语言共有几种集合运算符？

　　7. BLOB 等大对象数据类型主要存放什么数据？如果一个表中要存放电影、图片及一本书的文字，那么存放这些内容的列应该是什么数据类型最合适？

　　8. 写出将字符串'2008-1-1'转换成日期函数，写出将数值 200.4345 转换成只有两位小数的字符串的函数。

　　9. 在 SQL Developer 环境执行本章中的所有 SQL 语句例子，并观察执行结果。

第7章

数据库管理 «‹

学习目标

- 掌握初始化参数文件的作用和管理方法；
- 掌握数据库的建立方法；
- 了解手动建立数据库的基本步骤；
- 掌握数据库启动、关闭和删除的方法；
- 了解诊断数据管理的基本方法和警告文件及跟踪文件的位置和作用。

　　数据库系统的基础是应用系统的数据库。管理员的重要任务之一就是要根据应用系统需求分析的结果，建立相应的数据模型，然后根据具体 DBMS 的要求建立相应的数据库。一个完整的 Oracle 数据库有物理结构、逻辑结构、内存结构和进程结构，数据库管理的主要任务是对系统数据库的启动、关闭、创建、修改等维护工作。

7.1　建立数据库的准备

　　建立数据库就是在操作系统中准备若干个操作系统文件，以存储数据库中的数据，在 Oracle 实例管理下让其一起工作而成为 Oracle 的数据库。通常数据库只须建立一次，不管数据库有多少数据文件或有多少实例访问数据库，用同一数据库名建立数据库将删除原来的内容。

　　在建立数据库前主要完成下面的工作：

- 进行数据库规划。
- 满足建立数据库的需求，即保证数据库服务器软件安装，有足够的系统权限，同时要求系统有足够的磁盘空间和内存空间。
- 选择合适的建立数据库的方式，如用数据库配置助手 DBCA 或手工方式。

7.1.1　数据库规划

　　在建立数据库之前，要进行详细和仔细的规划，主要规划内容如下：

① 规划数据库中的表和索引等对象的大小及数量，估算出数据库所需磁盘空间。

② 规划数据库文件（数据文件、重做日志文件、控制文件等）的位置，将它们合理分布

在不同磁盘上可以提高数据库性能和访问 I/O 的速度。

③ 考虑是否使用 Oracle 管理文件（Oracle Managed Files）特性来自动管理 Oracle 数据库中所用的操作系统文件（如数据文件、重做日志文件、控制文件等），从而减轻管理负担。

④ 确定全局数据库名，它表示整个网络环境的数据库名和位置。

⑤ 熟悉初始化参数文件的各种参数，确定初始化参数文件中数据库所需的各种初始化参数的值。了解服务器端初始化参数文件的好处。

⑥ 选择数据库要使用的字符集，所有数据（包括数据字典）都按选定的字符集进行存储。如果客户端可能使用不同的字符集来访问数据库，那么应该选择包括所有客户端字符集的多字符集。

⑦ 确定数据库标准块的大小，它由初始化参数 DB_BLOCK_SIZE 定义，数据库建立后这个值不能被修改。

⑧ 确定 SYSAUX 表空间的合适大小，建立一个默认的用户表空间避免数据存储在 SYSTEM 表空间。

⑨ 使用撤销表空间来自动管理撤销数据，而不要用回滚段来管理撤销记录。

⑩ 选择合适的备份和恢复策略以保护数据库，完成已有数据库的备份工作。

⑪ 熟悉数据库实例启动和关闭，以及数据库装载和打开的基本原理。

7.1.2　建立数据库完成的操作

如果要在 Windows 系统上建立 Oracle 数据库，用户必须具有操作系统管理员权限，特别是要有足够的操作系统权限能够启动或关闭数据库实例，同时要有足够的内存能启动 Oracle 实例，有足够的磁盘来存储 Oracle 数据库文件。

建立数据库时，Oracle 系统将要完成下列操作：

- 建立数据库的信息结构，包括 Oracle 访问数据库时所需的数据字典。
- 建立并初始化数据库的控制文件和联机重做日志文件。
- 建立新的数据文件或删除同名数据文件中的数据。

如果使用 CREATE DATABASE 语句来完成这些操作，那么在数据库使用之前，还必须建立用户、临时表空间，建立数据字典基础表的视图，安装 Oracle 内部提供的各种应用程序包。

7.2　数据库初始化参数

数据库实例在启动时需要从参数文件中获得相关初始化参数的值，以决定数据库的物理结构、内存、进程数等重要内容。因此在建立数据库之前，首先要确定所需的初始化参数的值。这些初始化参数的名称和值都定义在参数文件中。

参数文件（Parameter File）是包含初始化参数列表及其相应参数值的文件，它可以是一个只读的文本文件（称为初始化参数文件），也可以是一个可读/写的二进制文件（称为服务器参数文件）。由于用 ALTER SYSTEM 命令可以动态修改服务器参数文件中参数的值，并永久生效，所以 Oracle 建议使用服务器参数文件。

数据库管理员利用初始化参数可以完成下面任务：

- 调整内存结构（如缓存数量和大小等）来优化系统性能。

- 定义建立数据库时的一些默认值，如分配空间的数量等。
- 限制使用数据库的进程数和用户数，如最大用户数、最大进程数等。
- 指定数据库系统中的文件名称和目录结构。
- 对数据库资源使用的限制。

正确设置许多初始化参数可以改进数据库的性能。Oracle 为所有初始化参数都指定了默认值。如果在参数文件中没有显式地设置某参数的值，则该参数使用默认值。

7.2.1 初始化参数文件

Oracle 的安装盘中有一个适用于大多数应用的初始化参数文件，管理员可以修改其中的内容来增强数据库的性能。Oracle 建议只有在了解初始化参数后才修改初始化参数文件中的参数值。大多数初始化参数文件中的值修改后只在下一次数据库启动时才生效。初始化参数文件的默认位置为%ORACLE_HOME%\dbs，ORACLE_HOME 是数据库服务器的主目录。默认文件名为 init.ora。

设置初始化参数文件时应注意如下几点：

- 初始化参数文件中只能包括参数赋值语句和以 # 开头的注释语句。
- 在 Windows 2000 系统中，初始化参数文件中参数和值不分顺序和大小写。
- 同一行可以写多个初始化参数，但参数之间要用空格分隔。
- 具有多个值的初始化参数，要将所有值放在括号中，并用逗号分开。
- 同一参数赋值语句如果要分多行，必须在每行行尾使用续行符"\"。
- 字符串类型的参数值，如果包括空格或制表符，必须使用双引号或单引号将字符串括起来。
- 可以使用 IFILE 初始化参数来将另一初始化参数文件中的内容引用到本参数文件中。

1. 常用的初始化参数

常用的初始化参数如表 7-1 所示。

表 7-1　常用的初始化参数

常用的初始化参数	含　义
CLUSTER_DATABASE=TRUE|FALSE	指明是否运行 Oracle RAC，即使用实时应用簇数据库，默认为 FALSE
CONTROL_FILES=("控制文件名 1" [, "控制文件名 2"，...])	定义数据库控制文件的位置、名称和数量。有多个时表示是多路控制文件
DB_BLOCK_SIZE=n	设置 Oracle 数据块的字节大小。它必须是操作系统块的倍数，如 4096 或 8192
DB_CREATE_FILE_DEST=目录|盘符	设置 Oracle 管理文件（Oracle Managed File）的默认目录或磁盘，即数据文件、控制文件、重做日志文件、备份文件的默认位置。指定的目录必须是已经存在的
DB_NAME=dbname	设置最长 8 个字符的本地数据库名，如 DB_NAME=student。这个参数必须指定并且要与 CREATE DATABASE 语句中的一样。数据库名的字符只能是字母、下画线（_）、井号（#）和美元符（$）
DB_DOMAIN=域名	在分布式数据库系统上，DB_DOMAIN 指定网络结构中数据库的逻辑网络域名。同一网络域中的 DB_DOMAIN 取同一值，如 DB_DOMAIN=xxgc.edu.cn
DB_FILES=n	设置数据库可以同时打开的数据文件数，默认值为 200
OPEN_CURSORS=n	设置一次会话中能打开游标的最大值，取值范围为 0～65 535，默认值为 50
OPEN_LINKS=n	设置一次会话中与远程数据库建立连接的数量，取值范围为 0～255，默认值为 4
PROCESS=n	定义能同时并发连接到 Oracle 数据库的用户操作系统进程最大数目，默认值为 100

续表

常用的初始化参数	含　义
SESSIONS=n	设置系统中可以建立的最大会话数量,用它可以限制系统中并发用户数。通常设置的值应该是并发用户数量与后台进程数之和,然后再加上该值的10%。最大值为2^{31}
SGA_MAX_SIZE=n [k|m|g]	指定实例生命周期内 SGA 所能使用的最大内存字节数
SGA_TARGET= n [k|m|g]	指定 SGA 所有组件使用的内存总量。如果设置了该参数的值,那么 SGA 中的各组件(库缓存、大型池、Java 池等)的内存大小将自动调整大小
SHARED_SERVERS=n	指定实例启动时可以建立的共享服务进程数,也是系统维护的最小进程数。通常在系统启动时不要定义大的值
UNDO_TABLESPACE=表空间名	指定实例启动时要使用的撤销表空间名称。只有使用自动撤销管理功能时才可设置该参数,在手工管理撤销数据时不能设置该参数

许多其他初始化参数将分别在相关章节中介绍。

2. 改变初始化参数的值

如果使用初始化参数文件,那么可以通过文本编辑工具来修改初始化参数文件中的内容;如果使用服务器参数文件,那么使用 SQL 命令来改变初始化参数的值。多数初始化参数的值修改后是在下一次启动数据库实例时才生效,这样的参数称为静态初始化参数;有些初始化参数的值在实例运行时可以通过命令来修改并且立即生效,这种参数称为动态初始化参数。

修改动态初始化参数可以使用下面命令:

```
ALTER  SESSION  SET  参数名称=参数值
ALTER  SYSTEM  SET  参数名称=参数值 [DEFERRED]
```

使用 ALTER SESSION 语句改变参数值,只影响调用该语句的会话以后的执行,并不改变其他会话同样参数的值。

使用 ALTER SYSTEM 语句修改参数时,Oracle 会将修改命令记录在警告日志文件中。如果不带 DEFERRED 子句,修改的值影响到所有实例中的所有会话,直到数据库关闭为止。如果带 DEFERRED 子句,修改的值不影响当前已经连接的会话,只影响以后建立连接的会话。

在设置初始化参数值时,要选择合适的值。如果参数设置太低,Oracle 实例可能不能启动;虽然有些参数设置太低或太高不影响实例的启动,但会影响系统性能。如果参数值太低或太高,或者达到某个资源限制的最大值,Oracle 会返回错误。如果同一错误反复出现,应该关闭实例,调整相关参数,然后重新启动数据库实例。

7.2.2 服务器参数文件

如 7.2.1 节所述,Oracle 传统上是将初始化参数存储在文本文件中。如果要永久地修改初始化参数,必须先关闭数据库实例,然后编辑初始化参数文件,最后再启动数据库实例才会使用修改后的参数值。

从 Oracle 9i 开始,Oracle 提供了服务器端的二进制初始化参数文件,它是在数据库服务器上维护的初始化参数库。用户可以从客户端调用它来启动数据库实例。使用服务器参数文件有如下优点:

- 在实例运行期间用 ALTER SYSTEM 语句对服务器端参数的修改可以永久记录在服务器参数文件中;这样可以减少手工更新初始化参数文件的工作,同时也使 Oracle 数据库服务器的自我调整成为可能。
- 由于参数文件是在服务器端,多个实例启动同一数据库时将具有完全相同的初始化参数设置。

1. 建立服务器参数文件

服务器参数文件是基于文本初始化参数文件，利用命令 CREATE SPFILE 而生成的。虽然可以用文本编辑器打开和查看服务器参数文件，但不要手工编辑它；因为一旦破坏该文件，将导致数据库实例不能启动。在 Oracle RAC 数据库中，所有实例必须使用相同的服务器参数文件。

当使用数据库配置助手DBCA创建数据库时，它将自动在默认位置创建服务器参数文件。默认位置为%Oracle-HOME%\DATABASE，SPFILE$<%Oracle-SID%>.ORA 为默认文件名。

如果用户具有 SYSDBA 或 SYSOPER 系统权限，可以使用 CREATE SPFILE 命令建立服务器参数文件。CREATE SPFILE 命令的格式如下：

```
CREATE SPFILE [=spfile_name] FROM PFILE [=pfile_name]
```

如果在 CREATE SPFILE 语句中不指定"=spfile_name"子句，它将在默认位置创建默认的服务器参数文件。如果指定"=spfile_name"子句，那么可在指定位置创建指定名称的服务器参数文件。

如果在 CREATE SPFILE 语句中不指定"=pfile_name"子句，那么将根据服务器上的默认位置的默认文本初始化参数文件，生成服务器参数文件；如果指定"=pfile_name"子句，则指定的文件名必须是在数据库服务器上。

下面命令将在默认位置（e:\oracle\database）创建 spfilestudent.ora 服务器参数文件，这里数据库 SID 为 student：

```
SQL> CREATE SPFILE FROM PFILE='e:\oracle\dbs\init.ora'
```

下面命令将根据 e:\oracle\dbs\init.ora 初始化参数文件在 d:\student 文件夹创建名为 spf1.ora 的服务器参数文件。

```
SQL> CREATE SPFILE='d:\student\spf1.ora'
  2 FROM PFILE='e:\oracle\dbs\init.ora';
```

创建服务器参数文件时，如果指定的名称已存在，它将被重写。如果创建服务器参数文件名称正被当前实例所使用，Oracle 提示出错。

Oracle 建议将服务器参数文件存放在默认位置，并使用默认的文件名，这样在使用 STARTUP 命令启动实例时就不需要用 PFILE 子句来指定参数文件的位置和名称。

在用 STARUP 命令启动实例时，Oracle 将按下面顺序查找参数文件并使用最先找到的文件作为实例的参数文件：

- 如果指定 PFILE 子句，则在指定的位置查找指定文件。
- 如果没有指定 PFILE 子句，则在默认位置（%ORALCE-HOME%\database）查找默认服务器参数文件 SPFILE<%ORACLE-SID%>.ORA。
- 如果没有找到服务器参数文件，则在默认位置查找 SPFILE.ORA 文件。
- 如果没有找到 SPFILE.ORA，则在默认位置查找 INIT<%ORACLE-SID%>.ORA。

假如数据库服务器安装在 e:\oracle 目录下，数据库实例 SID 为 student，在用不带 PFILE 子句的 STARTUP 命令启动数据库实例时，将在默认位置 e:\oracle\database 目录下顺序查找文件 SPFILESTUDENT.ora、SPFILE.ora 和 INITSTUDENT.ora，最先找到的将作为当前实例的初始化参数文件。

2. 修改服务器初始化参数

用 ALTER SYSTEM 语句可以设置、修改或删除（恢复到默认值）初始化参数的值。当用 ALTER SYSTEM 语句修改初始化参数文件时，改变只影响当前实例，因为无法自动更新磁盘中的初始化参数文件。但是，使用服务器参数文件可以突破这个限制。

使用 ALTER SYSTEM 语句的 SET 子句可以设置和修改初始化参数值，同时可用 SCOPE 子句指定将修改结果记录到文件中，或是只修改当前实例的参数值。默认时 SCOPE=BOTH，即修改内容将被写到文件中同时对当前实例有效。

SCOPE 可以取 SPFILE、BOTH 和 MEMORY 三种值，如表 7-2 所示。

表 7-2　SCOPE 取值及含义

SCOPE 取值	含　　义
SCOPE=SPFILE	修改只记录到服务器端参数文件中，无论是动态参数还是静态参数都是这样。修改后的值在下次启动实例时生效
SCOPE=MEMORY	对于动态参数，修改后立即生效；但不被写入服务器端参数文件中。对于静态参数不允许指定该参数值
SCOPE=BOTH	这是默认情况，修改内存中的参数值使其立即生效，同时修改服务器端参数文件中的内容。静态参数不能使用该参数值

如果不使用服务器端参数文件，执行 ALTER SYSTEM 时指定 SCOPE=SPFILE 或 SCOPE=BOTH，Oracle 将出错。

如果使用服务器端参数文件，SCOPE 就用默认值 BOTH；如果使用传统初始化参数化文件，SCOPE 就用 MEMORY。

使用下面命令修改 JOB_QUEUE_PROCESS 为 50：

```
SQL> ALTER SYSTEM SET JOB_QUEUE_PROCESSES=50  SCOPE=MEMORY;
```

使用下面命令修改第四个归档位置为 d:\student 目录：

```
SQL> ALTER SYSTEM  SET  LOG_ARCHIVE_DEST_4='d:\student'
  2  SCOPE=SPFILE;
```

如果参数值是由多个字符串组成，ALTER SYSTEM 不能只修改其中的一个，必须列出所有字符串的内容，包括不修改的字符串。

对于取值是字符串的初始化参数，可以用下面的语句恢复其默认值，即删除当前的值：

```
ALTER SYSTEM SET  参数名='';
```

对于取值是数字或逻辑值的初始化参数，必须用下面的语句将其修改为原来的值：

```
ALTER SYSTEM  SET  参数名=参数默认值;
```

3. 导出服务器端参数文件

可以用 CREATE PFILE 语句将服务器参数文件导出到文本初始化参数文件中。这样做是为了建立服务器参数文件的备份；也可能是为了容易编辑修改，修改后再生成新的服务器端参数文件；也可能是为了查看初始化参数文件的内容以查找实例错误。

执行 CREATE PFILE 语句的用户必须有 SYSDBA 或 SYSOPER 系统权限，它的使用与 CREATE SPFILE 类似。CREATE PFILE 的命令格式如下：

```
CREATE PFILE [=文本初始化文件] FROM SPFILE [=服务器参数文件]
```

如果不指定文本初始化参数文件，将在服务器生成默认初始化参数文件名；如果不指定服务器参数文件，将在默认目录下查找服务器参数文件。

使用下面命令将默认位置的服务器参数文件导出到 d:\sutdent\init.ora 文件中：

```
SQL> CREATE PFILE='d:\student\init.ora'  FROM SPFILE;
```

使用下面命令指定 PFILE 和 SPFILE 值：

```
SQL> CREATE PFILE='my_init.ora' FROM SPFILE='production.ora';
```

下面命令将默认位置的服务器参数文件导出成默认的初始化参数文件：

```
SQL> CREATE PFILE FROM SPFILE;
```

导出的初始化参数文件可以用作 STARTUP 命令的 PFILE 选项的值。

7.2.3　查看初始化参数的值

可以用多种方式来查看参数文件中的初始化参数的值。在 SQL Plus 环境中，具有管理员权限的用户执行 SHOW 命令或查看动态性能视图来显示初始化参数的名称、类型和参数当前值。

```
SQL> SHOW PARAMETERS;
```

显示当前会话中生效的初始化的名称、类型和当前值。

```
SQL> SHOW PARAMETERS DB;
```

将显示所有参数名称中含有 DB 字符串的初始化参数的值。

```
SQL> SHOW SPPARAMETERS;
```

将显示服务器参数文件中参数的值。查询动态性能视图 V$SPPARAMETER 可得到更详细的信息。

如果要得到当前会话中生效的初始化参数的详细信息，可以查询 V$PARAMETER 或 V$PARAMETER2 动态性能视图。

```
SQL> DESC v$parameter;
```

在屏幕上显示结果：

名称	类型	
NUM	NUMBER	参数编号
NAME	VARCHAR2(64)	参数名
TYPE	NUMBER	参数类型编号
VALUE	VARCHAR2(512)	参数值
ISDEFAULT	VARCHAR2(9)	是否为默认值
ISSES_MODIFIABLE	VARCHAR2(5)	能否用 ALTER SESSION 修改
ISSYS_MODIFIABLE	VARCHAR2(9)	能否用 ALTER SYSTEM 修改
ISMODIFIED	VARCHAR2(10)	修改的方法，上面两个命令
ISADJUSTED	VARCHAR2(5)	可以调整为更好的值
DESCRIPTION	VARCHAR2(64)	参数说明信息
UPDATE_COMMENT	VARCHAR2(255)	最近更新的说明信息

如果要得到当前实例中生效的初始化参数的更详细信息，可以查询动态性能视图 V$SYSTEM_PARAMETER 或 V$SYSTEM_PARAMETER2。

7.3　数据库建立方法

Oracle 提供了多种创建数据库的方法，用户可以根据自己的情况选择合适的工具和方法。创建数据库通常可使用以下方法：

- 使用 Oracle Database Configuration Assistant（DBCA）。
- 使用 SQL 脚本语句（CREATE DATABASE 等）手工建立数据库。

● 从低版本数据库中移植并升级数据库。

7.3.1　使用 DBCA 创建数据库

DBCA 是在安装通用类型时 Oracle 自动安装的工具，利用它可以创建、修改、删除数据库，并可用于管理数据库模板。

Oracle 中提供的 DBCA 在创建数据库时使用到了"模板"特性。模板就是一个数据库定义。DBCA 提供了根据典型数据库类型的标准模板和用户自定义模板来建立数据库的方法，这样在进行少量设置时即可完成新数据库的创建工作。

利用 DBCA 方式来创建数据库，可以在向导提示下一步一步地完成对新数据库的设置，并且将自动完成所有的数据库创建工作（包括创建数据字典、默认用户账户、服务器端初始化参数文件等工作）。用户只需要对必要的参数和配置进行修改，其他工作都由 Oracle 自动完成。

下面详细介绍用 DBCA 创建数据库的步骤。

（1）启动 DBCA

依次单击"开始"｜"程序"｜"Oracle-Ora12Home1"｜"配置与移植工具"｜"Database Configuration Assistant"菜单，启动 DBCA，进入欢迎画面。在欢迎画面中单击"下一步"按钮，显示如图 7-1 所示的窗口。

如果要创建新数据库，选择"创建数据库"；如果要配置数据库选项（如配置 Oracle JVM，Oracle Spatial，Oracle OLAP Service 等），选择"配置数据库选项"；如果要删除数据库，选择"删除数据库"将删除所有与该数据库关联的所有文件；如果要根据已有数据库或现有模板，创建新的数据库模板或删除数据库模板，选择"管理模板"。数据库模板将数据库定义以 XML 文件格式保存到本地硬盘，从而节省时间。插接式数据库用于在一个合并数据库中承载多个应用程序，合并数据库是可组合多个不同大小的数据库的较大 Oracle RDBMS 安装。用"管理插接式数据库"可以创建、取消插入或删除插接式数据库。

图 7-1　数据库操作

（2）在图 7-1 中选择"创建数据库"单选按钮，然后单击"下一步"按钮显示图 7-2 所示创建模式窗口。

图 7-2 创建模式窗口

① 使用默认配置创建数据库。此时使用 Oracle 提供的种子数据库模板，并使用默认值和设置创建数据库。要提供如下信息：

- 全局数据库名：指定全局数据库名。
- 存储类型：选择"文件系统"或"Oracle 自动存储管理（Oracle ASM）"。
- 数据库文件位置：数据库文件的位置，默认为{ORACLE_BASE}\oradata，可用浏览按钮选择其他存储位置。
- 快速恢复区：指定{ORACLE_BASE}\fast_recovery_area 的位置，可用浏览按钮选择其他快速恢复区位置。
- 管理口令：指定数据库的管理口令。
- 创建为容器数据库：如果要创建容器数据库，选择此选项。
- 插接式数据库名：如果选择创建为容器数据库，要指定插接式数据库名。

② 高级模式。使用高级模式可定制数据库选项，如设置存储位置、初始化参数、管理选项、数据库选项、数据库类型和不同管理账户的不同口令、创建插接式数据库及使用客户机访问选项（例如，使用 OID 注册数据库）、创建附加数据库文件、策略管理的数据库、Oracle RAC One Node 数据库以及强制实施 Database Vault 选项。

（3）为了更全面展示数据库创建过程的设置，选择"高级模式"单选项，单击"下一步"按钮将显示图 7-3 所示的数据库模板窗口。

① 如果新建的数据库应用于数据仓库环境（DSS），即数据库中要处理大量涉及多表和多记录的复杂查询，选择"数据仓库"单选按钮。

② 如果新建的数据库应用于联机事务处理（OLTP）环境，即数据库必须处理来自 OLTP 的许多并发用户的很多事务，要求用户必须能够快速访问到最新数据，此时选择"一般用途或事务处理"单选按钮。

③ 如果用户要以自定义方式创建新的数据库，并可能修改各项参数时，选择"定制数据库"单选按钮。

④ 如果想查看模板的详细信息及参数的定义，如控制文件及位置、表空间、数据文件和重做日志组等，可单击"显示详细资料"单选按钮。

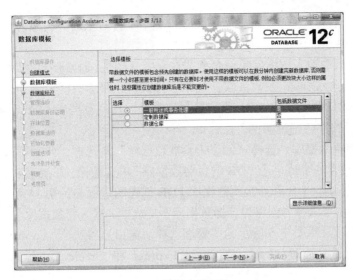

图 7-3　数据库模板窗口

⑤ 如果在"包括数据文件"列中显示为"否",表示模板中只包括数据库的结构,而不包括数据库物理文件。用户可以完全指定和更改所有的数据库参数,完全控制数据文件、重做日志文件和控制文件的名称、位置和数目。这种模板创建数据库花费的时间较长。如果在"是否包括数据文件"列中显示为"是",这种模板中既包括数据库的结构,也包括其数据物理文件,即这种模板创建的新数据库将自动生成所有数据文件、重做日志文件和控制文件。此时,用户只能修改数据库名称和数据文件的位置,并且可以添加或删除控制文件与重做日志文件组,但是不能改变数据文件、表空间和重做日志文件的数目。

(4)选择"定制数据库"单选按钮,单击"下一步"按钮将显示图 7-4 所示的"数据库标识"窗口。

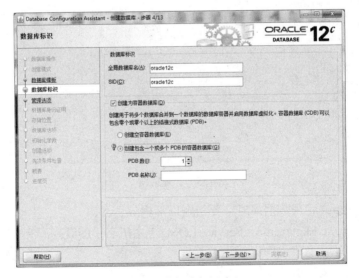

图 7-4　数据库标识窗口

在"全局数据库名称"编辑框中输入全局数据库名称,它是数据库在网络中的唯一标识,由数据库名和数据库服务器所在的网络域组成,如 oracle12c.chxy.edu。全局数据库名的数据库名部分不能超过 8 个字符，并且只能包含字母数字字符。全局数据库名的域部分不能超过 128 个字符，并且只能包含字母数字字符和句点（.）字符。

在"SID"编辑框中输入数据库实例名称或接受默认的值，通常是数据库名，如 oracle 12c。系统标识符（SID）是 Oracle 数据库实例的唯一标识符，最多只能包含 8 个字母数字字符。每个数据库实例都对应一个 SID 和一系列数据库文件。使用数据库 SID 系统标识符（SID）标识 Oracle 数据库软件的特定实例。

如果要创建容器数据库，选择"创建为容器数据库"复选框，此时可选择"创建空容器数据库"或"创建包含一个或多个 PDB 的容器数据库"单选按钮，并指定 PDB 的数量和 PDB 名称。关于容器数据库 CDB 和插接式数据库 PDB 创建的过程参见第 15 章。

（5）在图 7-4 中不选择"创建为容器数据库"复选框。输入完数据库名和系统标识符后，单击"下一步"按钮显示图 7-5 所示的"管理选项"窗口。

使用此页面设置是通过 Oracle Database Express 和 Oracle Enterprise Manager Cloud Control 进行管理。Oracle Database Express 是在安装 Oracle 12c 时自动安装的组件。

如果安装了 Oracle Enterprise Manager Cloud Control 及其相关组件，可选择 Oracle Enterprise Manager Cloud Control。Cloud Control 为管理各个数据库实例提供了基于 Web 的管理工具，为管理整个 Oracle 环境（包括多个数据库、主机、应用程序服务器和网络的其他组件）提供了集中管理工具。Oracle 数据库安装完毕后，将自动作为 Oracle Enterprise Manager Cloud Control 中的管理目标。

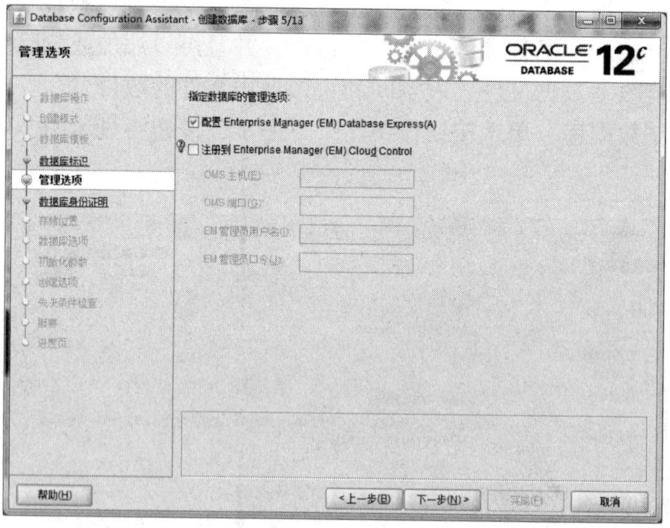

图 7-5　管理选项

选择 Cloud Control 管理数据库时，要指定以下内容：

OMS 主机：Oracle Management Service（OMS）主机名，即管理所有 Cloud Control 目标的中央主机。

OMS 端口：指定 OMS 端口。

EM 管理员用户名：Cloud Control 管理员用户名，以便将数据库配置为 Enterprise Manager 目标。

EM 管理员口令：指定 Cloud Control 管理员口令，以便将数据库配置为 Enterprise Manager

目标。

（6）在图 7-5 中选择"配置 Enterprise Manager（EM）Database Express（A）"复选框，然后单击"下一步"按钮将显示图 7-6 所示的数据库身份证明窗口。

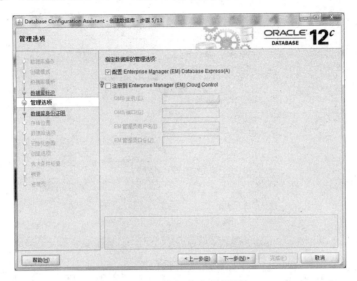

图 7-6　数据库身份证明

用此页可设置数据库管理员账户的口令来保护数据库的安全，可以为所有数据库用户账户设置单个口令；也可以为每个账户单独提供唯一的口令，以提高账户的安全性。

数据库的主目录是由 Windows 系统的 ORAUSER 用户安装的，此时要输入 Oracle 主目录用户口令。

（7）在图 7-6 所示的窗口中单击"下一步"按钮将显示网络配置窗口。在此窗口中列出主目录的监听程序，可以选择一个监听程序。

（8）在网络配置窗口中，选择一个监听程序后，然后单击"下一步"按钮将显示图 7-7 所示的存储位置窗口。

使用此页可选择数据库文件的存储机制。数据库文件包括与数据库有关的数据文件、控制文件和日志文件。

选择"文件系统"单选项在当前文件系统的目录中保存和维护单实例数据库文件。

ASM 是 Oracle 10g 数据库的新功能，可简化数据库文件的管理，只须管理少量的磁盘组而无须管理众多的数据库文件。磁盘组是由 ASM 作为单个逻辑单元管理的一组磁盘设备。Oracle 自动为该数据库对象分配存储空间，并创建或删除与其相关的文件。选择"自动存储管理"选项后，DBCA 将显示一系列提示，用来创建 ASM 实例和置入 ASM 磁盘组。

本书中选择"文件系统"单选按钮作为数据库文件的存储类型。

如果选择"使用模板中的数据库文件位置"单选按钮，可以使用数据库选择的数据库模板中的预定义位置。

如果选择"所有数据库文件使用公共位置"单选按钮，可以为所有数据库文件指定一个新的公共位置，可通过"浏览"按钮来选择文件公共位置，默认为{ORACLE_BASE}\oradata，即在基目录下的 oradata 子目录。

快速恢复区可以用于恢复数据，以免系统发生故障时丢失数据。如果此前在 Database

Configuration Assistant 中显示的"管理选项"页上启用了本地管理和每日备份，Enterprise Manager 也将使用此位置。

图 7-7　存储位置

快速恢复区为 Oracle 管理的目录、文件系统或为备份和恢复文件提供集中磁盘位置的"自动存储管理"磁盘组。Oracle 在快速恢复区中创建归档日志。Enterprise Manager 可以在快速恢复区中存储其备份，并在介质恢复过程中恢复文件时使用它。Oracle 恢复组件与快速恢复区交互，以确保数据库完全可使用快速恢复区中的文件恢复。发生介质故障后恢复数据库所需的所有文件都包含在快速恢复区中。

同样的原理，可以在图 7-7 所示的窗口中指定恢复文件的存储类型、存储位置和快速恢复区的磁盘空间。

如果选择"启用归档"，数据库将归档其重做日志。可以使用归档重做日志来恢复数据库、更新备用数据库，或获得有关使用 LogMiner 实用程序的数据库的历史记录信息。

启用归档与在 Oracle Enterprise Manager 中启用归档日志模式或在 ARCHIVELOG 模式下运行数据库相同。归档时要确保已为归档日志分配了足够的磁盘空间。如果在归档期间磁盘空间不足，则数据库可能会挂起。

可以使用默认的归档日志模式设置。单击"编辑归档模式参数"按钮可指定数据库的特定归档参数，如自动归档和归档文件的名称等。

单击"文件位置变量"按钮，将显示变量的值，如数据名 DB_NAME(oracle12)、系统标识符 SID(oracle12c)、基目录 ORACLE_BASE(e:\app\ORAUSER)、主目录 ORACLE_HOME (E:\app\ORAUSER\product\12.1.0\dbhome_1)等变量的值。

（9）在图 7-7 中单击"下一步"按钮，将显示如图 7-8 所示的数据库选项窗口。

在"数据库组件"属性页，可选择要在 Oracle 数据库中使用的数据库功能，如 Oracle Java、Oracle Text、Oracle OLAP、Oracle Spatial 等组件。

在"示例方案"属性页，可选择是否安装示例方案，同时也可指定在创建数据库时要运行的 SQL 脚本。本例中要安装示例方案。示例方案包含以下表类型的脚本：

① 人力资源：人力资源（HR）方案是基本的关系数据库方案。在 HR 方案中有六张表：

雇员、部门、地点、国家/地区、工作和工作历史。定单输入（OE）方案具有到 HR 方案的
链接。

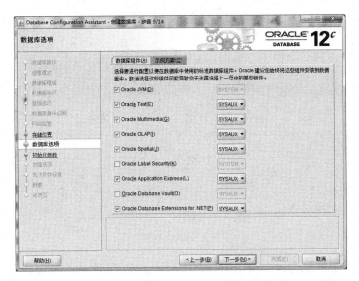

图 7-8　数据库选项

②　定单输入：定单输入（OE）方案建立在完全的关系型人力资源（HR）方案上，该方
案具有某些对象关系和面向对象的特性。OE 方案包含七张表：客户、产品说明、产品信息、
定单项目、定单、库存和仓库。OE 方案具有到 HR 方案和 PM 方案的链接。该方案还有为
HR 对象定义的同义词，从而使访问对用户透明。

③　产品媒体：产品媒体（PM）方案包含两张表 online_media 和 print_media，一种对象
类型 adheader_typ，以及一张嵌套表 textdoc_typ。PM 方案包含 interMedia 和 LOB 列类型。
注意：要使用 interMedia Text，必须创建 interMedia Text 索引。

④　销售历史：销售历史（SH）方案是关系星形方案的示例。它包含一张大范围分区的
事实表 SALES 和五张维表：TIMES、PROMOTIONS、CHANNELS、PRODUCTS 和
CUSTOMERS。链接到 CUSTOMERS 的附加 COUNTRIES 表显示一个简单雪花模型。

⑤　发运队列：发运队列（QS）方案实际上是包含消息队列的多个方案。

创建数据库后，可以创建并运行定制（用户定义的）脚本来修改数据库。例如，可以运
行定制脚本来创建所需的特定方案或表。

（10）在第（9）步出现窗口中单击"下一步"按钮将显示图 7-9 所示的初始化参数窗口。

①　单击"所有初始化参数"按钮，然后找到需要的初始化参数并进行修改。

②　在"内存"选项卡中对新建数据库实例的 SGA 和 PGA 分布进行设置，指定是否采用
自动内存管理。

③　在"调整大小"选项卡中可以输入 Oracle 数据库块的大小（以字节为单位）、同时连
接到 Oracle 的最大操作系统用户进程数，也可采用默认值。

④　在"字符集"选项卡中选择数据库字符集。

⑤　在"连接模式"选择卡中指定数据库连接模式，即专用服务器模式或共享服务器模式。
关于服务进程的详细介绍见 3.3.2 节。单击"编辑共享连接参数"按钮可以设置共享服务器
信息。

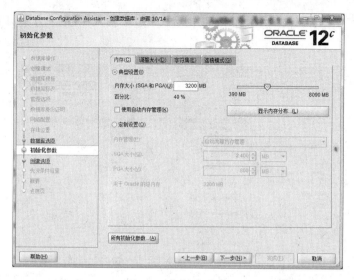

图 7-9　初始化参数

（11）在图 7-9 中单击"下一步"按钮，将显示图 7-10 所示的创建选项窗口。

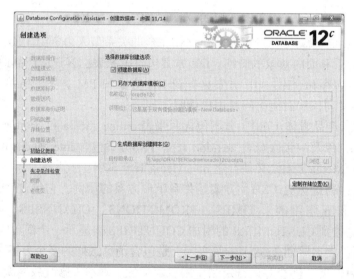

图 7-10　创建选项

如果要立即创建数据库，选择"创建数据库"复选框。

如果将数据库创建参数另存为模板，可选择"另存为数据库模板"复选框，此时要输入模板的标题。

如果要将数据库模板生成数据库创建脚本，可选择"生成数据库创建脚本"复选框，此时要输入存储脚本文件的目标目录。

以上三项是复选框，可以同时选择多个。

单击"定制存储位置"按钮，将显示图 7-11 所示的定制存储窗口。在该窗口用户可以修改数据库的存储参数，包括控制文件、表空间、数据文件、重做日志组等文件的大小和名称；还可以设置表空间和数据文件的状态（联机、脱机、只读）以及类型（永久、临时）。

① 在任何对象类型文件夹中，单击"添加"按钮将创建新对象。要删除某对象，从对象

类型文件夹中选择该对象并单击"删除"按钮。

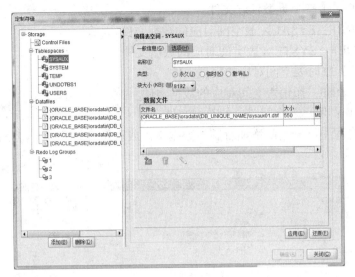

图 7-11　定制存储

② 如果要显示或修改表空间、数据文件等的存储参数和状态，单击表空间名，将在右边窗口中显示表空间信息，可以查看或修改。

在"一般信息"中显示表空间名称、表空间类型（永久、临时、撤销）、块大小和表空间对应的数据文件。可以对相关信息进行修改，也可增加、删除表空间。

在"选项"属性页中可指定本地管理表空间或使用大文件表空间等信息。

③ 如果选择包括数据文件的数据库模板，则无法添加或删除数据文件、表空间或回滚段。此时允许更改数据库名称、数据文件的目标位置、控制文件或日志组和 INIT.ORA 初始化文件。

④ 单击数据文件名，显示该文件的信息，在"一般信息"中显示数据文件名称和大小，在"选项"属性页可指定数据文件的最大值、数据文件的自动扩展方式等信息。单击笔状按钮可以增加新的数据文件，单击桶状按钮可以删除数据文件。

单击"Redo log groups"可以增加重做日志组和重做日志文件。

（12）在图 7-10 中所有表空间、数据文件、重做日志设置完成后，可单击"下一步"按钮进行先决条件检查，检查完成后将显示所有的数据库配置选项的概要窗口。

到此为止，所有数据库项目设置完成，如果需要修改可单击"上一步"按钮返回到指定的窗口。

在概要窗口单击"完成"按钮将显示图 7-12 所示的进度窗口。

数据库建立完成后，将显示和图 2-17 类似的窗口。可用 SQL Plus 命令来验证数据库是否建立成功：

```
SQL> CONNECT  SYSTEM/Ysj639636 @ ORACLE12C
```

如果显示"已连接"，表示数据库建立正确完成，可对数据库进行正常的操作。

按照上面的步骤创建数据库后，相关的文件将存储在"e:\app\ORAUSER\oradata"的 oracle12c 子文件夹中。即在文件夹"e:\app\ORAUSER\oradata\oracle12c"下会有的文件：

CONTROL01.CTL：控制文件，可以有多个完成相同的控制文件。

REDO01.LOG：第一个重做日志文件。

REDO02.LOG：第二个重做日志文件。

REDO03.LOG：第三个重做日志文件。

SYSAUX01.DBF：SYSAUX 表空间对应的数据文件。

SYSTEM01.DBF：SYSTEM 表空间对应的数据文件。

TEMP01.DBF：临时表空间对应的数据文件。

UNDOTBS01.DBF：撤销表空间对应的数据文件。

USERS01.DBF：用户表空间对应的数据文件。

如果在创建过程中给表空间增加有其他数据文件或重做日志文件，将在该文件夹下有更多的文件名称。

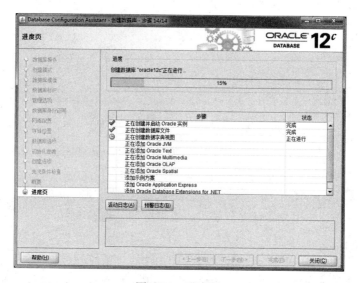

图 7-12　进度页

7.3.2　手工创建数据库

DBCA 提供了方便直观地创建数据库的方法，但也可以用手工方式来创建数据库。手工创建数据库可以对新建数据库的各个细节进行全面控制，使数据库更加适应特定的应用环境，但要求管理员具有更多的 Oracle 体系结构方面的理论知识。

建议一般用户使用 DBCA，其比较安全可靠。这里将简单介绍用手工方式创建数据库的步骤。如果有建立数据库的脚本文件，也可以通过编辑脚本文件来创新的数据库。如果使用 Oracle 的自动存储管理（ASM）来管理磁盘空间，在进行下面操作前必须启动 ASM 实例并配置磁盘组。

1. 确定新数据库名和对应的实例名 SID

全局数据库名在网络中唯一地标识数据库，而 SID 用于在主机服务器中唯一地标识数据库实例（因为一个主机服务器可以同时有多个实例运行）。通过设置环境变量 Oracle_SID 来设置数据库实例的 SID，它通常与数据库参数 DB_NAME 的值一样。SID 最多由 12 个字母和数字组成的字符串。例如：

```
C:\>setenv  Oracle_SID=student
```

2. 确定环境变量设置正确

在启动 SQL Plus 之前，必须设置或确认常用环境变量的正确定义。通常必须设置的环境变量有 Oracle_SID、Oracle_HOME 和 PATH 等，Oracle_HOME 是 Oracle 服务器的安装目录，PATH 增加 Oracle_HOEM\bin 目录。

3. 确定 DBA 认证方式

要执行新建数据库的操作，必须以 DBA 身份连接到 Oracle 并具有相应的系统权限，也可以通过操作系统认证或通过口令文件认证。

4. 创建初始化参数文件

Oracle 在启动数据库实例时要使用参数文件。DBA 可以通过复制初始化文件模板，然后进行编辑来建立初始化参数文件。样板初始化参数文件在 Oracle 安装目录的 ORACLE_HOME\dbs 子目录下，文件名为 init.ora。修改后的初始化参数文件通常存放在 Oracle 数据库的默认位置，并使用默认文件名，这样用 STARTUP 命令启动实例时就不用指定 PFILE 选项。

5. 创建实例

在 Windows 系统平台中，在连接实例前必须手工创建实例。执行 Oracle 数据库提供的 ORADIM 命令将创建一个新的 Windows 服务来创建 Oracle 实例。ORADIM 命令在 ORACLE_HOME\bin 目录下。在 Windows 系统的命令提示符下执行下面命令即可创建新实例：

```
oradim -NEW -SID sid -STARTMODE MANUAL -PFILE pfile
```

SID 是数据库实例名，如 student；PFILE 是文本初始化参数文件的绝对路径。例如：

```
C:\> oradim -NEW -SID student -STARTMODE  MANUAL  -PFILE e:\app\ORAUSER\
student\pfile\init.ora
```

这里的 STARTMODE 必须是 MANUAL（手工）而不能是 AUTO，否则实例会加载不存在的数据库。

6. 连接到实例

在命令提示符下启动 SQL Plus，并以 SYSDBA 身份连接到 Oracle。

```
C:\>SQLPLUS  /NOLOG
SQL>CONNECT  SYS  AS  SYSDBA;
```

上面命令提示时输入 SYS 的口令。或者在操作系统认证时：

```
SQL>CONNECT  /AS SYSDBA;
```

如果连接正确，SQL Plus 将提示 "Connected to an idle instance."。

7. 建立服务器参数文件

Oracle 建议在此时根据第 4 步编辑的文本初始化参数文件来创建服务器参数文件，命令格式为

```
SQL> CREATE SPFILE FROM PFILE;
```

如果使用 Oracle 管理文件，而 CONTROL_FILES 参数又没有在初始化参数文件中，那么就必须创建服务器参数文件，以便在执行 CREATE DATABASE 语句时数据库会将控制文件的名称和位置保存在服务器初始化参数文件中。

8. 启动实例

以非加载方式启动实例。通常只有在创建数据库或性能维护时使用非加载方式。如果初始化参数文件在默认位置，用下面语句启动实例：

```
SQL> STARTUP NOMOUNT;
```

如果初始化参数不在默认位置，要使用 STARTUP 命令的 PFILE 选项。

9. 执行 CREATE DATABASE 命令

CREATE DATABASE 命令将主要完成如下任务：

- 创建数据库的表空间、数据文件、控制文件、重做日志文件和数据字典等。
- 设置数据库的归档模式（ARCHIVELOG 和 NOARCHIVELOG）。
- 设置数据库存储所采用的字符集和数据库时间区域。

假定初始化参数文件中指定了控制文件的位置和数量，即有 CONTROL_FILES 参数，并且相关目录（如 d:\oracle\oradata\mytestdb）已经存在，管理员以 SYSDBA 的身份连接实例，下面 CREATE DATABASE 命令可建立一个 mytestdb 数据库。

```
CREATE DATABASE mytestdb
USER SYS IDENTIFIED BY my_db_sys
USER SYSTEM IDENTIFIED BY my_db_system
LOGFILE GROUP 1 ('d:\oracle\oradata\mytestdb\redo01.log') SIZE 100M,
    GROUP2 ('d:\oracle\oradata\mytestdb\redo02.log') SIZE 100M,
    GROUP3 ('d:\oracle\oradata\mytestdb\redo02.log') SIZE 100M
MAXLOGFILES  5
MAXLOGMEMBERS 5
MAXLOGHISTORY 1
MAXDATAFILES 100
CHARACTER SET US7ASCII
NATIONAL CHARACTER SET AL16UTF16
EXTENT  MANAGEMENT LOCAL
DATAFILE ' d:\oracle\oradata\mytestdb\system01.dbf' SIZE 325M REUSE
SYSAUX DATAFILE ' d:\oracle\oradata\mytestdb\sysaux01.dbf'
    SIZE 325M REUSE
DEFAULT TABLESPACE users
    DATAFILE 'd:\oracle\oradata\mytestdb\users01.dbf'
    SIZE 500M REUSE AUTOEXTEND ON MAXSIZE UNLIMITED
DEFAULT TEMPORARY TABLESPACE tempts1
    TEMPFILE 'd:\oracle\oradata\mytestdb\temp01.dbf'
       SIZE 20M REUSE
UNDO TABLESPACE undotbs
    DATAFILE 'd:\oracle\oradata\mytestdb\undotbs01.dbf'
    SIZE 200M REUSE AUTOEXTEND ON MAXSIZE UNLIMITED;
```

上面 CREATE DATABASE 命令建立的 mytestdb 数据库具有如下特征：

- 数据库名为 mytestdb，两个管理员用户 SYS 和 SYSTEM 的口令被改为 my_db_sys 和 my_db_system。指定字符集和国家字符集 US7ASCII 和 AL16UTF16。
- LOGFILE 子句定义了三个日志组，每个组只有一个日志成员文件。MAXLOGFILES、MAXLOGMEMBERS 和 MAXLOGHISTORY 子句限制了最大日志文件和成员数。
- 建立由数据文件 system01.dbf 组成的 SYSTEM 表空间，并且是本地管理方式。SYSAUX DATAFILE 子句创建由数据文件 sysaux01.dbf 组成的 SYSAUX。同时也创新了默认表空间 users、临时表空间 tempts1 和撤销表空间 undotbs。

在执行 CREATE DATABASE 命令时应注意下面几点：

- 存放数据库物理文件的目录必须已经建立。
- 如果命令执行出错，可查看警告文件；如果错误信息中有进程号，可查看该进程的跟踪文件以找到出错的原因。

- 在命令执行出错后，必须先关闭数据库并删除相关文件，才可重新执行建立数据库命令 CREATE DATABASE。
- 如果重新建立已有控制文件的数据库时，必须使用选项 CONTROLFILE REUSE 来重写原控制文件，否则会出错。

10. 建立其他表空间

要让新建数据库更好地进行工作，最好为不同的应用系统建立不同的用户表空间。所有表空间使用的数据文件的总数由 MAXDATAFILES 选项指定。建立表空间必须以 SYS 连接数据库，然后执行 CREATE TABLESPACE 命令，例如：

```
SQL>CONNECT SYS/my_db_sys AS SYSDBA
```

建立表空间 app_tbs 并把它作为用户默认表空间：

```
SQL>CREATE TABLESPACE app_tbs LOGGING
  2  DATAFILE 'd:\oracle\oradata\mytestdb\app01.dbf'
  3  SIZE 25M REUSE AUTOEXTEND ON NEXT 1280K MAXSIZE UNLIMITED
  4  EXTENT MANAGEMENT LOCAL;
```

建立索引表空间，与用户表空间分开：

```
SQL> CREATE TABLESPACE indx LOGGING
  2  DATAFILE 'd:\oracle\oradata\mytestdb\indx01.dbf'
  3  SIZE 25M REUSE AUTOEXTEND ON NEXT 1280K MAXSIZE UNLIMITED
  4  EXTENT MANAGEMENT LOCAL;
```

11. 运行脚本程序建立数据字典视图

Oracle 提供了两个脚本用于手工方式建立数据字典视图、同义词和 PL/SQL 包，它们都安装在%ORACLE-HOME%\rdbms\admin 目录下，文件名为 catalog.spq 和 catproc.sql。

```
SQL>CONNECT SYS/password AS SYSDBA
SQL>@e:\app\ORAUSER\product\12.1.0\dbhome_1\RDBMS\ADMIN\catalog.sql;
SQL>@e:\app\ORAUSER\product\12.1.0\dbhome_1\RDBMS\ADMIN\catproc.sql;
```

catalog.sql 建立数据字典表的视图、V$动态性能视图以及它们的同义词，并把 PUBLIC 权限赋给这些同义词。cataproc.sql 建立 PL/SQL 所需的各种包。

根据需要也可执行其他脚本文件，建立其他结构，它们可能是维护数据库性能或建立数据库应用所需要的。

12. 备份数据库

对新建的数据库做一个完全备份，这包括数据库中的所有文件。备份数据库的目的是为了出现故障后进行介质恢复。

按照上述操作步骤以手工方式建立数据库，新建数据库有三个默认用户 SYSTEM、SYS 和 SYSMAN。建立数据库后一定要修改这些用户的默认口令。

如果要在计算机启动时数据库实例自动启动，可用 ORADIM 命令来完成：

```
ORADIM -EDIT -SID sid -STARTMODE AUTO -SRVCSTART SYSTEM [-SPFILE]
```

可从数据库数据字典 DATABASE_PROPERTIES（数据属性）、GLOBAL_NAME（全局数据库名）和 V$DATABASE（从控制文件中得到的数据库信息）了解新建数据库信息。

7.4 数据库的操作

数据库创建完成后，可以关闭、启动数据库，必要时可以修改其中的参数，在不需要时可以删除数据库。完成这些操作可以通过 SQL 命令，也可以通过 OEM 或 DBCA 等工具。本节将介绍使用 SQL 命令来完成数据库操作的方法。

7.4.1 数据库启动

数据库能够被用户连接使用之前必须启动数据库实例。由于 Oracle 数据库的启动过程是分步进行的，因此数据库可以有多种启动模式。不同的启动模式之间能够相互切换。

启动数据库就是在内存建立一个数据库实例、启动后台进程并将数据库设置为某种状态。只有具有 SYSDBA 权限的 DBA 用户才可以启动数据库实例。

启动数据库有下面三种方式：

- 使用 SQL Plus 中的 STARTUP 命令。
- 使用 OEM 数据库配置中图形化界面。
- 使用 RMAN 中的 STARTUP 命令。

SQL Plus 和 RMAN 中的 STARTUP 命令基本一致，这里将重点介绍 SQL Plus 启动数据库的方式。

根据数据库实例启动后数据库所处的状态或所要完全的操作，可以多种方式来完成数据库启动操作。每种方式启动前都必须以具有 SYSDBA 权限的用户连接到数据库，即要执行下面命令：

```
C:\>SQLPLUS  /NOLOG
SQL>CONNECT SYS/change_on_install AS SYSDBA;
```

1. 启动实例但不加载数据库（NOMOUNT 状态）

以 NOMOUNT 方式启动实例时，实例启动过程中只会用到初始化参数文件，数据库是否存在对实例的启动并没有影响。启动后任何人都不能访问数据库，通常只有在创建数据库或重建控制文件等操作时才采用该模式。非加载方式启动实例的步骤如下：

```
SQL>STARTUP NOMOUNT;
```

在 NOMOUNT 模式下，只能访问到那些与 SGA 相关的数据字典视图，包括 V$SGA、V$PARAMETER、V$OPTION、V$PROCESS、V$SESSION、V$VERSION、V$INSTANCE 等，这些视图中的信息都是从 SGA 区中获取的，与数据库无关。

如果是使用指定的初始化参数文件，可用下面命令：

```
SQL>STARTUP NOMOUNT PFILE=e:\oracle\init.ora;
```

2. 启动实例并加载数据库（MOUNT 状态）

实例加载数据库是将实例与数据库关联起来。要加载数据库，实例将找到初始化参数文件中 CONTROL_FILES 指定的控制文件并将其打开。Oracle 读控制文件以获取数据库名称、数据文件的位置和名称、重做日志文件等数据库物理结构的信息。在加载时实例并不打开数据库的物理文件（数据文件和重做日志文件），数据库仍然是关闭，此时只有 DBA 能进行管理功能，不能访问数据库。

通常 DBA 在重命名数据文件，添加、删除或重命名重做日志文件，执行数据库完全恢

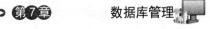

复操作，改变数据库的归档模式等情况下启动数据库到 MOUNT 状态。

使用下面命令可启动数据库实例并加载数据库：

```
SQL>STARTUP MOUNT;
```

3. 启动实例并打开数据库（OPEN 状态）

正常的数据库操作是指启动实例、加载数据库并打开数据库，授权用户可以访问数据库，这就是 OPEN 方式，即在加载数据库后要打开所有处于联机状态的数据文件和重做日志文件。如果在控制文件中列出的任何一个数据文件或重做日志文件无法正常打开，数据库将返回错误信息，这时需要进行数据库恢复。

启动数据库到打开状态的命令如下：

```
SQL>STARTUP OPEN;--或 STARTUP 命令
Oracle 例程已经启动
Total System Global Area    118255568 bytes
Fixed Size                     282576 bytes
Variable Size                83886080 bytes
Database Buffers             33554432 bytes
Redo Buffers                   532480 bytes
```

上面命令将启动实例、从默认位置读初始化参数文件，然后加载并打开数据库。如初始化参数文件不在默认位置，可指定 PFILE 选项。

4. 受限访问的实例启动

管理员可以将实例启动到一种受限访问状态，此时实例被启动并打开，但具有 SYSDBA 和 SYSOPER 权限的用户能够访问数据库。当要进行数据的导入或导出、用 SQL *Loader 提出外部数据、暂时禁止普通用户访问或数据库移植与升级时，要启动实例到受限访问模式。

在正常模式下，具有 CREATE SESSION 系统权限的用户就可连接到非受限状态的数据库；在受限访问模式下，只有同时具有 CREATE SESSION 和 RESTRICTED SESSION 系统权限的用户才可以访问受限状态的数据库，当然具有 SYSDBA 和 SYSOPER 系统权限的用户也可以访问；但管理员只能从运行实例的计算机来访问数据库，而不能通过 Oracle Net 监听程序远程访问实例。

启动数据库进入受限的打开状态使用下面的语句：

```
SQL> STARTUP RESTRICT;
```

如果在完成管理操作后将数据库恢复到非受限状态，使用 ALTER SYSTEM 语句：

```
SQL> ALTER SYSTEM DISABLE RESTRICTED SESSION;
```

如果在数据库运行过程中由非受限状态切换到受限状态，使用下面的语句：

```
SQL> ALTER SYSTEM ENABLE RESTRICTED SESSION;
```

5. 强行打开数据库

如果无法使用正常方式 SHUTDOWN NORMAL、SHUTDOWN IMMEDIATE 或者 SHUTDOWN TRANSCATIONAL 命令关闭数据库实例，或在启动实例时出现无法恢复的操作时，就需要强行启动数据库，以便进行故障查找与排除。强行打开数据库的命令为

```
SQL>STARTUP  FORCE;
```

6. 启动、加载数据库并启动介质恢复

如果需要介质恢复，可以在启动实例和加载数据库后将恢复进程自动启动，只要执行下面语句即可完成：

```
SQL>STARTUP  OPEN  RECOVER;
```

注意：在上面各种启动实例的方式中，如果控制文件、数据文件或重做日志文件出错，那么启动实例也会出问题；如果在加载数据库时 CONTROL_FILES 初始化参数指定的一个或多个文件不存在或不能打开，那么数据库返回警告信息但不加载数据库；如果数据文件或重做日志文件不可用或不能打开，那么数据库返回警告信息但不打开数据库。

7. 数据库启动模式之间的转换

在进行某些特定的管理或维护操作时，需要使用某种特定的启动模式来启动数据库。当管理或维护操作完成后，需要改变数据库的启动模式。使用 ALTER DATABASE 语句可以在数据库的各种启动模式之间切换，此时用户必须具有 ALTER DATABASE 权限。

① 为已启动的实例加载数据库：当数据库实例启动到 NOMOUNT 模式下时，可以使用下面语句为实例加载数据库，切换到 MOUNT 启动模式：

```
SQL>ALTER DATABASE MOUNT;
```

② 从加载状态到打开状态：为实例加载数据库后，数据库仍然处于关闭状态。为了使用户能够访问数据库，可以使用下面语句打开数据库，切换到 OPEN 状态：

```
SQL>ALTER DATABASE OPEN;
```

将数据库设置为打开状态后，有 CREATE SESSION 权限的用户都能够访问数据库。

③ 数据库设置为只读状态：可以使用 ALTER DATABASE 命令将打开的数据库切换为只读模式或读/写模式。

```
SQL>ALTER DATABASE OPEN READ ONLY;      --只读模式
SQL>ALTER DATABASE OPEN READ WRITE;     --读写模式
```

④ 以 RESETLOGS 方式打开数据库：在执行任何类型的不完全介质恢复之后，或者使用备份控制文件进行数据库恢复之后（执行带 USING BACKUP CONTROLFILE 的 RECOVER 命令）；必须以 RESETLOGS 方式打开数据库。

在打开数据库时指定 RESETLOGS 子句时，当前日志序号将设置为 1，并废弃数据库恢复期间没有使用的重做信息。

```
SQL>ALTER DATABASE OPEN RESETLOGS;
```

如果要保持当前日志序列号和当前日志文件，使用 NORESETLOGS 打开数据库。

7.4.2 关闭数据库

与数据库的启动相类似，关闭数据库时也可以有多种方式，同时也需要用户具有 SYSDBA 权限连接到 Oracle 中。

Oralce 关闭数据库的过程如下：

- 关闭数据库，此时 Oracle 将重做日志缓存中的内容写入到重做日志文件中，并且将数据库缓存中修改过的数据写入数据文件，然后再关闭所有的数据文件和重做日志文件。
- 关闭数据库后，实例卸载数据库。数据库的控制文件在此时被关闭，但是实例仍然存在。
- 最后是终止实例，即实例拥有的所有后台进程和服务进程将被终止，内存中的 SGA 区将被回收。

1. 正常关闭方式（NORMAL）

一般情况下，数据库都应该选择正常方式关闭，除非不得已或有其他要求。正常关闭数据库的命令为：

```
SQL>SHUTDOWN NORMAL;
```

正常方式关闭数据库时，Oracle 将阻止任何用户建立新的连接，并等待当前所有正在连接的用户主动断开连接，而连接的用户能够继续其当前的工作。一旦所有的用户都断开连接，立刻关闭数据库、卸载数据库，并终止实例。由于要求用户主动断开连接，可能需要较长时间。正常关闭的数据库在下次启动时不需要任何实例恢复操作。

2. 立即关闭方式（IMMEDIATE）

在数据库本身或某个数据库应用程序发生异常情况时，或者是对自动备份进行初始化时，不管用户连接与否，可能要求立即关闭数据库。这种方式能够在尽可能短的时间内关闭数据库。立即关闭数据库的命令为

```
SQL>SHUTDOWN IMMEDIATE;
```

执行上述命令后，Oracle 将阻止任何用户建立新的连接，同时阻止当前连接的用户开始任何新的事务，任何未提交的事务均被回滚，Oracle 不再等待用户主动断开连接，而是直接关闭、卸载数据库并终止实例。

立即关闭的数据库在下次启动时不需要任何实例恢复操作。

3. 事务关闭方式（TRANSACTIONAL）

当要完成计划好的关闭实例，但同时允许活动事务先完成，就使用事务关闭方式。事务关闭方式既防止用户丢失数据，又不需要所有用户主动断开。事务方式关闭数据库的命令：

```
SQL>SHUTDOWN TRANSACTIONAL;
```

上述命令开始执行时，Oracle 将阻止任何用户建立新的连接，同时阻止当前连接的用户开始任何新的事务；等待所有未提交的活动事务提交完毕，然后立即断开用户的连接；最后关闭数据库、卸载数据库，并终止实例。

4. 终止方式关闭（ABORT）

出现下列情况时，可以用终止方式关闭数据库：数据库或应用程序出现故障，并且不能用其他三种方式关闭；需要马上关闭数据库，如 1 分钟内要断电；启动数据库实例时出现故障。此时运行下面命令可以终止方式关闭数据库实例：

```
SQL>SHUTDOWN ABORT;
```

终止方式关闭数据库时，Oracle 将阻止任何用户建立新的连接，同时阻止当前连接的用户开始任何新的事务；立即终止当前正在处理的客户 SQL 语句；任何未提交的事务均不被回滚；立即断开所有用户的连接，关闭数据库，卸载数据库，并终止实例。

如果以终止方式关闭数据库，由于当前未完成的事务并不会被回滚，所以下次启动数据库时需要进行数据库实例恢复。

7.4.3　删除数据库

删除数据库是指删除它的所有数据文件、重做日志文件、控制文件和初始化参数文件。删除数据库是破坏性很强的操作，应该慎重小心。

1. 用 DROP DATABASE 语句删除数据库

利用 DROP DATABASE 命令可以删除所有控制文件和在控制文件中列出的其他数据库文件。如果数据库使用服务器参数文件，该文件也将被删除；但不会删除归档日志文件。要使 DROP DATABASE 成功执行，数据库必须以独占和受限方式加载，但必须是关闭的。删除命令如下：

```
SQL> DROP DATABASE;
```

如果数据库是在裸盘上，上面命令不能删除裸盘上的文件。

2. 用 DBCA 工具删除数据库

如果数据库是用 DBCA 工具建立的，可使用 Oracle Database Configuration Assistant（DBCA）工具删除数据库。

（1）启动 DBCA，出现图 7-13 所示的窗口时选择"删除数据库"单选按钮，然后单击"下一步"按钮，将在图 7-13 中显示所有可以被删除的数据库。

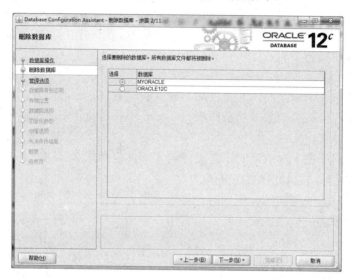

图 7-13　数据库列表

（2）选定一个数据库，单击"下一步"按钮，系统将显示概要页面。在概要页面中列出了要删除的控制文件和数据文件，在概要窗口中单击"完成"按钮，进一步提示确认，此时单击"是"按钮将开始删除。删除数据库需要较长时间。

7.5　监控数据库

建立数据库后，监控数据库的操作将是非常重要的任务，它不仅能预告没有注意到的错误，同时也能正确理解数据库的正确操作，也能帮助识别出现了啥故障。监控数据库包括监控错误、警告信息和运行性能。

7.5.1　诊断数据管理

从 Oracle 11g 开始，数据库将采用一种先进的故障诊断架构来收集和管理诊断数据（diagnostic data）。诊断数据包括跟踪文件、DUMP、CORE files 等，Oracle 可以利用这些数据快速和高效地识别、诊断、跟踪和解决使用中的问题，如数据库代码错（Database Code Bug）、元数据崩溃（Metadata Corruption）和客户数据崩溃（Customer Data Corruption）等。

当关键错误出现时，将为其分配一个故障号，并立即捕获错误的诊断数据（如跟踪文件）并用故障号标记。这些数据存储在自动控制诊断库（Automatic Diagnostic Repository，ADR）中。ADR 是一个数据库外的文件结构，该文件夹下存放跟踪文件、警告文件、诊断报告等内容，以后可根据故障号进行查询或分析。

数据库实例的 ADR 的根目录（ADR Base）由参数 DIAGNOSTIC_DEST 来指定。如果不指定该参数的值，在定义 ORACLE_BASE 环境变量的情况下，DIAGNOSTIC_DEST 与 ORACLE_BASE 相同；在没有定义 ORACLE_BASE 环境变量时，DIAGNOSTIC_DEST 被设置成为 ORACLE_HOME/log。数据库实例的 ADR 目录结构如图 7-14 所示：

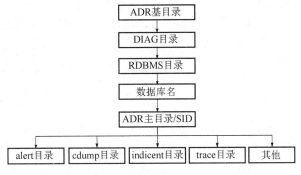

图 7-14　数据库实例的 ADR 目录结构

7.5.2　跟踪文件（Trace File）

每个服务进程和后台进程在运行过程中都会将一些错误信息写入相应的操作系统文件中，这个操作系统文件称为跟踪文件。跟踪文件在进程活动期间定时更新，它包括进程的如下信息：环境、状态、活动性和错误。当进程检测到一个内部错误时，该进程就将错误信息写入跟踪文件中。写入跟踪文件的信息一类是为管理员检查错误所用，另一类是为 Oracle 公司支持服务所用。

每个 Oracle 进程都具有它自己的跟踪文件。后台进程的跟踪文件名通常包括 Oracle SID、后台进程名、操作系统进程号；服务进程的跟踪文件名通常有 OracleSID、字符串 ora 和操作系统进程号。可以根据跟踪文件的名称来确定它属于哪一个 Oracle 进程。例如：跟踪文件 StudentDBW0.TRC 就是由实例 STUDENT 中的 DBW0 后台进程生成的。

跟踪文件存储在 ADR 主目录（ADR Home）下的 trace 文件夹下，可用数据字典视图 V$DIAG_INFO 来查询当前数据库实例的跟踪文件。

下面语句显示当前会话的跟踪文件的绝对路径：

```
SQL> SELECT VALUE FROM V$DIAG_INFO
  2 WHERE NAME = 'Default Trace File';
```

使用下面的查询语句将返回当前实例的各后台进程、服务进程的跟踪文件的目录，同时也显示纯文件格式的警告文件位置：

```
SQL> SELECT VALUE FROM V$DIAG_INFO WHERE NAME = 'Diag Trace';
```

所有跟踪文件的大小是由初始化参数 MAX_DUMP_FILE_SIZE 指定，它限制跟踪文件中的操作系统块数。

7.5.3　警告文件（Alert File）

数据库的警告文件或者警告日志（Alert Log）是一种特殊的跟踪文件，它按时间顺序记录数据库实例的操作信息和错误信息。在需要写入警告文件时，Oracle 实例会自动查找是否存在已有的警告文件。如果存在，它继续写入该警告文件；如果不存在，它创建一个新的警告文件。警告文件中包括的内容：

- 所有发生过的内部错误(ORA – 600)、块损坏错误(ORA – 1578)，以及死锁(Deadlock) 错误（ ORA – 60 ）。
- 管理员执行的操作，如 CREATE、ALTER、DROP、STARTUP、SHUTDOWN 和 ARCHIVELOG 等语句。
- 与共享服务进程和调度进程相关的消息和错误信息。
- 原始视图自动刷新期间出现的错误。

警告文件的名称是由数据库的 SID 加 ALERT 组成，如 studentALERT.log 表示实例 student 的跟踪文件。同跟踪文件的位置一样，可用视图 V$DIAG_INFO 来查询当前数据库实例 XML 格式的警告文件的位置：

```
SQL> SELECT VALUE FROM V$DIAG_INFO WHERE NAME = 'Diag Alert';
```

可以在实例运行期间删除警告文件的内容来调整警告文件的大小。

跟踪文件和警告文件都是纯文本文件或基于 XML 格式的文件，管理员应该定期查看跟踪文件或警告文件以检查 Oracle 服务进程、后台进程或者实例是否出现错误。可以根据记录在警告文件中的初始化参数的值和统计信息对数据库性能进行调整和优化，同时也作为排除故障的主要信息来源。

小　结

数据库应用的基础是建立应用的数据库，数据库管理的主要任务是对系统数据库的启动、关闭、创建、修改等维护工作。建立数据库就是在软件和硬件环境满足的情况下，利用 DBCA 或手工方式在操作系统中准备若干个操作系统文件，以存储数据库中的数据。在数据库使用前必须先用 STARTUP 命令来启动数据库，即在内存建立一个数据库实例，启动后台进程并将数据库设置为某种状态。在不使用数据库时可以关闭数据库实例。利用删除数据库功能可以永久地将数据库删除。参数文件中初始化参数的值决定了数据库的物理结构、内存、进程数等重要内容。ADR 是一个数据库外的文件结构，它存放跟踪文件、警告文件、诊断报告等内容，以后可根据故障号进行查询或故障分析。

习　题

1. 参数文件有什么作用？有几种参数文件？它们的区别是什么？

2. 什么是静态初始化参数？什么是动态初始化参数？两者的区别是什么？修改动态初始化参数的 SQL 语句有哪两个？这两个 SQL 语句修改的结果有什么区别？

3. 如何完成初始化参数文件和服务器参数文件的转换？如何查看初始化参数的值？

4. 总结 DBCA 创建数据库的过程，其中设置了哪些内容，每项内容所代表的含义是什么？

5. 数据库有几种启动模式？在每种状态下都能完成什么任务，要访问哪些文件？启动数据库的命令是什么？它是 SQL 语句还是 SQL Plus 命令？如何实现不同启动模式之间的转换？

6. 有几种关闭数据库的方式？它们之间有什么区别？哪种方式不能保证数据库的一致

性？用多种关闭数据库的方式有什么好处？

7. 手工创建数据库实例的命令是什么？

8. 在什么情况下要以受限方式启动数据库实例？启动的命令是什么？

9. 创建数据库后，磁盘会中生成哪几类文件？

10. 能够用下面的两个命令完成非加载状态到打开状态的转换吗？为什么？

```
SQL>START NOMOUNT
SQL>START OPEN
```

11. 在什么时候要以 RESETLOGS 方式打开数据库？这种方式打开数据库是对联机日志文件执行什么操作？

12. 用 CREATE DATABASE 创建一个数据库 test，数据库的结构由自己决定。

13. 定义两个或多个初始化参数文件，在启动数据库时使用不同的初始化参数文件，然后登录数据库观察相关参数的值。

14. 跟踪文件和警告文件中主要存放什么信息，分别有什么作用？如何了解跟踪文件和警告文件的位置？

第 8 章

管理数据库结构 «

学习目标

- 掌握用 SQL 语句建立、删除、修改和查询表空间的方法；
- 掌握用 SQL 语句来管理物理数据库结构（即数据文件、重做日志文件、控制文件和归档重做日志文件）的方法，即建立、删除、修改名称、移动位置、多路备份相关物理文件的方法；
- 掌握日志切换和日志归档的方法。

Oracle 数据库结构分为物理存储结构和逻辑存储结构。在物理上，数据库中的数据存储在数据文件中，即数据库是由若干个操作系统文件组成；而在逻辑上，数据库中的数据存放在表空间中，即逻辑数据库是由若干表空间组成。

8.1 表空间管理

表空间是逻辑数据库的组成单位，管理逻辑数据库就是管理组成数据库的表空间。表空间管理就是要对非 SYSTEM 表空间进行建立、删除和修改等操作，从而来调整表空间的逻辑存储结构。

8.1.1 建立表空间

通常要根据应用的需求来建立多个表空间，这样可以更加灵活地进行数据库操作。为了更好地管理表空间，可将不同应用的数据存放在不同表空间或将不同表空间的数据存放在不同磁盘上；在必要时可以将一个表空间脱机而其他表空间正常使用（联机状态）；可以备份指定表空间。

1. 建立表空间概述

创建数据库时，系统会自动建立 SYSTEM 和 SYSAUX 表空间，并将数据库的第一个数据文件分配给 SYSTEM 表空间，其他表空间就要根据应用系统的需求由管理员通过 SQL 命令来创建。

通常是为逻辑数据库增加物理空间或在数据库中有新的应用时要创建表空间。管理员必须指定组成表空间的数据文件个数及大小，从而为该表空间所属的数据库增加磁盘空间。

建立表空间就是指定表空间的名称，确定组成表空间的数据文件的大小、个数、位置、表空间管理的方式、默认存储参数等设置。

在表空间的创建过程中，Oracle 将在数据字典和控制文件中记录下新建的表空间，并创建指定大小的操作系统文件作为表空间对应的数据文件。创建新的表空间会改变数据库的物理结构，因此在表空间创建完成后，通常需要备份控制文件。

Oracle 本身不限制数据库中所能拥有的表空间数目，但所有表空间的数据文件总数不能超过创建数据库时指定的 MAXDATAFILES 初始化参数的限制。创建的表空间在默认情况下具有标准的块大小（即由初始化参数 DB_BLOCK_SIZE 指定），但是可以创建具有非标准块大小（即与标准块的大小不同）的表空间。

建立表空间的用户要有 CREATE TABLESPACE 系统权限，并且对应的数据库要处于打开状态，存放表空间的数据文件目录应存在。

2. 表空间管理方式

根据表空间的存储管理方式，Oracle 中的表空间可以分为字典管理方式表空间和本地管理方式表空间。默认时将创建本地管理方式表空间。可以用 DB_SPACE_ADMIN 包来改变表空间的存储管理方式。

在字典管理方式下，表空间使用数据字典来管理区的分配。当在表空间中分配新的区或回收已分配的区时，Oraclc 将对数据字典中的相关基础表进行更新，并把每次对这些表的更新保存在回滚信息中。

在本地管理方式下，区的分配与管理信息都存储在表空间的每个数据文件中。在每个数据文件中维护一个"位图（bitmap）"结构，用于记录表空间中所有区的分配情况。位图中的每位对应着一个或多个数据块。当在表空间中分配新的区或回收已有的区时，Oracle 将对数据文件中的位图进行更新以反映块的状态。

本地管理方式可提高表空间存储管理操作的速度，因为在区的分配过程中自动跟踪连接自由空间，而避免自由空间的合并操作和递归管理操作；简化了表空间的存储管理，可以由 Oracle 自动完成存储管理操作；降低了用户对数据字典的依赖性。

表空间的本地管理方式中区的大小由系统来确定，所有区要有同样的大小。

3. 建立永久表空间

永久表空间可以创建永久性数据库对象，例如表、索引等的表空间。一般存放数据的表空间均为永久性表空间。创建永久表空间的 SQL 语句：

```
CREATE [BIGFILE|SMALLFILE] TABLESPACE 表空间名称
  DATAFILE filespec
  [MININUM EXTENT 整数[K|M|G|T]]
  [BLOCKSIZE 整数[K]]
  [LOGGING|NOLOGGING]
  [DEFAULT STORAGE (存储参数表)]
  [ONLINE|OFFLINE]
  [EXTENT MANAGEMENT DICTIONARY]
  [EXTENT MANAGEMENT LOCAL [AUTOALLOCATE|UNIFORM SIZE n K]]
```

参数说明：

① 表空间名称必须满足操作系统文件名的要求，最长不能超过 30 个字符。

② 使用 BIGFILE 选项的表空间只能有一个数据文件或临时文件，即选项 DATAFILE 或 TEMPFILE 只能指定一个文件，该文件最大可达到 2^{32} 个数据块，这种表空间称为大文件表

空间。大文件表空间可以减少数据文件数，从而简化表空间管理。SMALLFILE 是普通的表空间，即允许多个数据文件的表空间。默认时为 SMALLFILE。

③ DATAFILE filespec 是用来定义数据文件的位置、大小和个数的子句。如果是大文件表空间，只能指定一个数据文件。其格式为

```
'文件名' SIZE 整数[K|M|G|T] [REUSE]
[AUTOEXTEND OFF|AUTOEXECT ON [NEXT 整数[K|M|G|T]
[MAXSIZE UNLIMITED|整数 [K|M|G|T]]]]
```

文件名是任意的操作系统文件名。文件名前面可以有指定文件位置的路径，但路径中的目录必须存在。SIZE 定义数据文件的大小，以 KB、MB、GB 和 TB 为单位。如果定义的文件存在，用 REUSE 子句将覆盖原文件。

AUTOEXTEND OFF 表示数据文件的大小不能自动增加。

AUTOEXTEND ON 表示数据文件的大小自动增加。自动增加的大小由 NEXT 选项规定。MAXSIZE 指定自动增加时文件容量的最大值。如果 MAXSIZE 取 UNLIMITED，则表示对数据文件的大小没有限制。

④ MINIMUM EXTENT 整数，该子句定义表空间中所有区的最小值，此时所有已用区或自由区的大小都是该整数的倍数，这样可以有效地避免在表空间中产生存储碎片。此子句只对字典管理方式的表空间有效。

⑤ BLOCKSIZE 子句用来指定表空间非标准块的大小。使用本子句必须设置参数 DB_CACHE_SIZE 和 DB_nK_CACHE，并且本子句的整数要与 DB_nK_CACHE 对应。临时表空间不能使用该子句。

⑥ LOGGING 子句用于指定表空间中所有的 DDL 操作和直接插入记录操作都被记录在重做日志文件中。默认设置为 LOGGING。使用 NOLOGGING 子句，上述操作都不会被记录在重做日志文件中，这样可以提高操作的速度；但是由于没有保留操作的重做记录，如果需要进行数据库恢复时，这些操作就无法自动恢复。临时表空间或撤销表空间不能使用该子句。

⑦ ONLINE 和 OFFLINE 子句用于指定表空间在创建之后是立即处于联机状态（ONLINE）还是处于脱机状态（OFFLINE），默认值为 ONLINE。临时表空间不能使用该子句。

⑧ DEFAULT STORAGE（存储参数表）用来指定表空间中创建对象时的默认存储参数。如果在创建对象（如表、索引等）时没有显式地使用 STORAGE 子句来定义存储参数，对象将自动继承表空间的存储参数设置。该子句不能用于临时表空间。

存储参数表是由括号括起来的若干个以逗号分开的存储参数组成。常用存储参数有：

- INITIAL 整数：指定段分配的第一个区的大小，以 KB、MB、GB 和 TB 为单位。
- NEXT 整数：指定为段分配的第二个区的大小，以 KB、MB、GB 和 TB 为单位。
- PCTINCREASE 整数：指定从第三个区之后，为段分配的区的大小增加比例。每个区的大小为前一个区乘（1+ PCTINCREASE/100）。默认值为 50，最小值为 0。
- MINEXTENTS 整数和 MAXEXTENTS 整数：指定允许为段所分配的最小区数和最大区数。最小区的默认值为 1，最小值为 1；最大区的默认值为不受限制 UNLIMITED，最小值为 1。

如果创建本地管理的表空间，将忽略 DEFAULT STORAGE 子句的设置。

⑨ EXTENT MANAGEMENT DICTIONARY 子句指定字典管理方式的表空间，此时可以

用 DEFAULT STORAGE 定义存储参数。使用 EXTENT MANAGEMENT LOCAL AUTOALLOCATE 子句指定本地管理方式的表空间并由系统自动管理区的分配,用户不能指定区的大小。EXTENT MANAGEMENT LOCAL UNIFORM SIZE n 指定表空间区有统一的大小为 n,单位为 KB 或 MB。Oracle 推荐使用本地管理方式,因为这种管理方式更高效。

【例8.1】创建带存储参数的表空间 TBS_1,建立后自动联机可用。

```
SQL>  CREATE TABLESPACE tbs_1
  2   DATAFILE 'e:\oracle\oradata\student\tbs_file1.dat' SIZE 25M
  3   DEFAULT STORAGE (INITIAL 10K NEXT 50K PCTINCREASE 20
  4   MINEXTENTS 1  MAXEXTENTS 999)
  5   ONLINE;
```

本例没有指定表空间管理方式,即默认为本地管理方式,此时忽略存储参数的设置。

【例8.2】创建由两个数据文件组成的表空间,每个数据文件都自动增加大小,数据文件最大到 50 MB。

```
SQL>  CREATE TABLESPACE tbs_2
  2   DATAFILE 'e:\oracle\oradata\student\tb1.dat' SIZE 5M REUSE
  3   AUTOEXTEND ON NEXT 50K MAXSIZE 50M ,
  4   'e:\oracle\oradata\student\tb2.dat' SIZE 500K REUSE
  5   AUTOEXTEND ON NEXT 50K MAXSIZE 50M;
```

4. 创建临时表空间

如果在数据库运行过程中经常有大量排序工作,那么可建立多个临时表空间以提高效率。临时表空间可以是普通的临时空间或大文件临时表空间。建立临时表空间的语句:

```
CREATE [BIGFILE|SMALLFILE] TEMPORARY TABLESPACE 表空间名称
    TEMPFILE 文件描述  [其他选项]
```

其中,表空间名称、文件描述等选项与创建永久表空间语句相同。

【例8.3】创建一个大文件的临时表空间。

```
SQL> CREATE BIGFILE TEMPORY TABLESPACE bigtemp
  2  TEMPFILE  'd:\bigtemp.dbf ' SIZE 40M
  3  EXTENT MANAGEMENT LOCAL UNIFORM SIZE 1K
```

上面命令创建一个大文件临时表空间,只有一个数据文件,采用本地管理方式,段采用统一大小为 1 KB。

5. 创建撤销表空间

自动撤销管理方式使用撤销表空间来存储撤销段(UNDO SEGMENT)数据。数据库可以创建多个撤销表空间,但同一时刻只能使用其中一个。可创建小文件撤销表空间或大文件撤销表空间。创建撤销表空间的语句:

```
CREATE [BIGFILE|SMALLFILE] UNDO  TABLESPACE 表空间名称
    DATAFILE 文件描述  [其他选项]
```

创建撤销表空间时只能使用 DATAFILE 和 EXTENT MANAGEMENT LOCAL 选项。所有撤销表空间都是永久的、可读写的、记录日志的,MINIMUM EXTENT 和 DEFAULT STORAGE 的值是由系统生成的。

【例8.4】建立一个大文件的撤销表空间。

```
SQL> CREATE UNDO TABLESPACE undots1
  2  DATAFILE 'undotbs_1a.f' SIZE 10M AUTOEXTEND ON
  3  EXTENT MANAGEMENT LOCAL;
```

8.1.2 删除表空间

如果表空间及表空间中保存的数据不再需要，可以从数据库中删除任何非 SYSTEM 表空间。表空间一旦被删除，其中存储的数据将永久性丢失。如果有可能，管理员最好在删除表空间之前和删除表空间之后对数据库进行完全备份；因为删除表空间改变数据库结构，也可能会错误地删除。

在删除表空间时，Oracle 将从控制文件和数据字典中删除与表空间和数据文件有关的信息。可以在删除表空间的同时删除组成表空间的数据文件；也可以在数据库中删除表空间后，通过手工删除操作系统中的数据文件。

如果表空间有正在使用的表，或撤销表空间中有回滚所需的未提交事务的信息，那么就不能删除表空间。因此，通常在删除表空间前先将表空间置为脱机状态。如果表空间是数据库用户的默认表空间，那么在改变默认表空间前也不能被删除。

删除表空间的用户必须具有 DROP TABLESPACE 系统权限。删除 SYSAUX 表空间必须有 SYSDBA 系统权限。SYSTEM 表空间不能删除。

删除表空间的 SQL 命令为

```
DROP TABLESPACE 表空间名 [INCLUDING CONTENTS [AND DATAFILES]|
    [CASCADE CONSTRAINTS]]
```

其中：

① INCLUDING CONTENTS [AND DATAFILES]子句：如果表空间中有数据库对象存在，必须使用该子句以删除表空间中的所有内容。如果表空间不空且没有指定该子句，Oracle 将返回错误并且不删除该表空间。如果在指定 INCLUDING CONTENTS 的同时指定 AND DATAFILES 子句，那么 Oracle 将删除表空间对应的数据文件，即删除操作系统文件。对每个删除的操作系统文件，Oracle 将在警告文件中记录一条信息。

② CASCADE CONSTRAINTS 子句：如果被删除表空间中的表被其他表空间中的表一致性引用，要删除这种一致性引用，必须指定 CASCADE CONSTRAINTS 子句。如果存在这种一致性引用，但又没有指定该子句，Oracle 返回错误并且不删除表空间。

【例 8.5】删除表空间、表空间内容及其对表的一致性引用。

```
SQL> DROP TABLESPACE tbs_1
  2  INCLUDING CONTENTS CASCADE CONSTRAINTS;
```

执行上面命令并不删除表空间 tbs_1 对应的操作系统文件，必须手工删除这些操作系统文件。

【例 8.6】删除表空间及其所有操作系统文件。

```
SQL>DROP TABLESPACE tbs_2 INCLUDING CONTENTS AND DATAFILES;
```

8.1.3 修改表空间

用户可以在数据库打开的状态下改变表空间的可用性，即改变表空间联机状态或脱机状态、增加表空间的数据文件或者改变数据文件的名称等。使用 ALTER TABLESPACE 语句可完成这些任务，但用户必须具有系统权限 ALTER TABLESPACE 或 MANAGE TABLESPACE。

修改表空间的 SQL 语句：

```
ALTER TABLESAPCE 表空间名
    [ONLINE|OFFLINE [NORMAL|TEMPORARY|IMMEDIATE]]
```

```
    [RESIZE n [K|M|G|T]
    [BEGIN BACKUP|END BACKUP]
    [READ ONLY|READ WRITE]
    [数据文件子句]
    [其他与 CREATE TABLESPACE 相同的子句]
```

说明：

① ONLINE 和 OFFLINE：ONLINE 将脱机的表空间设置为联机状态，用户可以对表空间进行读写。OFFLINE 将表空间设置为脱机状态，阻止用户对表空间的访问。当表空间为脱机状态时，该表空间的所有数据文件也为脱机状态。OFFLINE NORMAL 方式在表空间没有错误时将表空间和数据文件执行检查点操作，然后将表空间置为脱机状态。OFFLINE TERPORARY 方式将把没有脱机的数据文件置为脱机状态，并执行检查点操作。OFFLINE IMMEDIATE 方式不执行检查点而将数据文件置为脱机状态，但下次联机前必须进行介质恢复。

② RESIZE 子句：RESIZE 子句只用于大文件表空间，用来修改大文件表空间数据文件的大小。

③ BEGIN BACKUP 和 END BACKUP：如果要在打开状态下备份表空间的数据文件，那么在备份前必须执行有 BEGIN BACKUP 子句的 ALTER TABLESPACE 命令使表空间进入备份状态。该语句不阻止用户访问表空间。当联机备份完成后，使用 END BACKUP 子句结束备份状态。不能将该子句用于只读表空间或本地管理的临时表空间。

当联机备份正在进行时，不能用 OFFLINE NORMAL 来使表空间脱机，也不能正常关闭实例或开始表空间的另一个备份。

④ READ ONLY 和 READ WIRTE：READ ONLY 将表空间设置为只读方式，READ WIRTE 将表空间设置为读写方式。所有的表空间在默认情况下都是可读写的，任何具有配额并且具有适当权限的用户都可以写入表空间。

如果将表空间设置为只读方式，则包括 DBA 在内的任何用户都无法向表空间写入数据或修改数据，也不能建立新的对象或修改对象。但是，具有足够权限的用户仍然可以删除只读表空间中的对象。

⑤ 数据文件子句：通过数据文件子句可向一个表空间增加、删除、改变数据文件的名称或者将数据文件设置为脱机或联机状态。

```
    ADD [DATAFILE|TEMPFILE] filespec
```

ADD DATAFILE 向永久表空间增加数据文件，ADD TEMPFILE 向临时表空间增加临时文件，filespec 的格式与 CREATE TABLESPACE 中一样。

```
    DROP [DATAFILE|TEMPFILE] filespec
```

DROP 子句将从数据字典和操作系统中删除组成表空间的数据文件（DATAFILE）或临时文件（TEMPFILE），但要求被删除的数据文件必须是空的。不能删除表空间的第一个数据文件或只读数据文件。

```
    RENAME DATAFILE old_filename TO new_filename
```

在改变数据文件名称前，必须将数据库打开，且表空间必须设置为脱机状态。该子句只是将表空间与新文件名关联起来，但并不实际改变操作系统文件的名称，必须用操作系统命令来改变相应数据文件的名称。文件名中必须指定完全路径。

```
    DATAFILE [ONLINE | OFFLINE] 和 TEMPFILE [ONLINE|OFFLINE]
```

将表空间中的数据文件设置为脱机或联机状态，它不影响表空间的脱机或联机状态。

⑥ 其他子句：使用 ALTER TABLESPACE 可以像 CREATE TABLESPACE 一样，修改

存储参数等内容。例如：MININUM EXTENTS、DEFAULT STORAGE（存储子句）；但是，不能使用 ALTER TABLESPACE 命令改变表空间的存储管理方式和本地管理方式的存储参数。

【例 8.7】设置表空间的脱机和联机状态。

```
SQL> ALTER TABLESPACE tbs_2 OFFLINE TEMPORARY;  --脱机状态
SQL> ALTER TABLESPACE TBS_2 ONLINE;    --联机状态
```

【例 8.8】为表空间 tbs_2 增加数据文件 tbs22.dat，大小为 100 KB。新增数据文件最大可达到 100 MB，自动增加大小，每次增加 10 KB。

```
SQL> ALTER TABLESPACE tbs_2
  2 ADD DATAFILE 'e:\oracle\oradata\student\tbs22.dat' SIZE 100K
  3 AUTOEXTEND ON NEXT 10K MAXSIZE 100M
```

【例 8.9】移动表空间 tbs_2 的数据文件 tbs22.dat，并将其名称改为 tbs22.dbf。具体步骤如下：

（1）将表空间 tbs_2 设置为脱机状态。

```
SQL>ALTER TABLESPACE tbs_2 OFFLINE NORMAL;
```

（2）用操作系统命令将 tbs22.dat 移动到新的位置并重新命名。

```
c:\> MOVE e:\oracle\oradata\student\tbs22.dat d:\oracle\tbs22.dbf
```

（3）在 Oracle 中改变数据文件的名称。

```
SQL>ALTER TABLESPACE tbs_2 RENAME DATAFILE
  2 'e:\oracle\oradata\student\tbs22.dat' TO 'd:\oracle\tbs22.dbf';
```

（4）将表空间设置为联机状态。

```
SQL>ALTER TABLESPACE tbs_2 ONLINE;
```

【例 8.10】设置表空间为只读方式或读写方式。

```
SQL>ALTER TABLESPACE tbs_2 READ ONLY;
```

如果此时在表空间 tbs_2 中创建对象将出现错误。例如：用下面语句创建表 test。

```
SQL> CREATE TABLE test(a char(3)) TABLESPACE tbs_2
```

在屏幕上显示以下错误信息：

```
create table dd(a char(3)) tablespace tbs_2
*
ERROR 位于第 1 行:
ORA-01647: 表空间'TBS_2'是只读，无法在其中分配空间。
```

此时必须用下面命令将表空间设置为读写方式，才可以创建对象。

```
SQL> ALTER TABLESPACE tbs_2 READ WRITE;
```

8.1.4 查询表空间信息

表空间信息存储在多个数据字典视图和动态性能视图中，主要有 V$TABLESPACE、DBA_TABLESPACES、USER_TABLESPACES、DBA_SEGMENTS、USER_SEGMENTS、V$DATAFILE、V$TEMPFILE、DBA_DATA_FILES 等。

1. V$TABLESPACE 动态性能视图

该动态性能视图从控制文件中读取表空间名称和编号信息。只有以 SYSDBA 或 SYSOPER 的身份连接数据库时才可以访问该动态性能视图。

```
SQL> CONNECT sys/change_on_install@student AS SYSDBA;
SQL> DESC v$tablespace;
```

屏幕显示结果：

名称	类型	
TS#	NUMBER	表空间编号
NAME	VARCHAR2(30)	表空间名称
INCLUDED_IN_DATABASE_BACKUP	VARCHAR2(3)	完全备份是否包括

```
SQL> SELECT * FROM v$tablespace;
```

查询结果显示：

TS#	NAME	INC
2	CWMLITE	YES
3	DRSYS	YES
....		
1	UNDOTBS	YES
11	TBS_2	YES

2. DBA_TABLESPACES 视图

它包含数据库中所有表空间的描述信息。只有管理员身份的用户才可以访问该数据字典视图。

```
SQL>DESC dba_tablespaces;
```

屏幕显示的结果：

名称	类型	
TABLESPACE_NAME	VARCHAR2(30)	表空间名称
BLOCK_SIZE	NUMBER	表空间块分配大小
INITIAL_EXTENT	NUMBER	初始区的大小
NEXT_EXTENT	NUMBER	下一区的大小
MIN_EXTENTS	NUMBER	最小的区个数
MAX_EXTENTS	NUMBER	最大的区个数
PCT_INCREASE	NUMBER	区的增长比例
MIN_EXTLEN	NUMBER	最小的区大小
STATUS	VARCHAR2(9)	状态(OFFLINE、ONLINE)
CONTENTS	VARCHAR2(9)	数据特性
LOGGING	VARCHAR2(9)	默认记录日志特性
EXTENT_MANAGEMENT	VARCHAR2(10)	管理方式

数据特性取值为 PERMANENT（永久表空间）和 TEMPORARY（临时表空间）；管理方式为数据字典管理方式（DICTIONARY）和本地管理方式（LOCAL）。

3. USER_TABLESPACES 视图

当前用户有配额的所有表空间信息，其中的内容与 DBA_TABLESPACES 一样。

【例 8.11】设当前用户为 HR，显示 HR 用户可以访问的表空间名称。

```
SQL> SHOW USER;   --显示当前用户
```

屏幕显示：

```
USER 为"HR"
SQL> SELECT tablespace_name FROM user_tablespaces;
```

查询结果显示：

```
TABLESPACE_NAME
---------------
EXAMPLE
TBS_2
```

8.2 数据文件管理

数据文件是存储数据库所有逻辑结构数据的操作系统文件。在创建表空间的同时将为表空间建立相应的数据文件。一个数据库表空间至少要有一个数据文件。数据文件的管理主要是确定每个表空间中数据文件的个数、大小、增长方式和存放位置等内容。

Oracle 为每个数据文件分配两个文件号，即绝对文件号和相对文件号，它们都唯一地标识一个数据文件。绝对文件号在整个数据库中唯一地标识数据文件编号，它可以用在许多 SQL 语句中代替文件名。相对文件号是在一个表空间内部唯一标识数据文件的编号。对于小规模或中等规模的数据库，绝对文件号与相对文件号通常是相同的。但是，当数据库中的数据文件个数超过一个定值时（通常是 1023），两个文件号的值就不相同了。在大文件表空间中的相对文件号总是 1024。

在数据字典视图 DBA_DATA_FILES 和 DBA_TEMP_FILES 的 FILE_ID 列，或者动态性能视图 V$DATAFILE 和 V$TEMPFILE 的 FILE#列中都可显示数据文件的文件号。

8.2.1 建立数据文件

在创建表空间时，通常预先估计表空间所需的存储空间大小，然后为其建立若干个适当大小的数据文件。如果在使用过程中发现表空间的存储空间不足，可以再为表空间添加新的数据文件。表空间或数据库中数据文件的数量影响系统运行性能。控制数据文件数量及简化数据文件管理的方法之一是使用大文件表空间。整个数据库中数据文件的总数受初始化参数 DB_FILES 的限制。

建立数据文件就是为表空间增加存储空间，它必须指明为哪一个表空间而建立，然后指定数据文件名称、位置和大小等参数。通常数据文件与重做日志文件要分别存放在不同磁盘上，这样当数据文件出现故障时可以用日志文件进行恢复。

建立数据文件有两种方法：一种是在用 CREATE TABLESPACE 语句建立表空间的同时建立（参见 8.1.1 节）；另一种是用 ALTER TABLESAPCE 语句为表空间增加新的数据文件（参见 8.1.3 节）。当然利用 CREATE DATABASE 和 ALTER DATABASE 语句也可建立数据文件。

【例 8.12】向表空间增加数据文件来建立数据文件。

```
SQL> ALTER TABLESPACE tbs3
  2  ADD DATAFILE 'e:\oracle\oradata\student\tbs32.dbf' SIZE 150K,
  3  'e:\oracle\oradata\student\tbs33.dbf' SIZE 100K  AUTOEXTEND  ON;
```

8.2.2 改变数据文件大小

改变表空间现有数据文件的大小是增加表空间存储空间的另一种方法。可以通过设置数据文件自动增长或手工方式来改变数据文件的大小。

1. 设置数据文件的自动增长

在创建数据文件时，或者在数据文件创建以后，都可以将数据文件设置为自动增长方式。在这种方式下，如果表空间需要更多的存储空间，Oracle 会以指定的方式自动增大数据文件。这样，管理员无须过多地干涉数据库的物理存储空间分配，同时不会出现由于存储空间不足而导致应用程序错误的问题。

数据文件的自动增长方式在建立数据文件时用以下四种方式指定：

- 在用 CREATE DATABASE 建立数据库时指定 AUTOEXTEND ON。
- 在用 CREATE TABLESAPCE 创建表空间时指定每个数据文件为自动增长方式，即将 AUTOEXTEND 设置为 ON。
- 在用 ALTER TABLESPACE…ADD 添加数据文件时指定数据文件为自动增长方式，即将 AUTOEXTEND 设置为 ON。
- 如果数据文件已经存在，可以通过 ALTER DATABASE 命令使数据文件改为自动增长方式。用户必须有 ALTER DATABASE 的系统权限。

使用 CREATE TABLESPACE 和 ALTER TABLESPACE 语句的例子参见 8.1.1 节和 8.1.3 节。

【例 8.13】将已有数据文件 tbs33.dbf 设置为自动增长方式。

```
SQL> ALTER DATABASE
  2  DATAFILE 'e:\oracle\oradata\student\tbs33.dbf'
  3  AUTOEXTEND ON  NEXT 100;
```

同样可以用 ALTER DATABASE 命令来取消数据文件的自动增加方式。

```
SQL> ALTER DATABASE
  2  DATAFILE 'e:\oracle\oradata\student\tbs33.dbf '  AUTOEXTEND OFF
```

2. 手工改变数据文件的大小

可以通过 ALTER DATABASE 命令手工增加或减少数据文件的大小。改变数据文件大小可以在不增加数据文件的情况下增加表空间的存储空间，特别是当数据库中的数据文件数量已达到数据库允许的最大值时。手工减少数据文件的大小可以释放数据库中不使用的空间。

用带 RESIZE 子句的 ALTER DATABASE 语句来调整数据文件的大小。数据文件大小的变化反映了表空间存储空间的变化。

【例 8.14】改变现有数据文件 tbs33.dbf 的大小。

```
SQL> ALTER DATABASE
  2  DATAFILE 'e:\oracle\oradata\student\tbs33.dbf '  RESIZE 200M;
```

当减少现有数据文件的大小时，指定的新容量值必须大于已经使用的字节数；否则会出现错误提示："ORA-03297: 文件包含在请求的 RESIZE 值以外使用的数据"。

对于只能有一个数据文件组成的大文件表空间，可以用 ALTER TABLESPACE 语句来增加数据文件的大小，从而也增加了表空间的大小。

8.2.3 改变数据文件的可用性

数据文件的可用性指的是它的联机或脱机状态。在下面情况下，数据文件可能是要进入脱机状态：数据文件的脱机备份、数据文件改名、数据文件移动、写数据文件出错、数据文件丢失或故障。脱机状态的数据文件对于数据库来说是不可用的，直到它们被恢复为联机状态为止。

将数据文件设置为脱机状态时，不会影响到表空间的状态。但是将表空间设置为脱机状态时，属于该表空间的数据文件都会同时进入脱机状态。

如果 Oracle 在写入数据文件时发生错误，Oracle 会自动将数据文件设置为脱机状态，并且记录在警告文件中。当排除故障后，需要以手工方式重新将数据文件恢复为联机状态。

只有具有 ALTER DATABASE 系统权限的用户才能用 ALTER DATABASE 语句来改变数

据文件的联机状态（ONLINE）或脱机状态（OFFLINE）。如果要改变组成表空间的所有数据文件的可用性，那么可使用 ALTER TABLESPACE 语句。

【例 8.15】如果数据库运行在归档模式，那么用以下语句将数据文件 tbs33.dbf 设置为脱机状态或联机状态。

```
SQL> ALTER DATABASE DATAFILE 'e:\oracle\oradata\student\tbs33.dbf' OFFLINE;
SQL> ALTER DATABASE DATAFILE 'e:\oracle\oradata\student\tbs33.dbf' ONLINE;
```

【例 8.16】非归档模式的数据文件设置脱机状态。

```
SQL> ALTER DATABASE DATAFILE  '/u02/oracle/rbdb1/users03.dbf'
  2 OFFLINE FOR DROP;
```

例 8.16 用 OFFLINE FOR DROP 子句将数据文件 tbs31.dbf 设置为脱机状态，OFFLINE 表示数据文件脱机，FOR DROP 标识该数据文件以后要被删除，但此时并不删除数据文件。如果要真正删除该数据文件，那么就要按删除数据文件的方法操作。这种文件是不能再回到联机状态。

如果要改变组成表空间的所有数据文件的可用性，那么可用下面的语句：

```
ALTER TABLESPACE … DATAFILE [ONLINE|OFFLINE]
ALTER TABLESPACE … TEMPFILE [ONLINE|OFFLINE]
```

上面的语句中只需给出表空间名，而不需数据文件名，就可将表空间或者临时表空间的所有数据文件设置成联机状态或脱机状态，但不改变表空间原来的状态。

8.2.4　改变数据文件的名称和位置

数据文件建立之后，可以改变它们的名称或位置，这样可以在不改变数据库逻辑结构的情况下对数据库的物理存储结构进行调整。此时，Oracle 只是改变记录在控制文件和数据字典中的数据文件的指针信息，并不改变操作系统数据文件的名称或位置。

1. 重命名或移动属于同一个表空间的数据文件

如果要改变属于同一个表空间的一个或多个数据文件的名称，用户必须有系统权限 ALTER TABLESPACE。

【例 8.17】改变表空间 tbs3 的两个数据文件的名称，并将其移动到新位置。

（1）将数据文件所属的表空间设置为脱机状态。

```
SQL> ALTER TABLESPACE tbs3 OFFLINE NORMAL;
```

（2）用操作系统命令改变文件名称，或者将文件移动到新的位置。

```
c:\>REN e:\oracle\oradata\student\tbs31.dbf  tbs31.dat
c:\>REN e:\oratle\oradata\student\tbs32.dbf  tbs32.dat
```

如果将其移动到新的位置，如 d:\oracle，可用如下命令：

```
c:\>MOVE e:\oracle\oradata\student\tbs31.dbf  d:\oracle\tbs31.dat
c:\>MOVE e:\oracle\oradata\student\tbs32.dbf  d:\oracle\tbs32.dat
```

（3）改变控制文件或数据字典中数据文件的名称

```
SQL> ALTER TABLESPACE tbs3
  2 RENAME DATAFILE 'e:\oracle\oradata\student\tbs31.dbf',
  3 'e:\oracle\oradata\student\tbs32.dbf'
  4 TO
  5 'e:\oracle\oradata\student\tbs31.dat',
  6 'e:\oracle\oradata\student\tbs32.dat'
```

如果是移动数据文件，那么只需要将 TO 后面的数据文件名称变成新的位置即可，如

'd:\oracle\tbs31.dat'。

如果用户有 ALTER DATABASE 系统权限，改变 Oracle 数据库内部使用的数据文件的名称也可以使用 ALTER DATABASE 加上 RENAME FILE...TO 子句。

（4）将表空间设置为联机状态。

```
SQL> ALTER TABLESPACE tbs3 ONLINE;
```

2. 重命名或移动多个表空间中的数据文件

如果对多个表空间中的多个数据文件进行移动或改名，可以按照上面的步骤对每个表空间中的数据文件进行移动或改名。如果想在一次操作中改变多个表空间中数据文件的名称或移动多个表空间中的数据文件，或者要改变 SYSTEM 表空间的数据文件名称和位置，必须使用带 RENAME FILE 子句的 ALTER DATABASE 语句来完成。这时要求用户必须是管理员身份，即以 SYSDBA 或 SYSOPR 角色登录到数据库。

【例 8.18】移动表空间 tbs1 和 tbs2 中的数据文件，并改变文件名。

（1）先关闭数据库，然后启动数据库到已装载状态（MOUNT）。

```
SQL>SHUTDOWN IMMEDIATE;
SQL> STARTUP MOUNT;
```

屏幕显示结果：

```
ORACLE 例程已经启动。
Total System Global Area      118255568 bytes
Fixed Size                    282576 bytes
Variable Size                 83886080 bytes
Database Buffers              33554432 bytes
Redo Buffers                  532480 bytes
数据库装载完毕。
```

（2）用操作系统命令将属于不同表空间的数据文件进行改名，或者移动到新位置，如 tb1.dat 是属于 tbs1 表空间，tb2.dat 属于 tbs2 表空间：

```
c:\>REN e:\oracle\oradata\student\tb1.dat   e:\oracle\oradata\student\tb1.dbf
c:\>REN e:\oracle\oradata\student\tb2.dat   e:\oracle\oradata\student\tb2.dbf
```

如果是移动数据文件，可用类似于下面的命令将其移动到新的位置：

```
c:\>MOVE e:\oracle\oradata\student\tb1.dat  d:\oracle\student\tb1.dbf
c:\>MOVE e:\oracle\oradata\student\tb2.dat  d:\oracle\student\tb2.dbf
```

（3）用 ALTER DATABASE 来修改控制文件中数据文件的名称及位置。

```
SQL>ALTER DATABASE RENAME FILE
  2 'e:\oracle\oradata\student\tb1.dat','e:\oracle\oradata\student\tb2.dat'
  3 TO
  4 'e:\oracle\oradata\student\tb1.dbf','e:\oracle\oradata\student\tb2.dbf';
```

（4）备份数据库。

8.2.5　删除数据文件

如果要删除表空间的一个数据文件，那么该数据文件必须是空的，即数据文件中不存在分配给段的区。删除数据文件意味着从数据字典和控制文件中删除该文件的信息，并从操作系统上物理地删除该数据文件。

【例 8.19】 删除表空间 example 的数据文件 exam3.dbf。

```
SQL> ALTER TABLESPACE example
  2 DROP DATAFILE 'd:\oradata\student\example_df3.f';
```

【例 8.20】 删除临时表空间 mytemp 的数据文件 mytemp3.dbf。

```
SQL>ALTER TABLESPACE mytemp
  2 DROP TEMPFILE 'd:\oradata\temp\ lmtemp02.dbf ';
```

上面语句等价于:

```
SQL>ALTER DATABASE TEMPFILE 'd:\oradata\temp\lmtemp02.dbf '
  2 DROP INCLUDING DATAFILES;
```

8.2.6 查询数据文件信息

如果要查看数据文件的信息,那么可以查询 V$DATAFILE 和 V$DATAFILE_HEADER 动态性能视图或数据字典 DBA_FREE_SPACE 、DBA_DATA_FILES 、DBA_EXTENTS 、USER_EXTENTS 和 USER_FREE_SPACE。

1. DBA_DATA_FILES 视图

DBA_DATA_FILES 包含数据库中所有数据文件的信息,包括数据文件所属的表空间、数据文件编号等。只有管理员权限的用户才可以查询该视图。

```
SQL>DESC dba_data_files;
```

屏幕显示结果:

名称	类型	
FILE_NAME	VARCHAR2(513)	数据文件路径和名称
FILE_ID	NUMBER	数据文件编号
TABLESPACE_NAME	VARCHAR2(30)	所属表空间名称
BYTES	NUMBER	数据文件的大小
BLOCKS	NUMBER	数据文件的块数
STATUS	VARCHAR2(9)	是否处于可用状态
RELATIVE_FNO	NUMBER	相对文件号
AUTOEXTENSIBLE	VARCHAR2(3)	是否自动扩展
MAXBYTES	NUMBER	最大字节数
MAXBLOCKS	NUMBER	最大块数
INCREMENT_BY	NUMBER	自动增长步长
USER_BYTES	NUMBER	使用的字节数
USER_BLOCKS	NUMBER	使用的块数

2. DBA_FREE_SPACE 视图

所有表空间中空闲区所属的数据文件和空闲区大小等信息。

```
SQL>DESC dba_free_space;
```

屏幕显示结果:

名称	类型	
TABLESPACE_NAME	VARCHAR2(30)	表空间名称
FILE_ID	NUMBER	文件编号
BLOCK_ID	NUMBER	块编号
BYTES	NUMBER	空闲字节
BLOCKS	NUMBER	块数

RELATIVE_FNO	NUMBER	第一块相对文件号

3. USER_FREE_SPACE 视图

USER_FREE_SPACE 包含当前用户可访问表空间的空闲区的信息。它的结构信息与 DBA_FREE_SPACE 相同。

4. V$DATAFILE 动态性能视图

V$DATAFILE 动态性能视图中是从控制文件中得到的关于数据文件的信息，包括数据文件大小、建立时间、所属表空间、最后 SCN 等。

```
SQL> DESC  v$datafile;
```

屏幕显示结果：

名称	类型	
FILE#	NUMBER	数据文件标识号
CREATION_CHANGE#	NUMBER	文件建立时的变化号
CREATION_TIME	DATE	数据文件建立时间
TS#	NUMBER	所属表空间编号
RFILE#	NUMBER	相对文件号
STATUS	VARCHAR2(7)	状态
ENABLED	VARCHAR2(10)	SQL 语句可否访问
CHECKPOINT_CHANGE#	NUMBER	最近检查点的 SCN 号
CHECKPOINT_TIME	DATE	最近检查点时间
UNRECOVERABLE_CHANGE#	NUMBER	最近一次不可恢复 SCN
UNRECOVERABLE_TIME	DATE	最近一次不可恢复时间
LAST_CHANGE#	NUMBER	最近变化的 SCN
LAST_TIME	DATE	最近变化时间
OFFLINE_CHANGE#	NUMBER	最近脱机时的变化号
ONLINE_CHANGE#	NUMBER	最近联机时的变化号
ONLINE_TIME	DATE	最近联机的时间
BYTES	NUMBER	数据文件大小
BLOCKS	NUMBER	数据文件块数
CREATE_BYTES	NUMBER	建立时的大小
BLOCK_SIZE	NUMBER	块的大小
NAME	VARCHAR2(513)	数据文件名称

其中：

- STATUS(状态)取值：OFFLINE、ONLINE、SYSTEM、SYSOFF 和 RECOVER。
- ENABLED 取值：DISABLED、READ ONLY、READ WRITE 和 UNKNOWN。

8.3　管理控制文件

控制文件是保证 Oracle 数据库正常运行时必不可少的文件之一，在 4.1.2 节中介绍了控制文件的作用及控制文件记录的内容。控制文件管理就是完成多路控制文件、删除控制文件、建立控制文件、备份控制文件及管理控制文件大小。

8.3.1　多路控制文件

由于控制文件对数据库正常运行的重要性，Oracle 建议每个数据库至少有两个控制文件分别存放在不同的磁盘上。如果有一个控制文件由于介质故障被破坏，数据库实例会立即关闭。当更换磁盘时可用另一个控制文件来修复，而不用进行介质恢复。

多路控制文件是指在系统中不同的位置同时维护多个控制文件的副本，Oracle 将自动维护多路控制文件的一致性。实现多路控制文件的步骤如下：

（1）关闭数据库

```
SQL> SHUTDOWN  NORMAL;
```

（2）复制控制文件

用操作系统命令将现有的控制文件复制到不同的位置上。例如：

```
c:\>COPY e:\oracle\oradata\student\control01.ctl  d:\oracle\control02.ctl
c:\>COPY e:\oracle\oradata\student\control01.ctl  f:\oracle\control03.ctl
```

（3）修改初始化参数

修改初始化参数文件中的 CONTROL_FILES 参数的内容，使其包含所有不同位置的控制文件的完全名称。Oracle 最多支持同时使用 8 个控制文件。如果使用服务端参数文件，修改初始化参数文件后应重新建立服务器端参数文件才能生效。例如：

```
CONTROL_FILES=('e:\oracle\oradata\student\control01.ctl',
               'd:\oracle\control02.ctl', 'f:\oracle\control03.ctl')
```

（4）重新启动数据库

```
SQL>STARTUP;
```

如果使用服务器参数文件，可直接使用 ALTER SYSTEM SET control_files=(…)来修改初始化参数 CONTROL_FILES 完成多路控制文件。

在多路控制文件下，Oracle 将自动对多个控制文件进行读/写操作：当需要写入控制文件时，Oracle 将向初始化参数 CONTROL_FILES 中指定的每个控制文件中写入相同的内容；在读取控制文件时，数据库服务器仅从 CONTROL_FILES 列表中的第一个控制文件中读出数据。如果数据库运行期间任何一个控制文件被破坏，数据库实例将停止运行。

如果使用多路联机重做日志文件，通常在每个存放联机重做日志组的磁盘上存储一个控制文件，这样就会使控制文件和联机重做日志文件同时被破坏的可能性降到最低。

8.3.2　新建控制文件

数据库的第一个控制文件是在建立数据库时（如执行 CREATE DATABASE 或使用 DBCA）建立的，建立的控制文件名称等信息由初始化参数 CONTROL_FILES 决定。如果控制文件实现多路，所有控制文件同时被破坏的可能性很小，所以通常不需要建立控制文件。但是，如果数据库的所有控制文件被破坏，并且没有其他备份；或者要改变数据库名称时，就需要重新建立控制文件。

建立数据库的新控制文件的步骤如下：

（1）查询所有数据文件名和重做日志文件名

在建立新的控制文件时，如果丢失数据文件或重做日志文件，将会导致数据库数据的丢失。因此，必须想办法找到所有数据文件和重做日志文件。

如果已将控制文件备份到跟踪文件中，查看跟踪文件内容即可得到这些信息。如果数据库能打开，那么可以通过 V$DATAFILE、V$LOGFILE 和 V$PARAMETER 动态性能视图来找到所有数据文件和重做日志文件。

如果数据库无法打开，又找不到文件列表，只有根据操作系统文件来找出数据文件和联机重做日志文件的列表。

（2）关闭数据库

使用 SHUTDOWN NORMAL 关闭数据库。如果不能正常关闭，使用 SHUTDOWN IMMEDIATE 或 SHOUTDOWN ABORT 将其关闭。

（3）备份数据文件和重做日志文件

用操作系统命令备份所有数据文件和重做日志文件，因为建立控制文件过程中可能由于操作不当造成这些文件的损坏。

（4）启动数据库实例到非加载状态

```
SQL>STARTUP NOMOUNT;
```

（5）执行建立控制文件的命令

根据步骤（1）中找到的文件列表，执行类似于下面的命令：

```
CREATE CONTROLFILE
SET DATABASE prod
LOGFILE GROUP 1 ('e:\oracle\oradata\student\redo0101.log',
                 'e:\oracle\oradata\student\redo0102.log'),
   GROUP 2 ('e:\oracle\oradata\student\redo0201.log',
            'e:\oracle\oradata\student\redo0202.log'),
   GROUP 3 ('e:\oracle\oradata\student\redo0301.log'),
            'e:\oracle\oradata\student\redo0302.log'),
NORESETLOGS
DATAFILE 'e:\oracle\oradata\student\system01.dbf ' SIZE 300M,
         'e:\oracle\oradata\student\rbs01.dbf ' SIZE 50M,
         'e:\oracle\oradata\student\users01.dbf ' SIZE 50M,
         'e:\oracle\oradata\student\temp01.dbf' SIZE 50M
MAXLOGFILES 20
MAXLOGMEMBERS 3
MAXDATAFILES 200
MAXINSTANCES 6
ARCHIVELOG;
```

上面命令很长且容易输入错误。如果控制文件已备份到跟踪文件时，通过编辑跟踪文件中的内容来生成上面的命令是最安全可靠的方式。

如果数据库的某个重做日志文件同控制文件一起丢失，或者在创建控制文件时改变数据库的名称，必须在 CREATE CONTROLFILE 语句中使用 RESETLOGS 子句来重新设置数据库的重做日志文件中的内容。如果使用了 RESETLOGS 子句，必须用步骤（8）的方式对数据库进行恢复。

如果没有出现上述两种情况，则建议使用 NORESETLOGS 子句，即保留联机重做日志文件中的内容。

（6）复制控制文件

用操作系统命令备份新建的控制文件到不同磁盘上。

（7）修改初始化参数

编辑初始化参数文件中的 CONTROL_FILES 参数使它指向新建的控制文件。如果在控制文件中修改数据库名称，还要将 DB_NAME 参数值改为新的数据库名称。

（8）修复数据库

如果不需要修复数据库，直接转到步骤（9）。

如果在新建控制文件时使用了 NORESETLOGS 子句，就可以对数据库进行完全修复。例如：

```
SQL>RECOVER DATABASE;
```

如果在新建控制文件时使用 RESETLOGS 子句，必须在修复时指定 USING BACKUP CONTROLFILE 子句。例如：

```
SQL>RECOVER DATABASE USING BACKUP CONTROLFILE;
```

（9）打开数据库

如果不需要对数据库进行修复，或者对数据库进行了完全修复，可以用正常方式打开数据库，例如：

```
SQL>ALTER DATABASE OPEN;
```

如果在新建控制文件时使用了 RESETLOGS 参数，则必须指定以 RESETLOGS 方式打开数据库。例如：

```
SQL>ALTER DATABASE OPEN RESETLOGS;
```

经过上面的步骤将成功创建控制文件，并且数据库已经在使用新的控制文件的情况下打开。

8.3.3 删除控制文件

如果认为控制文件的位置不合适，可以从数据库删除控制文件，注意数据库总是至少要有两个控制文件可以使用。删除控制文件的步骤如下：

（1）关闭数据库

```
SQL>SHUTDOWN;
```

（2）修改参数

编辑初始化参数文件中的 CONTROL_FILES 参数，从中去掉要删除的控制文的名称。

（3）用操作系统命令删除不需要的控制文件

```
C:\>DEL  d:\oracle\control1.ctl
```

（4）重新启动数据库

```
SQL>STARTUP;
```

8.3.4 查询控制文件信息

控制文件的信息记录在下面三个数据字典视图和动态性能视图中。

1. V$CONTROLFILE 动态性能视图

该数据字典中包括所有控制文件的名称和状态信息。

```
SQL> DESC  v$controlfile;
```

屏幕显示结果：

```
名称            类型

---------    -----------          --------
 STATUS       VARCHAR2(7)          状态：INVALID 或 NULL
 NAME         VARCHAR2(513)        控制文件名称
 SQL> SELECT  name  FROM v$controlfile;
NAME

-------------------------------------------------------------------
```

```
E:\ORACLE\ORADATA\STUDENT\CONTROL01.CTL
E:\ORACLE\ORADATA\STUDENT\CONTROL02.CTL
E:\ORACLE\ORADATA\STUDENT\CONTROL03.CTL
```

2. V$CONTROLFILE_RECORD_SECTION 动态性能视图

该视图中包含控制文件中每个记录段的信息，包括记录文档段类型、文件段中每条记录的大小、记录文档段中能够存储的条件数量、当前已经存储的条件数量等。

```
SQL>DESC  v$controlfile_record_section;
```
屏幕显示结果：

名称	类型	
TYPE	VARCHAR2(18)	记录类型
RECORD_SIZE	NUMBER	记录大小
RECORDS_TOTAL	NUMBER	某类型记录总数
RECORDS_USED	NUMBER	已使用记录数
FIRST_INDEX	NUMBER	第一个记录序号
LAST_INDEX	NUMBER	最后记录序号
LAST_RECID	NUMBER	最后记录的记录号

记录类型（TYPE）可以取值：DATABASE、CKPT PROGRESS、REDO THREAD、REDO LOG、DATAFILE、FILENAME、TABLESPACE、LOG HISTORY、OFFLINE RANGE、ARCHIVED LOG、BACKUP SET、BACKUP PIECE、BACKUP DATAFILE、BACKUP REDOLOG、DATAFILE COPY、BACKUP CORRUPTION、COPY CORRUPTION、DELETED OBJECT 或 PROXY COPY。

3. V$DATABASE 动态性能视图

V$DATABASE 包括控制文件的类型等内容，参见 8.5.3 节。

```
SQL> SELECT controlfile_type 类型,controlfile_created 建立日期,
  2  controlfile_sequence# 序列号, controlfile_change#  变更号,
  3  controlfile_time 备份时间
  4  FROM  v$database
```
屏幕显示结果：

类型	建立日期	序列号	变更号	备份时间
CURRENT	12-6月 -03	18162	3440090	26-8月 -03

📚 8.4　管理联机重做日志文件

联机重做日志文件是进行系统恢复的重要文件之一，在 4.1.3 节中详细介绍了重做日志文件的工作原理和作用，本节将介绍重做日志文件的管理方式。管理联机重做日志文件就是创建、修改、删除或查询数据库的联机重做日志组或日志组成员，在必须时也可进行手工日志切换或手工日志归档。

8.4.1　新建联机重做日志组和日志文件

当需要增加新的重做日志时，通常要先新建联机重做日志组及该组中的日志文件；也可以为现有的日志组增加新的日志文件以扩大该组多路日志文件的备份数。

1. 新建联机重做日志组

重做日志组是由若干个互为镜像的重做日志文件组成。使用带有 ADD LOGFILE 子句的 ALTER DATABSE 语句可以创建新的重做日志组。

【例 8.21】新建多路重做日志组 4，该组定义两个重做日志文件。

```
SQL> ALTER DATABASE ADD LOGFILE GROUP 4
  2  ('e:\oracle\oradata\student\redo0401.rdo',
  3  'e:\oracle\oradata\student\redo0402.rdo') size 50M;
```

上面例子新建的多路重做日志组 4，它的成员日志文件分别为 redo0401.rdo 和 redo0402.rdo，每个成员日志文件的大小为 50 MB。

为重做日志文件命名时，通常使用类似 REDOmmnn 的规则，其中 mm 为重做日志组的编号，nn 为同一个组中成员日志文件的编号。

如果不建立多路重做日志组，只需要指定一个日志文件名。如果创建的重做日志文件已经存在，必须在 ALTER DATABASE 语句中使用 REUSE 子句以覆盖已有的操作系统文件，此时不能用 SIZE 子句来指定重做日志文件的大小，因为文件大小取决于已有日志文件的大小。

如果命令中不指定 GROUP 子句，Oracle 将自动为新建的重做日志组设置组号，通常是在当前最大组号之后递增。

【例 8.22】数据库现有 4 个重做日志组，编号为 1~4，下面命令其自动新建编号为 5 的重做日志组。

```
SQL> ALTER DATABASE ADD LOGFILE
  2  ('e:\oracle\oradata\student\redo0501.rdo',
  3  'e:\oracle\oradata\student\redo0502.rdo') size 50M;
```

在用 GROUP 子句指定新建的重做日志组的组号时，重做日志组的组号在 1 与初始化参数 MAXLOGFILES 的值之间，另外在对重做日志组进行编号时应连续，中间不能有间断。

2. 新建重做日志组成员

可以通过手工方式为重做日志组添加一个新的日志成员文件。使用带有子句 ADD LOGFILE MEMBER 的 ALTER DATABASE 语句可以为重做日志组添加新的成员文件。

【例 8.23】为 4 号日志组添加成员日志文件 redo0403.rdo：

```
SQL> ALTER DATABASE ADD LOGFILE  MEMBER
  2  'e:\oracle\oradata\student\redo0403.rdo'  TO GROUP  4;
```

可以在 TO 子句后面列出重做日志组中所有其他成员的名称来确定要添加的成员所属的重做日志组。例如：

```
SQL> ALTER DATABASE ADD LOGFILE  MEMBER
  2  'e:\oracle\oradata\student\redo0403.rdo'  TO
  3  ('e:\oracle\oradata\student\redo0401.rdo',
  4  'e:\oracle\oradata\student\redo0402.rdo');
```

由于新增重做日志文件的大小是与现有日志成员的大小一样，所以在新增命令中不需要用 SIZE 子句来指定其大小，但必须指定文件名和文件位置。

8.4.2 改变联机重做日志文件的名称和位置

要改变重做日志文件的名称和位置，首先要用操作系统命令改变重做日志文件的名称和位置，然后使用 ALTER DATABASE 命令将这种变化记录在数据库中。修改重做日志文件的名称或位置需要用户具有 ALTER DATABASE 系统权限，具体操作步骤如下：

（1）关闭数据库

```
SQL>SHUTDOWN  NORMAL;
```

（2）复制重做日志文件

用操作系统命令重命名重做日志文件，或者将重做日志文件移动到新的位置。

（3）启动数据库到装载状态

```
SQL>STARTUP MOUNT;
```

（4）对重做日志文件重命名

用 ALTER DATABASE 命令在数据库结构中对重做日志文件进行重命名。

```
SQL>ALTER DATABASE RENAME FILE
  2  'e:\oracle\oradata\student\redo0401.rdo'  TO
  3  'F:\oracle\logback\redo0401.rdo';
```

（5）打开数据库

以正常方式打开数据库。

```
SQL>ALTER DATABASE OPEN;
```

8.4.3　删除重做日志组和日志组成员

一般情况下，联机重做日志组或日志组成员在建立后不会被删除，因为它们是循环使用的。在某些情况下（如改变重做日志文件的位置），管理员可以删除日志组或日志组中的日志成员，但必须保证一个数据库至少有两个日志组，每个日志组中至少有一个日志成员文件。

1. 删除重做日志组

删除一个不需要的重做日志组，其中的成员日志文件都将被删除。在删除重做日志组之前，要考虑如下几个问题：

- 无论组中有多少成员，一个数据库至少需要使用两个重做日志组。
- 只能删除处于 INACTIVE 状态的重做日志组。如果要删除 CURRENT 状态的重做日志组，必须执行一次手工日志切换，将它切换到 INACTIVE 状态。
- 如果数据库处于归档模式下，在删除重做日志组之前，必须确定它已经被归档。

删除重做日志组的具体步骤如下：

（1）查询重做日志组状态

通过下面命令可以查询重做日志组的当前状态及是否归档。

```
SQL> SELECT group#,archived,status FROM v$log;
```

查询结果显示如下：

```
GROUP#      ARC      STATUS
----------  ---      -----------
1           NO       CURRENT
2           NO       INACTIVE
3           NO       INACTIVE
4           YES      UNUSED
```

其中，ARC 列表示重做日志组是否归档。STARTUS 表示日志组的状态，CURRENT 表示当前正在由 LGWR 进程写入的日志组。每种状态的说明参见 8.4.5 节。

（2）从数据库中删除重做日志组

```
SQL>ALTER DATABASE DROP LOGFILE GROUP  3;
```

（3）删除重做日志文件

在执行步骤（2）中的语句后，如果没有使用 Oracle 管理操作系统文件时，只是在数据字典和控制文件中将重做日志组的记录信息删除，并不能从操作系统中删除相应文件。因此需要手工将相应的操作系统文件删除。

用操作系统命令删除日志组中每个重做日志文件：

```
e:\>DEL  D:\ORACLE\ORADATA\STUDENT\REDO0301.log;
e:\>DEL  D:\ORACLE\ORADATA\STUDENT\REDO0302.log;
```

2. 删除日志组成员

如果由于磁盘介质损坏而使重做日志文件被破坏，为了防止 Oracle 继续写入已经损坏的重做日志文件，应该删除重做日志组中的某个成员日志文件。在删除成员日志文件之前，应注意如下几个问题：

- 删除成员日志文件后，可能会导致各个日志组所包含的日志成员数目不同。
- 每个重做日志组中至少要包含一个可用的成员。处于 INVALID 或 STALE 状态的成员日志文件对于 Oracle 来说都是不可用的。
- 只能删除状态为 INACTIVE 的重做日志组中的成员日志文件。如果要删除的日志文件所属的重做日志组处于 CURRENT 状态，必须先进行手工日志切换。
- 如果数据库处于归档模式下，在删除成员日志文件之前，必须确定它所属的重做日志组已经被归档。

与删除重做日志组类似，要删除成员日志文件步骤如下：

（1）查询重做日志文件的状态

```
SQL> SELECT group#,member,status FROM v$logfile
```

查询结果显示如下：

GROUP#	MEMBER	STATUS
3	e:\ORACLE\ORADATA\STUDENT\REDO0301.LOG	STALE
2	e:\ORACLE\ORADATA\STUDENT\REDO0201.LOG	STALE
1	e:\ORACLE\ORADATA\STUDENT\REDO0101.LOG	
1	e:\ORACLE\ORADATA\STUDENT\REDO0102.LOG	

（2）从数据库中删除重做日志文件

```
SQL> ALTER DATABASE DROP LOGFILE MEMBER
  2    'e:\oracle\oradata\student\redo0101.log';
```

（3）删除重做日志文件

用操作系统命令删除重做日志文件。

```
e:\>DEL  e:\oracle\oradata\student\redo0101.log
```

8.4.4　手工日志切换和清空日志组

日志切换通常是在当前重做日志组写满时由系统自动完成的。但在一些特殊情况下（如删除当前日志组和日志文件），必须通过手工方式来强制进行日志切换。具有一定权限的用户也可清空日志组中的空间，使其都成为可用的日志组。

1. 手工日志切换

进行手工日志切换的用户必须具有 ALTER SYSTEM 系统权限，然后执行带 SWITCH LOGFILE 子句的 ALTER SYSTEM 命令即可。

```
SQL>ALTER SYSTEM SWITCH LOGFILE;
```

2. 重做日志文件的验证

如果设置初始化参数 DB_BLOCK_CHECKSUM 为 TYPICAL，那么数据库在写入磁盘时将计算每个数据块的校验和，并将校验和保存在每块的头部。Oracle 数据库用校验和来检查重做日志块的错误。

在恢复时从归档日志中读取数据块时或在块写入归档日志文件时，数据库都对重做日志块进行验证。如果检查到错误，那么将把错误信息写到警告文件中；如果在归档过程中检测到重做日志文件的错误，那么将选择同一组的其他日志成员文件；如果一组中的所有日志成员文件都有错，那么将不能进行归档。

DB_BLOCK_CHECKSUM 是动态参数，可用 ALTER SYSTEM…SET 进行修改。

3. 清空重做日志组

如果在数据库运行过程中，联机重做日志文件被损坏，最终会导致数据库由于无法将损坏的重做日志文件归档而停止。如果发生这种情况，可以在不关闭数据库的情况下，手工清空损坏的重做日志文件中的内容，从而避免出现数据库停止运行的情况。

下面语句将清空重做日志组 3 中所有成员日志文件：

```
SQL>ALTER DATABASE CLEAR LOGFILE GROUP 3;
```

如果要清空没有归档的重做日志组，必须使用 UNARCHIVED 子句。例如：

```
SQL>ALTER DATABASE CLEAR UNARCHIVED LOGFILE GROUP 3;
```

8.4.5 查询联机重做日志信息

在管理数据库或恢复数据库的过程中，经常要了解日志文件的状态、SCN 号等信息。记录重做日志信息的动态性能视图有 V$LOG、V$LOGFILE 和 V$LOG_HISTORY。

1. V$LOG 动态性能视图

V$LOG 中记录从控制文件中读取的所有重做日志文件组的基本信息。

```
SQL>DESC  v$log;
```

屏幕显示结果：

名称	类型	
GROUP#	NUMBER	日志组编号
THREAD#	NUMBER	日志线程号
SEQUENCE#	NUMBER	日志序号
BYTES	NUMBER	日志文件大小
MEMBERS	NUMBER	日志成员数
ARCHIVED	VARCHAR2(3)	归档标志(YES|NO)
STATUS	VARCHAR2(16)	日志状态
FIRST_CHANGE#	NUMBER	日志中最小的 SCN 号
FIRST_TIME	DATE	最小 SCN 的时间

其中，日志状态可以为下列值：

UNUSED——表示从未写入过的重做日志，如新增加的日志文件。

CURRENT——当前正在使用的活动日志，可以打开与关闭。

ACTIVE——是活动的但不是当前的，实例恢复所需的日志文件。

CLEARING——正在被清空。如果清空操作完成，日志状态为 UNUSED。

INACTIVE——实例恢复不再需要的日志，但介质恢复可能需要。

```
SQL>SELECT group#,bytes,members,staus FROM v$log;
```
屏幕显示结果：

```
GROUP#      BYTES        MEMBERS    STATUS
-------     ---------    -------    ----------
1           104857600    1          INACTIVE
2           104857600    1          INACTIVE
3           104857600    1          INACTIVE
4           512000       1          CURRENT
```

2. V$LOGFILE 动态性能视图

V$LOGFILE 包括每个成员日志文件的基本信息，包括成员日志文件的状态、重做日志组号、成员文件名称等信息。

```
SQL>  SELECT group#,status,type,member FROM v$logfile;
```
屏幕显示结果：

```
GROUP#      STATUS      TYPE     MEMBER
-------     -------     -----    ------------------------------------
3           STALE       ONLINE   E:\ORACLE\ORADATA\STUDENT\REDO03.LOG
2           STALE       ONLINE   E:\ORACLE\ORADATA\STUDENT\REDO02.LOG
1           STALE       ONLINE   E:\ORACLE\ORADATA\STUDENT\REDO01.LOG
4                       ONLINE   E:\ORACLE\ORADATA\STUDENT\REDOLOG2.RDO
```

成员日志文件有下面四种状态：

INVALID——文件不可访问，可能是介质故障。

STALE——文件内容不完全。

DELETED——文件不再能使用。

空白——正在使用的文件。

8.5 管理归档重做日志文件

由于联机重做日志的循环使用，要想保留所有联机重做日志就必须进行日志归档。归档也是进行数据库介质恢复等操作的重要保证。如 4.1.4 节所述，数据库可以运行在归档模式或非归档模式下。如果数据库运行在归档模式下，归档操作可以由 ARCn 后台进程自动完成，也可以由管理员手工完成。

8.5.1 设置数据库的归档模式

通常根据数据库系统的可用性和可靠性需求来决定数据库是否运行在归档模式。如果在磁盘出错时不想丢失什么数据，就应该选择归档模式。

在使用 CREATE DATABASE 语句或 DBCA 创建数据库时，可以通过指定子句 ARCHIVELOG 将数据库的初始模式设置为归档模式，或者指定 NOARCHIVELOG 子句将数据库的初始模式设置为非归档模式。

使用 ALTER DATABSE 语句可以改变现有数据库的归档模式，即可以在归档模式和非归档模式之间进行切换。改变数据库归档模式的用户必须具有管理员权限。

1. 与归档模式有关的初始化参数

如果选择归档模式，那么重点要考虑的就是归档日志文件的位置、归档的份数（多路）、启动归档进程数和归档文件名格式等。这些内容都是通过设置初始化参数来完成的。

① LOG_ARCHIVE_DEST= fileSpec：设置归档日志文件的路径，fileSpec 可以是任何合法的本地机器上的有效路径名。当数据库进行归档时或根据归档重做日志进行数据库恢复时，使用此参数来确定归档重做日志文件的位置。如果不指定 LOG_ARCHIVE_DES 和 LOG_ARCHIVE_DEST_n 的任何一个，那么默认的归档位置为%Oracle-HOME%\rdbms。

```
    LOG_ARCHIVE_DEST='e:\oracle\archive'
```

该参数的值可以用 ALTER SYSTEM　SET　LOG_ARCHIVE_DESCT=fileSpec 来动态修改：

```
    ALTER SYSTEM  SET  LOG_ARCHIVE_DESCT='e:\oracle\archive';
```

② LOG_ARCHIVE_DUPLEX_DEST=fileSpec：指定第二个归档位置，使用方法与 LOG_ARCHIVE_DEST 一样。可以用 ALTER SYSTEM SET 动态地修改它。

③ LOG_ARCHIVE_DEST_n='LOCATION=本地路径名' | 'SERVICE=服务名'：该参数可以用来指定本地计算机或远程计算机上的归档位置。n 可以取 1~10。对每个 n 必须用 LOCATION 指定本地路径或用 SERVICE 指定网络服务名。使用 SERVICE 指定的网络服务名将利用 tnsnames.ora 文件中的定义将其翻译成连接描述符。对使用初始化参数 LOG_ARCHIVE_DEST_n 指定的每个位置，还要用 LOG_ARCHIVE_DEST_STATE_n 来指定该位置是可以使用还是禁止。

可以使用 ALTER SYSTEM 或 ALTER SESSION 来动态修改该参数。但该参数不能同 LOG_ARCHIVE_DEST 和 LOG_ARCHIVE_DUPLEX_DEST 一起使用，即如果要指定归档位置，只能使用 LOG_ARCHIVE_DEST_n 或 LOG_ARCHIVE_DEST 其中的一个，另一个必须设置为空。

设置归档位置为本地计算机的方法：

```
    LOG_ARCHIVE_DEST_1='LOCATION=e:\oracle\archive'
```

设置归档位置为远程计算机的方法：

```
    LOG_ARCHIVE_DEST_1='SERVICE=standby_student'
```

其中 standby_student 是在 tnsnames.ora 文件中定义的网络服务名。

④ LOG_ARCHIVE_DEST_STATE_n=ENABLE | DEFER | ALTERNATE：LOG_ARCHIVE_DEST_STATE_n 用来指定由 LOG_ARCHIVE_DEST_n 定义的归档位置的可用性。ENABLE 表示是有效的可用归档位置；DEFER 表示是有效的位置但必须激活（ENABLE）后才能用；ALTERNATE 表示没有激活，但有其他位置不能使用时可以被激活。

⑤ LOG_ARCHIVE_FORMAT=filename：设置归档重做日志文件名的格式，其与 LOG_ARCHIVE_DEST 参数指定的内容一起构成归档文件的完全路径。文件名中可以使用的变量如表 8-1 所示。

表 8-1　文件名使用的变量

文件名使用的变量	含　　　　义
%s	日志序列号
%S	固定长度，左边用 0 填充的日志序列号
%t	日志线程号
%T	固定长度，左边用 0 填充的日志线程号
%r	重设日志 ID，保证每次数据库恢复或启动后有不同的名字

LOG_ARCHIVE_FORMAT = "LOG%s_%t_%r.ARC"：该参数是静态参数，只能在初始化参数文件中进行修改。修改后重新启动数据库才能生效。LOG_ARCHIVE_FORMAT 设置的格式中必须包括%s、%t 和%r 以保证归档日志文件名的唯一性；否则实例启动时将显示下面错误：

```
ORA-19905:log_archive_format must contain %s,%t and %r
```

⑥ LOG_ARCHIVE_MAX_PROCESSES=n：设置实例启动时可以启动的归档后台进程的最大数目。该参数的默认值为4，最大值为30。可以使用 ALTER SYSTEM 语句动态修改参数值：

```
SQL>ALTER SYSTEM SET LOG_ARCHIVE_MAX_PROCESSES=3;
```

2. 切换数据库到归档模式

改变数据库的归档模式要有管理员的权限，即以 AS SYSDBA 连接数据库。改变数据库归档模式之前，数据库必须先关闭并且停止相关的实例。如果有数据文件需要介质恢复，那么就不能从 NOARCHIVELOG 到 ARCHIVELOG 的转换。数据库改变到归档模式后通常要重新关闭，然后对数据库进行备份。

从非归档模式到归档模式的切换的手工步骤如下：

（1）关闭数据库。

```
SQL>SHUTDOWN;
```

（2）备份数据库。

（3）编辑初始化参数文件中与归档相关的初始化参数。通常主要是设置归档位置和归档文件名的格式，也可以直接使用这些参数的默认值。

（4）重新启动实例到加载状态，但是不打开数据库。

```
SQL>STARTUP MOUNT;
```

（5）切换数据库到归档模式，然后再打开数据库。

```
SQL> ALTER DATABASE ARCHIVELOG;
SQL> ALTER DATABASE OPEN;
```

3. 切换数据库到非归档模式

（1）关闭数据库。

```
SQL> SHUTDOWN;
```

（2）启动数据库实例到装载状态，但不打开数据库。

```
SQL> STARTUP MOUNT;
```

（3）切换数据库到非归档模式并打开数据库。

```
SQL> ALTER  DATABASE  NOARCHIVELOG;
SQL> ALTER  DATABASE  OPEN;
```

8.5.2 手工归档

在归档模式下，无论是否激活自动归档功能，管理员都可以执行手工归档操作。需要进行手工归档的情况如下：

- 如果自动归档功能被禁用，管理员必须定时对填满的联机重做日志组进行手工归档。
- 如果所有的联机重做日志文件被填满而没有归档，那么 LGWR 无法写入处于不活动状态的联机重做日志文件，此时数据库将被暂时挂起，直到完成必要的归档操作为止。

虽然启用了自动归档功能，但管理员想将处于 INACTIVE 状态的重做日志组重新归档到其他位置。

如果要将所有未归档且写满的重做日志文件进行归档，那么执行以下语句：

```
SQL>ALTER SYSTEM ARCHIVE LOG ALL;
```

如果要将当前的联机重做日志文件进行归档，并进行日志切换，执行以下语句：

```
SQL>ALTER SYSTEM ARCHIVE LOG CURRENT;
```

如果在上面的语句中指定 NOSWITCH 子句，那么仅归档但不进行日志切换。如果要将指定的重做日志文件进行归档，那么执行以下语句：

```
SQL>ALTER SYSTEM ARCHIVE LOG
  2  LOGFILE 'd:\oradata\archive\log6.log' TO 'e:\archive\l6.log';
```

如果要将包含指定日志记录（SCN 号为 9356083）的重做日志文件进行归档，那么执行下面语句：

```
SQL>ALTER SYSTEM ARCHIVE LOG CHANGE 9356083;
```

在上面的几个例子中，都可以指定 "TO 路径\文件名" 来表示归档的位置。如果没有 TO 子句，那么将归档到初始化参数 LOG_ARCHIVE_DEST 或 LOG_ARCHIVE_DEST_n 指定的位置。

手工归档也可以使用 SQL Plus 的 ARCHIVE LOG 命令来完成。下面命令将所有未归档的联机重做日志进行归档，归档位置由初始化参数决定：

```
SQL>ARCHIVE LOG ALL;
```

下面命令将所有未归档的联机重做日志文件归档到指定位置：

```
SQL>ARCHIVE LOG ALL TO d:\student;
```

8.5.3　查看归档日志信息

可以通过数据字典视图和动态性能视图或者是 ARCHIVE LOG LIST 命令来查询有关归档的信息。记录有归档信息的动态性能视图有 V$DATABASE、V$ARCHIVED_LOG、V$ARCHIVE_DEST、V$ARCHIVE_PROCESSES、V$BACKUP_REDOLOG、V$LOG 和 V$LOG_HISTORY。

1. ARCHIVE LOG 命令

ARCHIVE LOG LIST 是 SQL Plus 环境中的命令，可以显示当前连接实例的归档重做日志文件信息。

```
SQL> ARCHIVE LOG LIST;
```

屏幕显示结果：

数据库日志模式	非存档模式
自动存档	禁用
存档终点	e:\oracle\RDBMS
最早的概要日志序列	49
当前日志序列	51

2. V$DATABASE 动态性能视图

通过查询 V$DATABASE 动态性能视图可以显示数据库是否处于归档模式。

```
SQL>DESC v$database;
```

屏幕显示结果：

名称	类型	
DBID	NUMBER	生成的数据库 ID

NAME	VARCHAR2(9)	数据库名称
CREATED	DATE	数据库建立时间
RESETLOGS_CHANGE#	NUMBER	RESETLOGS 打开时 SCN
RESETLOGS_TIME	DATE	RESETLOGS 打开时间
PRIOR_RESETLOGS_CHANGE#	NUMBER	上一个 RESETLOGS 打开时 SCN
PRIOR_RESETLOGS_TIME	DATE	上一个 RESETLOGS 打开时间
LOG_MODE	VARCHAR2(12)	归档模式
CHECKPOINT_CHANGE#	NUMBER	最后一个检查点 SCN
ARCHIVE_CHANGE#	NUMBER	最后一个归档时的 SCN
CONTROLFILE_TYPE	VARCHAR2(7)	控制文件类型
CONTROLFILE_CREATED	DATE	控制文件建立时间
CONTROLFILE_SEQUENCE#	NUMBER	控制文件序列号
CONTROLFILE_CHANGE#	NUMBER	最近备份控制文件的 SCN
CONTROLFILE_TIME	DATE	最近备份控制文件时间
OPEN_RESETLOGS	VARCHAR2(11)	是否用 RESETLOGS 打开
VERSION_TIME	DATE	版本时间
OPEN_MODE	VARCHAR2(10)	打开模式信息
STANDBY_MODE	VARCHAR2(11)	备用数据库模式
REMOTE_ARCHIVE	VARCHAR2(11)	远程归档
DATABASE_ROLE	VARCHAR2(16)	数据库角色
ARCHIVELOG_CHANGE#	NUMBER	归档时的 SCN

3. V$ARCHIVED_LOG 动态性能视图

该视图从控制文件中获取已归档日志的信息，包括归档目标名称等。

```
SQL>DESC v$archived_log;
```

屏幕显示结果：

名称	类型	
RECID	NUMBER	归档日志记录号
STAMP	NUMBER	归档日志时间
NAME	VARCHAR2(513)	归档日志文件名
DEST_ID	NUMBER	归档位置
THREAD#	NUMBER	重做线程号
SEQUENCE#	NUMBER	重做日志序列号
RESETLOGS_CHANGE#	NUMBER	RESETLOGS 变化号
RESETLOGS_TIME	DATE	重设日志的时间
FIRST_CHANGE#	NUMBER	归档日志中的第一个 SCN
FIRST_TIME	DATE	第一个 SCN 的时间
NEXT_CHANGE#	NUMBER	下一个日志中的第一个 SCN
NEXT_TIME	DATE	下一个日志中的 SCN 的时间
BLOCKS	NUMBER	归档日志中的块数
BLOCK_SIZE	NUMBER	重做日志的块大小
CREATOR	VARCHAR2(7)	归档日志的建立者
REGISTRAR	VARCHAR2(7)	注册项标识
STANDBY_DEST	VARCHAR2(3)	备用归档目标
ARCHIVED	VARCHAR2(3)	是否已归档
APPLIED	VARCHAR2(3)	是否应用到备用数据库(YES|NO)
DELETED	VARCHAR2(3)	被 RMAN 物理删除(YES|NO)
STATUS	VARCHAR2(1)	状态

COMPLETION_TIME	DATE	归档完成时间
DICTIONARY_BEGIN	VARCHAR2(3)	包含 LogMiner 目录的头部
DICTIONARY_END	VARCHAR2(3)	包含 LogMiner 目录的尾部
BACKUP_COUNT	NUMBER	备份的次数
ARCHIVAL_THREAD#	NUMBER	归档的线程

状态（STATUS）的可能取值为：A（可用）、D（被删除）、U（不可用）和 X（过期）。

4. V$ARCHIVED_DEST 动态性能视图

该动态性能视图显示所有归档目标的位置和状态等信息。

5. V$LOG_HISTORY 动态性能视图

V$LOG_HISTORY 是从控制文件中获得重做日志历史信息。

```
SQL> DESC v$log_history;
```
屏幕显示结果：

名称	类型	
RECID	NUMBER	控制文件中的记录 ID
STAMP	NUMBER	控制文件中的时间片
THREAD#	NUMBER	归档日志的线程号
SEQUENCE#	NUMBER	归档日志的序列号
FIRST_CHANGE#	NUMBER	最低的变化号(最低的 SCN)
FIRST_TIME	DATE	最低的时间
NEXT_CHANGE#	NUMBER	最高的变化号(最高的 SCN)

```
SQL>SELECT recid,sequence#,first_change#,next_change#
  2 FROM v$log_history
```
查询结果显示如下：

RECID	SEQUENCE#	FIRST_CHANGE#	NEXT_CHANGE#
1	1	2669058	2689351
2	2	2689351	2710303
3	3	2710303	2730945
4	4	2730945	2731437
5	5	2731437	2731450

小　结

　　Oracle 数据库结构分为物理存储结构和逻辑存储结构，因此管理数据库结构即是对这两类存储结构各组成部分的管理，管理方式可以用 SQL 语句或 OEM 工具。本章重点介绍了用 SQL 语句建立、删除、修改和查询表空间的方法，以及组成物理存储结构的数据文件、控制文件、联机重做日志文件和归档重做日志文件的建立、删除、重命名、查询等方法，同时也介绍了日志切换和日志归档的方法。

习　题

1. 有多少种方式来增加表空间的大小？大文件表空间的大小只能用哪些方式增加？

2. 一般情况下，为什么要为每个应用系统建立一个独立的表空间？如果不这样，数据库能否正常运行，有什么缺点？

3. 假设表空间 ts1 有两个数据文件 data1.dbf 和 data2.dbf，原来的位置为 d:\ex，写出将这两个文件移动到 f:\back 目录下，并分别改名为 dbf1.dat 和 dbf2.dat 的具体步骤。

4. 表空间的存储管理方式有几种？它们之间的差别和优点是什么？

5. 能否在删除表空间同时也删除组成表空间的所有数据文件？如果可以，写出语句。

6. 在什么时候需要将表空间设置为脱机状态？如何设置表空间的脱机状态？

7. 多路控制文件是什么含义？为什么要多路控制文件？在什么情况下需要重新建立控制文件？

8. 假设 redo01.log 是当前重做日志文件，存放在 d:\oradata 目录中，写出删除该文件的具体步骤。

9. 什么是日志组和日志成员？在 Oracle 数据库中是必须有两个日志组还是只要有两个日志文件即可？

10. 在什么时候需要手工日志切换和手工日志归档？如何进行手工日志切换和手工日志归档？

11. 如何将归档日志文件的位置设置为 e:\archive，并指定归档日志文件的名称为 arc%s_%t.%r。

12. 如何完成归档模式到非归档模式的切换？反过来如何实现？

13. 写出将表空间 ts2 的数据文件 data.dat 改成能自动增加大小的语句。

第 9 章

数据库对象管理 ≪≪≪

学习目标

- 了解模式和模式对象的概念及模式对象的分类；
- 了解各类数据库对象的作用；
- 掌握表、视图、索引、序列、同义词和数据库连接等数据库对象的建立、删除、修改和查询等方法；
- 掌握表内容（记录）的插入、删除、更新和查询的方法；
- 掌握表的约束的使用方法；
- 掌握 SQL Developer 环境中管理数据库对象的方法。

数据库中的数据是存储在表中。存储数据行的表是应用系统需要的全部数据。但是，在数据库中建立其他数据库对象可以提高系统性能，使访问数据更加简单、快速和安全。因此，在使用数据库时必须要使用数据库对象。数据库对象管理就是用 SQL 语句实现数据库对象的创建、修改、删除和查询。

9.1 模式和模式对象

在 Oracle 数据库中是以模式（Schema 或称为方案）来组织和维护表、视图、索引等数据库模式对象。数据库中也有非模式对象，如表空间等。模式对象是进行数据库操作的最基本单位。模式与用户既有联系又有区别。

9.1.1 模式和模式对象

模式（Schema）是数据的逻辑结构，即模式对象的集合。一个模式只能被一个数据库用户所拥有，并且模式名称与管理这个模式的用户名称相同。Oracle 数据库中的每个用户都拥有一个唯一的模式。

模式中包含拥有该模式的用户的所有数据，例如：hr 用户拥有 hr 模式，hr 模式包含 employees 表等模式对象。每个模式对象有唯一的名称，例如：hr.employees 表示 hr 模式中的模式对象 employees 表。

在 Oracle 数据库中，模式和用户是两个有很小差别的不同概念，以至于有时可以把它们看成是一样的。但是，它们又是两个不同的概念，如权限是赋予给用户，在改变当前模式后，当前用户并不变化，其操作权限也不变化。在建立用户时将自动建立该用户管理的模式。

Oracle 数据库中的模式对象包括表、视图、索引、簇、同义词、序列、数据库连接、存储过程、PL/SQL 包、存储函数、触发器、Java 类与其他 Java 资源。模式对象的管理可以使用 SQL 语句。

用户在使用自己模式的对象时，不需要在对象名前使用点表示法来指定模式名，而是直接用对象名。如果用户要访问其他用户模式的对象，必须在对象名称前指定对象所属的模式名，即模式名.对象名，并且还要具有相应的权限。

不是模式对象的数据库对象称为非模式对象，它们不属于特定的用户模式。非模式对象主要有表空间、用户、角色、回滚段、概要文件等。

用户连接到数据库时，必须进入一个模式。通常用户进入的模式名与当前连接的用户名相同。下面命令将使用户进入 hr 模式：

```
SQL>CONNECT  hr/hr;
```

在不同模式间进行切换可以使用 CONNECT 命令或 ALTER SESSION。

```
SQL>CONNECT user1/abc;
```

此命令将进入 user1 模式，同时当前用户为 user1 并具有 user1 的权限。

用 ALTER SESSION 命令改变当前会话所处的模式，语法为

```
ALTER SESSION SET CURRENT_SCHEMA=模式名;
```

此时要求用户具有 ALTER SESSION 系统权限。改变当前会话所处的模式，当前用户的权限并不会发生变化，即当前用户并不会自动获得新模式中的任何额外的对象权限。

【例 9.1】当前用户模式为 hr，执行下列命令后用户仍是 hr。

```
SQL>SHOW USER; --显示当前用户为 HR
在屏幕显示: USER 为"HR"
SQL> ALTER SESSION SET CURRENT_SCHEMA=user1; --改变模式名
SQL> SHOW USER; --显示当前用户仍为 HR
屏幕显示结果: USER 为"HR"
```

从例 9.1 中可以看出，模式从 hr 变为 user1，但当前用户没有变化，只是在使用 user1 模式中的对象时不需要在前面加模式名。但用户 hr 当前的权限并没有改变。

9.1.2 CREATE SCHEMA 语句

使用 CREATE SCHEMA 语句可以在自己的模式中一次操作完成建立多个表、多个视图和多次权限授予。Oracle 会依次执行 CREATE SCHEMA 中的每个语句，如果所有语句成功执行，数据库将提交事务；如果任何一个语句出错，数据库将回滚所有语句，即它把所有包含的语句作为一个事务，而不是像单独执行这些语句时作为多个事务。这也正是使用 CREATE SCHEMA 语句的好处所在。

CREATE SCHEMA 语句并不是真正建立模式，建立模式是由 CREATE USER 语句完成的。在 CREATE SCHEMA 语句中只能包括 CREATE TABLE、CREATE VIEW 和 GRANT 语句（可出现多个），并且不支持 Oracle 对这些语句的扩充（如 STORAGE 子句等）。

【例 9.2】用 CREATE SCHEMA 建立表、视图和授予权限，设用户 user1 有所需的权限。

```
SQL> CREATE SCHEMA AUTHORIZATION user1
  2    CREATE TABLE new_product
  3    (pname VARCHAR2(10)  PRIMARY KEY ,
  4       color VARCHAR2(10), quantity NUMBER)
```

```
5    CREATE VIEW new_product_view
6       AS SELECT color, quantity FROM new_product WHERE color = 'RED'
7    GRANT select ON new_product_view TO hr;
```

9.1.3　SYS 和 SYSTEM 模式

所有的 Oracle 数据库都包括默认的管理账号。管理账号有很高的权限，并且只有 DBA 权限的用户来完成启动数据库、关闭数据库、管理内存、管理存储空间和管理数据库用户等功能。

在建立数据库时，将自动创建完成所有数据库管理功能的 SYS 管理账号。SYS 模式存储了所有数据字典中的基表和视图，这些基表和视图对数据库操作至关重要。SYS 模式中的表只能由数据库管理软件自动管理，任何用户都不能修改 SYS 模式中的表。

SYSTEM 账号也是在数据库建立时自动创建的账号。SYSTEM 模式中存储了显示管理信息的附加表和视图，各种 Oracle 数据库工具和选件使用的视图。不能用在 SYSTEM 模式中存储非管理用户以外的表。

9.2　管　理　表

表是 Oracle 数据库中最基本的数据存储结构之一。一个表逻辑上是一张二维表，每一行为一条记录，每一列都有列名、数据类型、列的长度、列的约束和默认值等属性。

在本节的例子中，除非特殊说明，都是使用 hr 模式中的对象。hr 模式在 DBCA 创建数据库自动建立的，它包括人力资源例子中所有对象。

9.2.1　创建表

数据库中的数据是以表的形式存储。创建表就是要根据设计人员对表的设计，定义表的结构、约束条件、默认表空间、在一个或多个表空间中的配额空间、数据块保留空间的比例等参数。

1. 创建表的系统权限

如果在自己模式中创建表，用户要拥有 CREATE TABLE 系统权限；如果在其他模式下创建表，要拥有 CREATE ANY TABLE 系统权限；同时表的所有者必须在指定表空间有空间配额或者具有 UNLIMITED TABLESPACE 的系统权限。

2. 创建表的命令

```
CREATE TABLE   [模式名.] 表名 (列名描述[, (表约束)])
[TABLESAPCE 表空间名]
[PCTFREE  整数] [PCTUSED 整数] [INITRANS 整数]
[STORAGE 存储子句]
[AS  子查询]
```

其中：

① 表名：以字母开头最多 30 个字符，字符可以是 A ~ Z，0 ~ 9，$ 和 #。不区分大小写，不含引号。不同模式的表名可以相同。

② 列名描述形式：列名 类型名(长度) [列名约束][,…]。

列名的要求与表名的要求一样，同一表中的列名必须唯一。列的数据类型与 SQL 中的数据类型一致，主要有 NUMBER(n,s)、CHAR(n)、VARCHAR2(n)、DATE、BLOB、NCLOB、CLOB、BFILE、LONG 等类型。

列名约束定义紧跟在列名定义之后，它是对某列取值等情况的一种限制，列名约束参见9.2.6 节中的介绍。

虚拟列（virtual column）是不存储在磁盘上，而是根据需要由数据库按照表达式或函数计算出来的。虚拟列可以用在查询、DML 语句、DDL 语句，也可对虚拟列进行索引。

虚拟列的列名定义：列名 (数据类型 GENERATED ALWAYS AS 列表达式)。

① CONSTRAINT 子句：无论是表约束，还是列名约束，都可以用 CONSTRAINT 子句为约束定义名称。Oracle 把约束名称和约束定义都存储在数据字典中。如果不指定CONSTRAINT，Oracle 将自动生成 SYS_Cn 的名称，其中 n 自动增长。CONSTRAINT 子句的使用方式如下：

```
CONSTRAINT 约束名 列名约束或表约束 [ENABLE|DISABLE]
```

其中：ENABLE 是激活约束，DISABLE 是禁止约束。

② TABLESPACE 表空间名：指定当前定义的表所存放的表空间，用户必须在该表空间有配额空间。如果不指定该子句，表将存放在当前用户的默认表空间中。

③ PCTFREE 和 PCTUSED：PCTFREE 与 PCTUSED 的和必须小于 100。

④ INITRANS 和 MAXTRANS：INITRANS 指定表中每个数据块中分配的事务数，即可并发修改块的最小事务数，该值为 1～255，默认值为 1。

MAXTRANS 指定可同时修改表的数据块的最大事务数，该值为 1～255。

⑤ AS 子查询：根据子查询的结果生成新表，并将查询结果插入到新建的表中。

⑥ STORAGE （存储参数表）：STORAGE 子句是用来设置表中段的分配管理方式的存储参数。如果不设置表的存储参数，它将自动采用所属表空间的默认存储参数设置。如果要设置更适合于表所需的存储参数设置，需要在创建表的时候为它显式地指定存储参数。在创建表时显式指定的存储参数将覆盖表空间的默认存储参数设置。

⑦ LOGGING 和 NOLOGGING：如果使用 LOGGING 子句，表的创建操作都将记录到重做日志文件中。如果在创建表时指定 NOLOGGING 子句，则表的创建操作不会记录到重做日志文件中。创建表时的默认值为 LOGGING。

3. 创建永久表

【例 9.3】在当前模式下创建表 emp1。

```
SQL> CREATE TABLE emp1(
  2  emp_no NUMBER(4), name CHAR(10), age NUMBER(2),
  3  birthday DATE, resume CLOB, pict  BLOB)
  4  TABLESPACE example;
```

本例在表空间 example 中创建表 emp1，当前用户必须在 example 表空间有配额或者有UNLIMITED TABLESPACE 系统权限。

【例 9.4】定义表 emp2，这里假定引用的 dep 表和 department_id 列都已定义。

```
SQL> CREATE TABLE emp2(
  2  emp_no NUMBER(4) CONSTRAINT pk PRIMARY KEY,
  3  name CHAR(10) NOT NULL,
  4  depart_id  NUMBER(3),
  5  birthday DATE  DEFAULT (SYSDATE),
```

```
 6    age NUMBER(2)  GENERATED ALWAYS
 7            AS  (2009-EXACT(YEAR( FROM  birthday_date ) ) ),
 8    CONSTRAINT FK FOREIGN KEY(depart_id)
 9    REFERENCES dep (department_id)  )
10    TABLESPACE  example
11    PCTFREE  30   PCTUSED  50   INITRANS  3  MAXTRANS 10
12    STORAGE  ( INITIAL 10K     NEXT 50K
13              MAXEXTENTS 10    PCTINCREASE 30);
```

上面语句是指定列约束、表约束、块空间管理参数、存储参数和虚拟列。关于约束的说明参见 9.2.6 节所述。定义虚拟列 age，它的值是由(2016-EXACT(YEAR(FROM birthday_date)))决定的，即为 2016 年与出生年份的差。

【例 9.5】根据 emp2 表生成表 emp3，新表的列名与原表一致。

```
SQL> CREATE TABLE emp3 AS
  2   SELECT emp_no,name,depart_id FROM emp2;
```

在例 9.5 中，可以在建立新表时指定新表的列名，但不能指定列的数据类型。数据类型由 SELECT 子句后表达式类型决定。如果子查询的 SELECT 关键字后的列名表中有表达式，则必须为表达式起别名或者指定列名。下面的两个语句等价：

```
SQL> CREATE TABLE emp4 as
  2   SELECT employee_id,first_name||' '||last_name Name,department_id,salary
  3   FROM employees  WHERE salary>=25000;
SQL> CREATE TABLE emp4(employee_id,name,department_id,salary) AS
  2   SELECT employee_id,first_name||' '||last_name,department_id,salary
  3   FROM  employees  WHERE salary>=25000;
```

通过查询创建另一表，SELECT 语句中不能包含大对象数据类型和 LONG 数据类型。原来列的约束条件不会复制到新表中。

4. 创建临时表

临时表是指表的结构一直存在，但表中的数据只在一个事务内（事务临时表）或会话内（会话临时表）有效的表。事务临时表中的所有记录在执行 COMMIT 或 ROLLBACK 命令后将被删除；会话临时表的所有记录在中止会话（执行 CONNECT 命令）时将被删除。临时表默认时建立在临时表空间上，也可用 TABLESPACE 子句指定存放临时表的表空间。

【例 9.6】建立事务临时表。此时必须使用 ON COMMIT DELETE ROWS 子句。

```
SQL> CREATE GLOBAL TEMPORARY TABLE devices
  2   (ID number(2) PRIMARY KEY, name VARCHAR2(20), price NUMBER(10,2))
  3   ON COMMIT DELETE ROWS  TABLESPACE tbs_t1;
```

如果要建立会话临时表，在上面的语句中必须使用 ON COMMIT PRESERVE ROWS 子句。同创建永久表一样，可以根据现有表来创建临时表，语句格式如下：

```
CREATE GLOBAL TEMPORARY TABLE...AS <子查询>;
```

5. 查询表的结构

在 SQL Plus 环境下，可以用 DESC 命令来查询表的结构，即列出所有的列、列名称、列的数据类型等，也可通过 9.2.7 节中列出的数据字典或视图来查看所有的结构。

```
SQL>DESC  emp4;
```

屏幕显示结果：

名称	是否为空?	类型
JOB_ID	NOT NULL	VARCHAR2(10)
JOB_TITLE	NOT NULL	VARCHAR2(35)
MIN_SALARY		NUMBER(6)
MAX_SALARY		NUMBER(6)

9.2.2 表的查询、统计和排序

查询是数据库读出数据库表的最常用操作之一，如果数据库表中的数据不能让用户查询显示出来，这些数据是没有意义的。使用 SELECT 语句可以完成表的统计查询、合并查询结果、多表查询、查询结果排序等操作，并可以生成新表。

1. SELECT 命令的格式

```
SELECT [ALL|DISTINCT|UNIQUE]
[[表的别名.] 选项] [,[表的别名.]选项…]          输出列表或表达式
FROM [模式.]表名 [别名] [，表名 [别名] …]        数据来源，表名
[WHERE 条件表达式]                              查询条件
[GROUP BY 分组选项[,分组选项, …]
[HAVING 筛选条件表达式]    ]
[UNION|INTERSECT|MINUS SELECT 子查询]          集合操作
[ORDER BY 排序选项[ASC|DESC] [,排序选项[ASC|DESC], …]
```

说明：

① 如果查询结果中有重复行（即所有列都一样的行），那么使用 UNIQUE 子句或 DISTINCT 子句只返回重复行中的一行，而使用 ALL 子句则返回重复行中的每一行。

② 在 SELECT 后指定星号 "*" 将显示表的所有列。

③ 当使用多表时，可以为每个表起一个别名。

④ 查询条件是在 6.7 节中介绍的任何条件，集合操作的说明参见 6.5 节。

2. 基本查询

SELECT 语句的子句多而且复杂，它可以从数据表中查询各种数据，并可对查询结果进行处理。它的基本结构就是从指定表中查询出满足某些条件的行，并返回这些行中指定列的内容。其格式为

```
SELECT 列名表或表达式表 FROM  表名 WHERE 条件;
```

说明：

① 如果要查询其他模式中的对象，必须在对象名前添加模式名。例如：hr.employees，并且对该对象要有 SELECT 对象权限。

② WHERE 子句中的条件可以是任何合法的条件表达式。

③ 列名表或表达式表是以逗号分开的多个列名或表达式组成。每个列名或表达式名后可以紧跟字符串用来表示该列显示的标题。如果标题名中含有空格，则必须用双引号（""）括起来。如果不指定显示的标题名，则标题名与列名或表达式名相同。

【例 9.7】从一个表 employees 中查询出若干列的内容，将 last_name 和 first_name 的合并成一个串，并为每个列名定义一个标题。

```
SQL>SELECT employee_id 员工编号,first_name|| ' '||last_name 姓名
  2 FROM employees;
```

查询结果显示如下：

雇员编号	姓名
100	Steven King
101	Neena Kochhar
102	Lex De Haan
103	Alexander Hunold
104	Bruce Ernst

【例 9.8】从 employees 表中查询出所有 last_name 以 G 开头，并且工资（salary）大于 3000 的人的名字、工资、部门编号。

```
SQL> SELECT last_name 名字, salary 工资,department_id 部门编号
  2  FROM employees  WHERE last_name LIKE 'G%' AND salary>3000;
```

查询结果显示如下：

名字	工资	部门编号
Greenberg	12000	100
Greene	9500	80
Grant	7000	100
Gietz	8300	110

【例 9.9】当前用户为 user1，查询 hr 模式中的表 departments 所有列的内容。用户 user1 对 hr 模式中的表 departments 有 SELECT 对象权限。

```
SQL> SHOW USER;
```

显示结果为：USER 为"USER1"

```
SQL> SELECT  *  FROM hr.departments;
```

查询结果显示如下：

DEPARTMENT_ID	DEPARTMENT_NAME	MANAGER_ID	LOCATION_ID
10	Administration	200	1700
20	Marketing	201	1800
...			
270	Payroll		1700

3. 多表查询

使用 SELECT 语句时，可以从多个表中查询信息。多表查询时必须用 WHERE 子句指定表之间的关联关系；否则将显示 M*N 条记录（M、N 分别为两表的记录个数）。

如果是三个表以上的联合查询，必须先把两个表按一定条件组合起来，然后再把组合的结果同第三个表组合起来，依此类推关联多个表。

在使用多表时，通常要指定每个表的别名，并在列名前用别名指定列所属的表。例如：e.first_name，e 是表 employees 的别名。

【例 9.10】从表 employees 和 departments 中查询出每个员工所在部门的名称，以部门编号 department_id 作为两个表之间的关联列。

```
SQL> SELECT e.employee_id 雇员编号, d.department_name 所在部门
  2  FROM employees e, departments d
  3  WHERE e.department_id = d.department_id;
```

查询结果显示如下：

雇员编号	所在部门

```
100              Executive
...
104              IT
```

【例 9.11】查询出所有姓 Smith 的员工的名字、所在部门的名称及部门所在的城市。员工的名字在表 employees 中，部门名称在表 departments 中，部门所在城市在表 locations 中。

```
SQL> SELECT e.first_name, e.last_name, d.department_name, l.city
  2  FROM employees e, departments d, locations l
  3  WHERE e.department_id=d.department_id
  4  AND d.location_id=l.location_id
  5  AND last_name='Smith'
```

查询结果显示如下：

```
FIRST_NAME        LAST_NAME         DEPARTMENT_NAME        CITY
-------------     -----------       -----------------      -----
Lindsey           Smith             Sales                  Oxford
William           Smith             Sales                  Oxford
```

本例使用三个表 employees、departments 和 locations，并分别起别名 e、d 和 l。表 employees 与 departments 之间用列 department_id 关联，表 departments 和 locations 之间用列 location_id 关联。

在多表查询时，关联表达式通常是一个表的主码与另一表的外码之间的关系，而多表之间是靠这种两两之间的关联来完成的。

4. 分组统计查询

所谓分组是指 Oracle 先对选择的行按指定列或表达式的值进行分组，即值相同为一组，然后返回每组中的汇总信息。

要进行分组查询必须使用 GROUP BY 子句或 GROUP BY…HAVING 子句。GROUP 子句的表达式中可以包括表中的任何列，不管该列是否出现在列名表中。HAVING 子句用于对分组后的结果进行有条件的显示分组。

在分组统计时要用到 6.6.1 节中介绍的 SQL 语言的多行存储函数。但在 WHERE 条件中不能使用多行存储函数。

【例 9.12】按部门编号统计出表 employees 中每个部门的人数。

```
SQL> SELECT department_id 部门号, COUNT(*) 部门人数 FROM employees
  2  GROUP BY department_id
```

查询结果显示如下：

```
部门号            部门人数
-----------       -----------
10                1
...
110               2
```

【例 9.13】从 employees 表中显示出部门人数少于 5 人的部门编号及人数。

```
SQL> SELECT department_id , COUNT(*)  FROM employees
  2  WHERE COUNT(*)<5
  3  GROUP BY department_id;
```

屏幕显示如下：

```
where count(*)<=5
     *
```

ERROR 位于第 2 行:
ORA-00934: 此处不允许使用分组存储函数。

此例说明在 WHERE 条件子句中不能使用多行分组存储函数,即不能对分组后的结果用 WHERE 子句进行过滤。要完成这一任务必须使用 "HAVING 条件" 子句。例如:

```
SQL> SELECT department_id 部门号,COUNT(*) 部门人数 FROM employees
  2  GROUP BY department_id
  3* HAVING COUNT(*)<5
```

查询结果显示如下:

部门号	部门人数
10	1
……	
110	2

WHERE 子句和 HAVING 子句可以同时使用,WHERE 子句是对要分组的行进行过滤,即选择要分组的行;而 HAVING 子句是对分组后的数据进行过滤。此时 WHERE 子句必须在 GROUP BY … HAVING 子句之前。

【例 9.14】从表 employees 中统计出部门中工资大于 5 000 元的人数不超过 5 的那些部门的编号、部门最低工资和部门人数。

```
SQL> SELECT department_id 部门号,min(salary) 最低工资,
  2  COUNT(*) 部门人数 FROM employees  WHERE salary>5000
  3  GROUP BY department_id   HAVING  COUNT(*)>5
```

查询结果显示如下:

部门号	最低工资	部门人数
80	6100	34
100	6900	6

5. 数据排序

如果想对查询的结果按一定的要求进行排序,可以在 SELECT 语句中使用 ORDER BY 子句。排序时可以在 ORDER BY 子句中的每个列名后用 ASC(升序)和 DESC(降序)来完成升序或降序排序。默认时按升序排序。ORDER BY 后可以是多行函数,即按多行函数值进行排序。

【例 9.15】从表 employees 中显示工资不小于 13 000 元的雇员所在的部门编号、名字和工资,要求先按部门号升序后按工资降序排序。

```
SQL> SELECT department_id,first_name,salary
  2  FROM employees WHERE salary>=13000
  3  ORDER BY department_id,salary DESC
```

查询结果显示如下:

DEPARTMENT_ID	FIRST_NAME	SALARY
20	Michael	13000
80	John	14000
80	Karen	13500
90	Steven	24000
90	Neena	17000
90	Lex	17000

【例 9.16】从表 employees 中查询部门人数大于 5 的部门编号、最低工资和部门人数，并要求按部门人数降序排序。

```
SQL> SELECT department_id 部门号,MIN(salary) 最低工资,
  2   COUNT(*) 部门人数 FROM employees
  3   GROUP BY department_id HAVING COUNT(*)>5
  5   ORDER BY COUNT(*) DESC
```

查询结果显示如下：

部门号	最低工资	部门人数
50	3210	45
80	7210	34
30	3610	6
100	8010	6

从例 9.15 中可以看出，可以对分组查询结果进行排序，即 GROUP BY 和 ORDER BY 子句可以同时使用，但是，ORDER BY 必须在分组子句 GROUP BY 之后。

6. 子查询和集合运算

子查询是指在一个 SELECT 查询中含有其他 SELECT 语句。子查询通常用在 WHERE 子句中，即将一个查询的结果作为条件。

集合运算是指将两个或多个子查询的结果进行并（UNION）、交（INTERSECT）和减（MINUS）等操作。

【例 9.17】统计表 employees 中所有工资小于平均工资的人数。

```
SQL> SELECT count(*) FROM employees
  2  WHERE salary< ( SELECT AVG(salary) FROM employees )
```

查询结果显示如下：

```
COUNT(*)
----------
56
```

【例 9.18】子查询的集合运算。

```
SQL> SELECT * FROM emp1;
```

查询结果显示如下：

EMPLOYEE_ID	EMPNAME	DEPARTMENT_ID
100	Steven King	90
101	Neena Kochhar	90
102	Lex De Haan	90
145	John Russell	80
203	John Smith	40
213	Peter Smith	40

```
SQL> SELECT * FROM emp2;
```

查询结果显示如下：

EMPLOYEE_ID	NAME	DEPARTMENT_ID	SALARY
100	Steven King	90	40010
102	Lex De Haan	90	33010
108	Nancy Greenberg	100	28010

145	John Russell	80	30010
146	Karen Partners	80	29510
205	Shelley Higgins	110	28010

集合并运算 UNION，重复行只包括一个：

```
SQL> SELECT employee_id,empname FROM emp1
  2  UNION
  3  SELECT employee_id,name FROM emp2
```

查询结果显示如下：

EMPLOYEE_ID	EMPNAME
100	Steven King
101	Neena Kochhar
102	Lex De Haan
108	Nancy Greenberg
145	John Russell
146	Karen Partners
203	John Smith
205	Shelley Higgins
213	Peter Smith

使用 UNION ALL 将包括重复行：

```
SQL> select employee_id,empname from emp1
  2  UNION ALL
  3  select employee_id,name from emp2
```

查询结果显示如下：

EMPLOYEE_ID	EMPNAME
100	Steven King
101	Neena Kochhar
102	Lex De Haan
145	John Russell
203	John Smith
213	Peter Smith
100	Steven King
102	Lex De Haan
108	Nancy Greenberg
145	John Russell
146	Karen Partners
205	Shelley Higgins

集合的交运算 INTERSECT，两个或多个子查询的公共行：

```
SQL> SELECT employee_id,empname FROM emp1
  2  INTERSECT
  3  SELECT employee_id,name FROM emp2
```

查询结果显示如下：

EMPLOYEE_ID	EMPNAME
100	Steven King
102	Lex De Haan

```
                145                    John Russell
```

集合减运算 MINUS，从第一个查询结果中去掉出现在第二个查询结果中的行：

```
SQL> SELECT employee_id,empname FROM emp1
  2 MINUS
  3 SELECT employee_id,name FROM emp2
```

查询结果显示如下：

```
EMPLOYEE_ID            EMPNAME
--------------         -------------------
101                    Neena Kochhar
203                    John Smith
213                    Peter Smith
```

9.2.3 删除表

表是占用表空间存储空间的模式对象，也会占用磁盘空间的模式对象。因此，对确认不再使用的表要删除掉。通常用户只能删除自己模式中的表。如果要删除其他模式中的表，用户必须具有 DROP ANY TABLE 系统权限。

在删除表时要将完成以下操作：

- 删除该表中所有的记录，并从数据字典中删除该表的定义；
- 删除与该表相关的所有索引和触发器；
- 为该表定义的同义词不会被删除，但是在使用时将返回错误；
- 分配给表的所有区将被回收，并成为自由空间；
- 如果有视图或 PL/SQL 过程依赖于该表，这些视图或 PL/SQL 过程将被置于 INVALID 状态（不可用状态）。

删除表的命令如下：

```
DROP TABLE  [模式名.] 表名 [ CASCADE CONSTRAINTS]
```

如果用户有删除其他模式中表的权限，那么必须在表名前指明模式名。使用子句 CASCADE CONSTRAINTS 可以从子表中删除对父表的外键约束，即删除另一表中的外键对被删除表的主码或唯一列的引用。

【例 9.19】删除表。

```
SQL>DROP TABLE emp1                        --删除当前用户模式下的表 emp1
SQL>DROP TABLE user1.emp2                  --删除 user1 模式下的表 emp2
SQL>DROP TABLE emp2 CASCADE CONSTRAINTS;   --删除外键引用
```

9.2.4 恢复删除表

当用户删除表时，数据库并不立即删除该表占有空间，而是把表重命名并把表及其有关的对象放在一个回收池（Recycle Bin）中。回收池实际上是一个存放被删除对象的数据字典。一旦发现表被错误删除，可以使用命令将被删除的表恢复。能够正常恢复被删除表的前提是回收池的内容没有被彻底删除。用户可以主动彻底删除回收池内容，或者由于表空间的空间限制而彻底删除回收池。

1. 查看回收池内容

每个用户可以认为有自己的回收池。用户可以通过设置 RECYCLEBIN 初始化参数来控制是否使用回收池。用 ALTER SYSTEM 或 ALTER SESSION 语句设置：

```
SQL>ALTER SESSION SET recyclebin=OFF;   --禁用回收池或用 ALTER SYSTEM
SQL>ALTER SYSTEM  SET recyclebin=ON;    --启用回收池或用 ALTER SESSION
```

用户可以查询数据字典视图 USER_RECYCLEBIN 来了解被删除到回收池中的内容。RECYCLEBIN 是 USER_RECYCLEBIN 数据字典的同义词：

```
SQL>SELECT * FROM RECYCLEBIN;
```

USER_RECYCLEBIN 中包含对象原来的名字（Original Name）、自动生成的回收池中的名称（Recyclebin Name）、对象类型（Object Type）和删除时间（Drop Time）。用户也可用 SQL Plus 的命令 SHOW RECYCLEBIN 来显示回收池的内容。

2. 从回收池恢复内容

如果要恢复被删除的对象，可以使用 FLASHBACK TABLE ...TO BEFORE DROP 语句。语句中的表名可以是原表名，也可以是回收池中的名称。由于同一个表名可能多次建立又被多次删除，但每次删除在回收池中却有不同的唯一名称。因此，利用回收池中的名称可以恢复任何一次删除。如果在恢复后给表重新命名，那么就使用 RENAME TO 子句。

【例 9.20】恢复表 exam，并在恢复后重新命名为 my_exam。

```
SQL> FLASHBACK TABLE exam TO BEFORE DROP
  2  RENAME  TO  my_exam;
```

3. 永久删除回收池内容

如果不再用回收池内容进行对象的恢复，可以用 PURGE 语句从回收池中永久删除该对象以释放存储空间。执行 PURGE 要有删除的权限。PURGE 语句中可以使用原来对象的名称，也可以使用在回收池中的名称。

【例 9.21】从回收池中永久删除表 exam。

```
SQL> PURGE  TABLE  exam;                  --使用原表名
或: PURGE TABLE  BIN$jsleilx392mk2=293$0;  --使用回收池的名字
```

如果要从回收池中删除属于一个表空间或者一个用户的所有对象，使用下面语句：

```
SQL> PURGE TABLESPACE example ;
或: PURGE TABLESPACE example USER oe;
```

如果用户要删除自己回收池的所有内容，使用下面语句：

```
SQL>PURGE  RECYCLEBIN;
```

如果用户有 SYSDBA 系统权限，可以用下面语句删除所有回收池的内容：

```
SQL>PURGE  DBA_RECYCLEBIN;
```

9.2.5 修改表

用户只能修改自己模式中的表。如果要修改其他模式中的表，必须具有 ALTER ANY TABLE 系统权限。使用 ALTER TABLE 语句可以增加或删除表中的列、改变表名和修改建立表时的各种参数设置。

1. 修改表的命令

```
ALTER TABLE [模式名.]表名
[ADD (列名描述表)]
[DROP [(列名表)|COLUMN 列名] [CASCADE CONSTRAINTS]]
[DROP UNUSED COLUMNS]
[SET UNUSED [(列名表)|COLUMN 列名] [CASCADE CONSTRAINTS]]
[PCTFREE|PCTUSED|INITRANS|MAXTRANS 整数]
```

```
       [STORAGE (存储参数表)]
       [RENAME TO 新表名]
```

可以看出，修改表的命令是由 ALTER TABLE 表名再加上一系列子句构成的，修改一类内容，就使用相应的子句。下面将通过例子逐个介绍它们的使用方法。

2. 增加列

使用 ALTER TABLE...ADD 语句能够向表中添加新的列或增加虚拟列。

【例 9.22】为表 emp2 增加两个新列 location 和 pict。

```
SQL> DESC emp2;
```
结果显示如下：

名称	是否为空？	类型
EMP_NO	NOT NULL	NUMBER(4)
NAME	NOT NULL	CHAR(10)
DEPART_ID		NUMBER(3)
AGE		NUMBER(2)
BIRTHDAY		DATE

```
SQL> ALTER TABLE emp2 ADD(location CHAR(20),pict BLOB);
```

3. 删除列

删除列的语句格式为 ALTER TABLE...DROP。删除列时 Oracle 将删除表中每条记录内的相应列的值，并且释放所占用的存储空间；同时删除根据所有被删除列而建立的索引和引用被删除列的约束。

如果要删除所有对被删除主键列或唯一列的一致性引用，或者要删除含有被删除列的多列约束条件，就要指定 CASCADE CONSTRAINTS 子句。

在删除列时，使用 COLUMN 子句后跟的列名将删除一列。删除多列时要用括号"（ ）"将多个列名用逗号分开。

【例 9.23】删除表 emp2 中的列 location。

```
SQL>ALTER TABLE emp2  DROP COLUMN location;
    或者：SQL>ALTER TABLE emp2 DROP (location);
```
【例 9.24】删除 emp2 中的列 location 和 pict。

```
SQL> ALTER TABLE emp2 DROP (location,pict);
```

删除列时，也可先用命令 ALTER TABLE...SET UNUSED 将列设置为 UNUSED 状态，然后再用 ALTER TABLE...DROP UNUSED 子句来删除设置为 UNUSED 状态的列。被设置为 UNUSED 状态的列查询不到，但它们所占用的存储空间并没有被释放。可以为表添加一个与 UNUSED 状态的列具有相同名称的新列。

【例 9.25】使用 UNUSED 状态来删除列。

```
SQL> ALTER TABLE emp2 ADD(location char(20),pict blob);
SQL> ALTER TABLE emp2 SET UNUSED (location,pict);
SQL> ALTER TABLE emp2 DROP UNUSED COLUMNS;
```

设置为 UNUSED 状态列名，可以在数据字典 USER_UNUSED_COL_TABS、ALL_UNUSED_COL_TABS 和 DBA_UNUSED_COL_TABS 中查询出来。

4. 修改列的名称

利用 ALTER TABLE...RENAME COLUMN 子句可以修改表中列的名称，只要新列名与其他列名不冲突。当更改列名时，数据库更新相关的数据字典以保证基于函数的索引或

CHECK 约束仍然有效。但要注意的是更改列名可能会使依赖对象无效。

【例 9.26】将表 emp 的列 location 更改为 address。

```
SQL> ALTER TABLE emp RENAME COLUMN location TO address;
```

5. 修改列属性

使用 ALTER TABLE…MODIFY 子句可以修改列的属性（如数据类型、默认值、列的约束或虚拟表的列表达式），语句中没有指定的列的属性将保持不变。

如果要修改列的数据类型，那么表或者是空表，或者表中的某列在所有行均应为空值且该列没有定义为外键。不管对应列是否有值，都可以增加列的宽度。如果减少列宽不改变对应列的值，可以减少列的宽度。

除了 NOT NULL 和 DEFAULT 列约束外，在用 MODIFY 子句修改列的属性时不能使用其他列约束。

【例 9.27】修改表 emp2 的 depart_id 列的宽度，并设置为非空。

```
SQL> ALTER TABLE emp2 MODIFY(depart_id CHAR(3) NOT NULL);
```
上面命令可以正确执行，但下面命令不能执行：

```
SQL>ALTER TABLE emp2 MODIFY(depart_id char(3) check(depart_id>'dd'));
alter table emp2 modify(depart_id char(3) check(depart_id>'dd'))
    *
ERROR 位于第 1 行：
ORA-02253: 此处不允许约束条件说明
```

6. 修改块空间管理参数和存储参数

可以使用 ALTER TABLE 语句来改变表的块参数设置（PCTFREE、PCTUSED、INITRANS 和 MAXTRANS）和部分存储参数设置（NEXT、PCTINCREASE、MAXEXTENTS），但不能修改 INITIAL 和 MAXEXTENTS 存储参数。

```
SQL> ALTER TABLE emp2
  2  PCTFREE 10 PCTUSED 70 INITRANS 2 MAXTRANS 10;
```

7. 修改表的名称

使用 ALTER TABLE…RENAME TO 命令可以修改表的名称。用户只能对自己模式中的表重命名。如果用户有 ALTER ANY TABLE 系统权限，则可修改其他模式的表名。

对表进行重命名后，可能会造成使用该表定义的同义词时返回错误；如果有视图或 PL/SQL 过程依赖于该表，这些视图或 PL/SQL 过程将处于 INVALID 状态（不可用状态）。

【例 9.28】修改表的名称。

```
SQL>ALTER TABLE emp2 RENAME TO emp4;
```
在 SQL Plus 环境中，修改表的名称也可以使用 RENAME 命令：

```
SQL>RENAME emp2 TO emp4;
```

9.2.6　管理表的约束

约束条件是在表中定义的，用于维护数据库完整性的一些规则。通过为表或列定义约束，可以防止将错误的数据插入表中，也可以保持表之间数据的一致性。如果某个约束只作用于单独的列，可以将其定义为列约束或表约束；如果某个约束作用于多个列，那么必须定义为表约束。列约束在定义表时紧跟列定义的后面，表约束通常放在最后一个列定义的后面。约束条件同样可以定义在虚拟列上。

约束条件的定义保存在数据库的数据字典中，规则的改变是改变数据库中的定义，而不需要程序来处理。Oracle 对约束条件的检查是由数据库自动完成的，即当插入新行或更新数据时，数据库自动检查新数据是否满足列或表的约束条件。

无论是表约束还是列约束，均可以用 CREATE TABLE 或 ALTER TABLE 语句来定义约束。

Oracle 中的约束是通过名称来标识的。在定义约束时可以通过 CONSTRAINT 子句为约束命名。如果用户不为约束指定名称，数据库自动为约束建立名称，格式为 SYS_Cnnnnnn，其中 n 为数字。建议定义约束时应对约束进行命名，这样便于以后查询和操作。

1. 定义 PRIMARY KEY 主键

PRIMARY KEY 约束是用来定义表的主键。每个表只能有一个 PRIMARY KEY 约束；定义为 PRIMARY KEY 的列不能有重复值且不能为空值（NULL）。Oracle 会自动为具有 PRIMARY KEY 约束的列建立唯一索引。

【例 9.29】定义单列为主键。

```
SQL>CREATE TABLE test1 ( id CHAR(4) PRIMARY KEY, name CHAR (20));
```

【例 9.30】定义多列为主键时必须将其定义为表约束。

```
SQL>CREATE TABLE test2( id CHAR(3), name CHAR(20), age NUMBER(2),
 2  CONSTRAINT pk PRIMARY KEY(id,name));
```

上例定义了表约束，并为约束命令 pk。

2. 定义 NOT NULL 约束

默认情况下，列值可以为空值（NULL）。非空（NOT NULL）约束定义在单列中，限制该列不能包含 NULL 值。只能在列级定义 NOT NULL 约束，但是在同一个表中可以定义多个 NOT NULL 约束。

【例 9.31】NOT NULL 约束的例子。

```
SQL> CREATE TABLE emp (id CHAR (3) CONSTRAINT pkk primary key,
 2  name CHAR(20) not null, location CHAR (30) CONSTRAINT nt NOT NULL,
 3  salary NUMBER(3))
 4  TABLESPACE example  PCTFREE 15  PCTUSED 70
 5  STORAGE (INITIAL 10K NEXT 20K);
```

如果是删除或重新定义列的 NOT NULL 约束，用 ALTER TABLE...MODIFY 语句。

```
SQL> ALTER TABLE emp MODIFY (name NULL, salary NOT NULL);
```

3. 定义 UNIQUE 约束

UNIQUE 约束具有如下特点：

- 定义了 UNIQUE 约束的列中不能有重复值。
- 可以为一列定义 UNIQUE 约束，也可以为多列组合定义 UNIQUE 约束。
- Oracle 会自动为具有 UNIQUE 约束的列建立一个唯一索引。
- 对同一个列可以同时定义 UNIQUE 约束和 NOT NULL 约束。

【例 9.32】定义 UNIQUE 约束。

```
SQL>CREATE TABLE emp (id CHAR(3) CONSTRAINT pkk PRIMARY KEY,
 2   name CHAR(20) NOT NULL UNIQUE,
 3   location CHAR(30) CONSTRAINT  nt  NOT NULL,
 4   salary NUMBER(3) UNIQUE)
 5  TABLESPACE example;
```

如果 UNIQUE 是对两列或多列，就必须将 UNIQUE 约束定义为表约束：

```
SQL>CREATE TABLE dd (d1 NUMBER(3),d2 CHAR(3),UNIQUE (d1,d2));
```

4. 定义外键 FOREIGN KEY 约束

如果要通过共同列建立起多表之间的关系，那么必须定义维护这种关系的规则，称为引用规则。引用规则由 FOREIGN KEY 约束来定义。定义为 FOREIGN KEY 约束的列称为外键列，被 FOREIGN KEY 约束引用的列称为引用列。包含外键列的表称为子表，包含引用列的表称为父表。外键列与引用列必须在数据类型上一致，名称可以相同也可以不同，但通常是相同的以显示表之间的关系。父表和子表可以为同一个表。

FOREIGN KEY 约束具有如下特点：

- 定义为 FOREIGN KEY 约束的列的值只能包含对应的父表中引用列的值或者为 NULL 值。
- 可以为一列定义 FOREIGN KEY 约束(列约束)，也可以为多列的组合定义 FOREIGN KEY 约束（表约束）。
- 同一个列可以同时定义 FOREIGN KEY 约束和 NOT NULL 约束。
- FOREIGN KEY 必须引用一个 PRIMARY KEY 约束或 UNIQUE 约束，即 FOREIGN KEY 引用的列要么是有 PRIMARY KEY 约束的列，要么是有 UNIQUE 约束的列。

【例 9.33】定义表的外键——列约束。

```
SQL> CREATE TABLE emp1 (name CHAR(20) NOT NULL UNIQUE,
  2    location CHAR(30) CONSTRAINT NT1 NOT NULL,
  3    salary NUMBER(3) UNIQUE,
  4    emp_id CHAR(3) REFERENCES emp(id))
  5    TABLESPACE example;
```

也可以命令下面形式——表约束：

```
SQL> CREATE TABLE emp1 (name CHAR(20) NOT NULL UNIQUE,
  2    location CHAR(30) CONSTRAINT NT1 NOT NULL,
  3    salary NUMBER(3) unique,
  4    emp_id CHAR(3) CONSTRAINT kk FOREIGN KEY(emp_id)
  5    REFERENCES emp(id))
  6    TABLESPACE example;
```

5. 定义 CHECK 约束

CHECK 约束是用来限定一列或多列必须满足的条件。条件表达式中必须引用表中一个或多个列，并且表达式的计算结果必须是一个布尔值。CHECK 约束具有以下特点：

- 在表达式中不能包含子查询，也不能有 SYSDATE、UID、USER 等 SQL 函数和 ROWID 等伪列。
- 定义有 CHECK 约束的列的值必须满足指定条件或者是 NULL。
- CHECK 可以定义为列约束或表约束。
- 同一列可以定义多个 CHECK 约束，也可同时定义 NOT NULL 约束。

【例 9.34】定义 CHECK 约束。

```
SQL> CREATE TABLE emp1
  2    (id NUMBEr(3) PRIMARY KEY CONSTRAINT ck CHECK(id>=10),
  3    name CHAR(14), age NUMBER(2) CONSTRAINT ak CHECK(age>=16),
  4    degree CHAR(10) );
```

6. 添加约束

为已经建立的表添加新的约束使用命令 ALTER TABLE...ADD 语句，可以通过

CONSTRAINT 关键字定义约束的名称，也可以让 Oracle 自动为约束命名。

【例 9.35】为列添加约束。

为表 emp1 添加主键约束，假设 EMP1 原来没有定义主键：

```
SQL> ALTER TABLE emp1 ADD PRIMARY KEY(id);
```

为表 emp1 的 id 列增加外键约束，引用码为表 emp4 的 emp_no 列：

```
SQL> ALTER TABLE emp1 ADD FOREIGN KEY (id)
  2   REFERENCES emp4(emp_no);
```

为表 emp1 的 name 列添加 UNIQUE 约束：

```
SQL> ALTER TABLE emp1 ADD UNIQUE(name);
```

为表 emp1 的 age 列添加 CHECK 约束并将约束命名为 ckk：

```
SQL> ALTER TABLE emp1 ADD CONSTRAINT ckk CHECK(age>=18);
```

7. 删除约束

如果要删除已经定义的约束，可以使用 ALTER TABLE… DROP 语句。在删除约束时，可以直接指定约束的名称，也可以指定约束的定义内容。

```
SQL> ALTER TABLE emp1 DROP UNIQUE(name,age);
```

该命令将删除列的 NAME 和 AGE 的 UNIQUE 约束。

如果知道约束的名称，可以使用下面语句：

```
SQL> ALTER TABLE emp1 DROP CONSTRAINT ckk;
```

在删除约束时，默认时将同时删除约束所对应的索引（对于 PRIMARY KEY 约束、UNIQUE 约束等来说）。如果要删除约束时保留索引，则必须在 ALTER TABLE…DROP 语句中指定 KEEP INDEX 关键字。如：

```
SQL>ALTER TABLE emp1 DROP PRIMARY KEY KEEP INDEX;
```

如果要删除的约束正在被其他约束引用，那么可以通过在 ALTER TABLE…DROP…CASCADE 语句能够同时删除引用它的约束。

```
SQL>ALTER TABLE emp1 DROP PRIMARY KEY CASCADE;
```

8. 约束的状态

约束条件有激活/禁用和验证/非验证两类状态，它们组合使用可以有四种约束状态。处于激活状态（ENABLE）的约束将对表的插入或更新操作进行检查，与约束规则冲突的操作被回滚；处于禁用状态（DISABLE）的约束将不再起作用，与约束规则冲突的插入或更新操作也能够成功执行。在验证状态下，定义或激活约束时将检查表中所有已有记录是否满足约束条件；在非验证状态下，定义或激活约束时将不检查表中所有已有的记录是否满足约束条件。

由激活/禁用和验证/非验证组合四种约束状态解释如下：

- ENABLE VALIDATE 状态：Oracle 对新插入或更新操作进行约束检查，同时会对表中已有记录进行约束检查，此时能完全保证表中所有记录都满足约束条件，这是约束的默认状态。如果在激活约束时检查已有行数据不满足一致性约束，那么该约束将禁用并返回错误。如果新插入数据或更新数据不满足，Oracle 将不执行该语句并返回错误。

- ENABLE NOVALIDATE 状态：Oracle 对新插入或更新操作进行约束检查，但不对表中已有记录进行结束检查，此时能保证表中新插入的记录或数据都满足约束条件，但在此之前的数据可能不满足。

- DISABLE VALIDATE 状态：Oracle 约束禁用，并删除约束的索引，但仍然会对表中已有记录进行约束检查；此时不能进行插入、删除和更新。这种状态主要用于数据仓库。

● DISABLE NOVALIDATE 状态：Oracle 不对新插入数据和更新操作以及表中已有数据进行约束检查，此时没有任何数据完整性的保证。

为了保证数据库中数据的完整性，表中的约束通常应当始终处于激活状态。但是当执行一些特殊的操作时，出于性能方面的考虑，有时会暂时将约束设置为禁用状态，如利用 SQL Loader 从外部数据源装入大量数据到表中时。

在 CREATE TABLE 或 ALTER TABLE 语句中定义约束时，默认情况下约束的初始状态为激活且验证。如果在定义约束时显式地指定了 DISABLE 关键字，则约束将处于禁用状态。

【例 9.36】要禁用主码和唯一约束，但保留它们的索引。

```
SQL> ALTER TABLE dept DISABLE PRIMARY KEY KEEP INDEX,
  2   DISABLE UNIQUE (dname, loc) KEEP INDEX;
```

【例 9.37】使用约束名称来改变约束状态。

```
SQL> ALTER TABLE dept MODIFY CONSTRAINT dname_key VALIDATE;
SQL> ALTER TABLE dept MODIFY PRIMARY KEY ENABLE NOVOLIDATE;
SQL> ALTER TABLE dept ENABLE CONSTRAINT dname_ukey;
```

【例 9.38】禁用主码的同时，删除对该主码的外键引用。

```
SQL> ALTER TABLE dept DISABLE PRIMARY KEY CASCADE;
```

9. 更新约束的名称

可以用 ALTER TABLE…RENAME CONSTRAINT 来更新表中已有约束的名称，如更新系统生成的约束名称。约束名称更新完成后，对基表的引用仍然有效。

```
SQL>ALTER TABLE dept RENAME CONSTRAINT dname_ukey TO dname_unikey;
```

10. 查询约束信息

用户自己模式中定义的约束信息存放在数据字典视图 USER_CONSTRAINTS 和 USER_CONS_COLUMNS 中。

USER_CONSTRAINTS 存放所有用户表的约束定义，主要包括：

OWNER	表的所有者
CONSTRAINT_NAME	约束名称
CONSTRAINT_TYPE	约束类型（Check，Primary，Unique，Reference）
TABLE_NAME	表的名称
SEARCH_CONDITION	CHECK 约束的检查条件

数据字典视图 USER_CONS_COLUMNS 存放当前用户所拥有的定义约束的列。主要包括下面内容：

OWNER	列的所有者
CONSTRAINT_NAME	约束的名称
TABLE_NAME	表名
COLUMN_NAME	列名
POSITION	列在原表中的位置（序号）

9.2.7 查询表信息

表的定义等信息存放在数据字典中，常用的记录表信息的数据字典有下面几个。

1. USER_TABLES 数据字典视图

USER_TABLES 包含当前用户拥有的所有表的信息。主要内容有：

TABLE_NAME	表名
TABLESPACE_NAME	表所在的表空间名
PCT_FREE	块管理 PCTFREE 参数的值
PCT_USED	块管理 PCTUSED 参数的值
INI_TRANS	块的最小事务数
MAX_TRANS	块的最大事务数
INITIAL_EXTENT	第一个区的大小
NEXT_EXTENT	第二个区的大小
MIN_EXTENTS	段内最小区数
MAX_EXTENTS	段内最大区数
PCT_INCREASE	第三个区以后的增长比例

2. USER_TAB_COLUMNS 数据字典视图

USER_TAB_COLUMNS 包括用户拥有表的所有列的定义，主要内容有：

TABLE_NAME	表名
COLUMN_NAME	列名
DATA_TYPE	列的数据类型
DATA_LENGTH	列的宽度
DATA_SCALE	列的小数位数
NULLABLE	可为空值的标志
COLUMN_ID	列的标识符
DEFAULT_LENGTH	列的默认宽度
DATA_DEFAULT	列的默认值

3. 管理员用的数据字典视图

ALL_TABLES：存放的是用户可以访问的所有表信息。除了有 OWNER 列指定表所属的用户外，其他的列与 USER_TABLES 一样。

DBA_TABLES：存放数据库中所有表的信息，只有管理员能访问该数据字典视图。

9.2.8 表的记录操作

用户可以使用 INSERT、UPDATE 和 DELETE 语句来添加记录、修改记录或删除记录，这些语句操作的是基本数据集合。与 SELECT 命令不同的是，这些命令一次只能修改一个表，而不能作用于多个表。

数据库记录内容修改后，必须进行提交或回滚操作。如果要永久保存修改过的数据记录，必须执行 COMMIT（提交）命令或隐式提交来保存当前事务所做的修改。如果不想保存，可以执行回滚（ROLLBACK）命令。

1. 插入记录

INSERT 命令可以向数据库表中插入新的记录，可以插入一行或多行。通常用户只能对自己模式中的表插入数据。如果想插入记录到其他模式的表中，必须具有 INSERT ANY TABLE 系统权限或对该表有 INSERT 对象权限。

INSERT 语句的格式如下：

```
INSERT INTO 表名 (列名表) VALUES (表达式表或 DEFAULT);
```

说明：

① 列名表中列出所有要插入数据的列名。表达式表中给出对应列的值。如果创建表时列指定了默认值，可以用 DEFAULT 来代表默认值。如果不知道某列的值，可以使用 NULL 关键字或用两个连续的逗号来表示空值。

② 如果要插入所有列的数据，可以省略列名表。但是，必须在表达式表中顺序给出每个列的对应值。

③ 如果表或列有约束定义，在约束激活状态下插入的记录必须满足约束条件；否则 Oracle 将返回错误。

为了说明插入记录的使用，首先建立一个 EMP 表，其定义如下：

```
SQL>CREATE TABLE emp(
  2 emp_id CHAR(4) PRIMARY KEY,name CHAR(20) NOT NULL,
  3 birthday DATE,
  4 depart_no NUMBER(2) CONSTRAINT dep_ck CHECK(depart_no>=10),
  5 pict BLOB,resume CLOB,demo BFILE)
  6 TABLESPACE example;
```

【例 9.39】向表 emp 中插入一个记录。

```
SQL> INSERT INTO emp(emp_id,name,birthday,depart_no) VALUES
  2 ('1234','李天详',TO_DATE('1978-01-01','yyyy-mm-dd'),10);
SQL> INSERT INTO emp(emp_id,name,birthday,depart_no) VALUES
  2 ('1334','李经纬',DATE '1978-01-01',10);
SQL>COMMIT;
```

下面的语句与上面的语句是等价的。

```
SQL> INSERT INTO
  2 (SELECT emp_id,name,birthday,depart_no FROM emp)
  3 VALUES('1234','李天详',TO_DATE('1978-01-01','yyyy-mm-dd'),10);
```

对于日期类型数据的插入，必须使用 TO_DATE 存储函数或 DATE 文字将字符型转换成日期型。

对于大对象类型（CLOB，NCLOB，BLOB）的列，建议使用显式的类型转换存储函数 TO_CLOB、TO_NCLOB 或 HEXTORAW，对于 BFILE 类型的列必须使用 BFILENAME 存储函数。

【例 9.40】向表中插入大对象类型。

```
SQL> INSERT INTO emp
  2 VALUES('1111','王一天',DATE '1982-11-11',11,NULL,
  3 TO_CLOB('我的简历'),
  4 BFILENAME('f:\book','book.doc'));
```

可以将查询结果插入到当前表中，从而实现从一个表向另一个表复制多行记录的操作。查询结果的列与插入表的列在数据类型和个数要一致。进行插入的命令格式：

```
INSERT INTO 表名[(列名表)] SELECT 查询语句;
```

【例 9.41】假定当前用户可以访问 hr 模式的 employees 表，将该表的多行插入到 emp 表中。

```
SQL> INSERT INTO emp(emp_id,name)
  2 SELECT employee_id,last_name FROM hr.employees
  3 WHERE salary>=10000;
```

2. 删除记录

用户可以删除自己模式或其他模式中的表的记录。要删除其他模式中表的记录，用户必须有 DELETE ANY TABLE 系统权限或对表有 DELETE 对象权限,并在表名前要指定模式名。如果删除一个视图基表中的行,那么同样需要对基表有上面的某个权限。

删除记录的语句格式:

```
DELETE FROM [模式名.]表名 [WHERE 条件表达式];
```

该命令从表中删除满足条件表达式的所有记录。在 WHERE 条件子句中可以使用子查询的结果。

【例 9.42】删除记录。

```
SQL> DELETE FROM employees WHERE salary<=4000
```

在没有提交之前,执行 ROLLBACK 命令可以回滚删除操作:

```
SQL> ROLLBACK;
```

显示结果:回滚已完成。

【例 9.43】从表 employees 中删除所有工资 salary 小于平均工资的员工的记录。

```
SQL> DELETE FROM emp
  2 WHERE salary<(SELECT AVG(salary) FROM emp);
```

如果用 DELETE 语句删除表中的所有记录,可以将 WHERE 子句的条件设置为 TRUE(如 1=1)。但是由于 DELETE 操作的数据在删除之前要存储到回滚段,所以 DELETE 语句删除大表的所有记录时可能需要很长时间。

删除表中所有记录的更快的语句是 TRUNCATE TABLE,它删除表中的所有记录,但不能回滚,即是永久删除。因此使用 TRUNCATE 时要小心。

```
SQL>TRUNCATE TABLE emp;
```

3. 更新记录内容

UPDATE 语句用于修改自己模式或其他模式中的表记录的值。如果修改其他模式中表的数据,用户要拥有 UPDATE ANY TABLE 的系统权限或对表拥有 UPDATE 对象权限。UPDATE 语句所做的修改必须提交才能永久写入数据库。

更新记录的语句格式:

```
UPDATE [模式名.]表名 SET 列名=表达式[,列名=表达式] [WHERE 条件]
```

该语句将满足条件的所有记录的指定列的值修改为对应表达式的值。

【例 9.44】将表 employees 中的工资(salary)小于 3 000 的所有员工工资增加 1 000 元,并将雇用时间提前 100 天。

```
SQL> UPDATE employees SET salary=salary+1000,
  2 hire_date=hire_date-100 WHERE salary<3000 ;
```

【例 9.45】将表 employees 中的工资(salary)小于 3 000 的所有员工的工资增加 1 000 元,并将雇用时间提前 100 天。

```
SQL>UPDATE employees SET salary=salary+1000,
  2 hire_date=hire_date-100 WHERE salary<3000;
```

【例 9.46】将表 employees 中 last_name 列为 smith 的员工所在部门的每个员工的工资增加 1 000 元。

```
SQL> UPDATE employees SET salary = salary+1000  WHERE
  2 department_id= SOME( SELECT department_id FROM employees
  3 WHERE last_name='Smith');
```

9.3　索引管理

数据库设计的一个重要目的是根据用户需求快速得到数据库中的信息。通常使用 SELECT 命令查询记录时，如果查询的内容是表的最后一个记录，则需要扫描整个表，这样检索时间就会很长。为了提高查询速度，人们提出了对数据库表进行索引的方法。

索引是一种与表相关的可选数据库对象。通过对表中的一个或多个列创建索引，能够加快该表的 SQL 语句查询速度。

索引表中保存有索引关键字和记录号。只要给出索引关键字，就可以在索引表中查找到相应的记录号，根据记录号就可将指针移到与关键字对应的记录上，从而得到记录的内容。

索引与表一样，在数据字典中保存索引的定义，索引信息存放在独立的索引段，它需要在表空间中分配存储空间，并且可以通过设置存储参数来控制索引段的区分配方式。索引可以由用户显式创建，也可以由 Oracle 自动创建。

索引方法有如下特点：

① 索引块小。索引块是独立的数据单位，在索引块中只存储关键字和记录号，显然索引块比对应的数据库表小得多。

② 查询快。默认情况下 Oracle 索引采用 B+树结构，所以查询速度快。

③ 自动维护。如果数据库记录顺序发生变化，索引表的存储顺序自动改变。

④ 索引在逻辑上及物理上都独立于数据，任何时候都可以删除和重建索引，且不影响应用程序。

⑤ 多索引。一个表可以有多个索引，一个索引中也可以使用多个列作为关键字。

⑥ 索引的应用是自动的。当查询中有索引关键字时，Oracle 自动按索引进行查询。

9.3.1　建立索引

建立表的索引之前，首先要确定哪些表或表的哪些列需要建立索引。通常对于取值范围大的列创建 B 树索引；对于取值范围小（如性别）的列，可以使用位图索引。Oracle 默认时创建 B 树索引。

用户通常只能对自己模式中的表创建索引。如果要对其他模式中的表创建索引，用户必须具有 CREATE ANY INDEX 系统权限或者对索引对象有 INDEX 对象权限。

建立索引的语句如下：

```
CREATE [UNIQUE|BITMAP] INDEX 索引名
    ON 表名(列名表[ASC|DESC])
    [INITRANS 整数] [MAXTRANS 整数]
    [PCTFREE 整数][PCTUSED 整数]
    [STORAGE 存储子句]
    [TABLESPACE 表空间名]
    [NOSORT] [PARALLEL 并行数]
    [NOLOGGING|LOGGING]
```

其中：

① UNIQUE 是指唯一性索引，即索引关键字必须是唯一的。

② BITMAP 是位图索引，它将行号与对应的关键字值存储为位图。位图是由若干个二进

制位组成，位图中的位数与索引列的可能取值相同。如果位图中某位为 1，说明该位对应的记录号 ROWID 是包括索引列值的记录。位到 ROWID 的对应关系通过位图索引中的映射函数来完成。位图索引通常用于列取值范围有较少固定值的列，这样可以节省存储空间。BITMAP 和 UNIQUE 不能同时使用。

③ 索引名称与表名称要求相同。

④ 列名表中的 ASC 表示该列按升序排列，DESC 表示按降序排列。如果加入表中的数据是排好序的，可以使用 NOSORT 子句来提高索引创建和插入的速度。

⑤ 其他参数与 CREATE TABLE 语句一样，这里不再重复。

【例 9.47】为表 employees 创建不唯一的 B 树索引。

```
SQL> CREATE INDEX emp_ind ON employees(first_name)
  2   TABLESPACE example
  3   STORAGE (INITIAL 10K  NEXT 20K)  PCTFREE 5;
```

【例 9.48】为表 employees 创建多列的唯一索引（复合索引）。

```
SQL> CREATE UNIQUE INDEX emp_ind
  2   ON employees(first_name,department_id,employee_id)
  3   TABLESPACE example PCTFREE 5
  4   STORAGE (INITIAL 10K  NEXT 20K PCTINCREASE 50);
```

建立复合索引后，如果查询语句中有 WHERE first_name=… AND department_id=… AND employee_id=…子句时，就会自动按索引进行查询，从而提高查询速度。

【例 9.49】创建位图索引。

```
SQL>CREATE BITMAP INDEX emp_sex ON employees(sex);
```

9.3.2 修改和删除索引

在数据库或应用程序运行过程中，表的内容不断变化，因此索引的内容也会不断变化。在 Oracle 中对索引的这种维护是自动完成的。但管理员可修改索引的存储参数。像表一样，索引也是占用磁盘空间的模式对象，因此在不需要索引时将其删除。

1. 修改索引

修改索引主要是修改索引的存储参数和块的事务参数。如果修改其他模式中的索引，用户必须具有 ALTER ANY INDEX 系统权限。修改索引的命令：

```
ALTER INDEX 索引名
   [INITRANS 整数] [MAXTRANS 整数]
   [STORAGE 存储子句]
   [REBUILD TABLESPACE 表空间名]
```

【例 9.50】当前用户为 hr，如果它在 users 表空间有配额，可以用下面命令改变 emp_ind 索引所在的表空间、最大事务数和存储参数。

```
SQL> ALTER INDEX emp_ind REBUILD TABLESPACE users
  2   INITRANS 3  MAXTRANS 10
  3   STORAGE (INITIAL 10K NEXT 20K PCTINCREASE 40);
```

2. 删除索引

用户可以删除自己模式中的索引。如果要删除其他模式中的索引，必须具有 DROP ANY INDEX 系统权限。如果索引不再需要，或者由于索引中包含损坏的数据块，以及包含过多的存储碎片，可以先删除这个索引，然后再重新建立索引。

删除索引的语句：

```
DROP INDEX  [模式名.]索引名;
```

如果索引是在定义约束时由 Oracle 自动建立的，可以通过禁用约束（DISABLE）或删除约束的方式来删除对应的索引。

9.3.3 查询索引信息

索引信息存放在数据字典视图 USER_INDEXES、USER_IND_COLUMNS 及 DBA 或 ALL 类字典中。

1. USER_INDEXES 数据字典视图

USER_INDEXES 视图中存放用户所建立的索引信息。主要有下列内容：

INDEX_NAME	索引名
TABLE_OWNER	表所有者
TABLE_NAME	表名
UNIQUENESS	唯一性标志
TABLESPACE_NAME	表空间名称
INIT_TRANS	初始事务数
MAX_TRANS	最大事务数
STATUS	索引状态（INVALID 和 VALID）

【例 9.51】查询为表 employees 建立的所有索引的状态等信息。

```
SQL> SELECT index_name,table_name,status
  2* FROM user_indexes where table_name='EMPLOYEES'
```

查询结果显示如下：

```
INDEX_NAME              TABLE_NAME         STATUS
--------------------    -------------      -------------

EMP_DEPARTMENT_IX       EMPLOYEES          VALID
EMP_EMAIL_UK            EMPLOYEES          VALID
EMP_EMP_ID_PK           EMPLOYEES          VALID
EMP_IND                 EMPLOYEES          VALID
EMP_JOB_IX              EMPLOYEES          VALID
EMP_MANAGER_IX          EMPLOYEES          VALID
EMP_NAME_IX             EMPLOYEES          VALID
```

2. USER_IND_COLUMNS 数据字典视图

该视图存放用户索引的索引列信息或者用户表上的列信息。

```
SQL> DESC user_ind_columns;
```

显示结果如下：

名称	类型	
INDEX_NAME	VARCHAR2(30)	索引名
TABLE_NAME	VARCHAR2(30)	表名
COLUMN_NAME	VARCHAR2(4000)	列名
COLUMN_POSITIO	NUMBER	列位置
COLUMN_LENGTH	NUMBER	列长度
DESCEND	VARCHAR2(4)	是否降序

除了上述数据字典外，还有 DBA 开头或 ALL 开头的存储所有索引或所有用户可访问索引的信息的数据字典视图，如 DBA_INDEXES、DBA_IND_COLUMNS、ALL_INDEXES 和 ALL_IND_ COLUMNS，它们的结构与上面介绍的类似，不再重复。

9.4 管理视图

视图是从一个或多个基础表（或视图）中通过查询语句生成的虚拟表，与基础表不同的是视图实际上并不将数据存储在数据库中，而是将一条查询语句存储在数据字典中；因此，视图不占用实际的存储空间，其中的数据会随基础表的更新而自动更新。

视图可以像表一样进行查询，对某些视图也可以像表一样进行插入、更新和删除等修改操作。所有对视图的修改操作最终都会反映在基础表，因此这些操作必须满足基础表的约束、触发器的限制要求和视图的要求。

在 Oracle 中建立视图有以下好处。

① 提供额外数据安全性保证。视图建立在基础表之上，用户对视图操作不能直接操作基础表。可通过视图来控制列的访问。

② 隐藏数据的复杂性。用户可以将从多个表中进行查询的语句定义为视图，然后用户直接对视图操作，这样既简化用户的查询操作，同时也隐藏了数据库内部表的结构及表之间的关系。

③ 分离应用程序和基础表。只要基础表结构的变化不会影响到由它生成的视图，也就不必要修改使用视图的程序。

④ 使用视图可将复杂查询永久地保存起来。

9.4.1 创建视图

创建视图实际上是定义一条查询语句，然后将其保存在数据库的数据字典中。在创建视图时，用户必须满足以下要求：

① 在自己的模式中创建视图，必须具有 CREATE VIEW 系统权限。在其他模式中创建视图，用户必须具有 CREATE ANY VIEW 系统权限。

② 视图的所有者（不一定是创建者）必须被显式地授予定义视图时所引用的所有基础对象的访问权限，即视图的所有者不能通过角色来获得这些访问权限。视图的功能也取决于其所有者所具有的权限。

③ 视图所有者需要将视图的对象权限授予其他用户，那么所有者必须以 WITH GRANT OPTION 方式或 WITH ADMIN OPTION 方式获得访问视图基础对象的权限或者有需要的系统权限。

创建视图的语句格式：

```
CREATE [OR REPLACE] VIEW 视图名 [(列名表)]
    AS SELECT 语句 [WITH READ ONLY]
```

其中：

① 在同一模式下，视图名与表名一样必须是唯一的。

② 如果使用 OR REPLACE 子句，那么将覆盖现有的同名视图。如果不想对视图进行插入、删除和修改，可以指定 WITH READ ONLY 子句建立只读视图。

③ 定义视图中的 SELECT 查询可以是任何合法的查询语句，包括多表查询、分组查询和集合运算等。

④ 如果视图中的列名与基础表或视图中列名不一样，可以在定义视图时指定列名，不需要指定列的数据类型等属性。

【例 9.52】根据 employees 定义视图，视图的内容是部门编号为 100 的所有员工的记录，视图列名与基础表列名相同。

```
SQL> CREATE OR REPLACE VIEW  emview1
  2  AS  SELECT  *  FROM employees
  3  WHERE department_id=100;
```

此时，执行视图查询语句将显示如下内容：

```
SQL> SELECT first_name||' '||last_name,department_id
  2  FROM empview1;
```

查询视图结果如下：

FIRST_NAME||'	'||LAST_NAME	DEPARTMENT_ID
Nancy Greenberg	100	
Daniel Faviet	100	
John Chen	100	
Ismael Sciarra	100	
Jose Manuel Urman	100	
Luis Popp	100	

【例 9.53】为新建的视图指定列名。

```
SQL> CREATE VIEW emp_view AS  SELECT
  2  last_name, salary*12  annual_salary  FROM
  3  employees WHERE department_id=20;
```

如果 SELECT 语句在列名表中有表达式，必须为视图列起别名。下面的语句与例 9.53 中的语句有一样的功能：

```
SQL> CREATE OR REPLACE VIEW  emp_view(last_name,annual_salary)
  2  AS SELECT last_name, salary*12  FROM employees
  3  WHERE department_id = 50;
```

【例 9.54】根据表 departments 和 locations 来建立多表视图。

```
SQL> CREATE VIEW locations_view (部门号, 部门名, 部门位置,部门所在城市)  AS
  2  SELECT d.department_id, d.department_name, l.location_id, l.city
  3  FROM departments d, locations l  WHERE d.location_id = l.location_id;
```

上面命令建立视图 locations_view，列名为分别为部门号、部门名、部门位置和部门所在城市。可以通过 SQL Plus 中的 DESC 命令查看视图的列定义。

【例 9.55】根据表 employees 的分组查询建立视图。

```
SQL> CREATE VIEW gp_view AS
  2  SELECT department_id, COUNT(*) 人数  FROM employees
  3  GROUP BY department_id
SQL>SELECT  *  from gp_view; 一查询视图的内容
```

9.4.2 删除和修改视图

用户可以删除自己模式中的视图。如果要删除其他模式中的视图，用户必须具有 DROP

ANY VIEW 系统权限。删除视图的语句为 DROP VIEW，其格式为

```
DROP VIEW 视图名 [CASCADE CONSTRAINTS]
```

如果有其他表的外键引用了视图，那么要删除该视图时必须指定子句 CASCADE CONSTRAINTS。

因为视图只是一条 SQL 查询语句，没有修改的必要。通常是先删除它，然后再按新的查询语句重新建立它。如果视图中定义了约束，可以使用 ALTER VIEW 命令来修改或增加对视图的列的约束，或者用其重新编译视图以在运行前检查视图的正确性。

用户通常只能修改自己模式中的视图。修改其他模式中的视图必须具有 ALTER ANY TABLE 系统权限。ALTER VIEW 语句格式如下：

```
ALTER VIEW [模式名.]视图名
        [ADD  视图约束]
        [MODIFY CONSTRAINT  约束名称]
        [DROP [CONSTRAINT 约束名称|PRIMARY  KEY|UNIQUE(列名表)]]
        [COMPILE]
```

ADD 子句是为视图增加新的约束，MODIFY 子句用于修改视图的约束，DROP 子句是删除视图的约束，COMPILE 是对视图进行重新编译。视图约束与表的约束一样，参见 9.2.6 节。

9.4.3 视图的使用

用户可以像对表一样，对视图进行查询、删除、插入和更新操作，但由于视图是由基础表生成的，执行这些操作时会对基础表有依赖性。

1. 查询视图

查询视图可以完全像查询表一样使用 SELECT 语句来完成，只要视图定义中引用到的基础表或视图存在，或者是基础表满足视图定义的要求。

如果定义视图的查询语句中引用的基础表或视图被删除，视图将不可用。

【例 9.56】查询例 9.51 中定义的视图 emview1 的结构和行数。

```
SQL> DESC emview1;
```

显示结果如下：

名称	是否为空？	类型
EMPLOYEE_ID	NOT NULL	NUMBER(6)
FIRST_NAME		VARCHAR2(20)
LAST_NAME	NOT NULL	VARCHAR2(25)
EMAIL	NOT NULL	VARCHAR2(25)
PHONE_NUMBER		VARCHAR2(20)
HIRE_DATE	NOT NULL	DATE
JOB_ID	NOT NULL	VARCHAR2(10)
SALARY		NUMBER(8,2)
COMMISSION_PCT		NUMBER(2,2)
MANAGER_ID		NUMBER(6)
DEPARTMENT_ID		NUMBER(4)

```
SQL> SELECT  COUNT(*)  FROM empview1; --视图中的行数
```

查询结果显示如下：

```
COUNT(*)
----------
6
```

2. 更新视图

在对视图进行 INSERT、UPDATE 或 DELETE 操作时，如果没有为视图指定 WITH READ ONLY 子句，修改操作都会影响到视图的基础表，但并不是每个视图都能执行这些操作。

如果一个视图是基于单个表，并且只是简单地去掉了基础表中的某些记录或某些列，这样的视图是可更新的。如果一个视图是基于多个表连接而生成，并且视图中不包括以下结构，则该视图是可更新的：

- 集合运算符（UNION、INTERSECT、MINUS 等）。
- DISTINCT 关键字。
- GROUP BY、ORDER BY、CONNECT BY 或 START WITH 子句。
- 子查询。
- 分组存储函数。

除了可以利用上面的更新准则来判断视图中哪些列可以更新外，还可以通过查询数据字典视图 DBA_UPDATABLE_COLUMNS（数据库中所有的可更新视图列名）、ALL_UPDATABLE_ COLUMNS（当前用户可访问的视图中可更新的列）和 USER_UPDATABLE_COLUMNS（当前用户所拥有的视图中的可更新的列）来直接查看视图中的可更新的列。

这三个数据字典都有以下的结构：

```
SQL> DESC dba_updatable_columns;
```

结果显示如下：

名称	类型	
OWNER	VARCHAR2(30)	表的所有者
TABLE_NAME	VARCHAR2(30)	表名
COLUMN_NAME	VARCHAR2(30)	列名
UPDATABLE	VARCHAR2(3)	可更新
INSERTABLE	VARCHAR2(3)	可插入
DELETABLE	VARCHAR2(3)	可删除

下面命令查询出 HR 用户所拥有的视图中可以更新的列：

```
SQL> SELECT  table_name,column_name,updatable,insertable,deletable
  2*  FROM  user_updatable_columns;
```

查询结果显示如下：

TABLE_NAME	COLUMN_NAME	UPD	INS	DEL
COUNTRIES	COUNTRY_ID	YES	YES	YES
COUNTRIES	COUNTRY_NAME	YES	YES	YES
...				
LOCATIONS_VIEW	CITY	NO	NO	NO
REGIONS	REGION_ID	YES	YES	YES
REGIONS	REGION_NAME	YES	YES	YES

一旦确定哪些视图中的哪些列是可以插入、删除或更新的，就可像对表进行的操作一样来插入、删除或更新基础表的内容。

9.4.4　查询视图信息

视图信息都存放在数据字典 USER_VIEWS、ALL_VIEWS 和 DBA_VIEWS 中。

USER_VIEWS 中存放当前用户所拥有的视图信息，ALL_VIEWS 中存放当前用户可访问的所有视图信息，DBA_VIEWS 中存放数据库中所有视图信息。它们的结构类似。

```
SQL> DESC user_views;
```

显示结果如下：

名称	类型	
VIEW_NAME	VARCHAR2(30)	视图名称
TEXT_LENGTH	NUMBER	视图文本的长度
TEXT	LONG	视图查询语句
TYPE_TEXT_LENGTH	NUMBER	类型视图的长度
TYPE_TEXT	VARCHAR2(4000)	类型视图文本
VIEW_TYPE_OWNER	VARCHAR2(30)	视图类型所有者
VIEW_TYPE	VARCHAR2(30)	视图类型
SUPERVIEW_NAME	VARCHAR2(30)	超级视图名称

【例 9.57】查询视图 GP_VIEW 的定义。

```
SQL> SELECT view_name,text FROM user_views
  2    WHERE view_name='GP_VIEW';
```

查询结果显示如下：

VIEW_NAME	TEXT
GP_VIEW	SELECT department_id, count(*) 人数 FROM employees GROUP BY department_id

9.5 管理序列

在一些表中，如果没有唯一的序号，主键可能会是几个列的组合。序号实际上是表中的一个附加列，该列的值是一个序列的值。Oracle 通常用这个附加列作为表的主键或者流水号。为此，Oracle 专门提供了序列对象，直接利用这个对象来生成序列值。

序列是一个命名的顺序编号生成器，它能够以串行方式生成一系列顺序整数。序列可以按递增、递减、有上界、无限、循环等方式生成。

序列是由 Oracle 服务器端产生，可以在多用户并发环境为每个用户生成不重复的顺序整数，而且不需要任何额外的 I/O 开销或者事务锁资源。每个用户在使用序列时都会得到下一个可用的整数。如果多个用户同时申请序列，序列将按照串行机制依次处理各个用户请求，不会生成两个相同的整数。

序列并不占用实际存储空间，只是在数据字典中保存序列的定义。

9.5.1 创建序列

用户在自己的模式中创建序列，必须具有 CREATE SEQUENCE 系统权限，如果在其他模式中创建序列，用户必须具有 CREATE ANY SEQUENCE 系统权限。

创建序列的语句如下：

```
CREATE SEQUENCE  [模式名.]序列名
 [START WITH 整数]   [INCREMENT BY 整数]
 [MAXVALUE 整数 |  NOMAXVALUE]
```

```
[MINVALUE 整数 | NOMINVALUE]
[CYCLE | NOCYCLE]
[CACHE 整数 | NOCACHE]
```

其中:

① START WITH 整数:表示序列从哪个数字开始,默认值是 1。

② INCREMENT BY 整数:表示增量,默认值是 1,增量可为正也可为负。

③ MAXVALUE 整数:指定最大整数,最大值为 10^{27},负数最大值为-1。

④ NOMAXVALUE:无最大整数。

⑤ MINVALUE 整数:指定序列的最小整数。

⑥ NOMINVALUE:无最小整数。

⑦ CYCLE:以循环方式继续生成序列值。

⑧ NOCYCLE:到达最大值时停止生成序列值。

⑨ CACHE 整数:指明在内存中存储多少个序列值。

⑩ NOCACHE:不预分配内存,默认使用 20 个值。

在使用序列时,要用到两个伪列 CURRVAL 和 NEXTVAL。在第一次引用 CURRVAL 伪列之前,必须先引用 NEXTVAL 对序列初始化,即将 CURRVAL 的值置为起始值。引用伪例的方法:

- 序列名.CURRVAL:序列的当前值。

- 序列名.NEXTVAL:序列的下一个值或初始化。

【例 9.58】先建立一个表 emp,然后定义序列,在插入数据时使用序列。

```
SQL> CREATE TABLE emp(no NUMBER,name CHAR(30),depart_id CHAR(3));
SQL> CREATE SEQUENCE xu;
SQL> INSERT INTO emp VALUES(xu.NEXTVAL , '李珏林', 10);
SQL> SELECT  xu.CURRVAL  FROM dual;
```

查询结果显示如下:

```
CURRVAL
----------
1
SQL> INSERT INTO emp VALUES(xu.NEXTVAL, '王世保', 11);
SQL> SELECT  *  FROM emp;
```

查询结果显示如下:

```
NO        NAME          DEP
------    ----------    ------
1         李珏林         10
2         王世保         11
```

9.5.2 删除和修改序列

1. 修改序列

用户修改自己模式中的序列,必须有 ALTER SEQUENCE 系统权限。如果要修改其他模式中的序列,用户必须具有 ALTER ANY SEQUENCE 系统权限。

除了序列的起始值之外,可以对定义序列时设置的任何子句和参数进行修改。如果要改变序列的起始值,必须删除序列然后再重新定义它。修改序列的命令为 ALTER SEQUENCE,

其参数与 CREATE SEQUENCE 相同，这里不再重复。

```
SQL> ALTER SEQUENCE xu
2    INCREMENT  BY  10
3    MAXVALUE  1000
4    CYCLE  CACHE  20;
```

上面命令将序列 xu 的增量修改为 10，最大值改为 1000，并以循环方式生成序列，缓冲区中存放 20 个值。

2. 删除序列

用户可以删除自己模式中的序列。如果要删除其他模式中的序列，用户必须具有 DROP ANY SEQUENCE 系统权限。

```
SQL> DROP SEQUENCE xu;
```

9.5.3　查询序列信息

用户所拥有的序列的信息存放在数据字典 USER_SEQUENCES 中。

```
SQL>DESC user_sequences;
```

显示结果如下：

名称	类型	
SEQUENCE_NAME	VARCHAR2(30)	序列名
MIN_VALUE	NUMBER	最小值
MAX_VALUE	NUMBER	最大值
INCREMENT_BY	NUMBER	增量
CYCLE_FLAG	VARCHAR2(1)	循环标志
ORDER_FLAG	VARCHAR2(1)	排序标志
CACHE_SIZE	NUMBER	缓冲大小
LAST_NUMBER	NUMBER	最后的数

其中：LAST_NUMBER 是指写到磁盘的最大的序列数，如果有缓冲区，它是缓冲区中最大值，其可能比实际使用的序号大。

DBA_SEQUENCES 数据字典视图包括数据库中的所有序列定义信息，ALL_SEQUENCES 存放了所有可以被用户使用的序列定义信息，它们的结构同 USER_SEQUENCES 类似。

9.6　管理同义词

同义词是一个模式对象的别名。通过为模式对象创建同义词，可以隐藏对象的实际名称和所有者信息，或者隐藏分布式数据库中远程对象的位置信息，由此为对象提供一定的安全保证。利用同义词还可以使用户编写的 SQL 语句更加简洁明了。

用户可以创建公共（PUBLIC）同义词或私有（PRIVATE）同义词。公共同义词将被一个特殊的用户组 PUBLIC 拥有，即数据库中所有的用户都可以使用公共同义词；而私有同义词只被创建它的用户所拥有，只能由该用户以及被授权的其他用户使用。

9.6.1 创建同义词

在自己的模式中创建私有同义词，用户必须具有 CREATE SYNONYM 系统权限。在其他用户模式中创建私有同义词，用户必须具有 CREATE ANY SYNONYM 系统权限。创建公共同义词，用户必须具有 CREATE PUBLIC SYNONYM 系统权限。

在创建同义词时，它所基于的对象可以不存在，并且创建同义词的用户也不需要对基础对象有任何访问权限。但是，如果对象不存在或没有访问权限，在使用同义词时会出现错误。

创建同义词语句为

```
CREATE [PUBLIC] SYNONYM  [模式.]同义词 FOR [模式名.] 对象名;
```
要创建公共同义词，必须使用子句 PUBLIC，默认时为私有同义词。

【例 9.59】当前用户为 user1，为 hr 模式中的 employees 表创建同义词。

```
SQL> CREATE SYNONYM hh FOR hr.employees;        一创建时不出错
SQL> SELECT * FROM hh;                           一使用同义词 HH 时出错
```
屏幕显示如下：

```
select * from hh
              *
ERROR 位于第 1 行:
ORA-00942: 表或视图不存在
```
出现错误是因为用户 user1 对 hr 模式中的表 employees 没有 SELECT 权限。

【例 9.60】建立公共同义词，公共同义词名前不能有模式名。

```
SQL> CREATE PUBLIC SYNONYM ee FOR hr.employees;
```

9.6.2 删除同义词

当基础对象的名称或位置被修改后，用户需要重新为它建立新的同义词。用户可以删除自己模式中的私有同义词。要删除其他模式中的私有同义词，用户必须具有 DROP ANY SYNONYM 系统权限。要删除公共同义词，用户必须具有 DROP PUBLIC SYNONYM 系统权限。

删除同义词语句：

```
DROP [PUBLIC] SYNONYM 同义词名;
```
删除同义词之后，同义词的基础对象不会受到任何影响，但是所有引用该同义词的对象将处于 INVALID 状态（不可用状态）。

9.6.3 查询同义词信息

用户所拥有的同义词信息存储在 USER_SYNONYMS 表中。

```
SQL> DESC user_synonyms;
```
显示结果如下：

名称	类型	
SYNONYM_NAME	VARCHAR2(30)	同义词名
TABLE_OWNER	VARCHAR2(30)	表的所有者
TABLE_NAME	VARCHAR2(30)	表名
DB_LINK	VARCHAR2(128)	数据库连接

另外，DBA_SYNONYM 数据字典中存放数据库所有同义词信息，ALL_SYSNONYM 数据字典存放所有用户可访问的同义词信息，它们的结构与 USER_SYSNONYM 类似，只是多一个 OWNER 列。

9.7 管理数据库连接

Oracle 分布式数据库的重要概念之一就是数据库连接，它是两个物理数据库服务器之间的连接，这个连接允许本地数据库的用户访问远程数据库对象，而数据库连接本身是本地数据库的模式对象，并把它的定义存放在本地数据库的数据字典中。

一旦建立数据库连接，本地用户就可以访问远程数据库中的表或视图等对象，而不用在远程数据库中建立用户和权限，此时只需在 SQL 语句的远程对象名后加上"@数据库连接名"即可。

数据库连接定义了从一个数据库服务器到另一个数据库服务器单向通信路径。单向是指数据库 A 中的用户可以通过 A 中定义的数据库连接来访问远程数据库 B，但数据库 B 中的用户不能用同一连接来访问数据库 A。如果数据库 B 中的客户也要访问远程数据库 A，必须在数据库 B 中定义访问数据库 A 的数据库连接。

数据库连接既可以公用（数据库中的所有账号都可以使用），也可以私有（只为某个账号的用户创建）。

为了使用数据库连接，分布式网络中的每个数据库都必须有一个全局数据库名来唯一地标识数据库，即网络域名和数据库名组成。

9.7.1 创建数据库连接

要建立私有数据库连接，用户必须具有 CREATE DATABASE LINK 的系统权限。如果要建立公共数据库连接，用户必须具有 CREATE PUBLIC DATABASE LINK 系统权限，另外在 Oracle 远程数据库上必须有 CREATE SESSION 系统权限。在本地和远程数据库上必须安装 Oracle Net 网络组件。如果要访问非 Oracle 数据库系统，那么要使用 Oracle 异质服务（Oracle Heterogeneous Services）。

为了创建一个数据库连接，必须指定与远程数据库相连接的账号名、账号口令，以及与远程数据库相连的服务器名字。如果不指定账号名，Oracle 将使用本地账号名和口令来建立与远程数据库的连接。与其他 SQL 语句不同，用户不能为其他用户模式建立数据库连接。

创建数据库连接的命令如下：

```
CREATE [PUBLIC] DATABASE LINK dblink
  [CONNECT TO CURRENT_USER|用户名 IDENTIFIED BY 口令]
  [USING '连接串']
```

其中：

① 如果指定 PUBLIC，将建立所有用户都可以访问的公共数据库连接。如果没有 PUBLIC，数据库连接只有建立者可以使用。

② dblink 是数据连接的名称。初始化参数 GLOBAL_NAMES 的值决定了数据库连接名是否必须与它连接的数据库有相同的名称。如果 GLOBAL_NAMES 为 FALSE，不进行这种检查；如果使用分布式处理，Oracle 建议将 GLOBAL_NAMES 设置为 TRUE，以保证分布式

网络环境中数据库名称的一致性。可以动态地使用 ALTER SESSION 和 ALTER SYSTEM 来修改该参数的值。

③ CONNECT TO CURRENT_USER 建立当前用户的数据库连接（Current User Database Link）。执行带有该子句的语句的用户必须是在 LDAP 注册的全局合法用户。

如果直接使用数据库连接，而不是在存储过程等对象内使用，当前用户与连接用户（Connected User）是一样的。当在存储对象（如存储过程、视图或触发器）中使用数据库连接时，CURRENT_USER 是拥有存储对象的用户，而不是调用对象的用户。如数据库连接出现在存储过程 scott.p 中（即数据连接由 scott 建立），而用户 jane 调用 scott.p，那么当前用户是 scott。

④ CONNECT TO 用户名 IDENTIFIED BY 口令：建立连接用户（connected user）的数据库连接，用户名和口令是连接远程数据库的用户和口令。

⑤ USING'连接串'：用来指定远程数据库的服务名。

【例 9.61】在本地数据库 student 中建立访问 teacher 数据库的数据库连接。

```
SQL> CREATE DATABASE LINK hr.chxy.mtn
  2  CONNECT TO hr IDENTIFIED BY a
  3  USING 'teacher';
```

【例 9.62】对数据库 teacher 中 hr 模式中的表 teacher 进行查询和插入。

```
SQL> SELECT * FROM teacher@ hr.chxy.mtn;
```

查询结果显示如下：

```
ID      NAME    AGE
------  ------  ----------
1       马珊     42
SQL> INSERT INTO teacher@hr.chxy.mtn VALUES(2,'李田田',40);
```

屏幕将显示：已创建 1 行。

```
SQL> COMMIT;
```

屏幕将显示：提交完成。

```
SQL> SELECT * FROM teacher@hr.chxy.mtn;
```

查询结果显示如下：

```
ID      NAME    AGE
------  ------  ----------
1       马珊     42
2       李田田   40
SQL> DESC teacher@hr.chxy.mtn;
```

显示结果如下：

名称	是否为空？	类型
ID		NUMBER(3)
NAME		CHAR(10)
AGE		NUMBER(2)

为了安全和使用方便，可以将远程数据库中的表定义为同义词：

```
SQL>CREATE SYNONYM teachers FOR teacher@hr.chxy.mtn;
```

【例 9.63】建立当前用户的远程数据库 remote 连接。

```
SQL> CREATE DATABASE LINK remote.us.example.com
  2  CONNECT TO CURRENT_USER USING 'remote';
```

执行上面语句的用户必须是在 LDAP 目录服务中注册的全局用户。

9.7.2 删除数据库连接

要删除一个私有数据库连接，该数据库连接必须是在自己模式下。如果要删除公共数据库连接，则必须具有 DROP PUBLIC DATABASE LINK 的系统权限。不能删除其他模式中的数据库连接。删除数据库连接的命令如下：

```
DROP [PUBLIC] DATABASE LINK 数据库连接名；
```

如果要删除公共数据库连接，必须指定 PUBLIC 子句。

9.7.3 查询数据库连接信息

USER_DB_LINKS 数据字典视图中包含当前用户所拥有的数据库连接的信息，结构信息如下：

```
SQL> DESC user_DB_links;
```

显示结果如下：

名称	类型	
DB_LINK	VARCHAR2(128)	数据库连接名
USERNAME	VARCHAR2(30)	用户名
PASSWORD	VARCHAR2(30)	用户口令
HOST	VARCHAR2(2000)	连接串
CREATED	DATE	建立日期

```
SQL> SELECT * FROM user_db_links;
```

查询结果显示如下：

DB_LINK	USERNAME	PASSWORD	HOST	CREATED
HR.CHXY.MTN	HR	A	oemrep	20-7月 -03

另外，ALL_DB_LINKS 视图中包含当前用户可以访问的所有数据库连接的信息，DBA_DB_LINKS 视图中包含数据库中定义的所有数据库连接的信息。

9.8　用 SQL Developer 管理数据库对象

使用 SQL Developer 可以浏览、建立、编辑和删除数据库对象，即在 SQL Developer 环境中可以用 SQL 语句来管理数据库对象（如表、视图、序列、同义词、索引等），也可以用可视化的方法来管理数据库对象。

在 SQL Developer 中对数据库对象进行操作时，通常都是要单击"+"以展开到出现数据库对象名称，然后右击对象名，从弹出的菜单中选择操作。下面仅以表操作为例来介绍数据库对象的管理办法，其他对象的操作类似。

1. 建立表

在图 6-2 所示的窗口中，单击"文件"→"新建"菜单将弹出图 6-3 所示的对话框，选择表（或视图、过程等），然后单击"确定"按钮将弹出选择连接对话框，从下拉列表中选择要建立表所在的数据库连接，将显示图 9-1 所示的对话框。

在图 9-1 中可按要求添加或删除列，选择表所属的方案或模式，设置表的名称，也可单击"高级"定义主键、外键等内容。

如果数据库连接已存在，可以从数据库连接列表中单击数据库连接的名称，如MYORACLE_SYSTEM，单击"+"展开内容，然后右击"表"，从弹出的菜单中单击"新建表"也可弹出图9-1所示的对话框。

如果不是当前连接的用户表，可以从展示的内容中单击其他用户前的"+"展开用户列表（要有相应的权限），从列表中单击用户名（方案名）前的"+"，然后右击"表"，从弹出的菜单中单击"新建表"也可弹出图9-1所示的对话框。

2. 修改表

按照任何一种方式，展开数据库表，右击数据库表名，在弹出菜单中单击"编辑"将弹出图9-11所示的对话框。可对其中内容进行编辑修改。

图9-1　创建表

图9-2　编辑窗口

3. 删除表

按照任何一种方式，展开数据库表，右击数据库表名，从选择"表"单，如图9-3所示。单击"删除"菜单将弹出确认对话框，可按提示进行操作。

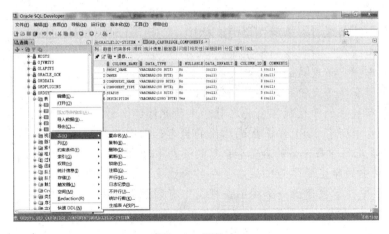

图9-3　删除表

4. 其他操作

在图9-3中，命令"复制"命令复制表内容。可将表复制到另一方案中，也可在同一方案中但要有不同的表名。

在图9-3中，命令"重命名"命令将对选定的表重新命名。

在图9-3中，命令"权限"菜单可对表授予权限或撤销其权限。

小　结

　　学习和使用数据库最重要的就是要掌握对数据库对象的基本操作。模式是数据模式对象的集合。一个模式只能被一个数据库用户所拥有，并且模式名称与管理这个模式的用户名称相同。存储数据行的表是应用系统需要的全部数据。为了使表的访问更加简单、快速和安全，在数据库中建立索引、视图、序列、同义词等模式对象。数据库连接是为了实现不同数据库之间的操作。用 SQL 语句可以建立、修改、删除和查询表、索引、视图等数据库模式对象；对记录的操作使用 INSERT、DROP、UPDATE 和 SELECT 语句。操作的结果必须提交后才能永久地写入数据库。利用 SQL Developer 可以执行 SQL 语句来管理数据库对象。

习　题

　　1. 什么是视图？定义视图的好处是什么？视图与表有哪些异同点？什么样的视图可以进行更新？定义视图能否指定视图的列名？是不是任何一个合法的 SELECT 语句都可定义为视图？

　　2. 按下面要求写出定义 departments 表、house 表和 student 表的语句。student 表的列有学号、姓名、性别、出生年月、入学时间、出生地、所在系编号、专业；其中学号为主码，所在系编号为外码，定义年龄为伪列。departments 表的列名有系名编号、系名、系主任姓名和所在楼号，其中系名编号为主码，所在楼号为外码。house 表有楼号、楼名称、楼层数、楼的位置和楼内教室楼，其中楼号为主码。以上三个表定义在表空间 sd 中。

　　3. 按照第 2 题定义的三个表，写出下面的 SQL 语句。

　　（1）统计各系的学生数，按人数的升序显示系的编号和系的人数。

　　（2）显示"张来定"所在系的系主任姓名和系所在楼的名称。

　　（3）显示每个系的名称和系所在楼的名称。

　　（4）统计"李四元"所在系的学生数。

　　（5）显示"李渊"所在系的年龄最大的学生姓名和出生年月。

　　（6）显示出所有年龄大于平均年龄的学号、姓名和年龄。

　　（7）显示所有姓张的学生所在系的名称和系所在楼的名称。

　　（8）显示一系中所有 1988 年出生的学生的姓名、出生年月和性别。

　　（9）显示一至七系中每个系的名称和系里的最大年龄的学生姓名。要用 SOME 或 IN 条件。

　　（10）将一系中的学生的学号、姓名、年龄、出生地复制到新表 student1 中。

　　（11）将二系中的学生建立一个视图，视图中有列姓名、年龄、出生年月。

　　（12）按 student 表中的学号列和姓名列建立索引 sindex。

　　4. 什么是序列？定义序列的好处是什么？在什么情况下适合使用序列？如何得到序列的当前值和下一个值？不同用户往同一个表的同一列中插入序列值时，能否使用不同序列对象的值？为什么？

　　5. 写出表、视图、索引、序列和同义词模式对象的数据字典。

　　6. 什么是数据库连接？使用数据库连接可以完成什么任务？数据库 A 中有用户 user1，用它建立访问数据库 B 的数据库连接，写出语句和相应的要求。

　　7. 在 SQL Develop 中执行本章中的所有例子，并观察执行结果。

第 10 章

数据库安全与事务管理 «««

学习目标

- 了解数据库用户、权限、事务、概要文件、并发和会话等基本概念；
- 掌握用 SQL 语句建立、删除、修改或查询用户的方法；
- 掌握用户授予和回收权限或角色的方法；
- 掌握事务控制的基本方法。

数据库不仅要提供存储数据的能力，还要有对数据进行安全保护的能力。保证数据库的安全性是数据库管理工作的重要内容。如果没有足够的安全性，就可能造成数据丢失、非法用户使用或修改数据库等，从而带来不可挽回的损失。

对数据的保护包括两方面的内容：一方面是防止由于用户的操作不当对数据造成意外的破坏，包括由于并发存取而导致的对数据一致性的损坏，以及由于插入、更新操作或数据库崩溃而导致的对数据完整性的损坏等；另一方面是防止非法用户对数据的访问，以防止数据泄密或被非法修改。

Oracle 数据库设有多个安全层，如系统安全性、数据安全和网络安全等，并且可以对各层进行审计。Oracle 把数据库管理员可用的安全功能分为几个级别：合法用户的账户安全性；数据库对象的访问安全性；管理全局权限的系统级安全性。Oracle 通过用户和权限等特性来保证数据库的安全性，通过对数据库对象定义约束条件来保证数据库的完整性。数据库的一致性由数据库并发操作和事务来保证。

本章将对访问控制、资源限制、用户权限控制和与一致性有关的事务控制等内容进行介绍。

10.1 用户管理

每个使用 Oracle 用户都必须得到一个合法的用户名和口令，才能进入 Oracle 系统完成相应的操作。只有连接成功并具有相应的权限的用户，才可以操作数据库中的对象。

Oracle 中将不同作用和完成不同任务的用户分为几类，但它们在不同的情况下是变化的。在小的环境中可能只有一个数据库管理员为应用开发者和用户进行数据库管理。在大的环境中可能需要将管理员职责分配给多个管理员。

根据用户的职责可将 Oracle 用户分为数据库管理员、安全管理员、网络管理员、应用开发者和终端用户。

每个数据库至少有一个数据库管理员，它的主要职责：安装或更新 Oracle 服务器和应用工具；分配存储空间并规划未来数据库应用的需求；建立或修改基本数据库存储结构的表空间；建立数据库对象；注册用户并维护系统安全信息；控制和管理用户对数据库的访问；监视和优化数据库性能；备份或恢复数据库、管理数据库归档重做日志等。

如果应用系统需要，也可以设立专门进行数据库安全管理的安全管理员，此时数据库管理员不再完成有关数据库安全方面的任务。在分布式系统环境中，可以由网络管理员来管理 Oracle 的网络产品 Oracle Net 等。

应用开发者要设计和实现数据库应用系统，其主要职责有设计和开发数据库应用、设计应用系统的数据库结构、预估应用系统所需的存储空间、描述对数据库结构要做的修改、建立应用程序的安全措施等。以上任务通常要与数据库管理员共同完成。

数据库终端用户通过应用系统与数据库交互，主要完成数据的修改、插入、删除及生成数据报表等操作。

10.1.1　预定义用户名

每个数据库中都有一组预定义用户名，它们是在安装或建立数据库时由系统自动建立的用户组。这些用户分为管理员用户、模式用户和内部用户。

1. 管理员用户

在数据库默认安装时，将提供一组管理员用户，它们都有管理数据库中部分或全部内容的权限，这些账号的默认表空间为 SYSTEM 或 SYSAUX。为了安全起见，有些管理员用户设置成口令过期或账号加锁，要正常使用它们必须输入口令或账号解锁。

管理员用户最常用的是 SYS、SYSTEM、SYSMAN 和 DBSNMP。

SYS 是可以完成所有数据库管理任务。所有数据库中数据字典的基表和视图都属于 SYS 模式，但任何用户（包括 SYS）都不能修改它们，而是由数据库自动完成。SYS 用户具有 SYSDBA 的系统权限，在系统安装时要求给出它的口令。

SYSTEM 是日常使用的管理员用户，除了不能进行数据库备份和恢复或数据库升级以外，SYSTEM 可以完成几乎所有的数据库管理任务，在系统安装时要求给出它的口令。

SYSMAN 是在 Oracle Enterprise Manager 中管理数据库的用户，也可以使用 SYS 或 SYSTEM 用户。

DBSNMP 是 Enterprise Manager 的管理代理（Agent）组件用来监控和管理数据库的账号，在安装或建立数据库时可指定口令，账号处于打开状态。

除了以上管理员用户外，还有用于 Oracle 数据库不同组件的管理员用户。管理员用户是一定不能删除的。

2. 非管理员用户

非管理员用户或内部账号是在安装 Oracle 数据库时建立的，通常具有完成自己任务的最小权限，它们的默认表空间是 USERS。这些用户通常加锁并设置口令过期时间，但不能删除这些账号，也不能使用这些用户连接数据库。

3. 示例模式用户

如果安装示例模式，那么 Oracle 数据库将建立一组非管理员的示例用户账号，它们的默认表空间为 USERS。这些账号在安装后通常要解锁和重新设置口令才可使用。示例用户账号有 BI（商业智能模式使用的账号）、HR（存放有公司信息和员工信息的人力资源模式使用的账号）、OR（存放有公司产品列表和销售情况的 Oracle Entry 模式使用的账号）、PM（用来管理销售的每个产品详细信息和描述的模式账号）、IX（用来管理 B2B 应用模式的账号）和 SH（用来管理帮助决策的销售历史信息的模式账号）。

除了以上示例用户外，Oracle 数据库还提供了 SCOTT 模式账号。SCOTT 模式包括表 EMP、DEPT、SALGRADE 和 BONUS。Oracle 数据库的所有文档中都使用这个账号的示例。使用 SCOTT 用户时，要对其进行解锁和重设口令。

10.1.2 PUBLIC 用户组

每个数据库中都有一个 PUBLIC 用户组，Oracle 会在创建数据库时自动创建 PUBLIC 用户组。每个数据库用户创建后都自动成为 PUBLIC 组中的成员。利用 PUBLIC 用户组，可以方便地为数据库中所有用户授予必要的对象权限和系统权限。如果某个用户将一项权限或角色授予 PUBLIC 用户组，那么数据库中所有用户都会拥有这项权限或这个角色。管理员可以将任何对象权限或系统权限授予 PUBLIC 用户组。

默认情况下，作为 PUBLIC 组中的成员，用户可以查询所有以 USER 和 ALL 开头的数据字典视图。

使用 PUBLIC 用户组时应注意两点，一是不能为 PUBLIC 用户组设置任何表空间配额，但是可以为它授予 UNLIMITED TABLESPACE 系统权限；二是不能在 PUBLIC 模式中创建数据库对象。

10.1.3 创建用户

在创建数据库时，Oracle 系统自动创建的用户通常是管理员用户或某些示例应用的用户。因此，每个应用通常要根据数据库使用的情况创建不同的用户，并给不同用户分配访问数据的权限。

1. 用户特性

Oracle 用户通常可以用以下特性来描述：

- 每个用户必须有一个用户名和一个口令。
- 每个用户有一个模式，该模式由模式对象组成，其中模式名与用户名相同。
- 每个用户拥有一个默认表空间和临时表空间。
- 每个用户可以在一个或多个表空间中分配限额空间。
- 每个用户可以用概要文件来设置用户资源限制。
- 每个用户必须有访问数据库的权限。

创建用户就是使用 SQL 语句来指定每个用户的全部或部分以上特性。

2. 创建用户的命令

创建用户必须具有 CREATE USER 系统权限。通常只给数据库管理员或安全管理员赋予该权限。创建的新用户至少获得 CREATE SESSION 系统权限才能连接到数据库。

创建用户的命令如下：

```
CREATE USER 用户名 IDENTIFIED BY 口令 [EXTERNALLY]
[DEFAULT TABLESAPCE 表空间名]
[TEMPORARY TABLESPACE 表空间名]
[QUOTA [整数|UNLIMITED] ON 表空间名]
```

```
    [PROFILE 概要文件]
    [PASSWORD EXPIRE]
    [ACCOUNT [LOCK|UNLOCK]]
```

其中：

① IDENTIFIED BY 口令用于指定新建本地用户的登录口令。建立外部用户使用 IDENTIFIED EXTERNALLY，这类用户必须利用外部服务（如操作系统验证或第三方服务）检验外部用户。

② DEFAULT TABLESAPCE 子句指定用户创建的对象所在的表空间。省略该子句用户建立的对象将存放在数据库的默认表空间；如果数据库没有默认表空间，则存放在 SYSTEM 表空间。如果要在表空间上建立对象，那么必须用 QUOTA 子句指定表空间的配额。

③ TEMPORARY TABLESAPCE 子句指定用户的临时段所在的表空间，省略该子句将使用数据库的默认临时表空间或 SYSTEM 表空间存放临时段。

④ QUOTA 子句用来限制在指定表空间为用户分配的存储空间，以 KB 或 MB 为单位。UNLIMITED 表示在表空间没有存储空间的限制。使用 CREATE USER 语句时可以指定多个 QUOTA 子句以设置用户在多个表空间的配额。

⑤ PROFILE 子句用来定义用户指定的概要文件。概要文件限制了用户使用数据资源的数量。省略该子句，Oracle 为用户分配 DEFAULT 概要文件。

⑥ PASSWORD EXPIRE 子句用来要求用户在第一次登录数据库时必须改变口令，即让用户口令过期。

⑦ ACCOUNT LOCK 子句表示创建完用户后锁住用户，即不能使用该用户进行访问数据库。ACCOUNT UNLOCK 子句解开用户锁使账号可用。

【例 10.1】创建新用户 user1。

```
SQL> CREATE USER user1 IDENTIFIED BY user1
  2  DEFAULT TABLESPACE example
  3  TEMPORARY TABLESPACE temp
  4  QUOTA 2M ON example  QUOTA 2M ON users
  5  PROFILE abc;
```

上面命令创建用户 user1，口令为 user1，默认表空间为 example，临时表空间为 temp，在 example 表空间和 users 表空间中的配额各为"2M"，使用概要文件 abc，此时概要文件必须已经存在。

【例 10.2】创建加锁用户。

```
SQL> CREATE USER user3 IDENTIFIED BY user3
  2  DEFAULT TABLESPACE example
  3  TEMPORARY TABLESPACE temp
  4  QUOTA UNLIMITED ON example
  5  PASSWORD EXPIRE  ACCOUNT LOCK
```

这个例子建立用户 user3，但是它被加锁并且设置口令过期。如果想使用该用户，必须使用 ALTER USER 命令进行解锁。

10.1.4 修改用户和删除用户

在创建用户时为其指定了许多参数，如默认表空间、配额等，这些参数在数据库运行过程中可以进行修改。虽然用户不是模式对象，也不占用磁盘空间，但在数据字典中会有记录，因此不需要的用户应删除，这也可保证数据库的安全性。

1. 修改用户

在创建用户后，可以使用 ALTER USER 语句对用户属性进行修改，此时用户必须具有 ALTER USER 系统权限。如果使用 ALTER USER…IDENTIFIED BY 命令来改变口令，则不需要这个系统权限。

修改用户的命令如下：

```
ALTER  USER 用户名 IDENTIFIED BY 口令 [EXTERNALLY]
[DEFAULT TABLESAPCE 表空间名]
[TEMPORARY TABLESPACE 表空间名]
[QUOTA [整数|UNLIMITED] ON 表空间名]
[PROFILE 概要文件]  [PASSWORD EXPIRE]  [ACCOUNT [LOCK|UNLOCK]]
[DEFAULT ROLE [角色名表|ALL [EXCEPT 角色名]|NONE]]
```

其中：

① DEFAULT ROLE 指定用户连接时激活的默认角色名，这个子句只包含直接利用 GRANT 语句赋予用户的角色，不能使用通过角色赋予的角色。如果使用 ALL 子句，那么表示将所有角色都设置为默认角色，而 ALL EXCEPT 子句表示除指定角色以外的角色设置为默认角色。NONE 表示没有默认角色。

② 其他子句的意义与 CREATE USER 语句一样，这里不再重复介绍。

【例 10.3】为用户 user3 解锁并设置默认表空间为 users。

```
SQL> ALTER USER user3
  2 DEFAULT TABLESPACE users  ACCOUNT UNLOCK;
```

【例 10.4】改变用户 user3 的认证方式。

```
SQL> ALTER USER user3 IDENTIFIED EXTERNALLY;
```

【例 10.5】改变用户 user1 的默认角色。

```
SQL>ALTER USER user1 DEFAULT ROLE connect, myrole; --只有两个
SQL>ALLTER USER user1 DEFAULT ROLE ALL; --所有角色为默认
SQL>ALTER USER user1 DEFAULT ROLE ALL EXCEPT abc; --除 ABC 外
```

2. 删除用户

删除用户必须具有 DROP USER 系统权限。当删除用户时，该用户账户以及用户模式的信息将从数据字典中删除，同时该用户模式中所有的对象也将被全部删除。由于删除用户的操作有可能会造成数据的丢失，通常只有管理员才具有 DROP USER 系统权限。

如果用户当前正连接到数据库中，则不能删除这个用户。要删除已连接的用户，必须使用 ALTER SYSTEM…KILL SESSION 语句终止其会话，然后才能将其删除。

删除用户的命令如下：

```
DROP USER 用户名 [CASCADE];
```

如果要删除的用户模式中包含有模式对象，必须在 DROP USER 语句中指定关键字 CASCADE，否则 Oracle 将返回错误信息。下面的命令将删除用户 user1 和它的所有对象。

```
SQL>DROP USER user1 CASCADE;
```

10.1.5 查询用户信息

存放用户信息的数据字典视图有如下几个：

```
DBA_USERS                    数据库中所有用户的信息。
ALL_USERS                    当前用户可以看见的所有用户的信息。
USER_USERS                   只有当前用户信息。
DBA_TS_QUOTAS                所有用户在表空间上的限额。
USER_TS_QUOTAS               当前用户在表空间上的限额。
SQL>DESC user_users;
```

显示结果如下：

名称	类型	
USERNAME	VARCHAR2(30)	用户名
USER_ID	NUMBER	用户序列号
ACCOUNT_STATUS	VARCHAR2(32)	账号状态
LOCK_DATE	DATE	加锁日期
EXPIRY_DATE	DATE	过期日期
DEFAULT_TABLESPACE	VARCHAR2(30)	默认表空间
TEMPORARY_TABLESPACE	VARCHAR2(30)	临时表空间
CREATED	DATE	用户建立时间

DBA_USERS 与 USER_USERS 有相同的结构。

【例 10.6】查询数据库中所有的用户名。

```
SQL> SELECT  *  FROM  all_users;
```

查询结果显示如下：

USERNAME	USER_ID	CREATED
SYS	0	04-9月 -01
SYSTEM	5	04-9月 -01
...		

USER_ID 列显示的是用户序列号。每增加一个用户，该序列号加 1。数据字典视图 DBA_USERS 会显示更多的用户信息，但必须有 DBA 权限。

【例 10.7】查询当前用户在表空间上的限额。

```
SQL> SELECT  tablespace_name, bytes  FROM  user_ts_quotas;
```

查询结果显示如下：

TABLESPACE_NAME	BYTES
USERS	131072
EXAMPLE	10

10.1.6 操作系统认证方式

Oracle 提供了多种用户认证方式。常用的是数据库认证方式和操作系统认证方式。在数据库认证方式下，用户的口令通过 DES 方式加密，并保存在数据库中。用户在连接数据库时必须同时提供用户名和口令。

在操作系统认证方式下，用户账号是由 Oracle 维护，但口令管理和用户认证是由操作系统来完成的。当用户建立数据库的连接时，数据库不会向用户要求用户名和口令，而是从操作系统获得用户信息，这样可以简化用户连接 Oracle 的操作，但仍然在数据库中创建相应的用户名。

创建操作系统认证方式的用户可使用命令 CREATE USER...EXTERNALLY。

【例 10.8】创建一个操作系统认证的用户。

```
SQL> CREATE USER osuser IDENTIFIED EXTERNALLY
  2    DEFAULT TABLESPACE example
  3    TEMPORARY TABLESPACE temp
  4    QUOTA UNLIMITED ON example;
```

在操作系统认证方式下，用户在连接数据库时只需要提供用户名即可，因为用户的身份在登录操作系统时已经被确认。

```
SQL> CONNECT  osuser
```

屏幕提示信息为"请输入口令：*******"。

10.2 概 要 文 件

概要文件是限制数据库和系统资源设置的集合。通过为数据库用户指定概要文件，可以控制用户在数据库或实例中所能使用的资源。管理员可将数据库中的用户分为几种类型，并为每类用户创建一个概要文件。一个数据库用户只能指定一个概要文件。

概要文件分为两类，一类是在安装数据库时自动建立的默认概要文件 DEFAULT，另一类是用户根据具体要求而定义的概要文件。如果在创建用户时没有指定概要文件，Oracle 将自动为它指定默认概要文件。如果在用户自定义的概要文件中没有指定某项参数，Oracle 将使用 DEFAULT 概要文件中相应的参数设置作为默认值。

在概要文件中通过定义资源参数的值来控制用户对资源的使用。资源参数的值可以是一个整数、UNLIMITED（不受限制）或 DEFAULT（使用默认概要文件中的参数设置）。

资源限制分为会话级和调用级。会话级资源限制是对用户一次会话过程中所使用的资源进行的限制，而调用级资源限制是对一条 SQL 语句在执行过程中所能使用的资源进行的限制。如果会话或一条 SQL 语句占用的资源超过概要文件中的限制，那么 Oracle 将中止会话或 SQL 语句并回滚当前操作，然后向用户返回错误信息。如果受到会话级限制，在提交或回滚事务后用户会话被中止（断开连接）。如果受到调用级限制，用户会话还能够继续进行，只是当前执行的 SQL 语句被终止。

Oracle 建议用数据库资源管理器来建立资源限制，因为它提供了比 SQL 语句更加方便灵活的管理和跟踪资源使用的方法，使管理员可以优化多个并行会话中资源的分配。

10.2.1 主要资源参数和口令参数

在 Oracle 的概要文件中通常是设置资源参数的值来控制用户对资源的使用，也可以设置口令参数来限制用户对口令的使用。表 10-1 所示列出了概要文件中常用的资源参数，表 10-2 列出了概要文件中的口令参数。资源参数和口令参数在概要文件中的使用方法是一样的。

表 10-1 常用资源参数

参 数 名 称	参 数 说 明
SESSION_PER_USER	限制每个用户所允许建立的最大并发会话数目。达到这个限制时，用户不能再建立任何新的数据库连接
CPU_PER_SESSION	限制每个会话所能使用的 CPU 时间。参数值是一个整数，单位为百分之一秒
CPU_PER_CALL	限制处理 SQL 语句每次调用（分析、执行或提取数据）所能使用的 CPU 时间。参数值是一个整数，单位为百分之一秒
LOGICAL_READS_PER_SESSION	限制每个会话所能读取的数据块数目，包括从内存中读取的数据块和从硬盘中读取的数据块
LOGICAL_READS_PER_CALL	限制处理 SQL 语句每次调用所能读取的数据块数目，包括从内存中读取的数据块和从硬盘中读取的数据块
PRIVATE_SGA	在共享服务模式下，执行 SQL 语句和 PL/SQL 块时 Oracle 将在 SGA 的共享池中创建私有 SQL 区。该参数限制在 SGA 中为每个会话所能分配的最大私有 SQL 区大小。参数值是一个整数，单位为 KB 或 MB。如果不指定单位，则表示以 B 为单位。在专用服务模式下，该参数不起作用
CONNECT_TIME	限制会话能连接数据库的最长时间。当连接时间达到该参数的限制时，用户会话将自动断开。参数值是一个表示分钟的整数。如果用户超过了该参数的时间，Oracle 数据库将回滚当前事务并结束当前会话。当用户继续下一调用时，数据库将返回一个错误
IDLE_TIME	限制每个会话所允许的最大连续空闲时间。当会话不对数据库进行任何操作时，它处于空闲状态。如果一个会话持续的空闲时间达到该参数的限制，该会话将自动断开。参数值是一个表示分钟的整数。如果用户超过了该参数的时间，Oracle 数据库将回滚当前事务并结束当前会话。当用户继续下一调用时，数据库将返回一个错误
COMPOSITE_LIMIT	指定以服务为单位时会话的总的资源代价。Oracle 数据库根据 CPU_PER_SESSION、LOGICAL_READS_PER_SESSION、CONNECT_TIME、PRIVATE_SGA 资源参数的值进行加权求和后计算会话的总的服务单位。如果一个会话资源超过该参数值，Oracle 数据库中止会话并返回错误。可以用 ALTER RESOURCE COST 语句来修改每个资源参数的权值

假设让一个测试用户 testuser 的口令 24 小时后失效，就可以使用口令参数来进行限制。口令参数像资源参数一样定义在概要文件中。

表 10-2 口 令 参 数

参 数 名 称	参 数 说 明
FAILED_LOGIN_ATTEMPS	指定允许口令输入错误的次数，超过该次数后用户账号被自动锁定。默认时该值为 10
PASSWORD_LOCK_TIME	用户账户由于密码输入错误而被锁定后，持续保持锁定状态的天数。默认时该值为 1，即锁定账号一天
PASSWORD_LIFE_TIME	指定同一个密码可以持续使用的天数。如果在达到这个限制之前用户还没有更换另外一个密码，用户将得到警告信息但还允许登录。默认时密码可以使用 180 天
PASSWORD_GRACE_TIME	该参数指定用户在接到要更换密码警告后密码的失效时间。默认值为 7，即若警告后不更换口令，当前密码 7 天后失效
PASSWORD_REUSE_TIME	指定用户在能够重复使用一个密码之前必须经过的天数。
PASSWORD_REUSE_MAX	指定用户在能够重复使用一个密码之前必须对密码进行修改的次数。该参数常与 PASSWORD_RESUE_TIME 一起使用
PASSWORD_VERIFY_FUNCTION	指定用于验证用户密码复杂度的存储函数。Oracle 通过一个内置脚本提供了一个默认存储函数用于验证用户密码的复杂度。用户可以使用该参数来定义新的验证函数

10.2.2 创建和分配概要文件

在进行资源限制前，最重要的是确定每个资源参数的合适值。通常是根据每个资源使用的历史信息来进行参数值的设定。这些历史信息可以通过 Oracle 企业管理器的监控功能、SQL

Plus、专用统计工具或 AUDIT SESSION 语句等得到。

要进行资源或口令限制，必须首先创建概要文件，然后将它赋予一个或多个用户。使用概要文件的用户所用的资源不能超过该文件中的限制。创建概要文件的用户必须具有 CREATE PROFILE 系统权限。概要文件是建立在数据库内部，而不是操作系统级的文件。创建概要文件的命令如下：

```
CREATE PROFILE 概要文件名 LIMIT
[资源参数1 值1 资源参数2 值2...]
```

其中，资源参数是在 10.2.1 节中列出的内容，参数的值可以取整数，或者 UNLIMITED（无限制）或 DEFAULT（默认概要文件中的值）。

【例 10.9】建立概要文件 app_user。

```
SQL> CREATE PROFILE app_user LIMIT
  2    SESSIONS_PER_USER 10
  3    CPU_PER_SESSION UNLIMITED
  4    CPU_PER_CALL 3000
  5    CONNECT_TIME 120
  6    IDLE_TIME 60
  7    LOGICAL_READS_PER_SESSION DEFAULT
  8    LOGICAL_READS_PER_CALL 1000
  9    PRIVATE_SGA 15K
 10    PASSWORD_GRACE_TIME 20
 11    PASSWORD_LIFE_TIME 30
 12    PASSWORD_REUSE_TIME 120
 13    PASSWORD_REUSE_MAX UNLIMITED
 14    FAILED_LOGIN_ATTEMPTS 5
 15    PASSWORD_LOCK_TIME 10
```

在例 10.9 中没有设置的资源参数，将自动采用 DEFAULT 概要文件中设置的值。默认时 DEFAULT 概要文件的参数值均被设置为 UNLIMITED。

如果将 app_user 概要文件分配给一个用户，该用户在以后的会话中将受到如下限制：

- 每个用户并行连接会话数不超过 10 个。
- 在单个会话中用户可以使用的 CPU 时间没有限制。
- 每次执行 SQL 语句最多占用 3 000 个百分之一秒的 CPU 时间。
- 每次会话连接的连续时间不能超过 120 分钟。
- 保持 1 小时（60 分钟）的空闲状态后会话将自动断开连接。
- 会话中执行的每条 SQL 语句最多只能读取 1 000 个数据块。
- 私有 SGA 空间为 15 KB。
- 每隔 20 天要修改一次口令（口令过期）。
- 同一个口令连续使用的时间不能超过 30 天。
- 120 天后才允许重复使用同一个口令。
- 只允许连续 5 次输入错误的口令，如果第 6 次仍然输入了错误的口令，用户将被自动锁定，必须由管理员来解除用户锁。

概要文件建立后，可以使用 CREATE USER 或 ALTER USER 命令来将概要文件分配为一个用户。

【例 10.10】创建用户时分配概要文件。

```
SQL> CREATE USER appuser IDENTIFIED BY abc
  2    DEFAULT TABLESPACE example
  3    TEMPORARY TABLESPACE temp
  4    QUOTA 20M ON example
  5    PROFILE app_user; --建立用户时分配概要文件
```

如果用户已经存在，可以用 ALTER USER 为用户分配概要文件：

```
SQL> ALTER USER user1 PROFILE app_user;
```

10.2.3　修改和删除概要文件

在实际应用中，资源参数或口令参数的具体值是很难确定的，如果某些值设置不合适将会影响会话的使用效率或造成资源浪费。因此，资源参数的值在实际运行中可能要经常调整以达到最佳效果。当然，在必要时也可以删除不用的概要文件。

1. 修改概要文件

使用 ALTER PROFILE 命令可修改现有概要文件，该命令可以对概要文件中的所有资源参数进行添加、删除或修改等操作。

执行 ALTER PROFILE 命令的用户必须具有 ALTER PROFILE 系统权限。修改概要文件的命令与 CREATE PROFILE 命令的使用方法一样，其中的资源参数也一样。

【例 10.11】修改例 10.10 中概要文件 app_user 中的资源参数。

```
SQL> ALTER PROFILE app_user LIMIT
  2    SESSIONS_PER_USER  4;
```

对概要文件所做的修改只有在用户开始下一个新的会话时才会生效。如果使用 ALTER PROFILE 语句对 DEFAULT 概要文件进行了修改，则所有概要文件中设置为 DEFAULT 的参数都会受到影响。

修改 DEFAULT 概要文件的方法：

```
ALTER PROFILE DEFAULT LIMIT
  [资源参数1  值1…]
```

2. 删除概要文件

使用 DROP PROFILE 语句可以删除概要文件。删除概要文件的用户必须具有 DROP PROFILE 系统权限。如果要删除的概要文件已经指定给了用户，则必须在 DROP PROFILE 语句中使用 CASCADE 关键字。

【例 10.12】删除概要文件 app_user。

```
SQL> DROP PROFILE app_user CASCADE;
```

如果为用户所指定的概要文件已经被删除，Oracle 将自动为用户重新指定 DEFAULT 概要文件。

10.2.4　概要文件的激活和禁用

概要文件实现的资源限制只有处于激活状态时，Oracle 才会对用户会话和 SQL 语句所使用的资源进行检查和限制。

激活或禁用概要文件的方法有两种：

（1）在数据库启动之前，可以通过设置初始化参数 RESOURCE_LIMIT 来决定资源限制的状态。如果 RESOURCE_LIMIT 参数设置为 TRUE，启动数据库后资源限制将处于激活状态；如果 RESOURCE_LIMIT 参数设置为 FALSE，启动数据库后资源限制将处于禁用状态。默认时，RESOURCE_LIMIT 参数为 FALSE。

（2）对于处于打开状态的数据库，可以使用 ALTER SYSTEM 语句来改变资源限制的状态。执行该语句的用户必须具有 ALTER SYSTEM 系统权限。用下面的语句可以将资源限制由禁用状态切换到激活状态。

```
SQL>ALTER SYSTEM SET  RESOURCE_LIMIT = TRUE;
```

10.2.5　查询概要文件信息

概要文件信息主要记录在下面几个数据字典视图中。

```
USER_USERS              包括当前用户使用的概要文件名。
USER_RESOURCE_LIMITS    包括当前用户的资源参数值。
DBA_PROFILES            包括所有概要文件的基本信息，如概要文件名称、资源参数名称、
                        资源参数类型（KERNAL 和 PASSWORD）和参数的值。
SQL> SELECT  *  FROM dba_profiles  WHERE  profile='APP_USER';
```

上面语句将显示概要文件 app_user 中对每个资源参数的设置的值。

 ## 10.3　权限和角色管理

当数据保存到数据库后，另一个要关心的问题是什么样的用户可以访问什么数据，即不是每个用户都可以访问所有数据或执行所有操作。在 Oracle 数据库中是通过权限和角色来限制用户对数据的操作。用户权限是指用户执行特定 SQL 语句的权力或者是对数据库操作的权力。Oracle 利用权限来限制用户可以在数据库做什么，或者不能做什么。角色是有名称权限的集合，管理员利用角色来简化权限的管理。

10.3.1　系统权限和对象权限

权限是用户执行操作或访问数据的一种权力，Oracle 将权限分为系统权限和对象权限。系统权限是在数据库级执行某种操作、对某一类模式对象和对非模式对象执行某种操作的权力。对象权限是针对模式中某个对象的操作权限。

1. 系统权限

在 Oracle 中包括 100 多种不同的系统权限。常用的系统权限及其说明见表 10-3。系统权限通常授予可信任的用户，否则会危害数据库的安全。

表 10-3　系统权限表

权 限 名 称	所能进行的操作
ALTER DATABSE	改变数据库特性
ALTER SYSTEM	执行 ALTER SYSTEM 命令
AUDIT SYSTEM	执行 AUDIT 命令
CREATE DATABASE LINK	建立私有数据库链接
DROP PUBLIC DATABASE	删除公共数据库链接
CREATE ANY INDEX	在任何模式中建立索引
ALTER ANY INDEX	修改任何模式中的索引
DROP ANY INDEX	删除任何模式中的索引
CREATE PROCEDURE	在自己模式建立存储过程、存储函数和包
CREATE ANY PROCEDURE	在任何模式建立存储过程、存储函数和包

续表

权 限 名 称	所能进行的操作
ALTER ANY PROCEDURE	修改任何模式的存储过程、存储函数和包
DROP ANY PROCEDURE	删除任何模式的存储过程、存储函数和包
EXECUTE ANY PROCEDURE	执行任何模式的存储过程、存储函数和包
CREATE PROFILE	建立概要文件
ALTER PROFILE	修改概要文件
DROP PROFILE	删除概要文件
CREATE ROLE	建立角色
ALTER ANY ROLE	修改数据库中的任何角色
DROP ANY ROLE	删除数据库中的任何角色
GRANT ANY ROLE	给用户赋予任何角色
CREATE SEQUENCE	在自己模式中建立序列
CREATE ANY SEQUENCE	在任何模式中建立序列
ALTER ANY SEQUENCE	修改数据库任何模式中的序列
DROP ANY SEQUENCE	删除数据库任何模式中的序列
SELECT ANY SEQUENCE	引用数据库任何模式中的序列
CREATE SESSION	与数据库建立连接
ALTER SESSION	执行 ALTER SESSION 语句
RESTRICTED SESSION	用 STARTUP RESTRICTED 启动数据库
CREATE SYNONYM	在自己模式中建立同义词
CREATE ANY SYNONYM	在任何模式中建立同义词
CREATE PUBLIC SYNONYM	建立公共同义词
DROP PUBLIC SYNONYM	删除公共同义词
DROP ANY SYNONYM	删除任何模式中的同义词
CREATE TABLE	在自己模式中建立表
CREATE ANY TABLE	在任何模式中建立表
ALTER ANY TABLE	修改任何模式中的表或视图
DELETE ANY TABLE	删除任何模式中的表或视图
DROP ANY TABLE	删除任何模式中的表或视图
INSERT ANY TABLE	向任何模式中的表或视图进行插入
LOCK ANY TABLE	为任何模式中的表或视图加并发锁
SELECT ANY TABLE	查询任何模式中的表或视图
UPDATE ANY TABLE	更新任何模式中的表或视图中的记录
CREATE TABLESPACE	建立表空间
ALTER TABLESPACE	修改表空间
DROP TABLESPACE	删除表空间
MANAGE TABLESPACE	管理表空间和备份表空间
UNLIMITED TABLESPACE	对任何表空间有无限制的限额
CREATE TRIGGER	在自己模式中建立触发器
CREATE ANY TRIGGER	在任何模式中建立触发器
ALTER ANY TRIGGER	激活、禁用或重编译任何模式的触发器
DROP ANY TRIGGER	删除任何模式中的触发器
CREATE USER	建立用户
ALTER USER	修改用户
DROP USER	删除用户
CREATE VIEW	在自己模式中建立视图
CREATE ANY VIEW	在任何模式中建立视图
DROP ANY VIEW	删除任何模式中的视图
GRANT ANY PRIVILEGE	赋予任何系统权限
SYSOPER	启动与关闭数据库；加载、打开或备份数据库；执行 ARCHIVELOG 与 RECOVER 命令
SYSDBA	具有 SYSOPER 的所有权限，并且还可创建或修改数据库

2. 对象权限

不同类型的模式对象所对应的对象权限也不同。模式对象的创建者（所有者）具有该对象的所有对象权限，并且还能够将这个对象的对象权限授予数据库中的其他用户。

表 10-4 中列出了常用的对象权限以及相应的描述。

表 10-4　对象权限的类型

对 象 权 限	适 用 对 象	所允许的操作
SELECT	表、视图或序列	查询操作
UPDATE	表、视图或序列	更新记录操作
DELETE	表和视图	删除记录操作
INSERT	表、视图或序列	插入记录操作
EXECUTE	存储过程、存储函数与包等	执行 PL/SQL 存储对象
INDEX	表	为表建立索引
ALTER	表或序列	修改表或序列的结构

10.3.2　授予和回收权限

Oracle 数据库是通过授权语句 GRANT 将系统权限或对象的权限授予指定的用户。要执行 GRANT 语句，用户必须具有 GRANT ANY PRIVILEGE 系统权限或者通过 WITH ADMIN OPTION 或 WITH GRANT OPTION 选项而得到权限。

1. 授予系统权限

GRANT 语句可以将系统权限授予用户。命令格式如下：

```
GRANT  系统权限名 TO 用户名 [PUBLIC ] [WITH ADMIN OPTION];
```

其中：

① PUBLIC 子句将系统权限授予所有用户（即 PUBLIC 用户组）。

② WITH ADMIN OPTION 子句使得到权限的用户能够将权限授予其他用户。

【例 10.13】为用户 user1 授予系统权限并允许它将该权限再授予其他用户。

```
SQL>GRANT  alter databse,alter system TO user1 WITH ADMIN OPTION;
```

执行完上述命令后，用户 user1 可以修改数据库和系统参数，并可将系统权限 ALTER DATABASE 和 ALTER SYSTEM 授予其他用户。

2. 授予对象权限

用 GRANT 语句可将指定对象的对象权限授予指定的用户。其格式如下：

```
GRANT  [ALL PRIVILEGE|对象权限]  [列名表] ON 对象名
    TO 用户名 [WITH GRANT OPTION][PUBLIC]
```

其中：

① PUBLIC 子句把权限授予 PUBLIC 用户组中的所有用户。

② 列名表是用括号"（ ）"括起来并用逗号分开的列表。只有在 INSERT 和 UPDATE 对象权限时可以指定列名表。如果不指定列名，就表示对表中所有列有指定的对象权限。利用列名表可以将对象权限限制到列级。

③ 对象名是指表、视图、存储过程等模式对象的名称。

④ ALL PRIVILEGE 子句将某个对象的所有对象权限全部授予指定的用户。

⑤ WITH GRANT OPTION 子句使获得对象权限的用户能够将这些对象权限再次授予其他用户。

一个 GRANT 语句可以同时授予用户多个对象权限，各个权限名称之间用逗号分隔。

【例 10.14】当前用户为 hr，授予对象权限给 user1。

```
SQL> GRANT select,insert  ON employees  TO user1 WITH GRANT OPTION;
```

执行完上述语句后，用户 user1 可以对 hr 模式中的表 employees 进行查询和插入，并且用户 user1 还可以将这两个对象的权限授予其他用户。

```
SQL>CONNECT  user1/a@student;
SQL>GRANT select,insert ON hr.employees TO user2;
```

此时必须在 employees 名称前加上 hr 模式名。

【例 10.15】当前用户为 HR，限制字段级的对象权限。

```
SQL> GRANT update(employee_id,salary) ON employees  TO  user1;
```

执行完上述命令后，用户 user1 可以对 hr 模式中 employees 表中的 employee_id 和 salary 两个列进行更新操作。

3. 回收权限

使用 REVOKE 语句可以回收已经授予用户的系统权限、对象权限与角色。执行回收权限操作的用户必须具有授予相同权限的能力或者具有 GRANT ANY PRIVILEGE 的系统权限。通常是授予权限的用户回收相应的权限。

回收权限的命令格式如下：

```
REVOKE  [系统权限名|对象权限名 ON 对象名|ALL  PRIVILEGES]
        FROM [用户名|PUBLIC]
```

其中：ALL PRIVILEGES 是回收授予用户的所有对象权限。PUBLIC 是从所有用户回收指定的权限。

【例 10.16】回收用户 user1 的系统权限 create role 和 create profile。

```
SQL> REVOKE create role,create profile FROM user1;
```

【例 10.17】回收用户 user1 对表 employees 所有对象权限。

```
SQL> REVOKE  ALL PRIVILEGES ON employees FROM user1;
```

或者

```
SQL> REVOKE ALL ON employees FROM user1;
```

【例 10.18】回收所有用户对表 employees 的 insert 和 select 权限。

```
SQL>REVOKE INSERT,SELECT ON employees FROM PUBLIC;
```

10.3.3 查询用户权限信息

无论是管理员还是一般用户，在应用中都要了解自己或所有用户具有什么样的权限，然后根据自己的权限来完成指定的操作或访问相关的对象。如果在没有权限时执行操作或访问数据，Oracle 将返回错误信息。这就像现实工作中一样，每个人应该按自己权力来完成权力范围的工作。

1. 查询用户自己的系统权限

如果系统权限是直接授予用户的，则用户可以通过 USER_SYS_PRIVS 数据字典视图查看自己所拥有的系统权限。

```
SQL>DESC user_sys_privs;
```

显示结果如下：

名称	类型	
USERNAME	VARCHAR2(30)	用户名
PRIVILEGE	VARCHAR2(40)	系统权限名
ADMIN_OPTION	VARCHAR2(3)	有无 ADMIN OPTION 选项

```
SQL> SELECT  *  FROM  user_sys_privs;
```

上面语句显示出当前用户已得到的系统权限名称及是否可以授予其他用户。

数据库管理员可以从 DBA_SYS_PRIVS 数据字典中查看所有用户的系统权限。下面的例子将查询出用户 user1 的所有系统权限：

```
SQL> SELECT * FROM dba_sys_privs WHERE grantee='USER1';
```

2. 查询用户的对象权限

用户的对象权限可以通过查询 USER_TAB_PRIVS 数据字典视图得到。从中可以查询一个用户接收和授予其他用户的对象权限。该数据字典的结构如下：

```
SQL> DESC user_tab_privs;
```

显示结果如下：

名称	类型	
GRANTEE	VARCHAR2(30)	被授予者（接收者）
OWNER	VARCHAR2(30)	表拥有者
TABLE_NAME	VARCHAR2(30)	表名
GRANTOR	VARCHAR2(30)	授权者
PRIVILEGE	VARCHAR2(40)	对象权限
GRANTABLE	VARCHAR2(3)	可否再授予其他用户

数据字典 ALL_TAB_PRIVS 列出所有用户接收到的对象权限。数据库管理员可以通过 DBA_TAB_PRIVS 查看数据库所有对象的权限。这两个数据字典结构类似。

```
SQL>DESC all_tab_privs;
```

显示结果如下：

名称	类型	
GRANTOR	VARCHAR2(30)	授权者
GRANTEE	VARCHAR2(30)	接收者
TABLE_SCHEMA	VARCHAR2(30)	表模式名
TABLE_NAME	VARCHAR2(30)	表名
PRIVILEGE	VARCHAR2(40)	对象权限名
GRANTABLE	VARCHAR2(3)	可否授予其他用户

3. 查询对象字段权限

数据字典 USER_COL_PRIVS_RECD 中保存当前用户被授予的列的权限。ALL_COL_PRIVS_RECD 描述当前用户或 PUBLIC 的字段级权限。

```
SQL> DESC all_col_privs_recd;
```

显示结果如下：

名称	类型	
GRANTEE	VARCHAR2(30)	被授予者(接收者)
OWNER	VARCHAR2(30)	表所有者
TABLE_NAME	VARCHAR2(30)	表名
COLUMN_NAME	VARCHAR2(30)	列名
GRANTOR	VARCHAR2(30)	授权者
PRIVILEGE	VARCHAR2(40)	对象权限
GRANTABLE	VARCHAR2(3)	可否授予其他用户

10.3.4 角色管理

角色是一组系统权限和对象权限的集合，把它们组合在一起赋予一个名称，这样会使权限的授予与回收更加简单。一旦 Oracle 用户被授予某个角色，便自动继承该角色的所有权限。

角色分为自定义角色和系统角色。系统角色提供一些固定权限，系统角色通常是为了完成一定任务由系统定义好的，如 CONNECT 角色、RESOURCE 角色等。用户自定义角色是根据用户自己的需求将一些权限集中在一起，然后授予指定的用户。

角色的使用方法是先建立角色，然后给角色授予权限，最后将角色授予指定的用户并激活，这样角色中的权限才对用户起作用。

1. 创建角色

建立角色使用命令 CREATE ROLE，此时用户必须具有 CREATE ROLE 系统权限。新建的角色并不具有任何权限，即创建角色之后，必须为角色授予系统权限和对象权限。

创建角色的命令如下：

```
CREATE ROLE 角色名 [NOT IDENTIFIED]
    [IDENTIFIED BY 口令] [EXTERNALLY]
```

其中：

① 角色名是新建角色的名称，它不能与任何数据库用户或其他角色的名称相同。角色不是模式对象，不属于哪一个模式所有。

② NOT IDENTIFIED　指出授予角色的用户在使用时不需要口令检验，这是默认方式，即在激活和禁用角色时不需要进行认证。

③ IDENTIFIED BY 口令　指出授予该角色的用户在使用 SET ROLE 命令时需要数据库认证方式，即在激活和禁用角色时需要输入口令。

④ IDENTIFIED EXTERNALLY 是操作系统认证方式，即在激活和禁用角色时不需要输入口令，由操作系统对角色进行认证。这时必须将初始化参数 OS_ROLES 设置为 TRUE。

【例 10.19】建立数据库认证的角色。

```
SQL>CREATE ROLE adm_role1  IDENTIFIED BY abc;
```

2. 角色权限的授予和回收

新建立的角色没有任何权限，必须通过 GRANT 语句为角色授予权限，使用 REVOKE 语句从角色回收权限。

将角色授予用户使用 GRANT 命令。从用户权限中回收角色使用 REVOKE 语句。它们的使用与在 10.3.2 中介绍的系统权限或对象权限的授予与回收是一样，只是将用户名替换为角色名。

角色授予用户（包括 PUBLIC）后立即设置为默认角色，即角色马上生效。

【例 10.20】建立角色 myrole，授予它 CREATE TABLE 和 CREATE VIEW 的系统权限和对表 employees 进行 SELECT 的对象权限，然后将该角色授予用户 user1。当前用户为 hr，它有 GRANT ANY PRIVILEGE 系统权限。

```
SQL>CREATE  ROLE myrole;                          — 建立角色
SQL>GRANT create table,create view TO myrole;     —为角色授予系统权限
SQL>GRANT select ON employees TO myrole;          —为角色授予对象权限
SQL>GRANT myrole TO user1;                         --将角色授予用户 USER1
```

【例 10.21】从角色中回收权限。

```
SQL>REVOKE create view FROM myrole;
```

【例 10.22】从用户权限回收角色。

```
SQL>REVOKE myrole FROM user1;
```

3. 修改和删除角色

修改角色的用户要具有 ALTER ANY ROLE 系统权限。修改角色的 ALTER ROLE 语句

的格式与 CREATE ROLE 命令相同。

```
SQL>ALTER ROLE dbmanager NOT IDENTIFIED;
```

删除角色使用 DROP ROLE 语句，执行该语句的用户必须要具有 DROP ANY ROLE 的系统权限。

```
SQL>DROP ROLE dbmanager;
```

4. 激活或禁用角色

一个用户可以同时被授予多个角色，但是并不是所有的这些角色都同时起作用。角色可以处于激活状态或禁用状态，激活状态的角色中的权限才起作用，禁用状态的角色所具有权限并不生效。

当用户连接到数据库中时，只有他的默认角色（Default Role）处于激活状态。可以用 ALTER USER 命令中的 DEFAULT ROLE 子句来改变用户的默认角色，从而使角色在用户连接时自动激活。

在 CREATE USER 建立用户时不能设置默认角色。建立用户时默认角色设置为 ALL，即后续所有授予用户的角色都是默认角色。

在已连接到数据库后，激活和禁用当前会话的角色使用 SET ROLE 命令。SET ROLE 命令的格式如下：

```
SET ROLE [角色名 [IDENTIFIED BY 口令]]
    [ALL [EXCEPT 角色名]|NONE]
```

其中：

① 如果创建角色时有口令，激活角色时必须用 IDENTIFIED BY 子句。

② ALL 表示激活当前会话的所有角色。

③ ALL EXCEPT 子句表示激活除 EXCEPT 子句后的角色名以外的所有角色。

④ NONE 禁用所有角色，包括在 DEFAULT ROLE 子句中指定的默认角色。

【例 10.23】建立角色 myrole，将它授予用户 user1，并作为它的默认角色。当前用户为 hr，它有运行本例命令所需要的所有权限。

```
SQL> CREATE ROLE myrole IDENTIFIED BY abc;        --建立认证角色
SQL> CREATE ROLE approle;                         --建立角色 APPROLE
SQL> GRANT create table TO myrole;                --给角色授予权限
SQL> GRANT create view  TO approle;
SQL> GRANT myrole,approle TO user1;               --角色已授予用户
SQL> CONNECT user1/a@student;                      --改变用户模式
SQL> SELECT * FROM user_sys_privs;                --用户 USER1 系统权限
USERNAME            PRIVILEGE               ADM
_____     _____     ___

USER1               CREATE SESSION  NO
SQL> SELECT * FROM user_role_privs;               --用户 USER1 的角色
USERNAME            GRANTED_ROLE            ADM DEF OS_
_____     _____     ___ ___ ___

USER1               APPROLE                 NO  YES NO
USER1               MYROLE                  NO  YES NO
```

5. 查询角色信息

USER_ROLE_PRIVS	包括当前用户的所有角色信息。
ROLE_SYS_PRIVS	包括角色中被授予的系统权限信息。
ROLE_TAB_PRIVS	包括角色中被授予的对象权限信息。
ROLE_ROLE_PRIVS	包括角色中被授予的角色信息。

| SESSION_PRIVS | 包括当前会话所具有的系统权限信息。 |
| SESSION_ROLES | 包括当前会话所具有的角色信息。 |

【例 10.24】查看当前用户的所有角色信息。

```sql
SQL> SELECT * FROM user_role_privs;
```

10.4 事务控制

事务是数据库系统的重要概念，也是数据库操作中不可分割的基本单位。数据库恢复或数据并发控制等操作都是以事务为单位进行的。事务控制的主要操作是事务提交和事务回滚。

10.4.1 事务概念与特点

事务是数据库管理和操作中的重要概念。在进行事务控制操作之前，必须正确理解事务的基本概念并了解事务的基本特性。

1. 事务的概念

事务是包含一条或多条 SQL 语句的一个逻辑单元。事务对于数据库来说是不可分割的最小单元。一个事务中的所有 SQL 语句要么全部被提交，即对数据库所进行的操作永久记录到数据文件中；要么全部被回滚，即撤销对数据库所做的修改操作。在一个会话中只能一个接一个地执行事务。

下面用银行转账来说明事务的概念。假设银行用户 A 向用户 B 转账 1 000 元，须完成三个操作：用户 A 减去 1 000 元，用户 B 增加 1 000 元，记录这次转账过程以备查询；显然上面的三个操作必须全部做完或者一个也不做，换言之，它们要定义在一个事务中。

事务的内容只限于数据修改操作的 DML（插入、删除、修改）语句，不包含其他 SQL 命令。如果修改表的结构，一旦修改将是永久性修改，不可能回滚。

2. 事务特性

事务有四个基本特性：

① 原子性（Atomicity）：事务是数据库的逻辑工作单位，事务中的操作要么都做，要么都不做。

② 一致性（Consistency）：事务执行的结果必须是使数据库从一个一致性状态转变到另一个一致性状态。一致性状态是指数据库中只包含成功事务提交的结果，不一致状态是指数据库中包含失败事务的结果。

③ 隔离性（Isolation）：对并发执行而言，一个事务的执行不能被其他事务干扰。一个事务内部的操作及使用的数据对其他并发事务是隔离的。并发执行的各个事务之间不能互相干扰。

④ 持续性（Durability）：一个事务一旦提交，它对数据库中数据的改变就应该是永久性的。以后的其他操作或故障不应该对其执行结果有任何影响。

在多个事务并行运行时或在事务运行过程中被强制中止时，事务的 ACID 特性可能被破坏。因此，保证事务的 ACID 特性是事务管理的重要任务，即是数据库管理系统中恢复机制和并发控制机制的任务。

10.4.2 事务提交

Oracle 事务开始于遇到的第一条可执行的 SQL 语句。可执行 SQL 语句是指会对数据库实例产生调用的 DML 语句与 DDL 语句等两类 SQL 语句。当事务开始后，Oracle 会为事务指定一个可用的撤销表空间，用于记录这个事务执行过程中生成的回滚条目。

当发生如下情况时，Oracle 结束一个事务：

① 用户执行 COMMIT 或 ROLLBACK 语句（不带 SAVEPOINT 子句）。

② 用户执行一条 DDL 语句，比如 CREATE、DROP、RENAME 或 ALTER。如果当前事务中包含已经执行的 DML 语句，Oracle 首先提交事务，然后再将该 DDL 语句作为一个新的只包含一条语句的事务执行并提交。

③ 用户主动断开与 Oracle 的连接。这时用户当前的事务被自动提交。

④ 用户进程意外中止。这时用户当前的事务将自动回滚。

当一个事务结束后，下一条可执行 SQL 语句自动开始一个新的事务。应用程序应当始终在事务结束时显式地提交或回滚事务。

提交事务是指将该事务中已经执行过的 SQL 语句所做的全部操作永久性地记录到数据库中。

1. 提交前完成的工作

在 Oracle 中提交一个事务之前，Oracle 会完成以下工作：

① 已经生成该事务的撤销信息。撤销信息中保存有该事务中的 SQL 语句所修改数据的原值。

② 在 SGA 的重做日志缓存中生成该事务的重做记录。重做记录中记载了该事务对数据块的修改和对回滚段中的数据块所进行的修改。缓存中的重做记录有可能在事务提交之前就写入硬盘中。

③ 事务对数据所做的修改被记录在数据库缓存中。Oracle 并不是在提交时就立即将事务修改的数据块全部写入硬盘，而是在以后某个恰当的时机以更有效的方式成批地将数据块写入硬盘。写入硬盘的操作也有可能在事务提交前发生。

2. 事务提交后完成的工作

提交事务后，Oracle 会完成如下工作：

① 在该事务指定的撤销表空间的内部事务表中记录下这个事务已经被提交，并且为该事务生成一个唯一的系统变更号（SCN），同时将 SCN 记录在内部事务表中。

② LGWR 后台进程将 SGA 的重做日志缓存中的重做记录写入到联机重做日志文件，同时也将该事务的 SCN 写入联机重做日志文件中。

③ Oracle 服务进程释放事务所使用的所有记录锁与表锁。

④ Oracle 通知用户事务提交成功，并将该事务标记为已完成。

3. 事务提交的方法

事务提交（COMMIT）方式包括显式提交和隐式提交。

① 显式提交：使用 COMMIT 命令来提交当前事务。事务提交命令格式：

```
COMMIT [COMMENT '文本']
```

② 自动提交：在 SQL Plus 环境中，可以使用如下命令设置成自动提交方式：

```
SQL>SET AUTOCOMMIT ON;
```

③ 隐式提交：隐式提交是指除显式提交之外的提交方式，如发出 DDL 命令、程序终止、关闭数据库等。

10.4.3 保存点

保存点（Savepoint）是一个事务内的中间标志，用于将一个长事务划分为几个短小的部分。保存点可标志长事务中的任何点，以后可以回滚该点之后的工作。

在应用程序中也可使用保存点。例如，一个过程包含几个函数，在每个函数之前可建立一个保存点，如果函数运行失败可以很容易地将数据恢复到函数开始的状态。

在回滚到保存点后，数据库释放回滚语句得到的数据锁，那么等待该数据而被锁住的事务可以继续，也可以更新被锁的行。回滚到保存点时，将完成的工作见下一节。

建立保存点的命令如下：

```
SAVEPOINT  保存点名
```

【例 10.25】建立和使用保存点。

```
SQL>INSERT  INTO jobs VALUES('111','NEW JOBS',1000,2000);
SQL>SAVEPOINT  bl1;
SQL>INSERT INTO jobs VALUES('222','OLD',500,800);
SQL>SAVEPOINT  bl2;
SQL>SELECT   *   FROM   jobs;
SQL>SAVEPOINT BL3;
SQL>UPDATE jobs SET  SET min_salary=min_salary+100  WHERE  jobs='111';
SQL> COMMIT;
```

例 10.25 中设置了 3 个保存点，其名称分别为 bl1、bl2、bl3。如果在提交过程中出现问题，可确定在相应保存点上，然后从保存点之后再重新提交。

10.4.4　事务回滚和命名

事务回滚（Rollback）是指撤销未提交事务中 SQL 语句对数据库所做的修改。Oracle 利用撤销表空间（或回滚段）来存储数据修改前的原值，以便于修改后可以回滚。重做日志中保存变化记录。

1. 回滚的原因

在 Oracle 中，进行回滚操作的原因主要有以下几种：

- 语句级回滚，即在事务执行过程中某条 SQL 语句执行时产生错误。
- 用户执行 ROLLBACK 语句显式地回滚一个事务。
- Oracle 自动回滚意外断开的用户进程中的事务。
- 当数据库实例异常终止时，自动回滚所有未完成的事务。
- 在数据库恢复过程中回滚未完成的事务。

2. 回滚时的操作

如果要回滚的是整个事务，Oracle 会按照以下步骤进行操作：

- 利用撤销表空间撤销事务中所有 SQL 语句对数据库所作的修改。
- Oracle 释放所有对数据的事务锁。
- Oracle 通知用户事务回滚成功，该事务标记为已完成，并结束事务。

如果要回滚到指定的保存点，Oracle 会按照以下步骤进行操作：

- Oracle 仅回滚指定保存点之后所执行的全部 SQL 语句。
- Oracle 将保留指定的保存点，删除该保存点之后的其他保存点。
- Oracle 释放指定的保存点之后所有 SQL 语句所使用的锁，但是保留指定保存点之前的 SQL 语句所使用的锁。
- Oracle 通知用户事务回滚到保存点成功。

3. 回滚的方法

回滚当前事务不需要有任何权限。回滚当前事务的命令格式：

```
ROLLBACK  [SAVEPOINT TO 保留点名]
```

如果有 SAVEPOINT TO 子句，将回滚到保存点指定的位置。

在 Oracle 中，可以用简单的容易记忆的字符串给事务命名。事务命名代替分布式事务中的注释。这样可以监视运行时间长的事务，并可在应用程序中使用事务名，如管理员可以在 OEM 中通过事务名来监视系统活动，也可以用事务名在 V$TRANSACTION 数据字典中查询指定事务。

可以在事务开始之前，使用 SET TRANSACTION...NAME 语句来为事务命名，这样就将事务名与事务 ID 联系起来。事务名不必是唯一的，它主要用在分布式事务中。

小　结

数据库的安全性、一致性、完整性是数据库的重要特性。Oracle 通过用户和权限等特性来保证数据库的安全性，通过对数据库对象定义约束条件来保证数据库的完整性。数据库的一致性由数据库并发操作和事务来保证。建立、删除、修改或查询用户是管理员要完成的任务，为每个用户授予一定的权限、角色或控制用户资源（概要文件）是用户访问数据库的前提。

事务是包含一条或多条 SQL 语句的一个逻辑单元，是不可分割的最小单元。事务的提交与回滚是事务的主要操作。

习　题

1. PUBLIC 组账号有什么作用？如果给 PUBLIC 账号授予 CREATE SESSION 系统权限，那么每个新建用户可以执行什么操作？

2. 如果创建用户 user1 时指定 TABLESPACE exam，那么该用户是否一定能够执行不用 TABLESPACE 子句的 CREATE TABLE 语句？在什么情况下 user1 能够正确执行 CREATE TABLE 语句？

3. 建立用户时让账号加锁或指定口令过期的子句是什么？现实中什么时候需要这些子句？

4. 角色的作用是什么？让一个角色中的权限起使用，需要哪几步操作？完成这些操作的语句是什么？

5. 什么是事务？事务的基本特性是什么？在实例故障中，Oracle 中会不会出现已经提交事务的修改数据丢失的情况？会不会出现未提交的事务的数据修改写入磁盘的情况？为什么？

6. 什么是保存点？它的作用是什么？

7. 用户通常用什么方式得到其所需的权限？如何查看用户 user1 所拥有的系统权限和对象权限？

8. 如何限制用户 user2 执行一个 SQL 语句使用 CPU 的时间和口令使用的时间？如何实现让用户 user2 闲置 10 分钟后自动断开与数据库服务器的连接？

9. 如果用户 A 授予用户 B 建立表的系统权限，同时允许用户 B 将该权限授予其他用户，如何实现？

10. 如何用语句来中止一个会话？会话的唯一标识是什么？

11. 如何限制用户输错口令的次数以及口令使用的时间？如何实现让用户 user2 闲置 10 分钟后自动断开与数据库服务器的连接？

数据库备份与恢复 «

- 掌握用 SQL 语句建立、删除、修改和查询表空间的方法；
- 了解数据库故障类型、数据库备份与恢复的基本概念；
- 掌握 RMAN 对数据库、控制文件、数据文件、表空间、归档重做日志文件等备份与恢复的方法；
- 掌握修复命令的使用方法；
- 了解 RMAN 的功能；
- 掌握 RMAN 进行备份和恢复的方法；
- 掌握数据泵和逻辑备份方法；
- 掌握数据迁移的基本方法。

在任何一个数据库系统中，计算机硬件故障、系统软件错误、应用软件错误和操作者的失误都是不可避免的，这些故障轻则造成事务非正常中断，影响数据库中数据的正确性；重则破坏数据库，使数据库中的数据部分或全部丢失。为了保证在故障发生后，数据库系统都能从错误状态恢复到某种逻辑一致的状态，数据库管理系统必须提供备份和恢复功能。数据库管理系统中所采用的备份和恢复技术，不仅决定了系统的可靠性，而且也影响系统的运行效率。

Oracle 提供了完善的备份和恢复机制，只要管理员采用科学的备份和恢复策略，将会保证数据库的安全性和完整性。

11.1 备份与恢复的基本概念

尽管数据库系统中采取了各种保护措施来防止破坏数据库的安全性和完整性，但像任何一个计算机系统一样，数据库系统会出现各种故障现象。对于不同类型的故障要采用不同的恢复方法。本节将介绍数据库故障类型及备份和恢复的一些基本概念。

11.1.1 数据库故障类型

有许多类型的错误与故障都可能导致 Oracle 数据库无法正常运行。在开始进行数据恢复之前，首先要确定引发数据库错误的故障类型，然后根据不同类型的故障，管理员需要采取不同的备份与恢复策略。

1. 语句故障（Statement Failure）

语句故障是指 Oracle 程序中处理一条 SQL 语句时发生的逻辑故障，如分配给表的空间不够，表空间配额不够，向表中插入一条违反了完整性约束的记录，试图执行一些权限不足的操作等都会引起语句故障。

语句故障发生时，Oracle 软件或操作系统将返回给用户一个错误消息。Oracle 通过回滚 SQL 语句所做的修改，并将控制权交给应用程序来改正语句故障。用户只需根据错误提示信息修改相应内容后重新执行即可。数据库不会因为语句故障而产生任何不一致，因此语句故障通常不需要 DBA 干预进行恢复。

2. 进程故障（Process Failure）

进程故障是指数据库实例的用户进程、服务进程或数据库后台进程由于某种原因意外终止而产生的故障。进程故障会导致进程无法继续工作，但不会影响数据库实例中其他的进程。

后台进程 PMON 自动监测到存在故障的 Oracle 进程。如果是用户进程或服务进程发生故障，PMON 进程将通过回滚故障进程的当前事务和释放故障进程所占用的资源来自动对它们进行恢复。如果后台进程出现故障，那么实例很可能无法继续正常工作。此时，必须先关闭数据库实例，然后再重新启动数据库以进行进程恢复。

3. 用户错误（User Errors）

用户错误是指普通用户在使用数据库时所产生的错误，如用户错误地删除了表或表中的记录、用户提交了对表的错误修改等。

通过对数据库人员进行培训可以减少这类用户错误，也可以正确分配权限尽可能避免用户错误。另外，提前做好有效的备份是减轻由于用户错误而带来损失的有效方法。用户错误需要 DBA 的干预来进行恢复。

4. 实例故障（Instance Failure）

实例故障是指由于硬件故障、应用程序错误或执行 SHUTDOWN ABORT 语句而导致数据库实例非正常停止运行的情况。

如果数据库因为实例故障而停止运行，在下一次启动实例时，Oracle 会自动对实例进行崩溃恢复，不需要 DBA 的干预。

5. 介质故障（Media Failure）

介质故障是指 Oracle 数据库在读写数据库文件时发生的物理问题，通常是因为存储数据库文件的介质发生了物理损坏而导致所有或部分数据库文件（如数据文件、联机重做日志文件、控制文件或归档重做日志文件）丢失或被破坏。

介质故障的恢复方法会因损坏数据库文件的不同而不同，它是备份和恢复策略中主要关心的数据库故障。

由上可知，语句故障、进程故障和实例故障可能需要数据库管理员的介入（如重新启动数据库实例、修改程序等），但通常不会造成数据丢失，因此也不需要从备份中进行恢复。用户故障和介质故障是管理员进行恢复的主要故障类型，而处理这两类故障的有效方法是制定合适的备份和恢复策略。

11.1.2 备份的类型

备份（Backup）就是数据库中部分或全部数据文件或内容的复制。备份的目的是为了防止意外的数据丢失和应用错误。当出现数据丢失情况时可用备份的数据进行某种恢复工作。在 Oracle 数据库中要备份的内容有用户数据、控制文件、数据文件、归档日志文件等。

1. 物理备份与逻辑备份

从数据库备份的对象来分，可将备份分为物理备份与逻辑备份。

物理备份是指对数据库物理文件的备份，其中包括数据文件、控制文件、归档重做日志文件和其他初始化文件等。物理备份中通常不包含联机重做日志文件，因为联机重做日志文件的保护主要是通过多路重做日志文件来完成的；在归档模式下，Oracle 自动对联机重做日志文件进行归档；另外，错误的应用联机重做日志文件反而会破坏数据库的内容。

逻辑备份是指将数据库中的数据导出到一个二进制文件中。利用 Oracle Export 和 Import 工具，可以将 Oracle 中数据库中的数据在同一个数据库或多个数据库之间进行导出或导入操作。

2. 完全备份与部分备份

根据物理备份的内容，可将物理备份分为数据库完全备份和部分备份。

数据库完全备份是包含数据库当前控制文件和所有数据文件的备份。数据库完全备份可以是一致性备份，也可以是不一致性备份。在归档模式下，既可以建立一致的数据库完全备份，也可以建立不一致的数据库完全备份；但是在非归档模式下，只能建立一致的数据库完全备份。

完全备份的各种情况如图 11-1 所示。图 11-1 中的虚线表示不能进行的备份。

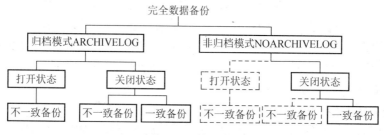

图 11-1　完全备份

部分备份是指单独对部分表空间或数据文件所做的备份。表空间备份是指对组成表空间的所有数据文件的备份，不管是联机状态或脱机状态都可以进行。由于表空间备份在恢复时需要日志文件，所以它只有在归档模式（ARCHIVELOG）下才可以进行。数据文件备份是指对单个数据文件的备份，也只能在归档模式下进行。

3. 一致备份与不一致备份

按照数据库备份的状态，可以将数据库备份分为一致性备份和不一致性备份。

一致性备份是指数据库以干净的方式（SHUTDOWN NORMAL、IMMEDIATE 或 TRANSACTIONAL 方式）关闭后，对一个或多个数据文件进行的备份。一致性备份中的所有数据文件都已经完成了一次检查点，即都具有相同的 SCN，并且与控制文件中的 SCN 相同，同时不包含检查点以后的变化。在利用一致性备份进行数据库恢复时，只需要利用备份恢复损坏的数据文件，而不需要对恢复后的数据文件应用重做日志进行修复，因为其已经是一致的。

如图 11-1 所示，在非归档模式下，只能进行一致性的完全数据库备份。

不一致性备份是指备份文件中包含检查点以后所做的变化的备份，它通常是在数据库打开状态下进行的，或者在数据库非正常关闭（执行 SHUTDOWN ABORT）后进行的备份，这样不能保证所有数据文件和控制文件在同一个检查点上，即它们可能有不同的 SCN 号，因此这些备份的数据是不一致的。

利用不一致性备份恢复的数据库由于各个数据文件和控制文件具有不同的 SCN，所以无法直接打开，而必须为它们进行修复（Recovery）。修复使它们具有相同的 SCN，之后才能够打开数据库。因此，只有在归档模式下才能进行不一致备份。Oracle 数据库利用归档日志和联机重做日志文件来修复不一致的备份，从而使数据库处于一致状态。

4. 冷备份与热备份

根据备份时数据库的状态，可将物理备份分为冷备份和热备份。

热备份是在数据库处于打开状态下对数据库进行的备份，所有的数据文件和表空间都是处于联机状态的，建立的备份是不一致备份，因此必须要求数据库处于归档模式且联机重做日志可以手工或自动归档。

根据热备份时备份内容的状态，可以将它分为脱机备份和联机备份。

联机热备份期间用户仍然可以访问数据库，包括正在进行备份的表空间。不需要同时备份所有的表空间，可以仅对一个表空间进行备份，或者在不同的时刻对不同的表空间进行备份。如果保留了完整的归档重做日志，那么在不同时刻备份的表空间才可以组成一个数据库完全备份。

由于热备份中所包含的数据文件和控制文件并不一定是一致的，所以在利用联机备份恢复数据库之后，需要对数据库进行修复。

热备份的优点：在备份期间仍然处于可用状态，这对于要求每周 7 天，每天 24 小时的应用尤其重要；备份可以在表空间级或数据文件级进行，而不必每次都对整个数据库进行备份；在发生介质故障时可以保证不丢失任何数据。但热备份的缺点是概念和操作都比较复杂，并且由于必须对数据库进行归档，或者还需要启动额外的后台进程，需要占用较多的系统资源。

冷备份是指在数据库完全正常关闭（SHUTDOWN NORAML、IMMEDIATE 和 TRANSACTION）的状态下所进行的备份。冷备份是用操作系统命令进行备份，操作起来比较简便，不容易产生错误；但是备份期间数据库必须处于关闭状态，此时数据库可能长时间不可用，并且利用这个备份只能将数据库恢复到备份时刻的状态，备份时刻之后所有的事务修改都将丢失。

5. 备份与归档模式的关系

以上介绍的各类备份方式是从不同观点来描述备份的。在归档模式下，可以进行完全备份和部分备份，备份可能是一致的也可能是不一致的，可以进行热备份也可以进行冷备份。

在非归档模式下，只能进行完全的、一致的冷备份。

11.1.3　修复和恢复

当数据库系统出现数据丢失或状态不一致时，要通过数据库系统的恢复功能将数据库恢复到某个正确状态或一致状态。恢复的前提是事先对数据库已做过相应的备份。Oracle 数据库的恢复通常要进行数据库恢复和数据库修复两个步骤才能使数据库恢复到一致状态。

1. 据库恢复与数据库修复

数据库恢复（Database Restore）是指利用物理备份的数据库文件来替换已经损坏的数据库文件，从而使 Oracle 数据库服务器可以访问这些文件。

数据库修复（Database Recovery）是指利用归档重做日志和联机重做日志或数据库文件的增量备份来更新已恢复的数据文件，即将备份以后对数据库所做的修改，反映在恢复后的数据文件中，从而使数据库处于一致状态。

对数据库进行物理备份时，保留的只是数据库在进行备份时刻的一个精确副本。数据库恢复通常是分两步进行，第一步将数据库恢复到备份的那个时刻；第二步应用归档重做日志和联机重做日志将从备份时刻开始到故障发生之前这一段时间中所有的数据修改操作进行修复，从而将数据库恢复到故障发生之前的状态。

在归档模式下，数据库恢复的过程如图 11-2 所示。Oracle 数据库使用 SCN（System Change Number）作为数据库的唯一时间戳，即用 SCN 唯一标识某个时刻的数据库状态，只有所有数据库文件都有相同的 SCN 时才可以正常打开数据库。

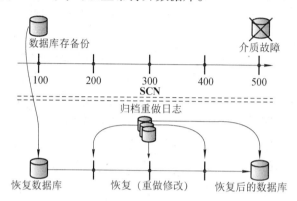

图 11-2　数据库修复过程

图 11-2 中假设数据库运行在归档模式下，在 SCN 为 100 时对数据库进行物理备份，而在 SCN 为 500 时数据库发生了介质损坏而中止。为了将数据库恢复到故障发生的时刻，首先利用备份的数据库文件来替换由于介质损坏而丢失的数据库文件（数据库恢复）；数据库恢复之后，它处于 SCN 为 100 的状态，即处于备份时刻的状态；然后再进行数据库修复，即对恢复的备份数据库，应用 SCN 在 100 ~ 500 之间的归档重做日志和联机重做日志记录，将所有重做数据重现这段时间内所有的数据修改操作。在完成数据库修复之后，数据库将处于 SCN 为 500 的状态，即发生介质损坏时的状态。

通常在非归档模式下运行的数据库，只能进行数据库恢复操作，因为此时没有完整的重做日志文件可以利用。

2. 崩溃恢复与介质恢复

崩溃恢复是指单个实例的数据库在发生实例故障后进行恢复的过程。崩溃恢复的主要目标是恢复由于实例崩溃而丢失的位于缓存中的数据。

在进行崩溃恢复时，Oracle 利用联机重做日志中的信息来恢复已经提交的事务对数据库所做的修改，而不需要使用归档重做日志文件。崩溃恢复是由 Oracle 在打开数据库时自动完成的，不需要 DBA 进行任何干预。

介质恢复根据恢复的对象可以分为数据文件介质恢复和数据块介质恢复。数据块的介质恢复只在 RMAN 中通过特殊的方式来进行。数据文件的介质恢复是指对数据库中丢失或损坏的数据文件（或控制文件）进行恢复，其主要特点如下：

- 需要利用备份来对丢失或损坏的数据文件进行恢复。
- 需要使用归档重做日志文件或联机重做日志文件进行修复。
- 需要用户以手工方式进行操作，而不能完全由 Oracle 自动完成。

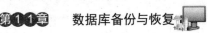

如果数据库中存在需要进行介质恢复的联机数据文件，那么在完成介质恢复之前，数据库是无法打开的。介质恢复一般是在打开数据库之前进行的，在完成介质恢复之后，如果数据库还需要进行崩溃恢复，那么将在打开数据库时自动进行崩溃恢复。

数据块的介质恢复只能在一些特殊的情况下采用。如果数据库中所有的联机数据文件都没有问题，只是有少数数据块发生了损坏，这时只对损坏的数据块进行介质恢复，而不是对包含这些数据块的数据文件进行介质恢复。RMAN 提供了数据块的介质恢复功能。

3. 完成介质恢复和不完全介质恢复

在进行介质恢复时，可以把恢复后的数据库修复到当前的状态（故障发生时的状态），也可以将它恢复到备份创建后的某个时刻的状态；既可以选择恢复整个数据库，也可以恢复某个表空间或某个数据文件。

根据恢复的内容可将介质恢复分为完全介质恢复和不完全介质恢复，但无论进行哪一种介质恢复，之前都必须利用备份对数据库进行恢复。

完全介质恢复是从一个热备份或冷备份中恢复一个或全部数据文件，然后对恢复的内容重新应用重做日志（归档重做日志或联机重做日志），即对恢复后的数据文件重做备份以来发生的所有变化。数据库可以恢复到故障发生时的状态，在进行完全介质修复后不会丢失任何已有的数据。

不完全介质恢复是指应用部分归档或联机重做日志将数据库恢复到一个非当前时刻的状态，不需要对备份应用自从备份时刻起所有的重做日志，而只需要应用一部分归档重做日志文件。不完全介质恢复可将数据库恢复到从备份建立时刻开始到当前时刻之间任意一个时刻的状态。

在进行不完全介质恢复时，必须利用备份对所有的数据文件进行恢复，即使只有几个数据文件被损坏或丢失；并且在完成修复后必须以 RESETLOGS 方式打开数据库。

Oracle 12c 提供了用户管理的手工方式的备份和恢复，同时也提供了一个功能完备的备份与恢复工具 RMAN，本书将主要介绍 RMAN 的工具应用。

11.2 RMAN 简介

RMAN 修复管理器（Recovery Manager，RMAN）是随 Oracle 服务器软件一同安装的 Oracle 工具软件，它专门用于对数据库进行备份、修复和恢复操作，同时自动管理备份。如果使用 RMAN 作为数据库备份与恢复工具，那么所有的备份、修复以及恢复操作都可以在 RMAN 环境中利用 RMAN 命令来完成，这样可以减少管理员在进行数据库备份与恢复时产生的错误，使备份与恢复过程中出现错误与故障的可能性降低到最小，同时提高备份与恢复的效率。

使用 RMAN 恢复管理器除了可以完成用户管理的所有备份和恢复操作外，还可以进行增量备份、双工备份、多线程备份、存储备份信息等。

11.2.1 RMAN 组成

RMAN 是以客户服务器方式运行的备份与恢复工具。RMAN 运行环境至少要有 RMAN 与目标数据库，另外可根据情况选择 RMAN 资料档案库（Respository）、修复目录（Recover Catalog）、修复目录数据库、备用数据库和介质管理器等。

1. 目标数据库

目标数据库是 RMAN 用 TARGET 关键字要连接的数据库，也即要用 RMAN 进行备份与恢复操作的数据库。

2. RMAN 客户端

RMAN 客户端是目标数据库的客户端应用程序，它解释 RMAN 命令、把命令传输给服务器执行、把操作记录在目标数据库的控制文件中。

3. RMAN 资料档案库

RMAN 把关于对数据库操作的元数据存放在目标数据库的控制文件中，而把 RMAN 的元数据称为 RMAN 资源档案库（RMAN Repository）。资料档案库（RMAN Respository）中的主要信息包括：RMAN 从目标数据库的控制文件中收集到的关于目标数据库的物理结构信息；利用 RMAN 进行目标数据库的备份与恢复操作时生成的信息；对 RMAN 进行维护的过程中生成的信息。

RMAN 资料档案库可以存储在一个独立的 Oracle 数据库中，也可以完全保存在目标数据库的控制文件中。如果资料档案库保存在目标数据库的控制文件中，那么 RMAN 不能进行下面的操作：无法使用 RMAN 来存储 RMAN 脚本、不能在丢失或损坏所有控制文件的情况下进行修复或恢复、不能利用 PUT FILE 命令备份操作系统文件（口令文件、参数文件、网络配置文件等）。这些功能只有在创建了恢复目录之后才能够使用。

4. RMAN 修复目录

RMAN 修复目录（RMAN Recovery Catalog）是用来记录 RMAN 对目标数据库所做活动的独立数据库模式。修复目录中保存了 RMAN 资料库的元数据，在控制文件丢失时可用它们恢复和修复控制文件。数据库可以重写控制文件中老的信息，但 RMAN 修复目录中却永远保留所有信息，除非主动删除它们。存放修复目录的数据库称为修复目录数据库（RMAN Recovery Catalog Database）。

5. 备用数据库

备用数据库（Standby Database）是目标数据库的一个精确副本，通过不断地对备用数据库应用目标数据库生成的归档重做日志，来保持它和目标数据库的同步。

6. 介质管理器

介质管理器（Media Manager）是 RMAN 用于与像磁带一样的串行设备进行接口的应用程序，它在备份和恢复期间控制这些设备，管理它们装载、标识和卸载。介质管理的设备也称为 SBT（系统备份到磁带）设备。

11.2.2 RMAN 的启动与退出

1. RMAN 的启动

在使用 RMAN 时必须要以 SYSDBA 身份建立 RMAN 客户端与目标数据库的连接，但不能显式用 AS SYSDBA，而是隐式的 SYSDBA 身份。在需要时也可以建立到恢复目录数据库或其他辅助数据库的连接。

启动 RMAN 的步骤如下：

（1）启动 RMAN。

在命令行提示下输入 RMAN，将启动 RMAN 客户端并显示提示符 "RMAN>"：

```
RMAN>#可在此处输入 RMAN 的命令
```

（2）连接目标数据库。

用 RMAN 的 CONNECT 命令连接到目标数据库。目标数据库可以是本地数据库或远程数据库。

```
RMAN>CONNECT TARGET sys@example;
```

然后将提示输入 SYS 的口令。

如果要连接到远程数据库，可以使用下面命令，myoracle 为网络服务名：

```
RMAN>CONNECT TARGET sys/mypass @ myoracle;
```

连接目标数据库也可在启动 RMAN 的同时建立与目标数据库的连接：

```
c:\>RMAN TARGET system/manager@myoracle
```

2. 退出 RMAN

在 RMAN 提示符下执行 EXIT 命令或 QUIT 即可退出 RMAN。

```
RMAN>EXIT;
```

11.2.3 RMAN 的常用命令

RMAN 命令执行器是一个命令行方式的工具，它具有自己的命令。所有的操作都是通过 RMAN 命令来完成的。RMAN 命令执行器可执行独立命令（Standalone Command）和作业命令（Job Command）。

独立命令是指只能直接在 RMAN 提示符下输入执行的命令，包括命令：CHANGE、CONNECT、CREATE CATALOG 与 RESYNC CATALOG、CREATE SCRIPT、DELETE SCRIPT 与 REPLACE SCRIPT 等。

作业命令是指以 RUN 命令开头并包含在一对大括号"{ }"中的一系列 RMAN 命令。如果作业命令中的任何一条命令执行失败，则整个作业命令停止执行，也就是说执行失败的命令之后的其他命令都不会再继续执行。

下面是一个作业命令的示例，它首先分配一个通道，然后对整个数据进行备份：

```
RMAN > RUN {
2 > ALLOCATE CHANNEL d1 DEVICE TYPE disk;
3 > FORMAT='j:\oracle\backup\%u';
4 > BACKUP DATABASE;
}
```

RMAN 命令输入都是以命令关键字开始，后跟有关的参数，最后以分号结束。关键字之间要用空格分开，一个命令可以写多行，也可在多行中或行尾插入以#号开头的注释信息。

1. 分配通道命令

RMAN 客户端本身不进行数据库的备份和恢复。当 RMAN 客户端连接到目标数据库后，RMAN 为它分配目标实例的服务器会话，然后指导这些进程或线程完成备份或恢复操作。

一个 RMAN 通道表示了一个从 RMAN 到存储设备的数据流，并对应于目标数据库中的一个服务器会话。通道将数据读到自己的 PGA，在处理完后写到相应的设备上。在 RMAN 中进行备份和恢复操作时，通常需要为这些操作分配通道，通道分配既可以是手工分配也可以自动分配。分配通道的命令格式如下：

```
ALLOCATE CHANNEL 通道名 DEVICE TYPE=设备描述符
```

其中：通道名是目标数据库实例与 RMAN 连接的标识，可以是字符串，但区分大小写。设备描述符指定物理存储设备的类型，常用有 DISK（磁盘）和 sbt（磁带）两种。

ALLOCATE CHANNEL 命令用于手工分配通道，即建立 RMAN 与目标实例之间的连接，它只能用于 RUN 作业命令中。手动分配通道优先于自动分配的通道。执行命令 BACKUP、RESTORE、RECOVER 或 VALIDATE 时需要手动或自动分配通道，每个通道每次只能为一个备份集服务。

【例 11.1】为整个数据库备份分配不同通道，把备份集放在不同的磁盘上。

```
RMAN>RUN {
    ALLOCATE CHANNEL d1 DEVICE TYPE DISK FORMAT 'd:\back\%u';
    ALLOCATE CHANNEL d2 DEVICE TYPE DISK FORMAT 'e:\backup\%u';
    ALLOCATE CHANNEL d3 DEVICE TYPE DISK FORMAT 'f:\backup\%u';
    BACKUP DATABASE;
}
```

在例 11.1 中将整个数据库的备份集分别存放在三个不同的磁盘上。备份文件名由系统自动生成。

2. 改变数据库命令

```
ALTER DATABASE  [OPEN[RESETLOGS]|MOUNT]
```

该命令用于打开数据库或装载数据库，它可以运行在单独命令行或在 RUN 命令的括号内。它要求目标数据库实例必须已经启动。它等价于 SQL 命令 ALTER DATABASE MOUNT | OPEN。如果指定 RESETLOGS 选项来打开数据库，那么将当前重做日志归档并清空它，同时将日志序列号重置为 1。

3. 配置命令

RMAN 环境有一组默认配置，它们被自动应用于所有的 RMAN 会话。可以在会话的命令中显式地设置某些选项，以覆盖相应的预定义配置。

使用 RMAN 的 SHOW ALL 命令可以查看当前所有的预定义配置，用 CONFIGURE 命令来重新定义这些默认配置。常用的配置内容有自动化通道、控制文件自动备份、备份策略、备份集的最大值、备份优化参数、恢复目录和共享服务器下的 RMAN 配置等。

在建立任何 RMAN 会话时，如果用户没有设置选项值，RMAN 会根据预定义配置参数中的设置自动指定这些选项，也可以将 RMAN 的预定义配置参数看做是 RMAN 的环境设置。

如果将所有预定义配置的参数都按照需要进行设置，那么在 RMAN 中执行备份、修复、复制、恢复等操作时就可以省去许多指定选项的工作，大大提高了工作效率。

可以使用 CONFIGURE 命令来修改默认的配置参数。CONFIGURE 命令只在 RMAN 提示符下执行，常用的配置命令格式：

① 配置自动分配的默认通道。

```
CONFIGURE DEFUALT DEVICE TYPE TO 设备描述符;
CONFIGURE CHANNEL DEVICE TYPE DISK FORMAT  'd:\backups\%u';
```

② 删除自动通道恢复预定义的通道。

```
CONFIGURE CHANNEL DEVICE TYPE sbt CLEAR;
```

③ 配置备份优化。

```
CONFIGURE BACKUP OPTIMIZATION ON;
```

④ 配置数据文件或控制文件备份的份数。

```
CONFIGURE DATAFILE BACKUP COPIES FOR DEVICE TYPE DISK TO 3;
```

4. 连接命令

CONNECT	TARGET	连接标识符	连接到目标数据库
CONNECT	CATALOG	连接标识符	连接到恢复目录数据库
CONNECT	AUXILIARY	连接标识符	连接到备用数据库

5. 显示命令

在 RMAN 中利用 SHOW 命令可以查看由 CONFIGURE 命令定义的参数值。如果行尾标识 "#default"，那么表示当前使用的是 RMAN 默认配置。SHOW 命令只能在单独命令方式下执行。

```
SHOW [DEFAULT] DEVICE TYPE                      显示默认或设置的设备类型
SHOW CHANNEL [FOR DEVICE TYPE 设备描述符]        显示指定设备通道
SHOW MAXSETSIZE                                 显示备份集的最大大小
SHOW DATAFILE  BACKUP COPIES                     显示数据文件的备份数
SHOW ARCHIVELOG  BACKUP COPIES                   显示归档日志文件备份数
SHOW BACKUP OPTIMIZATION                        显示备份优化功能是 ON 或 OFF
SHOW CONTROLFILE  AUTOBACKUP  [FORMAT]
```

显示控制文件自动备份功能 ON 或 OFF。指定 FORMAT 将显示控制文件的备份格式：

```
SHOW ALL                                        显示所有设置
```

6. 显示备份集信息命令

备份集是由一个或多个备份片组成的逻辑备份对象，通常一个备份集只有一个备份片。备份片是包含有备份内容（如数据文件、控制文件、归档日志文件等）的操作系统文件。备份集是用 RMAN 专用格式存储的，在 RMAN 中通过执行 BACKUP 命令来创建备份集。

根据备份集中包含的数据库文件类型，可以将备份集分为数据文件备份集和归档重做日志备份集。数据文件备份集是包含数据文件与控制文件的备份集，但是不包含任何归档重做日志文件。归档重做日志备份集是包含归档重做日志文件的备份集，但是不包含任何数据文件或控制文件。要想查看备份集的内容，使用下面命令：

```
LIST BACKUP OF 对象参数 [SUMMARY|BY FILE]
```

其中：

① 对象参数可以为下面两种情况：

```
DATABASE [数据库名]      显示数据库的备份集信息
DATAFILE 数据文件名      显示数据文件的备份集信息
```

② SUMMARY 每个数据文件或每个备份显示一行。BY FILE 显示每个数据文件，然后显示数据文件的备份集。

LIST 命令用来查看利用 RMAN 生成的所有备份信息，包括：备份集以及其中包含的数据文件的列表信息以及镜像复制备份的信息。在使用 LIST 命令时必须已经连接到目标数据库中，LIST 命令只能在 RMAN 提示符下运行。

LIST 命令显示的说明如表 11-1 所示。

表 11-1 LIST 命令显示说明

LIST 命令	说　明	LIST 命令	说　明
BS_key	备份集的唯一标识	S	备份集状态：A-可用 U-不可用 X-过期
TYPE	备份集类型（FULL 或 INCR，完全和增量）	Ckp SCN	备份时检查点的 SCN
LV	增量备份的级别，非增量时为空	Thrd	归档日志的线程号
SIZE	大小	Seq	归档日志的序列号

【例 11.2】使用 LIST 命令的例子。

列出数据库中所有文件的备份信息：

```
RMAN>LIST BACKUP OF DATABASE;
```

或者：

```
RMAN>LIST BACKUP OF DATABASE  student;
```

列出指定的数据文件的备份信息：

```
RMAN>LIST BACKUP OF DATAFILE 'd:\student\users01.dbf';
```

显示所有备份的汇总信息：

```
RMAN>LIST BACKUP SUMMARY;
```

按文件分组显示备份信息：

```
RMAN>LIST BACKUP BY FILE;
```

显示归档重做日志文件的信息，已存档的日志副本列表：

```
RMAN>LIST COPY OF DATABASE ARCHIVELOG ALL;
```

7. 删除备份集

```
DELETE BACKUPSET 备份集主码
```

该命令删除备份集中所有备份片，即操作系统文件。

【例 11.3】删除主码为 1 的备份集。

```
RMAN>DELETE BACKUPSET 1;
```

8. 执行操作系统命令 HOST

```
HOST [操作系统命令]
```

在 RMAN 中执行操作系统的命令或进入操作系统提示符状态。

RMAN>HOST；#执行完本命令后将返回到操作系统提示符，EXIT 返回。

9. 报告命令

REPORT 命令可以从 RMAN 的资料档案库中获取信息并对其进行分析，从而帮助对备份和恢复操作进行决策。REPORT 命令十分复杂，下面通过例子介绍最常用的使用方法。REPORT 命令只能在 RMAN 提示符下使用。

【例 11.4】使用 REPORT 命令的例子。

下面命令报告目标数据库中的模式结构，即显示数据库中所有表空间名称、数据文件名称及大小等信息：

```
RMAN > REPORT SCHEMA;
```

下面命令报告那些可以废弃的备份：

```
RMAN >REPORT OBSOLETE;
```

下面命令报告需要增量备份的数据文件，如：显示出所有恢复时应用的增量备份数量要求小于或等 5，现在需要进行备份的数据文件：

```
RMAN> REPORT NEED BACKUP INCREMENTAL 5 DATABASE;
```

下面命令显示如果要求每个备份的有效天数为 3 天，需要进行备份的数据文件：

```
RMAN > REPORT NEED BACKUP days 3 tablespace system;
```

10. 启动和关闭数据库命令

可以在 RMAN 环境中启动和关闭目标数据库。启动命令等价于 SQL Plus 中的 STARTUP 命令，但不能用该命令来启动恢复目录数据库。RMAN 环境中的 STARTUP 命令可以在没有任何初始化参数时启动实例到 NOMOUNT 状态，当需要修复初始化参数文件时这种启动非常有用。启动和关闭数据库命令如表 11-2 所示。

表 11-2　启动和关闭数据库命令

启动和关闭数据库命令	说　明
STARTUP	启动数据库实例，并打开数据库
STARTUP MOUNT	启动数据库实例，并装载，但不打开
STARTUP NOMOUNT	启动数据库实例，但不装载
STARTUP DBA	启动数据库到限制状态，只有 DBA 可以访问数据库
STARTUP PFILE=初始化文件	为目标数据库指定初始化文件，默认时初始化参数文件为 init.ora

管理员可以在不退出 RMAN 的情况下来关闭数据库，这等价于 SQL Plus 中的 SHUTDOWN 命令。但不能用该命令关闭恢复目录数据库。

```
SHUTDOWN NORMAL|ABORT|TRANSACTIONAL|IMMEDIATE
```

在 RMAN 环境中正常关闭数据库命令如下：

```
RMAN>SHUTDOWN NORMAL;
```

11. SET 命令

前面介绍 CONFIGURE 命令进行的配置将保存下来，它对所有 RMAN 与目标数据库的会话连接都有效。如果仅配置对本次会话有效的设置，应该使用 SET 命令。SET 命令可以在 RMAN 提示符或 RUN 命令中使用。在 RMAN 提示符下，SET 命令有下面三种功能：

① SET ECHO ON|OFF：控制 RMAN 命令是否显示在信息框中。

② SET DBID n：其中 n 为 32 位的二进制整数，它是数据库建立时自动分配的，可通过查询动态数据库视图 V$DATABASE 来得到数据库的 DBID，它是在没有连接到目标数据库前使用。

③ SET CONTROLFILE AUTOBACKUP FORMAT FOR DEVICE TYPE：

```
设备描述符 TO  '格式串'
```

指定控制文件自动备份时所用的设备名称和文件名格式。

在 RUN 命令块中，SET 命令完成下面几种功能：

```
SET NEWNAME FOR DATAFILE'文件名'TO'文件名';
SET ARCHIVELOG DESTINATION TO 归档位置;
SET BACKUP COPIES=n
SET AUTOLOCATE ON|OFF
SET  CONTROLFILE AUTOBACKUP FORMAT FOR DEVICE TYPE
设备描述符 TO '格式串'
```

12. 执行 SQL 语句的命令 SQL

利用 RMAN 中的 SQL 命令可以在 RMAN 中执行 SQL 命令或 PL/SQL 存储过程。它可以在 RMAN 提示符下或 RUN 块中执行。如果用指定文件来表示 PL/SQL 存储过程，文件名必须用单引号括起来。

```
SQL  'SQL命令或存储过程文件名'
```

这里不能使用 SELECT 命令。

【例 11.5】在 RMAN 中执行 SQL 语句。

```
RMAN> SQL "ALTER SYSTEM ARCHIVE LOG CURRENT";
RMAN> SQL "ALTER TABLESPACE tbs_1 ADD DATAFILE
    'e:\oracle\oradata\student\tbs_7.f ' NEXT 10K MAXSIZE 100k;"
RMAN>RUN
{
    SQL  'BEGIN scott.update_log; END;'; 一存储过程
}
```

13. 检查备份集命令

VALIDATE 命令验证备份集是否可以用于恢复操作。RMAN 扫描指定备份集的所有备份片，并对内容进行校验以决定备份是否可以在必须时用于恢复。当怀疑备份集丢失或被损坏时可使用 VALIDATE 命令进行检查。

格式：

```
VALIDATE BACKSET 备份集主码
```

备份集主码可以通过 LIST 命令得到。

【例 11.6】验证备份集 218。

```
RMAN> VALIDATE BACKUPSET 218;
# As the output indicates, RMAN determines whether it is possible to restore the
# specified backup set.
allocated channel: ORA_DISK_1
channel ORA_DISK_1: sid=8 devtype=DISK
channel ORA_DISK_1: starting validation of datafile backupset
channel ORA_DISK_1: restored backup piece 1
piece handle=/oracle/dbs/c-3939560491-20010419-00 tag=null params=NULL
channel ORA_DISK_1: validation complete
```

以上介绍了 RMAN 中的辅助命令，关于备份、恢复和修复命令的详细说明将在 11.3 节和 11.4 节中具体操作时介绍。

11.3   RMAN 备份

RMAN 通过在目标数据库中启动 Oracle 服务进程来完成备份任务。在数据库已装载或已打开的情况下，可以用 RMAN 中的 BACKUP 命令完成整个数据库、表空间、数据文件、归档重做日志文件、控制文件和备份集的备份操作。Oracle 运行时所需的其他重要文件，如口令文件、参数文件等可以利用操作系统命令或第三方备份工具进行备份。

利用 RMAN 进行备份时，可以进行完全备份（Full Backup）与增量备份（Incremental Backup）、联机备份（Open Backup）或脱机备份（Closedbackup）和一致备份（Consistent Backup）与不一致备份（Inconsistent Backup）。

各种类型备份的概念在 11.1.2 节中都已经进行详细介绍，这里不再重复。

11.3.1   RMAN 备份的配置

在用 RMAN 进行备份或复制时，通常要做到下面的配置。

1. 改变默认的设备类型

RMAN 预定义配置中定义了本地硬盘的通道为默认设备类型。如果需要将数据库备份到其他设备上，那么就要进行相应的通道配置工作。例如：

```
RMAN>CONFIGURE DEFAULT DEVICE TYPE TO Sbt;
```

上面命令将把介质管理器（通常为磁带）设置为默认设备。如果需要将默认设备重新恢复为本地硬盘，那么可以执行如下命令：

```
RMAN>CONFIGURE DEFAULT DEVICE TYPE TO disk;
```

或者：

```
RMAN>CONFIGURE DEFAULT DEVICE TYPE CLEAR;
```

2. 通道并行数

默认情况下，自动分配通道的并行度为 1。利用 CONFIGURE DEVICE TYPE… PARALLELISM 命令来改变默认的自动分配通道的并行度。

下面命令在执行 BACKUP 命令前，RMAN 将为它分配三个到指定设备类型（本地硬盘）

的通道：

```
RMAN> CONFIGURE DEVICE TYPE DISK PARALLELISM 3;
```

3. 备份集位置及名称

如果要在自动分配通道所创建的备份片中指定存储位置与文件名称，可以在 CONFGIURE CHANNEL 语句中指定 FORMAT 选项：

```
RMAN > CONFIGURE CHANNEL DEVICE TYPE DISK
    2> FORNAT 'f:\backup\%U.mir';
```

4. 备份片的大小

如果需要为自动分配通道创建的最大备份片大小设置为 2GB，可以在 CONFIGURE CHANNEL 语句中指定 MAXPIECESIZE 选项。

```
RMAN>CONFIGURE CHANNEL DEVICE TYPE DISK MAXPIECESIZE 2G;
```

5. 手工分配通道

手工分配通道是指在运行 BACKUP 命令之前，利用 ALLOCATE CHANNEL 命令来进行手工方式分配通道，这些命令通常放在一个 RUN 命令块中，例如：

```
RMAN > RUN{
    2> ALLOCATE CHANNEL D1 DEVICE TYPE DISK;
    4> ALLOCATE CHANNEL D2 DEVICE TYPE DISK;
    5> ALLOCATE CHANNEL d3 DEVICE TYPE DISK;
    6> BACKUP DATABASE PLUS ARCHIVELOG;
```

当执行 ALLOCATE CHANNEL 命令时，它对通道的设备类型、并行度以及其他参数进行的设置将覆盖 RMAN 预定义配置中的设置，即覆盖自动通道分配的设置。

11.3.2　备份整个数据库

在 RMAN 中进行备份时，首先用 CONFIGURE 命令配置自动分配通道或手工分配通道，然后在 RMAN 命令提示符下或在 RUN 命令块中执行 BACKUP 命令。

1. 归档模式下备份整个数据库

如果数据库运行在归档模式下，在 RMAN 中备份时数据库可以处于打开状态也可以在关闭状态，因此在 RMAN 中可以对整个数据库进行一致性备份也可以进行不一致性备份。不一致的备份在恢复后需要利用归档日志文件进行修复。采用自动分配通道备份打开状态的整个数据库的步骤如下：

（1）启动 RMAN 并连接到目标数据库

```
C:\>RMAN TARGET sys/change_on_install
```

（2）备份数据库和所有归档日志到缺省的磁盘

```
RMAN> BACKUP DATABASE PLUS ARCHIVELOG;
```

（3）数据库归档

如果进行的是不一致备份，即在数据库打开状态下进行备份，那么必须在完成备份后对当前的联机重做日志进行归档，因为在利用这个备份修复数据库后需要使用归档重做日志中的重做记录。

```
RMAN> SQL "ALTER SYSTEM ARCHIVE LOG CURRENT" ;
```

2. 非归档模式下备份整个数据库

如果数据库运行在非归档模式下，只能进行整个数据库的完全一致性备份，此时在恢复备份后不需要修复数据库。

（1）启动 RMAN 并连接到目标数据库

```
C:\>RMAN TARGET sys/change_on_install
```

（2）关闭并重新启动数据库

首先要一致地关闭数据库，然后再装载数据库。这项工作可以用 SQL Plus 命令或 RMAN 的命令来完成。输入下面命令组将保证数据库被一致性地关闭：

```
RMAN>SHUTDOWN IMMEDIATE;
RMAN>SHUTDOWN FORCE DBA;
RMAN>SHUTDOWN IMMEDIATE;
RMAN>STARTUP MOUNT;
```

（3）执行 BACKUP DATABASE 命令

在 RMAN 提示符下输入 BACKUP DATABASE 命令即可完成整个数据库的备份。如果不指定 FORMAT 参数，RMAN 将自动为每个备份片生成一个唯一的名称并将它们存储到默认的位置，在 Windows 系统中，默认位置为%ORACLE-HOME%\database 目录。

```
RMAN>BACKUP DATABASE;
```

或者备份到指定位置的指定文件名：

```
RMAN>BACKUP DATABASE FORMAT  'f:\backdb\%u.bdb';
```

或者在备份的同时产生备份的镜像：

```
RMAN>BACKUP DATABASE AS COPY;
```

（4）查看备份集和备份片信息，然后重新打开数据库。

```
RMAN>LIST BACKUP OF DATABASE;
RMAN>ALTER DATABASE OPEN;
```

11.3.3 备份表空间和数据文件

1. 备份表空间

在 RMAN 中对一个或多个表空间进行备份时，先启动 RMAN 并连接到目标数据库之后，在 RMAN 提示符下输入 BACKUP TABLESPACE 命令即可，此时目标数据库必须是加载状态或打开状态。

【例 11.7】下面命令同时备份 system 和 users 表空间，并将其备份到不同磁盘上。

```
RUN
{ ALLOCATE CHANNEL dev1 DEVICE TYPE DISK FORMAT 'd:\back\%u';
ALLOCATE CHANNEL dev2 DEVICE TYPE DISK FORMAT 'e:\back\%u';
BACKUP AS COPY TABLESPACE system,users;}
```

如果要查看表空间的备份信息，可以在 RMAN 提示符下执行 LIST 命令：

```
RMAN>LIST BACKUP OF TABLESPACE  users,system;
```

2. 备份数据文件

如果数据库运行在归档模式下，无论数据库是在关闭状态还是在打开状态，都可用 RMAN 的 BACKUP DATAFILE 命令对数据文件或数据文件镜像复制进行备份。

【例 11.8】备份数据库中 1 到 4 号数据文件，每个备份集两个文件。

```
RMAN>BACKUP DATAFILE 1,2,3,4 FILESPERSET=2;
```

如果将数据文件备份到指定位置用 FORMAT 子句：

```
RMAN>BACKUP DATAFILE 1,2 FORMAT  'd:\backup\%u ';
```

查看数据文件的备份信息使用命令 LIST BACKUP OF DATAFILE。如：

```
RMAN>LIST BACKUP OF DATAFILE 1,2;
```

11.3.4 备份控制文件

无论数据库是处于打开状态还是关闭状态，都可以对当前的控制文件进行备份。在 RMAN 中，备份控制文件可以采用手动备份和自动备份等多种方法。

1. 手工方式备份控制文件

手动备份可以将控制文件包含在一个数据文件备份集中，此时 RMAN 将会把控制文件写入到备份集结尾的部分。手工备份控制文件有两种方法：一种是在 BACKUP 命令中添加 INCLUDE CURRENT CONTROLFILE 选项，另一种是使用 BACKUP CURRENT CONTROLFILE 命令。

【例 11.9】在备份表空间或数据文件时备份当前控制文件。

```
RMAN>BACKUP TABLESPACE users INCLUDE CURRENT CONTROLFILE;
RMAN>BACKUP DATAFILE 1,2  INCLUDE CURRENT CONTROLFILE;
```

【例 11.10】用 BACKUP CURRENT CONTROLFILE 命令来备份控制文件。

```
RMAN>BACKUP CURRENT CONTROLFILE FORMAT 'd:\backup\bk.ctl';
```

如果要查看控制文件的备份信息，使用命令 LIST BACKUP OF CONTROLFILE：

```
RMAN>LIST BACKUP OF CONTROLFILE;
```

2. 控制文件的自动备份

控制文件的自动备份是指 RMAN 在每次执行 BACKUP 之后自动建立一个当前控制文件的镜像复制。使用命令 CONFIGURE CONTROLFILE AUTOBACKUP 来激活或中止控制文件的自动备份功能。当对控制文件进行自动备份时，可以在不使用 RMAN 资料档案库的情况下直接对控制文件进行恢复。激活控制文件自动备份的命令：

```
RMAN>CONFIGURE CONTROLFILE AUTOBACKUP ON;
```

此时备份文件的名称是由 RMAN 自动以%U 格式生成的，默认位置在目录 %ORACLE-HOME%\DATABASE。如果需要对自动备份的控制文件的命名方式进行修改，可以执行下面的命令：

```
RMAN> CONFIGURE CONTROLFILE AUTOBACKUP FORMAT
    2> FOR DEVICE TYPE DISK TO  'f:\backup\ctr01.bck';
```

中止控制文件自动备份功能的命令：

```
RMAN>CONFIGURE CONTROLFILE AUTOBACKUP OFF;
```

11.3.5 备份归档重做日志文件

归档重做日志文件是成功进行介质恢复的关键，因此必须经常对归档重做日志文件进行备份，并且归档重做日志文件只能包含在归档重做日志备份集中。在 RMAN 中可以有多种方式备份归档重做日志文件。

1. BACKUP ARCHIVELOG 备份归档重做日志文件

BACKUP ARCHIVELOG 命令用来对归档重做日志文件进行备份，备份的结果是一个归档重做日志备份集。下面命令将所有归档重做日志文件备份到归档备份集中：

```
RMAN>BACKUP ARCHIVELOG ALL;
```

在使用BACKUP ARCHIVELOG ALL 命令进行备份时，RMAN 会在备份过程中试图进行一次日志切换，因此，会将当前联机重做日志的内容也包含到归档日志备份集中。

在BACKUP命令中可以指定DELETE INPUT删除指定归档目录中的归档重做日志文件，

指定 DELETE ALL INPUT 选项将删除所有归档目录中的归档重做日志文件，这样可以节省磁盘空间。

使用下面的格式可备份指定时间内的归档重做日志文件的内容。如果需要也可以用 FORMAT 子句来指定备份集的位置和文件名称，例如：

```
RMAN>BACKUP ARCHIVELOG FROM TIME  'SYSDATE-30'
   2> UNTIL TIME 'SYSDATE-7' FORMAT 'd:\backup\dd.ctl';
```

上面例子备份 7 天前到 30 天前的归档重做日志文件。

2. 用 BACKUP...PLUS ARCHIVELOG 备份归档重做日志

在对数据文件等其他对象进行备份时，可以同时备份归档重做日志文件，只要在备份命令 BACKUP 中使用 PLUS ARCHIVELOG 子句即可，此时该命令将按照下面的顺序依次完成备份数据库文件和归档日志文件的操作：

- 执行 ALTER SYSTEM ARCHIVELOG CURRENT 语句对当前的联机重做日志进行归档。
- 执行 BACKUP ARCHIVELOG ALL 命令备份所有归档重做日志文件。
- 执行 BACKUP 命令对指定的数据文件等进行备份。
- 再次执行 ALTER SYSTEM ARCHIVE LOG CURRENT 语句对当前的联机重做日志进行归档。
- 对备份期间新生成的尚未备份的归档重做日志文件进行备份。
- 执行上述步骤后，就可以保证以后利用备份的归档重做日志文件可以将备份的数据文件恢复到一致的状态。

下面命令可以在对整个数据库进行备份的同时，对所有的归档重做日志文件进行备份，要保证数据库是处于打开状态或已装载：

```
RMAN> BACKUP DATABASE PLUS ARCHIVELOG;
```

可以利用 LIST BACKUP 命令查看包含数据文件、控制文件和归档重做日志文件的备份集与备份片段的信息。例如：

```
RMAN> LIST BACKUP OF DATABASE;
RMAN> LIST BACKUP OF ARCHIVELOG  ALL;
```

11.3.6 用 RMAN 进行双工备份

RMAN 中的双工技术是指 RMAN 在创建备份集的时候，可以同时生成这个备份集的多个镜像副本，这样可以提高备份的可靠性。如果其中一份副本损坏，RMAN 还可以利用其他的副本来完成数据库修复操作。

RMAN 最多可以同时为备份集建立四个副本，这些副本都是完全相同的同一个备份集，并且具有唯一的副本编号。

1. 利用 BACKUP COPIES 进行双工备份

在 BACKUP 命令中用 COPIES 选项指定双工方式下备份集副本的数量，这种方式指定的 COPIES 选项将覆盖任何其他的双工备份设置，此时 BACKUP 命令中可指定要备份对象，如数据库、表空间、数据文件等。

【例 11.11】建立数据文件 3 的三个备份集。

```
RMAN>BACKUP COPIES 3  DATAFILE  3;
```

2. 利用 SET BACKUP COPIES 进行双工备份

SET BACKUP COPIES 命令用来在 RUN 命令块中设置双工备份副本数量。可以在分配通道前或分配通道后执行该命令，它将对以后执行的所有 BACKUP 命令有效。

【例 11.12】使用自动分配通道在磁盘上建立表空间 users 的两个副本，并把它们分别存放在不同的目录，然后备份所有归档日志文件并为该备份建立 3 个副本。

```
RMAN>RUN{
    2>SET BACKUP COPIES 3;
    3>BACKUP COPIES 2 FORMAT 'd:\backup\%u','e:\backup\%u';
    4>TABLESPACE users;
    5>BACKUP ARCHIVELOG ALL;}
```

上面命令将表空间的备份集有两个镜像分别在 d:\backup 和 e:\backup。归档日志文件有三个相同的备份，而自动备份的控制文件有三个相同的备份。BACKUP COPIES 的设置覆盖了 SET BACKUP COPIES 3 的设置，但 SET 命令对 BACKUP ACHIVELOG ALL 命令有效。

用 LIST BACKUP SUMMARY 命令查看所有备份集的信息，其中 # Copies 列中显示其副本数量。

```
RMAN>LIST BACKUP SUMMARY;
```

3. 用 CONFIGURE BACKUP COPIES 进行双工备份

使用 CONFIGURE...BACKUP COPIES 命令可以为指定的设备类型设置默认的备份副本数量，它仅适用于数据文件与归档重做日志文件的备份，并且必须使用自动分配的通道。

【例 11.13】将数据文件和归档日志在磁带上建立 3 个备份，而数据文件在磁盘上有备份。

```
RMAN>CONFIGURE DEVICE TYPE sbt PARALLELISM 1;
RMAN>CONFIGURE DEFAULT DEVICE TYPE TO sbt;
RMAN>CONFIGURE CHANNEL DEVICE TYPE DISK FORMAT'd:\back\%U';
RMAN>CONFIGURE CHANNEL DEVICE TYPE DISK FORMAT 'e:\back\%u';
RMAN>CONFIGURE DATAFILE BACKUP COPIES FOR DEVICE TYPE sbt TO 2;
RMAN>CONFIGURE ARCHIVELOG BACKUP COPIES FOR DEVICE TYPE sbt TO 2;
RMAN>CONFIGURE DATAFILE BACKUP COPIES FOR DEVICE TYPE DISK TO 2;
```

【例 11.14】双工备份表空间 users。

首先设置双工备份：

```
RMAN>CONFIGURE DATAFILE BACKUP COPIES
    2 FOR DEVICE TYPE DISK TO 2;
```

然后备份表空间 users，并将两个相同的备份存放在不同磁盘上。

```
RMAN>BACKUP TABLESPACE USERS
    2>FORMAT 'd:\backup\%u','e:\backup\%u';
```

利用 LIST BACKUP SUMMARY 命令查看所有备份集的信息。

11.3.7 用 RMAN 进行增量备份

增量备份是在一个基准线备份的基础上进行的备份。在进行增量备份时，RMAN 读取整个数据文件，但是仅仅将那些与前一次备份相比发生了变化的数据块复制到备份集中。在 RMAN 中可以对数据文件、表空间或者整个数据库进行增量备份。如果增量备份中包含控制文件，那么备份集的控制文件是完整的。

增量备份功能节省磁盘空间、节省通过网络备份时的网络带宽、能够提供类似归档重做日志的功能。如果数据库运行在非归档模式下，那么只能在数据库完全关闭的状态下进行一致性的增量备份；如果数据库运行在归档模式下，那么可以在数据库关闭状态下或打开状态下进行增量备份。

在 RMAN 中建立的增量备份可以具有不同的"级别（level）"，每个级别都使用一个不小于零的整数来标识，如级别 0、级别 1。级别 0 的增量备份是后续所有增量备份的基础，因为在进行级别 0 的备份时 RMAN 会将数据文件中所有不空白的数据块都复制到备份集中。级别 0 的增量备份与完全备份的唯一区别就是它将作为备份策略中的一部分，而完全备份则不能。

在一个增量备份策略中必须包含一个级别 0 的增量备份，如果在没有级别 0 的增量备份的情况下试图建立级别大于 0 的增量备份，RMAN 将首先创建一个级别 0 的增量备份。级别大于 0 的增量备份将只包含与前一次备份相比发生了变化的数据块。

【例 11.15】建立表空间 users 的 0 级备份和 1 级备份。

```
RMAN>BACKUP INCREMENTAL LEVEL=0 TABLESPACE users;
```
下面命令建立 users 的 1 级增量备份：

```
RMAN>BACKUP INCREMENTAL LEVEL=1 TABLESPACE users;
```

11.3.8　用 RMAN 备份插接式数据库

在 Oracle 12c 的多租户环境可以像备份其他数据库一样备份插接式数据库。当用户连接到根容器数据库时，可以备份数据库中的所有数据文件，也可以备份数据库中的数据文件、插接式数据库、表空间和数据文件；当连接到插接式数据库时，只能备份与该数据库有关的数据文件。

1. 连接到根容器进行备份

用户必须具有 SYSBACKUP 或 SYSDBA 系统权限，并且以公用用户连接到根容器，就可进行下面各类备份。下面语句连接到 CDB2 的根容器：

```
RMAN> CONNECT TARGET SYS/Ysj639636@CDB2;
```
如果要备份整个 CDB 数据库（包括根容器和插接式数据库的所有数据文件），执行如下语句：

```
RMAM> BACKUP DATABASE;
```
如果要备份根容器数据库的数据文件，执行下面语句：

```
RMAN> BACKUP DATABASE ROOT;
```
如果要备份指定的插接式数据库 salepdb，可执行下面语句：

```
RMAN> BACKUP PLUGGABLE DATABASE salepdb;
```
如果要备份指定数据库 salepdb 的表空间 sales，可执行下面语句：

```
RMAN> BACKUP TABLESPACE salepdb:sales;
```
如果要备份指定插接式数据库（如 salepdb）的表空间（如 sales）对应的数据文件（如 sale01.dbf），可执行下面语句：

```
RMAN> BACKUP DATAFILE 'e:\app\oracle12c\salpdb\sale01.dbf';
```

2. 连接到插接式数据库进行备份

在启动 RMAN 后，具有 SYSBACKUP 和 SYSDBA 权限的本地用户连接到指定的插接式数据库，就可完成对特定插接式数据库的部分或整个数据库备份。

可以像 SQL Plus 工具连接插接式数据库一样，在 RAMN 中用网络服务名等方式连接插接式数据库。下面语句以 SYS 用户连接到 CDB2 的插接式数据库 salepdb 中，其中 cdb2salepdb 是 salepdb 的网络服务名：

```
RMAN> CONNECT TARGET sys/Ysj639636@cdb2salepdb;
```
在连接到插接式数据库 salepdb 后，执行下面语句就是对 salepdb 的备份：

```
RMAN> BACKUP DATABASE;
```

同样也可以备份 salepdb 的表空间 sale 或表空间的数据文件 sale01.dbf：

```
RMAN> BACKUP  TABLESPACE  sale;
RMAN> BACKUP  DATAFILES   'e:\app\oracle12c\salpdb\sale01.dbf';
```

11.4 RMAN 恢复

在用户管理的恢复方式时，已经详细介绍了数据库恢复和修复的概念和原理。本节将重点介绍在 RMAN 中进行恢复和修复的方法。

在进行数据库恢复时，要根据当前数据库文件的损坏情况来采用不同的恢复策略。通常考虑的问题如下：

- 当前控制文件是否可用？
- 是否正在使用恢复目录？
- 要恢复的主机是否为原目标主机？
- 恢复的数据库文件名称是否与目标主机中的名称一样？
- 是否要恢复到当前时间？
- 是否恢复整个数据库？

以上每种情况所采用的恢复方法不完全相同。本节介绍的各种数据库文件的恢复方法都是对基本介质恢复情况下进行的。

RMAN 的基本介质恢复是指同时满足以下条件的恢复操作：

- 当前的控制文件没有丢失或损坏，保存在控制文件中的 RMAN 资料档案库仍然可以访问。
- 修复后的数据库与目标数据库是同一个数据库。
- 修复后的数据文件位于原来的位置上，并使用原来的名称。
- 目标数据库没有采用 Oracle Real Application Clusters 结构。
- 恢复操作是针对整个数据文件的完全或不完全介质恢复，而不是针对单独数据块的恢复。如果进行的是不完全介质恢复，那么必须对整个数据库进行恢复；如果进行的是完全介质恢复，则可以对整个数据库或单独的表空间进行恢复。

11.4.1 恢复数据库

如果当前控制文件可以使用，但数据库中所有的数据文件都被损坏或丢失，那么必须用 RMAN 恢复所有的数据文件，然后再对整个数据库进行一次完全介质修复。如果没有配置自动分配通道，那么就要手工分配一个或多个通道。按照下面的步骤对整个数据库进行完全介质修复。

（1）将数据库设置为装载状态

启动 RMAN 并连接到目标数据库，然后加载数据库但不打开它。如果有可能，应该先正常关闭数据库，然后再启动到装载状态。

```
RMAN > STARTUP MOUNT;
```

（2）恢复整个数据库

```
RMAN>RESTORE DATABASE;
```

用 RESTORE 命令对整个数据库进行恢复，将所有的数据文件都恢复到它们原来的位置中。RESTORE 将使用最新的数据库备份集。如果要使用指定的备份集，可以执行带 FROM BACKUPSET 的 RESTORE 命令。

如果要将整个数据库恢复到新的位置，可用 SET NEWNAME 命令将每个表空间的所有数据文件指向新的位置，然后恢复整个数据库，再执行 SWITCH DATAFILE ALL 命令使控制文件指向新的位置，最后修复整个数据库，参见 11.4.2 节所述。

（3）修复整个数据库

```
RMAN>RECOVER DATABASE DELETE ARCHIVELOGS
   2>SKIP TABLESPACE temp;
```

利用 RECOVER 命令对恢复后的所有数据文件进行修复。RECOVER 命令中的 DELETE ARCHIVELOGS 选项删除修复过程中已恢复过的归档重做日志。在修复过程中如果不想修复某些表空间，可用 SKIP TABLESPACE 选项来跳过表空间的修复。

如果使用手工分配通道，可用下面的命令块：

```
RMAN>RUN{
   2>ALLOCATE CHANNEL disk1 TYPE DISK;
   3>ALLOCATE CHANNEL disk2 TYPE DISK;
   4>RESTORE DATABASE;
   5>RECOVER DATABASE
   6>DELETE ARCHIVELOGS
   7>SKIP TABLESPACE temp;
}
```

（4）重新打开数据库

检查 RESTORE 和 RECOVER 过程中是否有错误。如果整个过程没有错误，那么就打开数据库：

```
RMAN>ALTER DATABASE OPEN;
```

11.4.2 恢复数据文件

如果只有部分数据文件被损坏或丢失，可以仅对它们进行完全介质恢复。在恢复之前通过查询 V$INSTANCE、V$DATAFILE_HEADER、V$DATAFILE 和 V$TABLESAPCE 动态性能视图，确定损坏或丢失的数据文件所在的表空间，然后对这些表空间进行完全介质恢复。

1. 将数据文件恢复到原位置

在当前控制文件可以使用的情况下，按照下面步骤对表空间进行完全介质恢复，即将数据文件恢复到原来位置。

（1）启动 RMAN 并连接到目标数据库，然后加载或打开数据库。

```
RMAN>STARTUP MONUNT;
```

或

```
RMAN>STARTUP NORMAL;
```

（2）将要恢复的表空间置为脱机状态。

```
RMAN>SQL "ALTER TABLESPACE example OFFLINE IMMEDIATE";
```

（3）如果没有配置自动通道（使用 SHOW ALL 命令查看），需要手工分配通道，然后执行 RESTORE 命令将数据文件恢复到原位置，最后再利用 RECOVER 命令对恢复后的表空间进行修复。

```
RMAN>RESTORE TABLESPACE example;
RMAN>RECOVER TABLESPACE example;
```

（4）如果修复成功，将表空间设置为联机状态。

```
RMAN>SQL  "ALTER TABLESPACE example ONLINE";
```

2. 将数据文件恢复到新的位置

如果要将数据文件恢复到新的位置，那么在进行修复之前要用 SET NEWNAME 命令将每个数据文件指向新的位置和名称。此时 SET NEWNAME 必须放在 RUN 命令块中。在恢复后，但在修复前，用 SWITCH 命令永久地改变数据库中数据文件的名称。SWITCH 命令等价于 SQL 语句 ALTER DATABASE RENAME FILE。

SET NEWNAME 命令的格式为

```
SET NEWNAME FOR DATAFILE  '原位置文件名'TO'新位置文件名';
```

SWITCH 命令的格式为 SWITCH DATAFILE ALL，它将所有 SET NEWNAME 中指定的数据文件永久改名。

```
SWITCH DATAFILE '原位置文件名' TO DATAFILECOPY '文件名';
```

启动 RMAN 并连接到目标数据库，完成下面步骤就可将数据文件或者整个表空间恢复到新的位置：

（1）将要恢复的表空间设置为脱机状态（SQL "ALTER TABLESPACE..."命令）。

（2）指定脱机表空间中数据文件的新的位置和名称（SET NEWNAME 命令）。

（3）恢复数据文件到新位置（RESTORE 命令）。

（4）让控制文件指向新的位置（SWITCH 命令）。

（5）修复表空间（RECOVER 命令）。

（6）修复成功后，将表空间设置为联机状态。

由于此时的 SET 命令必须运行在 RUN 命令块中，所以将完成上面任务的各命令组织成以下的 RUN 块命令：

```
RMAN>RUN{
    2>SQL "ALTER TABLESPACE example OFFLINE IMMEDIATE";
    3>SET NEWNAME FOR DATAFILE
    4>'d:\student\example01.dbf'TO'e:\oracle\oradata\student\example01.dbf';
    5>RESTORE TABLESPACE example;
    6>SWITCH DATAFILE ALL;
    7>RECOVER TABLESPACE example;
    8>}
```

如果修复成功，将脱机表空间设置为联机表空间，也可以将该命令放在上面的 RUN 命令块内执行。

```
RMAN>SQL "ALTER TABLESPACE student ONLINE";
```

11.4.3 恢复归档重做日志文件

通常不需要手工恢复归档重做日志文件，因为 RECOVER 命令在必要时会自动修复归档重做日志文件。但是，手工恢复归档重做日志文件可以加快数据库的修复过程，也可以将归档日志恢复到多个位置中。

使用 RMAN 恢复归档重做日志文件时，通常是将它们恢复到由目标数据库的初始化参数 LOG_ARCHIVE_FORMAT 和 LOG_ARCHIVE_DEST_1 指定的位置。可通过命令 SET ARCHIVELOG DESTINATION 改变归档重做日志文件的位置。恢复归档重做日志文件的步骤如下：

（1）启动 RMAN 并连接到目标数据库，确认数据库已经启动，或已加载或已打开。

```
RMAN>STARTUP MONUNT;
```

（2）如果不是恢复到默认位置，那么执行 SET ARCHIVELOG DESTINATION 命令：

```
RMAN>SET ARCHIVELOG DESTINATION TO 'k:\oracle\temp_res';
```

（3）恢复归档重做日志文件。

```
RMAN>RESTORE ARCHIVELOG ALL;
```

11.4.4 用备份的控制文件进行介质恢复

如果在介质故障中目标数据库的所有控制文件都被损坏或丢失，这时必须首先恢复备份的控制文件，然后才能够加载数据库并进行介质恢复操作。

在丢失全部控制文件的情况下进行介质恢复的方法有许多种，它主要取决于是否为 RMAN 建立了恢复目录。但不管在什么情况下，都应该在恢复了备份的控制文件后，必须执行 RECOVER 命令。在完成完全介质恢复或不完全介质恢复后，必须以 RESETLOGS 方式打开数据库。

下面介绍在不使用恢复目录的情况下，用备份的控制文件进行介质恢复的方法步骤，并且假设激活了控制文件的自动备份功能。

（1）用 SQL 命令启动数据库，但不加载数据库。

```
SQL>STARTUP NOMOUNT;
```

（2）启动 RMAN，但不连接到目标数据库。

```
C:\>RMAN nocatalog
RMAN>
```

（3）执行 SET DBID 命令设置目标数据库标识符。

```
RMAN>SET DBID 676549873;
```

（4）执行 CONNECT 命令连接到目标数据库。

```
RMAN>CONNECT TARGET sys/change_on_install
```

（5）用自动备份的控制文件恢复控制文件。

由于在加载数据库之前，还不能使用 RMAN 资料档案库，所以不能使用自动分配的通道，必须为 RESTORE 命令手工分配一个通道。

在完成对控制文件的恢复操作之后即可加载数据库。

```
RMAN>RUN{
  2>SET CONTROLFILE AUTOBACKUP FORMAT
  3>TO 'k:\backups\%f.ctl';
  4>ALLOCATE CHANNEL d1 DEVICE TYPE DISK;
  6>RESTORE CONTROLFILE FROM AUTOBACKUP;
  7>MOUNT DATABASE;}
```

数据库成功加载后，存储在控制文件中的 RMAN 资料档案库已经可以使用，因此在后面的操作中可以利用自动分配的通道。

（6）恢复并修复数据库。这里假设由于联机重做日志已经损坏，所以将对数据库进行指定日志顺序号的不完全介质恢复。顺序号为 13243 的归档重做日志是最后一个生成的归档重做日志文件。

```
RMAN>RESTORE DATABASE UNTIL SEQUENCE 13243;
RMAN>RECOVER DATABASE UNTIL SEQUENCE 13243;
```

（7）以 RESETLOGS 方式打开数据库。

```
RMAN>ALTER DATABASE OPEN RESETLOGS;
```

（8）建议立即备份数据库，并且最好在打开数据库之前进行备份。

```
RMAN>SHUTDOWN IMMEDIATE;
RMAN>STARTUP MOUNT;
RMAN>BACKUP DATABASE;
RMAN>ALTER DATABASE OPEN;
```

按照上面的步骤，可以将控制文件恢复到默认位置，即由 CONTROL_FILES 初始化参数指定的位置，并可修复数据库。

恢复控制文件到新的位置，可以对上面的步骤在加载数据库之前的命令做修改，具体步骤如下：

（1）启动 RMAN 并连接到目标数据库，然后启动数据库实例但不加载。

```
RMAN>STARTUP NOMOUNT;
```

（2）恢复控制文件。使用"RESTORE CONTROLFILE TO '文件名'"将控制文件指向新的位置，然后用 REPLICATE CONTROLFILE 命令将控制文件复制到 CONTROL_FILES 初始化参数指定的位置：

```
RMAN>RUN{
    2>RESTORE CONTROLFILE TO 'f:\orabak\ctr1.ctl';
    3>REPLICATE CONTROLFILE FROM 'f:\orabak\ctr1.ctl';
    4>MOUNT DATABASE;}
```

（3）以后的步骤与上面的步骤（6）~（8）相同。

11.4.5 恢复容器数据库和插接式数据库

在 Oracle 12c 的多租户环境中，可以恢复容器数据库和插接式数据库的部分或全部数据库内容。

1. 连接到根容器的恢复

具有 SYSDBA 或 SYSBACKUP 系统权限的公用用户连接到根容器后，就可完成对整个容器数据库、根或特定 PDB 的恢复。

（1）恢复数据库的所有数据文件

在连接到根容器后，执行下面命令就可恢复容器数据库、种子数据库和所有与它们关联的插接式数据库的数据文件。如果要恢复根容器数据库的系统表空间，必须将该数据库设置为 mount 模式。

```
RMAN> SHUTDOWN  IMMEDIATE;
RMAN> STARTUP  MOUNT;
RMAN> RESTORE  DATABASE;
RMAN> RECOVER  DATABASE;
RMAN> ALTER  DATABASE OPEN;
```

在打开数据库时，默认情况是不会打开与关联的插接式数据库，可以执行下面语句打开所有插接式数据库：

```
RMAN> ALTER PLUGGABLE  DATABASE  ALL  OPEN;
```

（2）恢复根容器数据文件

如果仅是根容器数据库的数据文件损坏了，可以利用下面语句只恢复根容器的数据文件，此时也必须将该数据库设置为 MOUNT 模式。

```
RMAN> SHUTDOWN  IMMEDIATE;
RMAN> STARTUP  MOUNT;
RMAN> RESTORE  DATABASE  ROOT;
RMAN> RECOVER  DATABASE  ROOT;
```

在完成上述操作后，Oracle 建议同时修复种子数据库和所有的 PDB：

```
RMAN> RESTORE PLUGGABLE DATABASE  'PDB$SEED',sales, hr;
RMAN> RECOVER PLUGGABLE DATABASE  'PDB$SEED',sales, hr;
RMAN> ALTER  DATABASE  OPEN;
```

同样也可执行下面命令打开所有插接式数据库：

```
RMAN> ALTER  PLUGGABLE  DATABASE  ALL  OPEN;
```

（3）PDB 的完全恢复

在恢复一个或多数据插接式数据库时，不会影响其他打开的插接式数据库。如果是连接到根容器中，可以同时恢复多个 PDB。

执行下面几个命令可完成对两个插接式数据库 sales 和 hr 的恢复：

```
RMAN> ALTER PLUGGABLE DATABASE sales, hr CLOSE;
RMAN> RESTORE PLUGGABLE DATABASE 'pdb$seed', sales, hr;
RMAN> RECOVER PLUGGABLE DATABASE 'pdb$seed', sales, hr;
RMAN> ALTER PLUGGABLE DATABASE sales, hr OPEN;
```

如果由于一个或多个数据文件损坏或丢失导致不能关闭插接式数据库，那么必须先连接到该 PDB，然后将损坏的数据文件设置为 OFFLINE 状态，最后才能执行关闭操作。

```
RMAN> ALTER  DATABASE  DATAFILE  12  OFFLINE;
```

修复完成后将该数据文件设置为联机状态：

```
RMAN> ALTER  DATABASE  DATAFILE  12  ONLINE;
```

2. 连接到 PDB 的恢复

启动后 RMAN 后，具有 SYSDBA 系统权限的本地用户连接到指定的 PDB 后，只能恢复当前连接的 PDB 的数据文件。

执行下面几个命令将完成对指定插接式数据库 sales 的恢复：

```
RMAN> ALTER PLUGGABLE DATABASE CLOSE;
RMAN> RESTORE DATABASE;
RMAN> RECOVER DATABASE;
RMAN> ALTER PLUGGABLE DATABASE OPEN;
```

11.5　逻　辑　备　份

Oracle 服务器或客户端提供两个独立的命令行工具 Export 和 Import，利用它们可以在 Oracle 数据库之间进行数据的导出/导入操作，从而实现在不同数据库之间迁移数据的目的。

Oracle 数据库管理员利用 Export/Import 对数据库进行逻辑备份，以此作为物理备份的有利补充，即利用 Oracle Export 将数据库中的对象或整个数据库导出到二进制文件中，然后在需要的时候利用 Import 工具将二进制文件中的对象重新导入数据库中。

使用 Export/Import 可以完成的工作：对数据库中表的定义（表的结构等）进行备份；对表中的数据进行备份；在不同的计算机、不同的 Oracle 数据库或不同版本的 Oracle 数据库之间迁移数据；在不同数据库之间迁移表空间。

11.5.1 EXPORT 导出命令

EXPORT 工具提供了在不同 Oracle 数据库之间迁移数据的简单方法。它将 Oracle 数据库或对象导出到一个专用格式的二进制文件中，然后再利用 IMPORT 将文件的内容导入另一个 Oracle 数据库中。

在使用 EXPORT 工具之前，必须先运行 catexp.sql 脚本或 catalog.sql 脚本，它们将在数据库中建立 EXPORT 工具所需的数据字典视图和角色 EXP_FULL_DATABASE，并为该角色分配权限，然后将该角色授予数据库管理员。一个数据库只需运行一次 catexp.sql 和 catalog.sql 脚本程序。如果数据库是利用 Oracle Database Configuration Assistant 创建的，那么 DBCA 自动调用 catalog.sql 脚本来完成这些工作；如果数据库是用 CREATE DATABASE 语句手工创建的，那么管理员必须手工执行 catexp.sql 或 catalog.sql 脚本。

如果要使用 Export 工具导出自己模式中的对象，用户必须对数据库具有 CREATE SESSION 权限。如果要导出其他用户模式中的对象，则用户必须被授予角色 EXP_FULL_DATABASE，该角色被赋予给所有管理员。EXPORT 导出的默认文件扩展名为.dmp。

1. EXPORT 启动方式

可以通过命令行参数、交互提示、参数文件三种方式启动 EXPORT。

（1）命令行参数方式：

```
EXP 用户名/口令@网络服务名 参数1=值1 参数2=值2 …
```

或

```
EXP 用户名/口令@网络服务名 参数1=(值1,值2,…)
```

【例 11.16】导出 hr 模式下的表 employees 和 jobs，导出文件名 exp1.dmp。

```
E:\>EXP hr/hr@student TABLES=(employees,jobs) ROWS=y FILE=exp1.dmp
```

如果在导出过程中没有警告信息，那么表示导出成功。

```
EXP system/manager@hr OWNER=hr FILE=exp2.dmp
```

命令行方式中参数个数有限，因为书写的命令行字符数不能超过操作系统规定的长度。参数较多时，应使用交互提示方式或参数文件方式。

（2）交互提示方式：如果希望 EXPORT 提示输入每个参数的值，可使用交互提示方式启动 EXPORT。此时对每个参数，EXPORT 提示等待用户输入相应的值。

用下面的形式启动交互提示方式：

```
C:\>EXP
```

或

```
C:\>EXP username/password
```

或

```
C:\>EXP username/password@net_service_name
```

根据提示为参数选择适当的值，然后将导出数据库中的数据。

（3）参数文件方式：参数文件是指定义了有效参数名和参数值的文本文件。不同的数据库可能有不同的参数文件。可以使用任何文本编辑器来生成参数文件。把参数及参数值存储在一个文件中使得修改更容易，也可以多次使用。参数文件中每个参数和其值占一行，参数文件中也可以有以#开头的注释行。

注意，这里的参数文件不是指数据库的初始化参数文件。

参数文件中参数行可以有下面三种形式：

```
参数名=值
参数名=(值)
参数名=(值1,值2,…)
```

如下面的参数文件 EXPAR.dat：

```
FULL=y
FILE=dba.imp
GRANTS=y
INDEXES=y
CONSISTENT=y
```

参数文件建立后，可用下面的命令启动 EXPORT：

```
EXP username/password@netservicename PARFILE=参数文件名
```

或

```
EXP  PARFILE = 参数文件名
```

在使用参数文件的同时可以指定参数的值：

```
EXP username/password PARFILE=params.dat INDEXES=n
```

2. EXPORT 的导出模式

EXPORT 工具提供了四种导出模式：

- 表模式（table mode），可以导出自己模式中的一个或多个表。具有权限 EXP_FULL_DATABASE 的用户可以导出其他用户模式中的一个或多个表。
- 用户模式或所有者模式（user mode or owner mode），可以导出自己模式中所有的对象或在用户间移动数据。有相应权限的用户可以导出其他用户模式中的所有对象。
- 表空间模式（tablespace mode），用于执行迁移表空间的操作。
- 完全模式（full mode），只有具有 EXP_FULL_DATABASE 权限的用户才能执行完全模式的导出操作。在完全模式下，可以导出数据库中除 SYS 模式外其他模式中的所有对象、概要文件、角色、回滚段定义、表空间定义、用户定义、系统级触发器、系统权限等系统对象。

在导出时，使用参数 FULL（完全模式）、OWNER（用户模式）、TABLES（表模式）和 TABLESPACES（表空间模式）来指定导出模式。

3. EXPORT 的导出方式

EXPORT 提供了两种导出表中数据的方式：直接路径方式和传统路径方式。

传统路径方式是用 SQL SELECT 语句从表中选取数据，然后把从磁盘中读出的数据存放在缓冲区，在命令处理层生成一行行记录，然后传给 Export 客户端并写入到导出文件中。

直接路径方式要比传统路径方式快得多，因为数据读到缓冲区后，行记录被直接传给 EXPORT 客户端并把数据写入到导出文件中。这种方式省略了命令处理层。

EXPORT 的导出方式由参数 DIRECT 来控制。如果要使用直接路径方式导出，必须使用命令行方式或参数文件形式启动 EXPORT，而不能使用交互式启动方式。

4. EXPORT 参数说明

通过 EXP HELP=Y 可以显示 EXPORT 的所有参数的说明。下面描述常用的 EXPORT 参数。

```
CONSISTENT=y|n              指定导出时目标数据的内容是否可以修改，默认值为 N
CONSTRAINTS=y|n             是否导出表的约束条件，默认值为 Y
DIRECT=y|n                  指定导出方式，默认值为 N（传统路径方式）
FILE=文件名                  导出文件名，默认值为 expdata.dmp。可指定多个文件
FILESIZE=数字[KB|MB]         指定导出文件的最大值。与 FILE 联合使用
```

```
FULL=y|n                        指定完全模式导出
GRANTS=y|n                      是否导出对象权限，默认值为 Y
INDEXS=y|n                      是否导出索引，默认值为 Y
LOG=文件名                       指定存储信息或错误信息的文件名，默认值时为无
OWNER=用户名                     指定为用户模式
PARFILE=文件名                   指定参数文件名
QUERY=WHERE 条件                 在表模式中导出满足条件的记录
ROWS=y|n                        是否导出表中的记录，默认值为 Y
TABLES=表名列表                  指定要导出的表名，可有多个表名
TABLESPACES=表空间               导出指定表空间的所有表
TRIGGERS=y|n                     是否导出触发器
USERID=username/password        指定用户名和口令，可以使用：
  USERID=username/password AS SYSDBA
```

或

```
USERID=username/password@net_service_name AS SYSDBA
```

5. EXPORT 应用示例

【例 11.17】以完全模式导出整个数据库，导入文件为 dba.dmp。

如果使用命令行方式，执行下面命令：

```
C:\>exp SYSTEM/manager FULL=y FILE=dba.dmp GRANTS=y ROWS=y
```

如果使用参数文件方式，那么应先建立参数文件 para.dat，文件内容如下：

```
FILE=dba.dmp
GRANTS=y
FULL=y
ROWS=y
```

参数文件建立后，执行下面命令：

```
C:\>EXP system/manager PARFILE=para.dat
```

【例 11.18】导出用户 hr 的所有对象，即用户模式导出。

如果使用参数文件形式，那么先建立以下内容的参数文件 para.dat：

```
FILE=hr.dmp
OWNER=hr
GRANTS=y
ROWS=y
COMPRESS=y
```

参数文件建立后，执行下面命令：

```
C:\>exp hr/口令 PARFILE=para.dat
```

【例 11.19】按参数文件方式导出不同模式的表，即表模式导出。

建立参数文件 PARA.DAT，内容如下：

```
FILE=expdat.dmp
TABLES=(scott.emp,hr.employees)
ROWS=y
GRANTS=y
INDEX=y
```

执行命令：

```
C:\>exp system/manager PARFILE=para.dat
```

在表模式中可以用%来匹配表名的零个或任意多个字符，如%S%是指表名中含有 S 字符

的所有表。

【例 11.20】导出 scott 模式中所有表名中含有字符 p 的表和所有表名中含有 s 的表，同时导出 blake 模式中所有的表。

```
C:\>exp SYSTEM/password PARFILE=params.dat
```

参数文件 params.dat 的内容如下：

```
FILE=misc.dmp
TABLES=(scott.%P%,blake.%,scott.%S%)
```

【例 11.21】用户导出自己模式中的表。

建立参数文件 para.dat，内容如下：

```
FILE=hrexp.dmp
TABLES=(employees,departments)
ROWS=y
GRANTS=y
INDEX=y
C:\>exp hr/口令 PARFILE=para.dat
```

11.5.2　IMPORT 导入命令

Import 的作用是从 Export 导出的二进制文件中读取对象的定义和表的数据，然后将它们重新导入数据库中。

Import 在进行导入操作时，先在数据库中创建新表并向表中插入记录，然后创建表的索引、导入触发器、存储过程等对象、激活在表上定义的完整性约束。

Import 并不是必须将导出文件中包含的所有内容全部导入数据库中，可以从导出文件中有选择地提取出对象或数据，然后将它们导入数据库中，也可以仅导入表的结构定义。

与 Export 类似，在使用 Import 之前，必须在数据库中建立 Import 工具所需的数据字典视图和有关的角色 IMP_FULL_DATABASE。如果用 DBCA 创建数据库，那么 DBCA 会自动调用 catalog.sql 脚本来完成这些工作；如果数据库是利用 CREATE DATABASE 语句手工创建的，那么必须手工执行 catexp.sql 或 catalog.sql 脚本。

在使用 Import 工具时，要有 CREATE SESSION 系统权限建立数据库连接，在操作系统级别中具有导出文件的读权限。

如果不是管理员，那么导入用户的权限也会因导入对象的不同而不同。例如：如果导入的对象中有序列，那么执行导入的用户必须有 CREATE SEQUENCE 系统权限。

1. IMPORT 启动方式

与 EXPORT 类似，IMPORT 也有下面三种不同的启动方式，它们分别与 EXPORT 同一类型相同，这里不再重述。

① 命令行方式：

```
imp 用户名/口令 参数名1=值1 参数名2=值2…
imp 用户名/口令 参数名1=(值1,值2,…)
```

② 交互命令方式：

```
C:\>IMP
```

或

```
C:\>IMP username/password
```

或

```
C:\>IMP username/password@net_service_name
```
③ 参数文件方式：

```
imp PARFILE=参数文件名
```
或

```
imp 用户名/口令 PARFILE=参数文件名
```
参数文件的内容与格式要求与 EXPORT 命令的参数文件类似。

2. IMPORT 导入模式

IMPORT 提供了完全模式、表空间模式、用户模式和表模式四种导入模式。

① 完全模式（Full Mode）：只有被赋予角色 IMP_FULL_DATABASE 的用户才可以处于该模式。它把 EXPORT 完全模式生成的整个数据库的导出文件导入数据库中。用参数 FULL=Y 来指定完全模式。

② 表空间模式：只有具有相应权限的用户才能执行表空间模式，它可以将一个或多个表空间从一个数据库迁移到另一个数据库。使用参数 TRANSPORT_TABLESPACE 来指定该模式。

③ 用户模式（所有者模式）：用户模式（User Mode）下用户可以将一个用户模式中的所有对象全部导入自己的模式中，而特权用户则可以将一个或多个用户模式中的所有对象全部导入其他用户的模式中。用 FROMUSER 参数指定用户模式。

④ 表模式：在表模式下，用户将一个或多个表导入自己的模式中，而有权限的用户则可以将一个或多个表导入其他用户的模式中。用参数 TABLES 指定表模式。

3. IMPORT 参数

使用 IMP HELP=Y 命令形式可以显示出所有 IMPORT 命令的参数说明，表 11-3 所示中详细介绍常用的一些参数。

表 11-3 IMPORT 命令参数说明

IMPORT 命令参数	说　明
COMMIT=Y|N	指定是否每行插入后都提交，默认值 N，即在装入每个表后提交
COMPILE=Y|N	指定 IMPORT 建立包、存储过程和存储函数时，是否编译。默认为 Y
CONSTRAINTS=Y|N	指定是否导入表中定义的约束，默认为 Y
DATAFILES=数据文件列表	当 TRANSPORT_TABLESPACE=Y 时，指定是导入数据库的数据文件
FILE=文件名	指定导入操作要使用的导出文件名，缺省为 expdat.dmp。由于 EXPORT 可以一次导出操作生成多个导出文件，此时必须在 FILE 参数中指定多个导出文件
FILESIZE=整数[B|KB|MB|GB]	如果导出文件时指定了 FILESIZE 参数，那么使用这些导出文件进行的导入操作必须指定相同的 FILESIZE 参数，同时还需要在 FILE 参数中指定所有导出文件的名称
FROMUSER=模式名列表	用于指定从包含多个模式的导出文件中要导入哪些模式中的对象。本参数只适用于有 IMP_FULL_DATABASE 角色的用户。它通常与 TOUSER 参数一起使用
FULL=Y|N	指定是否导入整个导出文件的内容，默认值为 N
GRANTS=Y|N	指定是否导入对象的权限，默认值 Y
IGNORES=Y|N	指定对导入过程中产生的对象创建错误如何进行处理。如果取默认值 N，在导入数据库中已经存在表时，IMPORT 将返回错误信息，并跳过对这个表的导入操作；如果设置为 y，IMPORT 将忽略这个错误，并且将记录导入已经存在的表中
INDEXS=Y|N	指定是否导入表的索引，默认值为 Y
LOG=文件名	记录导入过程生成的信息或错误信息的导入日志文件名
PARFILE=文件名	指定包含有导入参数列表的参数文件名
ROWS=Y|N	指定是否导入表的记录，默认值 Y
SHOW=Y|N	如果 SHOW=Y，那么导出文件的内容将显示出来，但不将内容导入数据库中。SHOW 参数只与 FULL=Y、FROMUSER、TOUSER 和 TABLES 参数一起使用
TABLES=表名列表	指定在表模式下，要导入的表的名称列表

续表

IMPORT 命令参数	说　明
TABLESPACES=表空间列表	当在表空间模式时，即参数 TRANSPORT_TABLESPACE=Y 时，用 TABLESPCES 参数指定要导入的表空间名称列表
TOUSER=模式名列表	指定要导入的目标模式名称列表
TRANSPORT_TABLESPACE=Y|N	执行迁移表空间操作时，该参数取值为 Y
USERID=用户名/口令或 USERID= 用户名/口令@网络服务名	指定完成 IMPORT 操作的用户的连接描述符。USERID 可取值： username/password username/password AS SYSDBA username/password@instance username/password@instance AS SYSDBA

对于"TOUSER=模式名列表"的应用例子：

```
imp SYSTEM/password FROMUSER=scott TOUSER=joe TABLES=emp
imp SYSTEM/password FROMUSER=scott,fred TOUSER=joe,ted
```

4. IMPORT 导入示例

【例 11.22】用整个数据库的导出文件，将表 dept 和 emp 导入用户 scott 模式中。

```
C:\>imp SYSTEM/password PARFILE=params.dat
```

参数文件内容：

```
FILE=dba.dmp
SHOW=n
IGNORE=n
GRANTS=y
FROMUSER=scott
TABLES=(dept,emp)
```

命令行方式：

```
C:\>imp SYSTEM/password FILE=dba.dmp FROMUSER=scott TABLES=(dept,emp)
```

【例 11.23】导入由另一个用户导出的表。即将由 blake 导出的文件中的表 unit 和 manager 导入模式 scott 中。

参数文件方式：

```
C:\>imp SYSTEM/password PARFILE=params.dat
```

参数文件内容：

```
FILE=blake.dmp
SHOW=n
IGNORE=n
GRANTS=y
ROWS=y
FROMUSER=blake
TOUSER=scott
TABLES=(unit,manager)
```

命令行方式：

```
C:\>imp SYSTEM/password FROMUSER=blake TOUSER=scott FILE=blake.dmp
    TABLES=(unit,manager)
```

【例 11.24】把一个用户的表导入另一个用户模式中。本例 dba 将属于 scott 的所有表导入用户 blake 模式中。

参数文件方式：

```
C:\>imp SYSTEM/password PARFILE=params.dat
```

参数文件内容：

```
FILE=scott.dmp
FROMUSER=scott
TOUSER=blake
TABLES=(*)
```

命令行方式：

```
C:\>imp  SYSTEM/password  FILE=scott.dmp  FROMUSER=scott  TOUSER=blake
TABLES=(*)
```

11.6 数 据 泵

从 Oracle Database 10g 开始，Oracle 不仅保留了原有的 EXP 和 IMP 工具，还提供了数据泵（Data Dump，也叫数据转储）导出导入工具 EXPDP 和 IMPDP。数据泵的导出导入工具可以实现逻辑备份和逻辑恢复、在数据库用户之间移动对象、在数据库之间移动对象和实现表空间迁移。

通常会有人认为数据泵是描 exp/imp 工具的升级版本，但是数据泵不仅拥有这些原工具的功能，而且还增加了在环境之间移动数据的全新功能。数据泵增加的主要功能：可对整个数据库或数据子集进行实时逻辑备份；复制整个数据库或数据子集；快速生成用于重建对象的 DDL 代码；通过从旧版本导出数据，然后向新版本导入数据的方式来升级数据库；可以用交互式命令行实用程序先断开连接，然后恢复连接活动的数据泵作业；在不创建数据泵文件的情况下，可从远程数据库导出大量数据，并将这些数据直接导入本地数据库；通过导出和导入操作，可在运行时更改方案、表空间、数据文件和存储设置；精细过滤对象和数据；对目录对象应用受控安全模式（通过数据库）；压缩和加密等高级功能。

在使用数据泵 EXPDP/IMPDP 与 EXP/IMP 时要注意以下几点：EXP/IMP 是可以在客户端和服务端运行的客户端工具；EXPDP 和 IMPDP 是只能在 Oracle 服务器端运行的工具；IMP 只适用于 EXP 导出文件，不适用于 EXPDP 导出文件，同样，IMPDP 只适用于 EXPDP 导出文件，而不适用于 EXP 导出文件。

仅从使用方法来说，数据泵 EXPDP/IMPDP 与 EXP/IMP 非常相似，所以本节通过实例重点介绍数据泵 EXPDP/IMPDP 每个参数的应用。

11.6.1 EXPDP 导出数据命令

1. EXPDP 命令格式
数据泵导出实用程序提供了一种用于在 Oracle 数据库之间传输数据对象的机制。使用 EXPDP 命令格式如下：

```
expdp username/password [参数1,参数2,…]
```

其中，username 和 password 表示用户名和口令。可通过 expdp help=y 查看 expdp 工具所提供的参数。指定各参数形式为：

```
参数=值 或 参数=(值1,值2,...,值n)
```

2. EXPDP 主要参数说明
（1）ATTACH

```
ATTACH=[schema_name.]job_name
```

表示将导出操作附加在已存在导出作业中。schema_name 用于指定模式名，job_name 用于指定导出作业名。如果使用 ATTACH 选项，那么在命令行除了连接字符串和 ATTACH 选项外，不能指定任何其他选项，并且用户必须具有 EXP_FULL_DATABASE 角色或 DBA 角色。例如：

```
e:\> expdp scott/tiger ATTACH=scott.export_job
```

（2）COMPRESSION

```
COMPRESSION=[ALL | DATA_ONLY | METADATA_ONLY | NONE]
```

指定数据导出到转储文件之前是否要进行压缩。ALL 表示所有内容都要压缩；DATA_ONLY 表示只对数据进行压缩；默认值是 METADATA_ONLY，表示只对元数据进行压缩。

（3）CONTENT

```
CONTENT={ALL | DATA_ONLY | METADATA_ONLY}
```

用于指定要导出的内容。当设置 CONTENT 为 ALL 时，将导出对象定义及其所有数据，默认值为 ALL；取值为 DATA_ONLY 时，只导出对象数据；为 METADATA_ONLY 时，只导出对象定义。

```
e:\> expdp scott/tiger DIRECTORY=dump DUMPFILE=a.dump CONTENT=METADATA_ONLY
```

（4）DIRECTORY

```
DIRECTORY=directory_object
```

指定转储文件和日志文件所在的目录对象。directory_object 用于指定数据库目录对象名。目录对象是用 CREATE DIRECTORY 语句建立的对象，而不是操作系统目录，但是它指向操作系统目录。用户必须具有对目录对象的读（Read）和写（Write）的权限。如：

【例 11.25】利用目录对象执行导出命令。

```
SQL> CREATE DIRECTORY dump_dir AS 'd:\dump';
SQL> GRANT read,write ON directory dump_dir TO scott;
e:\> expdp scott/tiger DIRECTORY=dump_dir DUMPFILE=a.dump
```

（5）DUMPFILE

```
DUMPFILE=[directory_object:] file_name [,…]
```

指定转储文件的名称。directory_object 用于指定目录对象名，如果不指定目录对象 directory_object，导出工具会自动使用 DIRECTORY 参数中指定的目录对象；file_name 用于指定转储文件名，默认名称为 expdat.dmp。

（6）ESTIMATE

```
EXTIMATE={BLOCKS | STATISTICS}
```

指定估算被导出表所占用磁盘空间的方法，默认值是 BLOCKS。设置为 BLOCKS 时，Oracle 会按照目标对象所占用的数据块个数乘以数据块尺寸估算对象占用的空间；设置为 STATISTICS 时，根据最近统计值估算对象占用空间。

```
e:\>expdp scott/tiger TABLES=emp ESTIMATE=STATISTICS DIRECTORY=dump
DUMPFILE=a.dump
```

（7）EXCLUDE

```
EXCLUDE=object_type[:name_clause] [,….]
```

用于指定执行操作时要排除的对象类型或相关对象。object_type 用于指定要排除的对象类型，name_clause 指定要排除的具体对象。EXCLUDE 和 INCLUDE 不能同时使用。

```
EXCLUDE=CONSTRAINT，排除对象的所有约束条件。
EXCLUDE=GRANT，排除对象的所有权限
```

EXCLUDE=USER，排除用户的定义，不排除用户的模式。

下面命令将导出除 HR 模式以外的所有数据：

```
e:\> expdp FULL=YES DUMPFILE=expfull.dmp EXCLUDE=SCHEMA:"='HR'"
```

下面命令将导出 HR 模式中除视图（View）、包（Package）和函数（FUNCTION）以外的所有数据：

```
e:\> expdp  hr  DIRECTORY=dpump_dir1  DUMPFILE=hr_exclude.dmp
EXCLUDE=VIEW,PACKAGE, FUNCTION
```

（8）FILESIZE

```
FILESIZE=整数 [B | KB | MB | GB | TB]
```

指定导出文件的最大尺寸，默认为 0 表示文件尺寸没有限制。

（9）FLASHBACK_SCN

```
FLASHBACK_SCN=scn_value
```

指定导出特定 SCN 号以前的表数据。scn_value 用于标识 SCN 值。FLASHBACK_SCN 和 FLASHBACK_TIME 不能同时使用。这种导出要使用数据库闪回功能。

下面命令导出 hr 模式中 SCN=384632 以前的数据：

```
e:\> expdp hr DIRECTORY=dpump_dir1 DUMPFILE=hr_scn.dmp FLASHBACK_SCN=384632
```

（10）FLASHBACK_TIME

```
FLASHBACK_TIME="TO_TIMESTAMP(time_value)"
```

指定导出特定时间点的表数据，这种导出要使用数据库闪回功能。

【例 11.26】导出 HR 模式中指定时间"5-1-2015 13:16:00"以前的数据。

① 建立如下内容的参数文件 flashback.par，假设目录对象 dpump_dir1 已存在。

```
DIRECTORY=dpump_dir1
DUMPFILE=hr_time.dmp
FLASHBACK_TIME="TO_TIMESTAMP('5-1-2015 13:16:00', 'DD-MM-YYYY HH24:MI:SS')"
```

② 执行导出命令。

```
e:\> expdp hr PARFILE=flashback.par
```

（11）FULL

```
FULL={YES | NO}
```

指定数据库模式导出，默认为 NO。FULL=YES 导出数据库中的所有数据和元数据，此时用户必须有 DATAPUMP_EXP_FULL_DATABASE 角色。

下面命令完成数据库的导出：

```
e:\>  expdp  hr  DIRECTORY=dpump_dir2    DUMPFILE=expfull.dmp   FULL=YES
NOLOGFILE=YES
```

（12）INCLUDE

```
INCLUDE = object_type[:name_clause] [,… ]
```

指定导出时要包含的对象类型及相关对象名。

【例 11.27】导出 HR 模式中的 EMPLOYEES 和 DEPARTMENTS 两个表（TABLE）、所有过程（PROCEDURE）和所有以 EMP 开头的索引（INDEX）。

① 在创建 dpump_dir1 目录对象后，建立参数文件 hr.par。

```
SCHEMAS=HR
DUMPFILE=expinclude.dmp
DIRECTORY=dpump_dir1
LOGFILE=expinclude.log
INCLUDE=TABLE:"IN ('EMPLOYEES', 'DEPARTMENTS')"
```

```
INCLUDE=PROCEDURE
INCLUDE=INDEX:"LIKE 'EMP%'"
```

② 执行导出命令：

```
e:\> expdp hr PARFILE=hr.par
```

（13）LOGFILE

```
LOGFILE=[directory_object:]file_name
```

指定导出日志文件的名称，默认名称为 export.log。directory_object 用于指定目录对象名称，file_name 用于指定导出日志文件名。如果不指定 directory_object，导出自动使用 DIRECTORY 参数指定的目录对象。

```
e:\>expdp hr DIRECTORY=dpump_dir1 DUMPFILE=hr.dmp LOGFILE=hr_export.log
```

（14）NOLOGFILE

```
NOLOGFILE=[YES | NO]
```

NOLOGFILE=YES 用于指定禁止生成导出日志文件，NOLOGFILE=NO 表示建立日志文件，默认值为 NO。

（15）PARFILE

```
PARFILE=[directory_path] file_name
```

指定导出参数文件的路径和文件名称。参数文件与 exp 的参数文件类似，参见 11.5.1 节中的内容。

（16）QUERY

```
QUERY=[schema.] [table_name:] query_clause
```

用于指定过滤导出数据表的 where 条件。schema 用于指定模式名，table_name 指定表名，query_clause 指定条件限制子句，可以是任何 SQL 语句 WHERE 条件中的内容。

注意：QUERY 选项不能与 EXTIMATE_ONLY、CONNECT=METADATA_ONLY、TRANSPORT_TABLESPACES 等选项同时使用；同时 QUERY 选项只用于表数据导出。

【例 11.28】导出表 employees 中的部门号大于 10 并且工资大于 10 000 的记录数据。

① 在建立目录对象 dpump_dir1 后，建立如下内容的参数文件 emp_query.par。

```
QUERY=employees:"WHERE department_id > 10 AND salary > 10000"
NOLOGFILE=YES
DIRECTORY=dpump_dir1
DUMPFILE=exp1.dmp
```

② 执行导出命令：

```
e:\> expdp hr PARFILE=emp_query.par
```

（17）SCHEMAS

```
SCHEMAS=schema_name [,…]
```

用于指定模式数据的导出。不指定 SCHEMAS 时默认为当前用户模式。如果有 DATAPUMP_EXP_FULL_DATABASE 角色，可以导出多个模式，也可导出非模式对象。

【例 11.29】导出 hr、sh 和 oe 三个模式的数据。

```
e:\>expdp hr DIRECTORY=dpump_dir1 DUMPFILE=expdat.dmp SCHEMAS=hr,sh,oe
```

（18）TABLES

```
TABLES=[schema_name.]table_name[:partition_name][,…]
```

指定表模式导出。schema_name 用于指定模式名，table_name 指定导出的表名，partition_name 用于指定要导出的分区名。

【例 11.30】导出 hr 模式下的三个表 employees、jobs 和 departments.

① 在建立目录对象 dpump_dir1 后，建立如下内容的参数文件 tab.par:

```
DIRECTORY=dpump_dir1
DUMPFILE=tables.dmp
TABLES=employees,jobs,departments
```

② 执行导出命令：

```
e:\>expdp hr/hrpass PARFILE=tab.par
```

【例 11.31】在用户 hr 具有 DATAPUMP_EXP_FULL_DATABASE 角色时，导出 sh 模式的表。

① 在建立目录对象 dpump_dir1 后，建立如下内容的参数文件 othertab.par。

```
DIRECTORY=dpump_dir1
DUMPFILE=tables_part.dmp
TABLES=sh.sales:sales_Q1_2012, sh.sales:sales_Q2_2012
```

② 执行导出命令：

```
e:\> expdp hr/hrpass PARFILE=othertab.par
```

（19）TABLESPACES

```
TABLESPACES=tablespace_name [,…]
```

tablespace_name 是表空间名。指定表空间的所有对象都将导出。

【例 11.32】导出多个表空间 tbs_4、tbs_5 和 tbs_6 中的数据。

① 在建立目录对象 dpump_dir1 后，建立如下内容的参数文件 tbs.par。

```
DIRECTORY=dpump_dir1
DUMPFILE=tbs.dmp
TABLESPACES=tbs_4, tbs_5, tbs_6
```

② 执行导出命令：

```
e:\> expdp hr/hrpass PARFILE=tbs.par
```

3. EXPDPD 综合应用例子

使用 EXPDP 工具时，其转储文件只能存放在 DIRECTORY 对象对应的操作系统目录中，而不能直接指定转储文件所在的操作系统目录。因此，使用 EXPDP 工具时，必须首先建立 DIRECTORY 对象，并且需要为数据库用户授予使用 DIRECTORY 对象权限。

【例 11.33】建立一个指向操作系统目录"c:\emp"的目录对象，并赋予用户 scott 对该目录对象读写，然后执行导出表、导出方案和导出全库操作。

```
SQL> CREATE DIRECTORY dump_dir AS 'c:\emp';
SQL> GRANT READ, WRITE ON DIRECTORY dump_dir TO scott;
```

（1）导出表

```
e:\> expdp scott/tiger DIRECTORY=dump_dir DUMPFILE=dept.dmp TABLES=dept
```

（2）导出方案

先建立参数文件 sch.par：

```
DIRECTORY=dump_dir
DUMPFILE=schema.dmp
LOGFILE=schema.log
SCHEMAS=system
```

执行导出命令：

```
e:\> expdp scott/tiger PARFILE=sch.par
```

（3）导出表空间

```
e:\> expdp scott/tiger DIRECTORY=dump_dir DUMPFILE=tb.dmp LOGFILE=tb.log
TABLESPACES=users
```

（4）导出数据库

```
e:\>expdp system/manager DIRECTORY=dump_dirDUMPFILE=full.dmp  FULL=Y
e:\>expdp scott/tiger DIRECTORY=dump_dir DUMPFILE=full.dmp  FULL=Y
```

如果 scott 用户没有相应权限，在给 scott 赋予相应的权限或使用 system 来做全库导出。

```
SQL> grant exp_full_database to scott;
```

然后可执行全库的导出命令。

11.6.2　IMPDP 导入数据命令

IMPDP 的使用方法与 IMP 类似，IMPDP 命令行选项与 EXPDP 的选项多相同的。下面主要介绍一些不同于 IMPDP 的参数，并通过例子来说明其应用

1. 不同于 EXPDPD 参数的 IMPDP 参数

（1）REMAP_DATAFILE

```
REMAP_DATAFIEL=source_datafie:target_datafile
```

该选项用于在导入时，将所有 SQL 的 DDL 语句（如 CREATE TABLES 等）涉及的源数据文件名转变为目标数据文件名。利用该选项可在不同平台之间迁移表空间。

【例 11.34】在导入时将 VMS 系统的文件描述（DR1$:[HRDATA.PAYROLL]tbs6.dbf）映射为 Windows 系统中的文件描述（e:\db1\ tbs6.dbf）。

```
e:\> impdp hr PARFILE=payroll.par
```

参数文件内容如下：

```
DIRECTORY=dpump_dir1
FULL=YES
DUMPFILE=db_full.dmp
REMAP_DATAFILE=" 'DB1$:[HRDATA.PAYROLL]tbs6.dbf ': 'e:\db1\tbs6.dbf' "
```

（2）REMAP_SCHEMA

```
REMAP_SCHEMA=source_schema:target_schema
```

该选项用于将源模式的所有对象装载到目标模式中。

【例 11.35】将 hr 模式中的对象导入 scott 模式中。如果在导入前 scott 模式已经存在，导入时将 HR 模式中的所有对象添加到 scott 模式中；否则在导入时将自动创建 scott 模式，此时必须重新设置 scott 模式的口令才可连接 scott 模式。

```
e:\> expdp system SCHEMAS=hr DIRECTORY=dpump_dir1 DUMPFILE=hr.dmp
e:\> impdp system  DIRECTORY=dpump_dir1  DUMPFILE=hr.dmp REMAP_SCHEMA=
hr:scott
```

（3）REMAP_TABLESPACE

```
REMAP_TABLESPACE=source_tablespace:target_tablespace
```

在导入时将源表空间的所有对象导入目标表空间中。

（4）REUSE_DATAFILES

```
REUSE_DATAFIELS={YES | NO}
```

该选项指定建立表空间时是否覆盖已存在的数据文件，默认值为 NO。

（5）SKIP_UNUSABLE_INDEXES

```
SKIP_UNUSABLE_INDEXES=[YES | NO]
```

如果 SKIP_UNUSABLE_INDEXES 设置为"YES"，导入时将跳过不可使用的表索引；如果设置为"NO"，那些有不可用索引的表数据不能导入，其他表的数据正常导入。如果没有设置 SKIP_UNUSABLE_INDEXES 参数的值，将由同名的初始化参数值决定如何处理有不

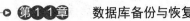

可用索引的表。

（6）STREAMS_CONFIGURATION

```
STREAMS_CONFIGURATION=[YES | NO]
```

指定是否导入流数据的元数据（StreamMatadata），默认值为 YES。

（7）TABLE_EXISTS_ACTION

```
TABBLE_EXISTS_ACTION={SKIP | APPEND |TRUNCATE | FRPLACE }
```

指定当表已经存在时导入作业要执行的操作，默认值为 SKIP。当设置该选项为 SKIP 时，导入作业会跳过已存在表而处理下一个对象；当设置为 APPEND 时，将源表中的数据追加到现有表中；当设置为 TRUNCATE 时，导入作业会删除原表中现有的行，然后为其追加新数据；当设置为 REPLACE 时，导入作业会删除已存在表，重建表并追加数据。

2．IMPDP 应用例子

【例 11.36】利用导出和导入来恢复表。

① 导出 scott 模式中的 emp 表。

```
e:\>expdp hsiufo/hsiufo  PARFILE=tab.par
```

参数文件 tab.par 内容如下：

```
DIRECTORY=dump_dir
DUMPFILE=full.dmp
TABLES=scott.emp
REMAP_SCHEMA=scott:scott
```

② 删除用户 scott 的 emp 表。

③ 从 full.dmp 中导入表 emp 到用户 system 中完成表的恢复。

```
e:\>impdp hsiufo/hsiufo  PARFILE=tab.par
```

参数文件 tab.par 内容如下：

```
DIRECTORY=dump_dir
DUMPFILE=full.dmp
TABLES=scott.emp
REMAP_SCHEMA=scott:system
```

注意：如果要将表导入其他模式中，必须指定 REMAP_ SCHEMA 选项。

【例 11.37】从导出文件 full.dmp 中导入 scott 方案。

```
e:\>impdp hsiufo/hsiufo  PARFILE = sch1.par
```

参数文件 sch1.par 内容如下：

```
DIRECTORY=dump_dir
DUMPFILE=full.dmp
SCHEMAS=scott
```

【例 11.38】从导出文件 full.dmp 中将 scott 方案导入 system 方案。

```
e:\>impdp system/manager  PARFILE = sch2.par
```

参数文件 sch2par 内容如下：

```
DIRECTORY=dump_dir
DUMPFILE=schema.dmp
SCHEMAS=scott
REMAP_SCHEMA=scott:system
```

【例 11.39】从 tablespace.dmp 文件中导入表空间 user01。

```
e:\>impdp system/manager PARFILE = tsch2.par
```

参数文件 tsch2par 内容如下：

```
DIRECTORY=dump_dir
DUMPFILE=tablespace.dmp
TABLESPACES=user01
```

【例 11.40】从 full.dmp 中导入整个数据库。

```
e:\>impdp system/manager  DIRECTORY=dump_dir  DUMPFILE=full.dmp FULL=y
```

11.7 迁移数据

迁移数据是比导入/导出或装载/卸载更快的数据传输方式，它可完成整个数据库、表空间、表、分区和子分区进行数据传输。

迁移数据有完全可迁移的导入/导出方式和迁移表空间及迁移对象方式。迁移表空间和迁移表方式只能迁移存储在用户定义表空间中的数据。完全迁移可迁移用户定义表空间和系统表空间（如 SYSTEM 和 SYSAUX）的数据，即可将用户定义表空间的对象的元数据和系统表空间中的用户对象的数据及元数据迁移，导出文件中不仅包括用户定义表空间中的对象的元数据，而且还包括系统表空间中的用户定义对象的数据及元数据。

11.7.1 迁移数据库

迁移数据库就是将所有数据库的文件从一个数据库实例复制到另一个数据库实例，即将数据导出到转储文件（Dump File）中，然后把转储文件复制到目标数据库，最后导入转储文件。同理，也可通过网络传输转储文件。只有 Oracle 12c 才可实现完整迁移数据库。下面通过例子介绍用完全导入/导出迁移数据库的方法步骤。

【例 11.41】源数据库（数据库名为：ORADB）中只有 sales、customers 和 employees 三个用户表空间，每个表空间只有一个数据文件存储文件夹 c:\app\oracle\oradata，对应在数据文件名 sale01.dbf、cust01.dbf 和 emp01.dbf。将该数据库迁移到另一操作系统。

（1）在源数据库中将每个用户表空间设置为只读模式，并导出数据库。

① 所有用户表空间设置为只读模式：

```
SQL> ALTER TABLESPACE sales READ ONLY;
SQL> ALTER TABLESPACE customers READ ONLY;
SQL> ALTER TABLESPACE employees READ ONLY;
```

② 具有 DATAPUMP_EXP_FULL_DATABASE 角色的用户执行导出命令：

```
SQL> HOST
C:\> expdp  SYSTEM/Ysj639636  PARFILE=fulldp.par
```

参数文件 fulldp.par 的内容如下：

```
FULL = y
DUMPFILE = expdat.dmp
DIRECTORY = data_pump_dir
transportable = always
LOGFILE = export.log
```

对非 CDB 数据库，data_pump_dir 目录对象是自动创建并且将读写权限赋予给 SYS 和 SYSTEM 用户。如果导出数据库是 Oracle 11g 以前的版本，必须在参数文件中设置 VERSION=12。

如果源数据库有加密表空间或对象有加密列，要设置 ENCRYPTION_PASSWORD 参数为指定密码或设置 ENCRYPTION_PWD_PROMPT=YES。

（2）迁移导出转储文件。

默认时源数据库导出位置由参数 DATA_PUMP_DIR 的值确定。用下面语句将查询出转储文件的位置：

```
SQL> SELECT * FROM DBA_DIRECTORIES
  2   WHERE DIRECTORY_NAME = 'DATA_PUMP_DIR';
```

查询结果显示 DUMP 文件的位置为：c:\app\orauser\admin\oradb\dpdump。

OWNER	DIRECTORY_NAME	DIRECTORY_PATH
SYS	DATA_PUMP_DIR	c:\app\orauser\admin\oradb\dpdump\

将导出的转储文件 C:\app\orauser\admin\oradb\dpdump\expdat.dmp 复制到目标数据库可访问的位置，如 e:\app\oracle。

（3）迁移所有用户定义表空间的数据文件。

① 考虑两个平台的字节序。字节序是指操作系统在内存中存放多字节数据的顺序，目前常用的有 Big-Endian 和 Little-Endian。Big-Endian 是高位字节排放在内存的低地址端，低位字节排放在内存的高地址端；Little-Endian 是低位字节排放在内存的低地址端，高位字节排放在内存高地址端。

如果两个平台是完全相同的操作系统平台，字节序肯定是相同的，因此可以直接迁移表空间数据文件。

如果两个数据库是在不同操作系统平台，在迁移前要查询两个操作系统平台是否有相同的字节序。可用下面语句查询操作系统平台字节序：

```
SQL> SELECT  d.PLATFORM_NAME, ENDIAN_FORMAT
  2   FROM  V$TRANSPORTABLE_PLATFORM  tp, V$DATABASE  d
  3   WHERE tp.PLATFORM_NAME=d.PLATFORM_NAME;
```

上面语句执行后显示如下类似的结果：

PLATFORM_NAME	ENDIAN_FORMAT
Solaris[tm]OE (32-bit)	Big

或

PLATFORM_NAME	ENDIAN_FORMAT
Microsoft Windows IA (32-bit)	Little

从上面可看出 Solaris 和 Microsoft Windows 有不同的字节序。

如果两个平台的字节序不同，那么在导入前要用 DBMS_FILE_TRANSFER 包中的 GET_FILE 和 PUT_FILE 存储过程或 RMAN 中的 CONVERT 命令将数据文件转换成目标系统的字节序。

② 迁移表空间对应的数据文件。可用平台支持复制方法将源数据库每个用户表空间对应的数据文件复制到目标数据库的指定位置，这里假设目录数据库的数据文件位置为"e:\app\oracle\oradata\mydb"。

（4）如果需要，可将源数据库中的用户表空间恢复为读写模式。

```
SQL> ALTER TABLESPACE sales READ WRITE;
SQL> ALTER TABLESPACE customers READ WRITE;
SQL> ALTER TABLESPACE employees READ WRITE;
```

（5）在目标数据库导入数据库，完成导入后将用户表空间设置为读写模式。

```
C:\> impdp  system/Ysj639636  PARFILE=fullim.par
```

参数文件 fullim.par 的内容:

```
full=Y
DUMPFILE=expdat.dmp
DIRECTORY=data_pump_dir
TRANSPORT_DATAFILES = { 'e:\app\oracle\oradata\mydb\sales01.dbf',
                        ' e:\app\oracle\oradata\mydb\cust01.dbf',
                        ' e:\app\oracle\oradata\mydb\emp01.dbf' }
LOGFILE=import.log
```

如果通过网络迁移数据库，其他步骤与上面类似，只是在目标数据库导入时要指定数据库链接参数 NETWORK_LINK 参数，即在导出数据库前要建立目标数据库到源数据库的数据链接:

```
CREATE PUBLIC DATABASE LINK  sourcedb USING  'sourcedb';
```

同样使用上面的导入命令，只是在导入时使用下面的参数文件:

```
full=Y
network_link=sourcedb
transportable=always
TRANSPORT_DATAFILES= { 'e:\app\oracle\oradata\mydb\sales01.dbf',
                       'e:\app\oracle\oradata\mydb\cust01.dbf',
                       'e:\app\oracle\oradata\mydb\emp01.dbf' }
encryption_pwd_prompt=YES
version=12
LOGFILE=import.log
```

11.7.2　迁移表空间

Oracle 数据库是由若干个表空间组成。如果表空间满足特定的条件，就会成为可迁移的表空间，即可将表空间从一个数据库"摘"下来，然后再将其"插接"到一个数据库中。

迁移表空间主要用于: 将结构化数据备份到光盘上以备后用; 面向分析型数据处理的数据仓库系统，即将 OLTP 数据库中的历史数据以迁移表空间的方式装载到数据仓库系统中; 对历史数据进行归档备份或者对外部发布数据。

在 Oracle 12c 数据库之间移动数据有很多种方式，利用 Export/Import 工具或 SQL＊Loader 工具都可以在数据库之间迁移数据，但是迁移表空间是最快的数据迁移方式。

迁移一个或多个表空间的基本步骤:

（1）判断要迁移的一个或多个表空间是否满足自包含的（Self-contained）条件。

如果在一个表空间（或表空间集合）中，不存在任何引用该表空间（或表空间集合）外部对象的对象，那么称这个表空间（或表空间集合）满足自包含的条件。

要迁移的表空间必须是自包含的，就是说表空间中的对象不能引用表空间外部的对象。如果在一个表空间中存在下列情况之一，那么这个表空间不满足自包含条件: 在表空间中包含有在其他表空间中的表上所定义的索引，或包含引用其他表空间中的表的参照完整性引用，或包含一个分区表的部分分区。

可调用 DBMS_TTS 包的 TRANSPORT_SET_CHECK 存储过程来确定表空间是否为自包含的。执行该存储过程用户必须要有 EXECUTE_CATALOG_ROLE 角色的权限。

```
EXECUTE DBMS_TTS.TRANSPORT_SET_CHECK('sales_1,sales_2', TRUE);
```

检查 sales_1 和 sales_2 是否为自包含。执行上面的存储过程后，如果视图 TRANSPORT_

SET_VIOLATIONS 为空说明是自包含的，否则不是自包含的。

（2）将导出表空间设置为只读，然后利用数据泵工具从源数据库中导出表空间的结构信息。

```
SQL> ALTER TABLESPACE sales_1 READ ONLY;
SQL> ALTER TABLESPACE sales_2 READ ONLY;
SQL> HOST
C:\>expdp  SYSTEM/Ysj639636  PARFILE=tbs.par
```

参数文件 tbs.par 的内容如下：

```
DUMPFILE=expdat.dmp
DIRECTORY=data_pump_dir
transport_tablespaces=sales_1, sales_2
LOGFILE=tts_export.log
```

如果在迁移数据库时进行自包含检查，就要在参数文件增加一行：

```
TRANSPORT_FULL_CHECK=YES
```

（3）复制表空间结构信息的导出文件和表空间的数据文件。导出文件的位置和过程与例 11.42 中的第（2）步说明类似。

（4）导入目标数据库，这个过程与例 11.41 中的第（5）步类似，只是导入的数据文件只有一个表空间的两个文件。

小　结

备份是将数据库中部分或全部数据文件或内容的复制。数据库恢复（Restore）是利用物理备份的数据库文件来替换已经损坏的数据库文件；数据库修复（Recovery）是利用归档重做日志和联机重做日志或数据库文件的增量备份来更新已恢复的数据文件，即将备份后对数据库所做的修改反映在恢复后的数据文件中，从而使数据库处于一致状态。

在 Oracle 数据库中可以用 SQL 命令或 RMAN 工具中的命令来进行对数据库、控制文件、数据文件、表空间、归档重做日志文件等备份与恢复的方法，在必要时使用修复命令进行修复。利用 EXPORT/IMPORT 或数据泵工具可以在 Oracle 数据库之间进行数据的导出/导入操作，从而实现在不同数据库之间迁移数据的目的。数据泵提供了一种更高效的逻辑备份的方法。

习　题

1. Oracle 数据库有哪几种故障？哪些故障需要 DBA 干预？
2. 什么是数据库恢复和数据库修复？
3. 在非归档模式下或归档模式下分别可以进行哪种备份和哪种恢复？
4. 利用 RAMN 备份表空间 ts 和数据文件 data.dbf，写出相应的步骤。
5. 将用户 user1 的所有表导出到 user.dat 文件中，写出方法步骤。
6. 写出归档模式下将数据文件 data1.dat 恢复到另一个位置的步骤。
7. 写出将表 student、teacher 中的内容从数据库 DBT 复制到数据库 DBS 的步骤，要求用逻辑备份来完成。
8. 利用数据泵进行导入和导出实验。
9. 按照自己系统中的数据库，对整个数据库和指定表空间进行数据迁移。

第 12 章

闪 回 技 术 ⋘

学习目标

- 了解闪回技术的基础知识；
- 掌握闪回数据库、闪回表、闪回事务查询、闪回查询和闪回数据归档的作用及使用
  方法。

从 Oracle 9i 数据库开始，Oracle 公司就引入了闪回查询技术，但在 Oracle 10g 数据库或 Oracle 11g 数据库中对闪回技术进行了全面扩展，使其功能更加强大。闪回技术是 Oracle 数据库的独有的特性，它从根本上改变了数据恢复的方法，使得数据的恢复操作更加简单快速。

12.1 闪回技术简介

正如第 11 章中介绍的那样，数据库可能会由于多种原因出现故障，但多数故障是由操作员的错误而引起的。在传统的方法中，要恢复这些故障需要专业的技术，同时也需要较长时间，有时甚至是不可能的事情。从 Oracle 9i 开始提出了闪回查询，以缓解数据库恢复的技术，但闪回查询完全依赖于自动撤销（UNDO），同时受撤销空间的限制也使闪回的数据很有限。Oracle 10g 后利用闪回技术对这些缺陷进行彻底的改善。

闪回技术是 Oracle 数据库的新特性，它允许用户查看数据库对象以前的状态或把数据库对象恢复到前一状态，而不用基于时间的介质恢复。利用闪回技术可以实现：查询模式对象的以前版本；查询数据库详细历史的元数据；恢复表或行到前一个时间点；自动跟踪和归档事务数据的变化；当数据库从脱机回到联机状态时，回滚事务。

闪回技术从根本上改变了数据恢复的方法。以前的数据库在几分钟内就可能损坏，但需要几小时才能恢复。利用闪回技术，更正错误的时间与错误发生时间几乎相同，而且它非常易用，使用一条短命令便可恢复整个数据库，而不必执行复杂的程序。

闪回技术提供了一个 SQL 接口，能够快速分析和修复人为错误。闪回技术为本地数据损坏提供了细粒度外部分析和修复，如当错误删除客户订单时。闪回技术还支持修复更多广泛的损坏，同时快速避免长时间停机，如当本月的所有客户订单都被删除时。闪回技术是 Oracle 数据库独有的特性，支持各级恢复，包括行、事务、表、表空间和数据库等范围。

Oracle 闪回技术使用自动撤销管理（AUM）系统来得到事务的元数据和历史数据，它依赖撤销数据。撤销数据在数据库关闭前都可用。利用闪回特性，就可以从撤销数据中查询以

前的数据，也可从逻辑损坏中进行数据恢复。

12.2 闪回技术使用

Oracle 12c 的闪回技术是对传统数据库恢复技术的重要扩充。充分和正确地利用各种闪回技术是管理员必备的技能。Oracle 12c 的闪回技术可以完成行级、表级或数据库级的恢复工作，同时可以完成删除表的恢复工作。

12.2.1 闪回配置

闪回技术通常是管理员来使用的。在正确使用闪回技术前，管理员要进行必需的数据库配置。

1. 自动撤销管理配置

几乎所有闪回技术都使用自动撤销管理（Automatic Undo Management），所以在使用闪回技术之前，要配置数据库的自动撤销管理 AUM。配置 AUM 要完成以下任务：

（1）建立撤销表空间以存放闪回操作所需要的数据。更新数据的用户越多，所需空间就越大。创建撤销表空间的步骤参见 8.1.1 节。

（2）配置初始化参数来激活自动撤销管理。这些参数是：

```
UNDO_MANAGEMENT={ AUTO|MANUAL }
```

指定系统使用撤销表空间的管理方式，AUTO 表示实例以自动撤销管理方式启动。默认设置时为 AUTO，它的值不能用命令进行修改。

```
UNDO_TABLESPACE=表空间名称
```

指定实例启动时要使用的第一个撤销表空间名称，此时 UNDO_MANAGEMENT 必须设置为 AUTO。如果省略该参数，同时数据库中有撤销表空间，系统将自动进行选择；否则将使用 SYSTEM 表空间的回滚段。

数据库实例运行时可以使用 ALTER SYSTEM 语句来修改使用的撤销表空间。

注意： 应避免使用 SYSTEM 表空间的回滚段来存储回滚数据。

```
UNDO_RETENTION = n
```

指定撤销表空间中撤销数据保存的时间，n 取值为 $1 \sim 2^{31}-1$ 秒（单位：s）。设置该参数时要考虑到所有闪回操作。如果活动事务需要撤销空间，而撤销表空间没有可用空间时，系统将重用过期的空间，这样做的结果可能导致某些闪回操作因为数据被重写而得不到所要的数据。可以在实例运行过程中用 ALTER SYSTEM 语句动态修改该参数的值。

（3）创建撤销表空间时指定 RETENTION GUARANTEE 子句，以保证过期的撤销数据不会被重写。

2. 闪回事务查询配置

如果要使数据库具有闪回事务查询的功能，那么首先要保证数据库是 10.0 以上的版本，同时还要用下面语句激活补充日志功能：

```
SQL> ALTER DATABASE ADD SUPPLEMENTAL LOG DATA;
```

3. 闪回事务配置

如果要使数据库具有闪回事务功能，要完成以下配置：

（1）数据库处于装载状态（没有打开），同时激活归档功能。

```
SQL> ALTER DATABASE ARCHIVELOG;
```
（2）至少打开一个归档日志。

```
SQL> ALTER SYSTEM ARCHIVE LOG CURRENT;
```
（3）如果没有打开归档日志，要激活最小和主码补充日志。

```
SQL> ALTER DATABASE ADD SUPPLEMENTAL LOG DATA;
SQL> ALTER DATABASE ADD SUPPLEMENTAL LOG
  2  DATA (PRIMARY KEY) COLUMNS;
```
（4）如果要跟踪外键依赖性，就要激活外键补充日志。

```
SQL> ALTER DATABASE ADD SUPPLEMENTAL LOG
  2  DATA (FOREIGN KEY) COLUMNS;
```
如果有许多外键约束，那么激活外键补充日志不一定能提高性能。

12.2.2　闪回查询

Oracle 闪回查询是 Oracle 9i 数据库就有的一个特性，使管理员或用户能够查询过去某个时间点的任何数据，即可用于查看和重建因意外被删除或更改而丢失的数据。闪回查询利用时间戳或系统变更号 SCN 来标识过去的时间。

用户使用带有 AS OF 子句的 SELECT 语句来进行闪回查询。闪回查询可以恢复丢失的数据或撤销不正确的提交数据，如错误删除或更新行，接着提交数据；把当前数据与前一时间同一数据进行比较；检查特定时间事务数据的状态；也可在应用程序中进行自动错误更正。

如果只对选定的表进行闪回查询，对该表要有 FLASHBACK 和 SELECT 权限；如果对所有表进行闪回查询，要有 FLASHBACK ANY TABLE 权限。

【例 12.1】假定在 12：30 时发现某员工的记录从 employees 表中删除，但在 9：30 时该记录还存在，那么就可用闪回查询语句查询丢失的记录：

```
SQL> SELECT * FROM employees AS OF TIMESTAMP
  2  TO_TIMESTAMP('2008-04-04 09:30:00', 'YYYY-MM-DD HH:MI:SS')
  3  WHERE last_name = 'Chung';
```
【例 12.2】将例 12.1 中查询的记录插入表中。

```
SQL> INSERT INTO employees (
  2  SELECT * FROM employees AS OF TIMESTAMP
  3  TO_TIMESTAMP('2008-04-04 09:30:00', 'YYYY-MM-DD HH:MI:SS')
  4  WHERE last_name = 'Chung' );
```
【例 12.3】利用相对时间和 AS OF 子句建立闪回查询视图。

```
SQL> CREATE VIEW hour_ago AS SELECT * FROM employees
     AS OF TIMESTAMP (SYSTIMESTAMP-INTERVAL '60' MINUTE);
```
【例 12.4】把两个不同时间的数据进行集合运算，如 MINUS、INTERSECT。

```
SQL> INSERT INTO employees ( SELECT * FROM employees
  2  AS OF TIMESTAMP ( SYSTIMESTAMP-INTERVAL '60' MINUTE) )
  3  MINUS SELECT * FROM employees );
```
例 12.4 将一小时前的数据与当前数据进行集合操作。SYSTIMESTAMP 是指服务器的时区的时间。

12.2.3　闪回版本查询

有些应用程序可能要了解一段时间内数值的变化，而不仅仅是两个时间点的值，但闪回查询只提供某时刻数据值，而不能在两个时间点之间查询数据变化。利用闪回版本查询可以查看行级数据的变化。

闪回版本查询是 SQL 语句的扩展，支持以特定时间间隔查询出所有不同版本的行，如在时间 1 插入一个记录，在时间 2 删除这条记录，在时间 3 时可通过闪回版本查询得到所有的操作记录。每当执行 COMMIT 语句时将建立一行的新版本。

闪回版本查询同样依赖于 AUM，它使用 SELECT 语句的 VERSIONS BETWEEN 子句进行查询。VERSIONS BETWEEN 子句的语法格式为

```
VERSIONS BETWEEN {SCN | TIMESTAMPS} start AND end
```

其中，SCN 表示指定开始系统变更号（start）和终止系统变更号（end），TIMESTAMP 以时间来指定开始系统变更号和终止系统变更号。

闪回版本查询返回一个表，表中的行是在指定时间间隔内的每个行的不同版本。表中的每行也包括关于行版本的元数据的伪列。常用的伪列有

VERSIONS_STARTSCN	行版本开始时的 SCN 号
VERSIONS_ENDSCN	行开始结束时的 SCN 号
VERSIONS_STARTTIME.	行版本开始的时间
VERSIONS_ENDTIME	行版本结束的时间
VERSIONS_XID	建立行版本的事务标识符
VERSIONS_OPERATION	事务完成的操作，更新为 U，删除为 D

进行闪回版本查询的权限与闪回查询的权限一样。利用闪回版本查询可以分析什么时间执行什么操作，也可进行审计记录。

【例 12.5】查询 John 一段时间内工资的变化情况，同时使用伪列显示变化的时间等。

```
SQL> SELECT versions_startscn, versions_starttime, versions_endscn, versions_endtime,
  2   versions_xid, versions_operation, last_name, salary  FROM employees
  3   VERSIONS BETWEEN TIMESTAMP
  4   TO_TIMESTAMP('2009-12-10 14:00:00', 'YYYY-MM-DD HH24:MI:SS')
  5   AND TO_TIMESTAMP('2009-12-18 17:00:00', 'YYYY-MM-DD HH24:MI:SS')
  6   WHERE first_name = 'John';
```

例 12.5 中将查询出从 2009 年 12 月 10 日 14：00 到 2009 年 12 月 18 日 17：00 对 John 所在行的不同版本行，即这个时间段内对这些行进行的所有修改的不同版本。

12.2.4　闪回事务查询

闪回版本查询可以审计一段时间内表的所有变化，但它只能发现问题，不能解决。闪回事务查询可以查询给定事务或所有事务在指定时间内的历史数据，用它可以审计事务。进行性能分析和诊断问题，即审计一个事务做了什么或回滚一个已提交的事务。

闪回事务查询是通过查询静态数据视图 FLASHBACK_TRANSACTION_QUERY 来得到所需的数据，该视图的主要列有 XID（事务标识）、START_SCN（事务启始 SCN）、START_TIMESTAMP（开始时间）、COMMIT_SCN（提交 SCN）、COMMIT_TIMESTAMP（事务提交时间）、LOGON_USER（执行操作的用户）、OPERATION（事务执行的 DML 操作）等。

【例 12.6】查询视图得到事务有关信息。

```
SQL> SELECT xid, operation, start_scn, commit_scn, logon_user, undo_sql
  2   FROM flashback_transaction_query
  3   WHERE xid = HEXTORAW('0002000030000002D');
```

【例 12.7】把闪回事务查询作为子查询。

```
SQL>  SELECT xid, logon_user  FROM flashback_transaction_query
  2   WHERE xid IN (
  3   SELECT versions_xid FROM employees VERSIONS BETWEEN TIMESTAMP
  4   TO_TIMESTAMP('2009-07-18 14:00:00', 'YYYY-MM-DD HH24:MI:SS') AND
  5   TO_TIMESTAMP('2009-07-18 17:00:00', 'YYYY-MM-DD HH24:MI:SS') );
```

闪回事务能够回滚一个已经提交的事务。如果能够确定出错的事务是最后一个事务，用闪回表或闪回查询就可进行闪回操作。如果在出错的事务后又执行一系列正确的事务，那么只能用闪回事务查询才能闪回出错的事务。

12.2.5　闪回表

闪回表操作可将一个或多个表在故障之后恢复到指定的时间点，并且闪回到什么时间点与数据库系统中回滚数据的数量有关。

注意：在用数据定义语言修改表的结构后，不能再进行闪回表操作。FLASHBACK TABLE 语句不能回滚，但可以指定当前时间之前的某个时间来调用 FLASHBACK TABLE 以达到回滚的目的。

要将表闪回到以前的时间点或以前的 SCN，用户必须对表有 FLASHBACK 对象权限或具有 FLASHBACK ANY TABLE 系统权限，同时对表还必须有 SELECT、DELETE、ALTER、INSERT 等对象权限。如果要闪回到一个恢复点，用户必须有 SELECT ANY DICTIONARY 或 FLASHBACK ANY TABLE 系统权限或 SELECT_CATALOG_ROLE 角色。如果在 DROP TABLE 以前进行闪回表操作，那么用户只需要有删除表时的相同的权限即可。

使用 FLASHBACK TABLE 命令进行闪回表操作，下面将其分成三种不同格式，其中表名前在必要时可以加入模式名。

格式 1：

```
FLASHBACK TABLE 表名 TO [SCN | TIMESTAMP] 表达式;
```

该格式的闪回表操作将闪回指定表到某个 SCN 或某个时间点前，SCN 或时间点由表达式指定。

格式 2：

```
FLASHBACK TABLE 表名 TO RESTORE POINT 恢复点;
```

该格式将指定表闪回到指定的恢复点。恢复点是与 SCN 或时间点相关联的别名，必须是用 CREATE RESTORE POINT 语句建立的。利用恢复点可以将表或数据库闪回到指定的 SCN 或时间点，而不用记住 SCN 号或一个时间点。

格式 3：

```
FLASHBACK TABLE 表名1 TO BEFORE DROP [RENAME TO 表名2];
```

用这种格式可以将删除的表从回收站中恢复，包括可能的依赖对象。表必须存放在本地管理的表空间，而不是存放在 SYSTEM 表空间。详细的使用方法见 7.2.4 节。

【例 12.8】闪回表操作的例子。

```
-- 将表 emp 闪回到 2014 年 12 月 31 日的 11 点的状态
SQL> FLASHBACK TABEL emp TO TIMESTAMP
  2  TO_TIMESTAMP ('2014-12-31 11:00:00', 'YYYY-MM-DD HH:MM:SS');
-- 将表闪回到 SCN 号为 894321 的事务之间。
SQL> FLASHBACK TABEL emp TO SCN 894321;
```

【例 12.9】 使用恢复点进行闪回表操作。

```
SQL> CREATE RESTORE POINT good_data; --建立当前 SCN 的恢复点
SQL> SELECT salary FROM employees WHERE employee_id = 108;
```

查询结果显示如下：

```
    SALARY
    ----------
    12000
SQL> UPDATE employees SET salary = salary*10 WHERE employee_id = 108;
SQL> SELECT salary FROM employees  WHERE employee_id = 108;
```

查询结果显示如下：

```
    SALARY
    ----------
    120000
SQL> COMMIT;--提交修改操作
SQL> FLASHBACK TABLE employees TO RESTORE POINT good_data;
SQL> SELECT salary FROM employees WHERE employee_id = 108;
```

查询结果显示如下：

```
    SALARY
    --- -------
    12000
```

12.2.6　闪回数据库

闪回数据库技术可以将整个数据库恢复到以前的某个状态，在结果上类似于传统的基于时间点的恢复操作，但速度要快得多，因为它不需要关闭数据库即可从备份中恢复文件，然后再应用归档日志的变化。

闪回数据库使用自己的日志机制，即建立闪回日志并将它们保存在快速恢复区。闪回日志顺序写入快速恢复区，但不会进行归档，也不能备份到磁盘上。快速恢复区（Fast Recovery Area）是专门存放与恢复有关的文件的磁盘区域，如控制文件、联机重做日志文件的备份、归档日志文件、闪回日志和 RMAN 备份等多路副本。Oracle 数据库和 RMAN 自动管理快速恢复区，用户可以指定该区域所占的磁盘配额。

如果要闪回数据库，则需要设置下面三个初始化参数：

```
DB_RECOVERY_FILE_DEST = 文件路径
```
指定闪回日志存放的文件夹位置；

```
DB_RECOVER_FILE_DEST_FILE = n [ K | M | G ]
```
指定快速恢复区所占磁盘空间的大小（以字节为单位）。

```
DB_FLASHBACK_RETENTION_TARGET = n
```
指定闪回数据的保存时间（以分为单位，最大为 $2^{31}-1$），从而也就决定可以多久以前的数据库。

如果要启动闪回数据库功能，必须在 MOUNT 模式下执行下面命令：

```
SQL> ALTER DATABASE  FLASHBACK ON;
```
使用 FLASHBACK DATABASE 进行闪回数据库操作。调用该语句后，数据库先验证所有归档日志和联机重做日志是否可用。闪回数据库的语句格式为

```
FLASHBACK DATABASE 数据库名 TO  [BEFORE] SCN SCN号
```

```
FLASHBACK DATABASE 数据库名 TO  [BEFORE] TIMESTAMP 时间点
FLASHBACK DATABASE 数据库名 TO  RESTORE POINT 恢复点
```

上面语句可将数据库闪回到指定的 SCN 号、时间点或恢复点上。如果使用 BEFORE 选项，可将数据库闪回到指定 SCN 的前一个 SCN 或时间点之前。如果不指定数据库名，就是闪回当前数据库。

【例 12.10】闪回当前数据库的例子。

```
SQL> FLASHBACK DATABASE TO SCN 46963;
SQL> FLASHBACK DATABASE TO TIMESTAMP '2009-11-05 14:00:00';
SQL> FLASHBACK DATABASE TO TIMESTAMP
  2  to_timestamp('2009-11-11 16:00:00', 'YYYY-MM-DD HH24:MI:SS');
```

12.2.7　闪回数据归档

Oracle 公司从 Oracle 9i 数据库开始引入闪回技术，该技术使得一些逻辑错误不再需要利用归档日志和数据库备份进行时间点恢复。在 Oracle 10g 中，新引入闪回版本查询、闪回事务查询、闪回数据库和闪回表等特性，大大简化了闪回查询的使用和效果。

在上面的诸多闪回技术中，除了闪回数据库依赖于闪回日志之外，其他的闪回技术都是依赖于撤销数据，都与数据库初始化参数 UNDO_RETENTION 密切相关（该参数决定了撤销数据在数据库中的保存时间），它们是从撤销数据中读取信息来构造旧数据的，要求撤销表空间中的信息不能被覆盖，而撤销段是循环使用的，只要提交事务，之前的撤销信息就可能被覆盖。虽然可以通过 UNDO_RETENTION 等参数来延长撤销数据的存活期，但这个参数会影响所有的事务，可能导致撤销表空间快速膨胀。

Oracle 11g 引入了新的闪回技术，即闪回数据归档。闪回数据归档技术将变化数据存储到创建的闪回归档区（Flashback Archive）中，以和撤销数据区别开来，这样就可以为闪回归档区单独设置存储策略，使之可以闪回到指定时间之前的旧数据而不影响撤销策略；并且可以根据需要指定哪些数据库对象需要保存历史变化数据，而不是将数据库中所有对象的变化数据都保存下来，这样可以极大地减少空间需求。

闪回数据归档并不是记录数据库的所有变化，而只是记录指定表的数据变化，即闪回数据归档是针对对象的保护。通过闪回数据归档，可以查询指定对象的任何时间点的数据，而且不需要用到撤销数据，这在有审计需要的环境，或者是安全性特别重要的高可用数据库中，是一个非常好的特性。缺点就是如果该表变化很频繁，对空间的要求可能很高。

默认情况下，所有表的闪回归档是关闭状态。当满足下面条件时可激活闪回归档：对要进行闪回归档的表具有 FLASHBACK ARVHIVE 对象权限；表不能是簇、临时表或远程表；表也不能包括 LONG 列或嵌套列。以 SYSDBA 登录的用户或具有系统权限 FLASHBACK ARCHIVE ADMINISTER 的用户可以中止闪回数据归档功能。

1. 创建闪回数据归档

闪回数据归档是由一个或多个表空间组成，也可以是表空间的部分空间。可以建立多个闪回数据归档。闪回数据归档中的数据在 RETENTION 时间内是保护的。创建闪回数据归档必须有 FLASHBACK ARCHIVE ADMINISTER，同时要有 CREATE TABLESPACE 的系统权限。

使用 CREATE FLASHBACK 语句来建立闪回数据归档，即指定闪回数据归档的名称，使用的第一个表空间名称，也可以选择性设置闪回数据占用第一个表空间的大小，默认情况下不限制大小。如果要指定闪回数据归档保存的时间，可以用 RETENTION 子句来指定 N 天

（day）、N 月（month）或 N 年（year）。

【例 12.11】建立默认的闪回数据归档，数据归档保留 30 天。

```
SQL> CREATE FLASHBACK ARCHIVE DEFAULT test_archive1
  2  TABLESPACE example QUOTA 10M RETENTION 30 DAY;
```

2. 修改闪回数据归档

如果用户有 FLASHBACK ARCHIVE ADMINISTER 系统权限，那么就可以修改闪回数据归档；同时也要对涉及的表空间有增加、修改、删除数据的权限。

如果要完成以下任务就可以用 ALTER FLASHBACK ARCHIVE 语句：指定系统的默认闪回数据归档；为当前的闪回数据归档增加表空间；改变闪回数据归档使用表空间的配额；删除闪回数据归档的表空间；删除闪回数据归档中不用的数据。

【例 12.12】修改闪回数据归档的例子。

```
-- 将闪回数据归档 fla1 设置为系统默认闪回数据归档：
SQL> ALTER FLASHBACK ARCHIVE fla1 SET DEFAULT;
-- 将闪回数据归档 fla1 的 tbs3 表空间设置为 5GB：
SQL> ALTER FLASHBACK ARCHIVE fla1 ADD TABLESPACE tbs3 QUOTA 5G;
-- 为闪回数据归档添加表空间 tbs4：
SQL> ALTER FLASHBACK ARCHIVE fla1 ADD TABLESPACE tbs4;
-- 把 fla1 中的闪回数据归档保留时间改为 2 年
SQL> ALTER FLASHBACK ARCHIVE fla1 MODIFY RETENTION 2 YEAR;
-- 从闪回数据归档 fla1 中删除表空间 tbs2，但不删除表空间本身：
SQL> ALTER FLASHBACK ARCHIVE fla1 REMOVE TABLESPACE tbs2;
-- 永久删除闪回数据归档 fla1 中的数据：
SQL> ALTER FLASHBACK ARCHIVE fla1 PURGE ALL;
-- 永久删除闪回数据归档 fla1 中一天前的数据：
SQL> ALTER FLASHBACK ARCHIVE fla1
  2  PURGE BEFORE TIMESTAMP (SYSTIMESTAMP - INTERVAL '1' DAY) ;
-- 永久删除闪回数据归档 fla1 中比 728969 更早的数据：
SQL> ALTER FLASHBACK ARCHIVE fla1 PURGE BEFORE SCN 728969;
```

3. 删除闪回数据归档

如果有 FLASHBACK ARCHIVE ADMINISTER 系统权限，那么就可以删除闪回数据归档。使用 DROP FLASHBACK ARCHIVE 语句可从系统中删除闪回数据归档及其中的所有数据，但不删除闪回数据归档使用的表空间。

【例 12.13】删除闪回数据归档 fla1。

```
SQL> DROP FLASHBACK ARCHIVE fla1;
```

4. 激活或禁止闪回数据归档

在默认情况下，所有表的闪回归档都被禁止。如果用户对要闪回数据归档的表有对象权限 FLASHBACK ARCHIVE，就可以激活表的闪回数据归档功能。

使用 CREATE TABLE 或 ALTER TABLE 语句的 FLASHBACK ARCHIVE 子句可激活表的闪回数据归档功能，在该子句中可以指定闪回数据归档存储的位置。

【例 12.14】激活或禁止闪回数据归档。

```
-- 建立表 employee 并把历史数据存储在默认闪回数据归档：
SQL> CREATE TABLE employee (empno NUMBER(4) NOT NULL,
  2  enamE VARCHAR2(10), job VARCHAR2(9), mgr NUMBER(4))
  3  FLASHBACK ARCHIVE ;
```

```
-- 建立表employee并把历史数据存储在闪回数据归档fla1:
SQL> CREATE TABLE employee (empno NUMBER(4) NOT NULL,
2 enamE VARCHAR2(10), job VARCHAR2(9), mgr NUMBER(4))
3 FLASHBACK ARCHIVE fla1;
-- 激活表employee闪回数据归档,并把历史数据存储在闪回数据归档fla1:
SQL> ALTER TABLE employee FLASHBACK ARCHIVE fla1;
-- 禁止表employee闪回数据归档
SQL> ALTER TABLE employee NO FLASHBACK ARCHIVE;
```

5. 闪回数据归档的视图

通过下面的静态视图可以查看闪回数据归档文件的信息。

（1）DBA_FLASHBACK_ARCHIVE

显示所有用户的闪回数据归档文件的信息，主要列有：

OWNER_NAME	闪回归档创建者的名称
FLASHBACK_ARCHIVES_NAME	闪回归档的名称
FLASHBACK_ARCHIVE#	闪回归档的编号
RETENTION_IN_DAYS	闪回归档中的数据保存的最大天数
CREATE_TIME	闪回数据归档建立的时间
LAST_PURGE_TIME	闪回归档中的数据最近一次被删除的时间
STATUS	是默认闪回归档为DEFAULT，否则为NULL

（2）USER_FLASHBACK_ARCHIVE

这个视图描述闪回数据归档的信息，即由多个表空间和跟踪表的所有事务操作的历史数据组成。如果用户有FLASHBACK ARCHIVE ADMINISTER系统权限，本视图将显示出具有FLASHBACK ARCHIVE 对象权限的所有用户中的闪回归档信息；否则将显示具有FLASHBACK ARCHIVE 对象权限的当前用户的闪回归档信息。

USER_FLASHBACK_ARCHIVE 与 DBA_FLASHBACK_ARCHIVE 有相同的列。

（3）DBA_FLASHBACK_ARCHIVE_TABLES

本视图显示所有激活闪回归档的表的信息，主要列有：

TABLE_NAME	激活闪回归档的表名
OWNER_NAME	激活闪回归档表的所有者名称
FLASHBACK_ARCHIVES_NAME	闪回归档的名称
ARCHIVE_TABLE_NAME	包含用户表历史数据的归档表名称

（4）USER_FLASHBACK_ARCHIVE_TABLES

USER_FLASHBACK_ARCHIVE_TABLES 显示当前用户所有激活闪回归档的表的信息，它与视图 DBA_FLASHBACK_ARCHIVE_TABLES 有相同的列。

（5）DBA_FLASHBACK_ARCHIVE_TS

DBA_FLASHBACK_ARCHIVE_TS 视图显示可用的闪回归档中的所有表空间信息，主要的列有：

FLASHBACK_ARCHIVES_NAME	闪回归档的名称
FLASHBACK_ARCHIVE#	闪回归档的编号
TABLESPACE_NAME	闪回归档所用表空间的名称
QUOTA_IN_MB	闪回归档在表空间可用的最大空间（以MB为单位，为NULL时表示没有空间限制）

6. 闪回数据归档应用事例

在一般利用备份进行的恢复操作中，数据一旦提交，不管提交的事务操作是否正确都不能将数据恢复到前一种状态，因为错误事务的回滚数据已不存在。闪回数据归档可以将已提交的错误事务恢复到提交前的状态，因为它利用的是闪回数据归档中的历史信息，闪回查询可以无缝地得到所要的信息。

【例12.15】假如表employee的闪回数据归档功能激活，用户对部门经理（MANAGER）为LISA的员工工资进行了错误的修改，并且已提交。那么在确认提交操作后，没有其他事务修改employee表，可以用下面语句恢复已修改的数据：

```
SQL> DELETE employee WHERE manager='LISA JOHNSON';
SQL> INSERT INTO employee SELECT * FROM employee
  2   AS OF TIMESTAMP (SYSTIMESTAMP-INTERVAL '4' DAY)
  3   WHERE manager = 'LISA JOHNSON';
```

小　结

闪回技术是Oracle 12c中方便快捷的数据恢复技术，其使用自动撤销数据来完成相应的恢复功能，而不是利用备份数据。

闪回查询能够查询过去某个时间点的任何数据。闪回版本查询可以按特定时间间隔查询出同一行的不同版本，即不同时间该行的内容；闪回事务通过查询静态数据视图可以审计一个事务做了什么或回滚一个已提交的事务；闪回表可将一个或多个表在故障之后恢复到指定的时间点；闪回数据库技术可以将整个数据库恢复到以前的某个状态；闪回数据归档是针对对象的保护，它可以查询指定对象的任何时间点的数据。

习　题

1. 闪回技术与传统数据库恢复技术的主要区别是什么？闪回技术的优点是什么？
2. 比较闪回查询、闪回版本查询、闪回表、闪回数据、闪回删除的差别。
3. 举例说明闪回查询的作用。
4. 举例说明闪回版本查询的作用。
5. 举例说明闪回表的作用。
6. 举例说明闪回数据归档的作用，并说明它与传统数据恢复的区别。
7. 如何让撤销数据保存200天？在此期间的哪些数据可以进行恢复？
8. 找出表employees的当前数据与4小时前的数据之间的不同行。

PL/SQL 程序设计基础 ‹‹‹

学习目标

- 掌握用 SQL 语句建立、删除、修改和查询表空间的方法；
- 了解 PL/SQL 语言的作用和语法规则；
- 掌握 PL/SQL 语言基础程序设计方法；
- 掌握游标和复合数据类型的编程方法；
- 掌握存储过程及存储函数的创建、删除、修改和执行的方法；
- 了解子程序的概念；
- 掌握包的使用方法。

PL/SQL 是专门为 Oracle 数据库设计的一种复杂的过程化程序设计语言，它的过程化结构与 Oracle SQL 无缝地集成在一起，产生了一种强有力的结构化语言。PL/SQL 语言把 SQL 语言处理数据的功能与过程化程序设计处理数据的功能有机地结合在一起。Oracle 中的许多开发工具都是基于 PL/SQL 语言的。

使用 PL/SQL 语言可以用 SQL 语句来处理 Oracle 数据，也可以用流程控制语句来控制程序结构，同时也可以说明常量与变量、定义过程与存储函数、捕获异常等。

PL/SQL 是一个完全可移植的高性能事务处理语言，它有如下特点：

- 支持所有 SQL 语句和数据类型。
- 支持面向对象程序设计。
- 比其他语言在处理数据库数据上有更好的性能和更高的编程效率。
- 可以在运行 Oracle 的任何操作系统中移植。
- 与 Oracle 数据库系统有更紧密的集成。
- 支持客户/服务器方式，有更高的安全性。

13.1　PL/SQL 语言基础

像其他高级语言一样，PL/SQL 语言也有字符集、运算符、表达式、常量、数据类型和变量等基本元素。用这些基本元素来表示现实世界的对象和操作。

13.1.1　字符集、分界符和标识符

像任何其他程序设计语言一样，PL/SQL 也定义了自己的符号集，即在程序中可以使用的字符、符号和标识符。

1.　字符集

任何程序都是用特定的字符集来编制的。PL/SQL 的字符集包括：

- 大小写英文字母 A ~ Z 和 a ~ z。
- 数字 0 ~ 9。
- 其他符号。
- 【Tab】键，【Space】键和【Enter】键。

PL/SQL 程序中的符号是大小写无关的，除非符号是出现在字符串内。

2.　分界符

分界符是由一个或多个字符组成的有特定意义的符号。根据分界符的作用将其分为下面几类：

- 算术运算符：+（加）、-（减）、*（乘）、/（除）、**（幂）。
- 关系运算符：<（小于）、<=（小于等于）、>（大于）、>（大于等于）、=（等于）、<>（不等于）、!=（不等于）。
- 字符运算符：||（并运算符）、'（字符串分隔符）。
- 其他符号：()括号、;（语句结束符）、--（单行注释符）、/*...*/（多行注释符）、,（项分隔符）、:=（赋值运算符）、@（远程访问指示符）、%（属性指示符）、.（成分选择符）、:（宿主变量指示符）、"（引用标识符）、<<（标号分隔符 BEGIN）、>>（标号分隔符 END）、..（范围运算符）。

3.　标识符

标识符是用户自己定义的符号串，用来命名变量、常量、过程、存储函数和包等。标识符必须以字母开头，后跟字母、数字、$、下画线或 # 所构成的字符串，长度不超过 30 个字符，不能是 PL/SQL 语言中的保留字。标识符不区分大小写字母，即 A 与 a 视为一样。

13.1.2　变量和常量

PL/SQL 程序中将值存储在变量或常量中。变量的值在程序执行过程中可以改变，而常量的值不能改变。在 PL/SQL 程序中，变量和常量都必须用标识符进行命名，并且在使用前要说明其数据类型。

1.　变量和常量说明

变量和常量说明语法如下：

```
标识符 [CONSTANT] 数据类型 [NOT NULL][DEFAULT] [:=值]
```

其中：

① 标识符是指变量名或常量名。数据类型是在 13.1.3 节中介绍的 PL/SQL 数据类型。

② 如果有 CONSTANT，则表示该标识符是常量，它必须赋初值。

③ 如果在变量说明中使用 NOT NULL，表示该变量不能为空值，必须在说明时给它赋值。

④ DEFAULT 和 ":=值" 都是给变量或常量赋初值。

在 PL/SQL 中使用变量或常量必须先说明，说明关键字为 DECLARE。每个说明占一行，

行尾使用分号（；）结束。变量说明后而没有赋值前，其值为 NULL。

【例 13.1】正确的变量说明例子。

```
DECLARE
    V1  NUMBER(3) DEFAULT 32;          —说明数字变量 V1，初值为 32
    C1  CONSTANT NUMBER(2): =10;       —数字常量 C1，其值为 10
    V2  CHAR(6) NOT NULL:= 'THIS';     —非空字符串变量
    V3  DATE;                          —日期型变量
    V4  BOOLEAN DEFAULT TRUE;          —布尔型变量，初值为 TRUE
```

【例 13.2】错误变量说明的例子。

```
DECLARE
    V1 NUMBER(3) NOT NULL;             — NOT NULL 变量必须赋初值
    V2 CHAR(3) := 'THIS';             —字符串缓冲区太小
    V3 CONSTANT NUMBER(2);             —常数说明必须包含初始赋值
    V4 CONSTANT NUMBER(2): =2;
BEGIN
    V4: =10;                          —常量 V4 的值不能改变
END;
```

2. 变量赋值

常量的值一旦定义在程序中就不能改变，而变量的值在程序中可以改变。给变量赋值可以用赋值语句、SELECT INTO 语句、FETCH INTO 语句、存储过程和存储函数的参数等方式。

赋值语句格式：

```
变量名：=与变量同类型的表达式；
```

【例 13.3】为变量赋值。

```
ABC:=50;
XY:= 'THIS IS A TEST! ';
SELECT AVG(SALARY),COUNT(*) INTO AVG1,COUNT1
FROM EMPLOYEES;
```

13.1.3 数据类型

如上所述，每个变量和常量都有一个数据类型，以指明数据的存储格式、取值的有效范围。PL/SQL 本身提供了许多数据类型，同时允许自己定义子类型。

PL/SQL 的预定义数据类型可以分为四大类：标量类型（Scalar Type）、复合类型（Composite Type）、引用类型（Reference Type）和 LOB 类型（Lob Type）。

1. 标量类型

标量类型是指没有内部分量的数据类型。它与表的列的类型相同，但比表的列扩展性强。标量类型又分为数字类型、字符类型、布尔型和日期型四类。

（1）数字类型

数据类型存储整数、定点数和浮点数，主要有下面几种：

① NUMBER 类型

说明格式：NUMBER[（位数，小数位数）]。

NUMBER 数据类型与 Oracle 数据库中的 NUMBER 相同。其范围为 10^{-130} 到 10^{125}。

为了使用方便或与其他操作系统兼容，PL/SQL 还定义了许多 NUMBER 的子类型，它们也可以用在 PL/SQL 程序中，但不能用来说明表的列类型：DEC、DECIMAL、DOUBLE PRECISION、FLOAT、INTEGER、INT、NUMERIC、REAL、SMALLINT。

② BINARY_INTEGER 类型

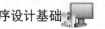

BINARY_INTEGER 类型用来存储符号整数，其范围为$-2^{31} \sim 2^{31}$。它比 NUMBER 占用更小的存储空间，但它比 PLS_INTEGER 运算要慢。PL/SQL 中还定义了 BINARY_INTEGER 的子类型：NATURAL、NATURALN、POSITIVE、POSITIVEN、SIGNTYPE。

③ PLS_INTEGER 类型

PLS_INTEGER 数据类型和 BINARY_INTEGER 类型的表达范围和存储格式基本相同，其区别是 PLS_INTEGER 类型的数据在计算中产生溢出（Overflow）会出现错误，而对于 BINARY_INTEGER 则不会出现错误。由于它使用机器算法，而 BINARY_INTEGER 使用库算法，因此它运算速度要快于 BINARY_INTEGER。

（2）字符类型

字符类型的变量用来存储字符串或者字符数据。主要有下面几种：

① 定义字符类型。

说明格式：CHAR(n)。

用于存储定长字符串，N 是字符变量的最大字节长度，默认为 1，最大值为 32 767。

② 变长字符类型。

说明格式：VARCHAR2(n)。

用于存储变长字符串，N 是字符变量的最大字节长度。N 的最大值为 32 767。该类型有两个子类型 STRING 和 VARCHAR。

③ 长字符类型。

LONG 和 LONG RAW 与 VARCHAR2 类型基本一样，除了它的最大值可达到 327 670 字节。LONG 存储变长字符数据，LONG RAW 存储二进制数据。

在 Oracle 9i 以后版本，Oracle 建议用 CLOB 代替 LONG 类型，用 BLOB 代替 LONG RAW 类型。

④ 原始类型。

说明格式：RAW(n)。

n 表示最大字节数，n 的最大值为 32 767。用于存储二进制数据和字节字符串，如存储图形字符序列或数字图片。PL/SQL 对 RAW 数据不做解释，在不同系统之间转换时也不改变字符集。

⑤ 行标识类型。

每个数据库表都有 ROWID 伪列，它是存储用于表示一行的存储地址的二进制值。物理行号表示普通表中的行号，逻辑行号表示索引表中的行号。ROWID 类型只能存储物理行号，UROWID 可以存储物理行号和逻辑行号。对新应用程序中建议使用 UROWID。

（3）布尔型

用布尔（BOOLEAN）型存储逻辑值 TRUE、FALSE 和 NULL。NULL 表示丢失的、未知的或不能用的值。对 BOOLEAN 变量只能进行逻辑操作。不能将 TRUE 和 FALSE 插入到数据库表的列中。

（4）日期型

日期型数据用来处理日期、时间和秒的分数。常用日期类型为 DATE。DATE 值的最高精度是秒。日期的格式由初始化参数 NLS_DATE_FORMAT 指定。

日期变量的赋值必须用 TO_DATE 转换存储函数或者 DATE 文字符。例如：

```
DECLARE
  D1  DATE:=DATE '1999-01-01';
  D2  CONSTANT DATE:=TO_DATE('2003-01-01', 'yyyy-mm-dd');
```

如果要求时间有更高的精度，可使用 TIMESTAMP 数据类型。除了可以表示秒的分数外，其他与 DATE 类型一样。TIMESTAMP 值可以精确到十亿分之一秒，而 DATE 类型只能精确到秒。说明 TIMESTAMP 变量时，可以指定其精度，默认精度为微秒。

说明格式：TIMESTAMP[(n)]。

其中，n 表示小数点后占用多少位。

2. 复合类型

复合类型是指类型中含有可以单独处理的分量。PL/SQL 中可以使用三种复合类型：记录、表和数组。复合类型的变量包含一个或者多个标量变量。关于这些内容将在后面详细讨论。

3. 引用类型

引用类型是指向其他程序项的一个指针。PL/SQL 中的引用类型与 C 语言中的指针类型类似。被声明为引用类型的变量在程序生命周期内可以指向不同的存储位置。

4. LOB 类型

LOB（大对象）类型是一个指定大对象（如图像文件）位置的定位符。大对象数据类型可以存储无结构的数据，有四种类型 BLOB、CLOB、NCLOB 和 BFILE。它们的使用与 SQL 的数据类型一致。

13.1.4 PL/SQL 语言的函数和表达式

与其他高级语言一样，PL/SQL 语言也是利用表达和函数来进行各种数据类型的计算任务，并将计算结果返回给变量。

1. 存储函数

PL/SQL 中提供了许多功能强大的预定义存储函数以方便数据处理，同时在 PL/SQL 中也可以自定义存储函数。预定义的存储函数分为七大类：错误处理、数字型存储函数、日期型存储函数、字符型存储函数、类型转换存储函数、对象引用存储函数和其他存储函数。

2. 表达式

表达式是由表的列名、变量名、常量、存储函数、运算符和括号等组合而成的一个有物理意义的式子。根据表达式运算结果的数据类型可分为算术表达式、字符表达式、关系表达式和逻辑表达式。

（1）数值表达式

数值表达式是由数值型常数、变量、存储函数和算术运算符等组成。数值表达式的计算结果是数值型数据。算术运算的优先级从高到低为：括号、幂、乘除和加减，同级运行从左到右。下面是一个合法的数值表达式：

```
A*B+10*203
```

（2）字符表达式

字符表达式是由字符型常数、变量、存储函数和字符运算符等组成的。字符表达式的计算结果仍然是字符型。

字符常数是以单引号(')括起来的字符串。如果字符串中有单引号，连续输入两个单引用('')。

字符运算符只有并运算（||），它将两个或者多个字符串连接在一起组成一个长串。下面是一个合法的字符表达式：

```
'How'||'are'||'You!'
```

（3）关系表达式

关系表达式是由字符表达式或者数值表达式与关系运算符组成的，它实际上是一种逻辑表达式，其运算结果是逻辑值 TRUE 和 FALSE。关系运算符两边的数据类型必须一致。

例如：关系表达式

```
'1324' >'43535'        运算结果为 FALSE
434<>435               运算结果为 TRUE
'addd' LIKE 'A%'       运算结果为 FALSE
```

（4）逻辑表达式

逻辑表达式是由逻辑常数、变量、存储函数和逻辑运算符组成的，或者是关系表达式与逻辑运算符连接组成的。逻辑表达式的运算结果是真（TRUE）或假（FALSE）。逻辑运算符包括：

```
NOT               逻辑非运算
OR                逻辑或运算
AND               逻辑与运算
```

逻辑运算符的运算优先次序为：NOT、AND、OR。运算顺序是先关系表达式后逻辑表达式，运算结果仍为逻辑值。

下面就是合法的逻辑表达式运算：

```
'ABC'='abc' AND SALARY>100
```

13.1.5 PL/SQL 语言的程序块结构和运行环境

与 C 语言程序是由若干函数组成的类似，PL/SQL 程序的基本单位是块。按照结构化程序设计方法来编写 PL/SQL 程序，就是在系统设计完成的基础上进行 PL/SQL 块的设计，所不同的是块多数是存储在数据库并在服务器端运行。

1. PL/SQL 块的结构

PL/SQL 程序的基本单位是块。块分为有名块（如存储函数、存储过程等）和无名块。一个无名块是由块头加关键字 DECLARE、BEGIN、EXCEPTION 和 END 等定义的一段程序，这些关键字将块划分为块头部分、说明部分、执行部分和异常处理部分。只有执行部分才是必需的，即最简单的块只有执行部分。块是可以嵌套的，即一个块内可以定义子块。块的结构如下：

```
[块头部分] |
[DECLARE
说明部分]
BEGIN
  可执行语句
  [EXCEPTION
异常处理]
END;
```

（1）块头部分

定义块的类型，即定义程序块是过程、存储函数或无名程序块。无名块是没有块头部分，无名块以 DECLARE 或 BEGIN 开始。过程的块头部分是 PROCEDURE，函数的块头部分为 FUNCTION。块头或 DECLARE 只能选择一种。

（2）说明部分

说明部分由 DECLARE 和 BEGIN 之间的各种说明语句组成。它定义所有变量、常量、游标、自定义类型、子程序说明等。

PL/SQL 不支持向前引用，即必须在引用一个项目前对它进行说明，包括块中的子程序。

（3）执行部分

执行部分是块的主体，执行部分必须至少包括一条可执行语句。它以 BEGIN 开始，以 END 结束。END 也是块的最后一条语句。

（4）异常处理部分

以 EXCEPTION 开头的部分为异常处理。当程序执行过程中出现错误时，就发生一个异常，正常程序的执行中止，将转到此处执行相应的出错处理程序。

【例 13.4】定义一个只有说明部分和执行部分的无名块。

```
DECLARE
    v1 CHAR(23) DEFAULT 'THE';
    v2 INT:=3;
    d1 DATE;
BEGIN
    v1:='THIS'||' IS A BOOK';
    d1:=DATE '2000-01-01';
END;
/     --用 "/" 表示程序结束提交数据库执行。
```

2. PL/SQL 块的调试环境

可以在 SQL Plus、iSQL 或者 SQL Developer 中的 Procedure Builder 环境中调试和运行 PL/SQL 程序。

（1）SQL Plus 环境

SQL Plus 是运行 PL/SQL 最基本的环境。当程序第一句是以 DECLARE 或 BEGIN 或者是块头关键词开头时，SQL Plus 就能自动识别是 PL/SQL 程序块，而不是 SQL 语句。

对于 PL/SQL 程序块，只有碰到 "/" 才将程序提交数据库执行；而单个的 SQL 语句可以用分号 ";" 或 "/" 就自动提交数据库。

（2）iSQL

iSQL 是一个全屏幕编辑器，是为 PL/SQL 开发的一个操作环境。

13.2　PL/SQL 语言的语句

PL/SQL 程序是由若干块组成，每个块是由若干语句组成。PL/SQL 语句必须以分号 ";" 结束。每一行可以有多个语句。一个语句也可以写在多行。

PL/SQL 块内的语句是 SQL 语句或 PL/SQL 语言的语句。

13.2.1　PL/SQL 语句的基本语句

语句是编写 PL/SQL 程序的最小组成单位，即 PL/SQL 块是由若干语句组成的。与其他程序设计语言一样，PL/SQL 有注释语句、赋值语句等。与其他程序设计语言不同的是，PL/SQL 程序中可以直接执行 SQL 语言的语句。

1. 注释语句

单行注释以 "--" 开头，它可以出现在一行的任何位置，"--" 以后的内容均视为注释内容。多行注释以 "/*" 开始，遇到 "*/" 结束，"/*" 和 "*/" 必须成对出现。

2. 赋值语句

```
变量名:=表达式;
```

这里的变量名可以是一般变量名、以冒号开头的宿主机变量名、参数名、游标变量名、对象属性名和记录字段名等。

表达式数据类型必须与变量数据类型相同。

【例 13.5】赋值语句。

```
wages := hours_worked * hourly_salary;
country := 'France';
costs := labor + supplies;
done := (count > 100);
```

3. NULL 语句

```
NULL;
```

表示不执行任何操作。通常用于程序调试。

4. 事务处理语句

事件处理语句 COMMIT 和 ROLLBACK，参见 10.4 节。

5. SELECT INTO 语句

SELECT INTO 语句将从数据库表中查询的列内容赋值给指定的变量名或列名，使用方法与无 INTO 子句的 SELECT 语句一样。

```
SELECT 列名表 INTO 变量表 FROM...
```

如果查询结果是多行，变量名必须能存放多行，如游标或记录变量。列名与变量在数据类型、个数和顺序上要一致。

【例 13.6】将查询结果 first_name 的值存放在变量 v1 中。

```
DECLARE
        v1 CHAR(23);
    BEGIN
        SELECT first_name INTO v1 FROM employees WHERE employee_id='101';
END;
```

6. 程序输入和输出

一般情况下，PL/SQL 编写的是服务器端的存储过程、存储函数等对象，它们通常是通过参数传递来完成与客户程序的交互，因此，PL/SQL 没有从用户接收输入或将输出结果显示到屏幕的功能。但在调试或编写无名块时，PL/SQL 程序可以通过 SQL Plus 的替换变量来完成输入，用内置的 DBMS_OUTPUT 包或联编变量来完成有限的输出。

替换变量名以"&"开始，它接收用户输入，然后在由 SQL Plus 中完成变量的文字替换，替换完成后将 PL/SQL 块或 SQL 语句发送到服务器执行。

【例 13.7】输入员工编号（employee_id），查询出员工工资。

```
DECLARE
    sa dec;
BEGIN
    SELECT salary INTO sa FROM employees WHERE  employee_id=&id;
    DBMS_OUTPUT.PUT_LINE(TO_CHAR(sa)); 一输出工资值。
END;
```

程序结果：

```
输入 id 的值: 200
```

```
原值    5:        where employee_id=&id;
新值    5:        where employee_id=200;
     4400
```

如果使用 DBMS_OUTPUT 内置包输出，必须先在 SQL Plus 环境中执行 SET SERVEROUTPUT ON。内置包的使用格式如下：

```
DBMS_OUTPUT. PUT_LINE(字符串);
```

如果使用 SQL Plus 的联编变量进行输出，必须首先定义联编变量。联编变量是一个在 SQL Plus 环境下使用 VAR 定义的变量，其类型可以是 CHAR、VARCHAR2 和 NUMBER。联编变量只能在 SQL Plus 命令行中定义，在 PL/SQL 块中使用。在块的内部，联编变量使用冒号（:）来定界。在块执行之后，可用 PRINT 命令在屏幕上显示联编变量的值。

【例 13.8】使用联编变量进行输出。

```
SQL> VAR  rs NUMBER;  --定义联编变量
SQL> BEGIN
  2    SELECT COUNT(*) INTO :rs  FROM employees;
  3    DBMS_OUTPUT.PUT_LINE(TO_CHAR(:rs));
  4  END;
```

输出结果为

```
107
```

在块中可以给联编变量赋值，例如：

```
:RS :=10;
```

也可用 SQL Plus 中的 PRINT 命令输出联编变量的值：

```
SQL>PRINT rs;
```

13.2.2　PL/SQL 语言的选择结构

选择结构是程序设计中最重要的控制结构之一，它是根据一个条件测试的真或假来执行不同的程序段。PL/SQL 实现选择结构的语句有 IF 语句和 CASE 语两种，下面分别介绍它们的使用方法。

1. IF 语句

IF 语句可以分为三种基本格式：

格式 1：选择执行或不执行。

```
IF  逻辑表达式 THEN
     语句序列;
     END IF;
```

如果逻辑表达式计算结果为真，执行语句序列；否则，不执行任何语句。

格式 2：从两个语句序列选择其一。

```
IF 逻辑表达式 THEN
     语句序列 1;
     ELSE
     语句序列 2;
     END IF;
```

如果逻辑表达式计算结果为真，执行语句序列 1；否则，执行语句序列 2。

格式 3：从多个条件中进行选择。

```
IF 逻辑表达式 1 THEN
     语句序列 1;
```

```
    ELSEIF 逻辑表达式 2 THEN
        语句序列 2;
        …
    ELSE
        语句序列 n;
        END IF;
```

当逻辑表达 1 的值为真（TRUE）时，执行语句序列 1；否则，如果逻辑表达式 2 的值为真时，执行语句序列 2，否则，继续计算逻辑表达式 3，依此类推。所有逻辑表达式的值都不为 TRUE 时，将执行 ELSE 后的语句序列 n。

ELSEIF 语句可以有多个，从而实现多个条件的选择，最先计算结果为 TRUE 的逻辑表达式所对应的语句序列将被执行。

IF 语句可以嵌套使用，从而完成多条件中的选择。IF…END IF 必须成对出现。

【例 13.9】根据输入员工号（employee_id）的职务（job_id）来调整该员工的工资 salary：职务为 clerk 的工资提高 2%，职务为销售员工资提高 4%，其他员工提高 5%。

```
DECLARE
    v_empno employees.employee_id%TYPE:=&v_empno;
    v_job employees.job_id%TYPE;
BEGIN
    SELECT job_id  INTO v_job  FROM employees WHERE employee_id=v_empno;
    IF v_job='CLERK' THEN
        UPDATE employees SET salary=salary*1.02 WHERE employee_id=v_empno;
        dbms_output.put_line('CLERK OK!');
    ELSEIF v_job='SALESMAN' THEN
        UPDATE employees SET salary=salary*1.04 WHERE employee_id=v_empno;
        dbms_output.put_line('SALESMAN OK!');
    ELSE
        UPDATE employees SET salary=salary*1.05 WHERE employee_id=v_empno;
        dbms_output.put_line('Others OK!');
    END IF;
END;
```

2. CASE 语句

CASE 语句将变量的值与多个表达式的值进行比较，然后根据比较结果从多个语句序列中进行选择。CASE 语句的格式如下：

```
CASE 变量
    WHEN 表达式 1 THEN
        语句序列 1;
    WHEN 表达式 2 THEN
        语句序列 2;
        …

    WHEN 表达式 N THEN
        语句序列 N;
        [ELSE
        语句序列 N+1;]
END CASE;
```

CASE 语句将顺序计算表达式，当"变量"的值与某个表达式值相等时，将执行相应的语句序列；当变量的值与所有表达式的值都不相等时执行语句序列 N+1，如果有的话。语句序列 1 到语句序列 N+1 中只能执行一个语句序列。

如果所有条件都不满足，并且没有 ELSE 子句，引起异常 CASE_NOT_FOUND。

【例 13.10】CASE 语句的例子。根据输入员工号（employee_id）的职务（job_id）来调整该员工的工资 salary：职务为 clerk 的工资提高 2%，为销售员工资提高 4%，为 manager 提高 8%，为 analyst 提高 6%，其他员工提高 5%。

```
DECLARE
    v_empno employees.employee_id%TYPE:=&v_empno;
    v_job employees.job_id%TYPE;
BEGIN
    SELECT job_id INTO v_job FROM employees WHERE employee_id=v_empno;
    CASE v_job
        WHEN 'CLERK' THEN
            UPDATE employees SET salary=salary*1.02
                WHERE employee_id=v_empno;
          dbms_output.put_line('CLERK OK!');
        WHEN 'SALESMAN' THEN
            UPDATE employees SET salary=salary*1.04
                WHERE employee_id=v_empno;
          dbms_output.put_line('SALESMAN OK!');
        WHEN 'MANAGER' THEN
            UPDATE employees SET salary=salary*1.08
                WHERE employee_id=v_empno;
        WHEN 'ANALYST' THEN
            UPDATE employees SET salary=salary*1.06
                WHERE employee_id=v_empno;
          dbms_output.put_line('ANALYST OK!');
        ELSE
            UPDATE employees SET salary=salary*1.05
                WHERE employee_id=v_empno;
          dbms_output.put_line('PRESIDENT OK!');
    END CASE;
END;
```

CASE 语句还有另一种形式，使用方法和功能与上一种形式类型一样：

```
CASE
    WHEN 逻辑表达式 1 THEN
        语句序列 1;
    WHEN 逻辑表达式 2 THEN
        语句序列 2;
        …

    WHEN 逻辑表达式 N THEN
        语句序列 N;
        [ELSE 语句序列 N+1;]
END CASE
```

CASE 语句依序计算逻辑表达式的值，遇到第一个值为真（TRUE）的表达式，将执行该 WHEN 子句后的语句序列。

13.2.3 PL/SQL 语言的循环结构

循环结构是指按照指定的逻辑条件循环执行一组命令的结构。PL/SQL 中有三种循环结构：LOOP…END LOOP、WHILE…END LOOP 和 FOR…END LOOP 语句，它们都可以实现循环的功能。

1. LOOP 循环语句

LOOP 循环语句的格式：

```
[<<标号>>]
LOOP
  语句序列;
END LOOP [标号]
```

LOOP…END LOOP 是一个简单循环，该循环从 LOOP 开始，到 END LOOP 结束，退出循环是通过其中的选择结构来控制的。如果没有选择 EXIT 语句，则是死循环。

【例 13.11】计算 1+2+3+…+100。

```
DECLARE
    i  INT :=1;
    s  INT:=0;
BEGIN
LOOP
        s:=s+i;
        IF i=100 THEN
        EXIT;    --退出循环
        END IF;
        i:=i+1;
    END LOOP;
    DBMS_OUTPUT.PUT_LINE('计算结果:'||TO_CHAR(s)) ;
END;
```

程序运行结果为

```
计算结果:5050
```

2. WHILE 循环语句

WHILE 循环语句的格式如下：

```
[<<标号>>]
WHILE 逻辑表达式 LOOP
  语句序列;
END LOOP [标号]
```

在每次进行循环前先计算逻辑表达式的值，如果值为 TRUE，则执行其中的语句序列，然后重新计算逻辑表达式；如果逻辑表达式的值为 FALSE 或者为 NUILL，则终止循环，控制转到 END LOOP 后面的语句执行。

【例 13.12】计算 $1 \times 2+2 \times 3+…+49 \times 50$ 的值。

```
DECLARE
    i INT :=1;
    s INT:=0;
BEGIN
    WHILE i<=50 LOOP
        s:=s+i*(i+1) ;
```

```
            i:=i+1;
        END LOOP;
        DBMS_OUTPUT.PUT_LINE('计算结果:'||TO_CHAR(s));
    END;
```

程序运行结果为：

计算结果：44200

3. FOR 循环语句

LOOP 循环和 WHILE 循环的循环次数取决于循环条件。FOR 循环的循环次数是事先指定的。其语法是：

```
        [<<标号>>]
    FOR 循环变量 IN [REVERSE] 下界..上界 LOOP
        语句序列;
    END LOOP [标号];
```

其中：

① 循环变量是一个被隐式说明为 BINARY_INTEGER 数据类型的变量。如果在说明部分对其进行说明，则以说明的数据类型为准。

② 上界和下界是与循环变量同类型的表达式。循环变量取值从下界一直到上界，循环的步长为 1。FOR 循环的循环次数是：上界−下界＋1。

③ 如果有 REVERSE 关键字，循环变量取值从下界到上界，此时步长为−1。

【例 13.13】显示表 employees 中员工编号从 190 到 195 的员工的编号、名字和工资。

```
DECLARE
    cname varchar2(20);
    n_salary number;
BEGIN
    FOR id IN 190..195 LOOP
        SELECT first_name,salary INTO cname,n_salary
            FROM employees  WHERE employee_id=id;
        DBMS_OUTPUT.PUT_LINE(TO_CHAR(id)||' '||cname||
                ':'||TO_CHAR(n_salary));
    END LOOP;
END;
```

4. 标号、GOTO 语句和退出循环语句

在 PL/SQL 程序中，通常用标号来标识每种循环的开始与结束。标号是 PL/SQL 语言中的标识符。标号与 GOTO 语句一起也可以实现程序的跳转或跳出多重循环。

标号的形式：

```
    <<标号>>
    GOTO 标号;
```

GOTO 语句将程序控制转到标号位置开始执行。

【例 13.14】用 GOTO 语句实现循环，程序功能同例 13.13。

```
DECLARE
    cname varchar2(20) ;
    n_salary number;
    id int;                 --说明循环变量
BEGIN
    id:=190;                --循环变量赋初值
```

```
            <<beg>>                 --定义标号 beg
        SELECT first_name,salary INTO cname,n_salary
            FROM employees    WHERE employee_id=id;
        DBMS_OUTPUT.PUT_LINE(TO_CHAR(id)||' '||cname||
                ':'||TO_CHAR(n_salary));
        IF id<195 THEN
            id:=id+1;            --ID 变量增加 1
            GOTO beg;            --转到 beg 标号位置开始
        END IF;
    END;
```

FOR 循环结构中有时可能在满足某个条件后就退出循环，而不是要循环所有次数，或者在 LOOP 循环中可能不能终止循环。这些都要用到退出循环的语句 EXIT，它的格式如下：

```
    EXIT [标号]  [WHEN 逻辑表达式]
```

如果 EXIT 加标号，表示程序退出循环并将控制转到标号位置，这样可以实现从嵌套循环跳出多重循环。

如果有 WHEN 子句，表示当逻辑表达式的值为真时退出循环。即 EXIT…WHEN 相当于语句 "IF 逻辑表达式 THEN EXIT;"。

5. 循环嵌套

上面的任何一种循环都可以互相嵌套，且可以多重嵌套，但必须是完全嵌套。如下面的形式：

```
    <<LOOP1>>
    LOOP
        ...
        <<LOOP2>>
    FOR ... LOOP
        ...                         --可有其他循环(多重循环)
      END LOOP LOOP2;
        ... <<LOOP3>>
      WHILE ... LOOP
        ...                         --可有其他循环(多重循环)
      END LOOP LOOP3;
    END LOOP LOOP1;
```

【例 13.15】 嵌套循环程序设计。

```
    DECLARE
        s float:=0;
        n INT :=10;
        k DEC;
        j INT;
    BEGIN
        <<FOR_LOOP1>>
        FOR i IN 1..n LOOP          -- 计算阶乘和
            k:=1;
            j:=1;
            <<LOOP2>>
            LOOP                     --计算阶乘
                K:=K*J;
                EXIT WHEN i=j;       --I=J 时退出循环
```

```
                    j:=j+1;
                END LOOP LOOP2;
                S:=S+K;
                DBMS_OUTPUT.PUT_LINE(TO_CHAR(K));
            END LOOP FOR_LOOP1;
            DBMS_OUTPUT.PUT_LINE('S= '||TO_CHAR(S));
        END;
```

上面程序计算 1! +2! +...+10!的结果。

 ## 13.3 PL/SQL 语言的复合数据类型

标量类型是在 Oracle 的 STANDARD 包中预定义的，用户可以直接在说明语句中使用。
复合类型是用户自己定义的，它必须先定义其类型，然后才能在变量说明中说明复合类型的
变量。复合类型是标量类型的组合。

13.3.1 %TYPE 和%ROWTYPE 属性

PL/SQL 变量通常被用来存储在数据库表中列的数据，此时要求变量应该拥有与列有相
同的类型。但是，如果表中列的数据类型发生变化，相应变量必须也要修改才能与其类型一
致。显然，如果在应用系统中有许多这样的 PL/SQL 代码，这种修改是很困难的。为此，PL/SQL
语言提供了%TYPE 属性和%ROWTYPE 属性，以使变量类型与列的数据类型自动保持一致。

1. 使用%TYPE
%TYPE 用来定义与数据库表的列类型相同的数据类型，如果表的列数据类型发生变化，
它会自动随之而变。

属性%TYPE 的格式为

> 变量名 ［已有变量名 | 表名.列名 | 记录名.列名]%TYPE;

从上面可以看出，用%TYPE 属性可以提供与现有变量名、表的列名、游标变量和记录
的列名类型相同的数据类型，当原数据类型发生变化时，用%TYPE 定义的变量类型也会自
动变化。如果指定的表名不在自己模式中，可以在表名前加模式名。

【例 13.16】使用%TYPE 实例。

```
DECLARE
    sal employees.salary%TYPE;          --表 employees 的列 salary 类型
    cname employees.first_name%TYPE;
    cc cname%TYPE;                       --cc 与变量 cname 的类型相同
BEGIN
    SELECT first_name,salary INTO cname,sal
        FROM employees WHERE employee_id='199';
    cc:=CNAME;
    DBMS_OUTPUT.PUT_LINE(cname||' '||cc||' '||TO_CHAR(sal));
END;
```

程序运行结果：

```
Douglas Douglas  2600
```

2. 使用%ROWTYPE

使用%TYPE 可以使一个变量获得列的数据类型。如果要使用表中的多个列，必须用%TYPE 属性定义多个变量。PL/SQL 提供%ROWTYPE 属性以获得一个记录中每个列的数据类型。使用%ROWTYPE 可以定义与数据库表相同记录类型的记录类型变量。如果数据库表定义改变了，则用%ROWTYPE 定义的记录类型的成分也随之改变。

使用%ROWTYPE 定义记录，就相当于给表的某个记录命名。%ROWTYPE 的格式如下：

```
变量名 [表名 | 游标名 | 游标变量]%ROWTYPE;
```

此时变量名是表中整个记录的属性，即拥有所有字段的记录。用下面格式访问相应的列：

```
记录变量名.列名
```

【例 13.17】使用%ROWTYPE 属性。

```
DECLARE
    emp employees%ROWTYPE;                    --说明记录变量 emp
    cname employees.first_name%TYPE;
    cc cname%TYPE;
BEGIN
    SELECT * INTO emp                          --emp 是记录类型
        FROM employees WHERE employee_id='201';
    cname:=emp.first_name;                     --引用记录列
    cc:=cname;
    DBMS_OUTPUT.PUT_LINE(cname||' '||cc||' '||TO_CHAR(emp.salary));
END;
```

13.3.2 记录类型

记录是一组储存在字段中的相关数据的集合，每个字段都有唯一的名字和数据类型，这些字段在逻辑上是相关的，但数据类型可以不相同。

用%ROWTYPE 属性可以说明一个与现有数据库表有相同成分的记录。用户也可以用RECORD 定义新的记录类型。

自定义记录的格式：

```
TYPE 记录类型名 IS RECORD(
    字段名1  类型〔NOT NULL [:=表达式1],
    字段名2  类型〔NOT NULL [:=表达式2],
            ...
    字段名n  类型〔NOT NULL [:=表达式n]
);
```

其中：

① 记录类型名和字段名都是用 PL/SQL 语言的标识符定义。

② 类型可以是除引用游标（REF CURSOR）以外的任何 PL/SQL 数据类型，也可以使用属性%TYPE 和%ROWTYPE。

③ 如果字段定义为 NOT NULL，必须用 ":=" 或 DEFAULT 为字段赋初值。

定义记录类型后，可以在说明部分像其他类型的说明一样，说明该记录类型的变量。

【例 13.18】记录类型的使用。

```
DECLARE
    /* 定义记录类型 */
    TYPE emp IS RECORD (
        emp_id employees.employee_id%TYPE,       --员工编号
```

```
              emp_name varchar2(60),                              --员工姓名
              emp_dept departments.department_name%TYPE);    --部门名称
           emp1 emp;  --说明一个记录类型变量 emp1
           cname emp1.emp_name%TYPE;                        --与记录 emp_name 相同类型
        BEGIN
           SELECT e.employee_id,e.first_name||' '||e.last_name,d.department_name
              INTO emp1  FROM employees e,departments d
              WHERE employee_id='201' and e.department_id=d.department_id;
           cname:=emp1.emp_name;                            --引用记录字段
           DBMS_OUTPUT.PUT_LINE(emp1.emp_id||' '||cname||' '||emp1.emp_dept);
        END;
```

例 13.18 将表 employees 和 departments 中查询出的多个字段的值存放在记录 emp1 的相应字段中。记录类型中的 emp_id 字段与表 employees 中的 employee_id 字段有相同的类型，emp_dept 与表 departments 中的 department_name 字段有相同的类型，emp_name 的值是表 employees 中 first_name 和 last_name 合并的结果。

同一记录类型的两个记录变量可以进行赋值。不同类型的记录赋值是通过各元素的赋值来完成。记录之间不能进行比较，只能在记录元素之间进行同类型比较。

如果要清空一个记录的所有字段，可用一个没有赋任何值的记录（即所有值为 NULL）赋值给指定记录即可，当然也可以对每个元素分别清空。

【例 13.19】记录赋值和记录清空。

```
DECLARE
    /* 定义记录类型 */
    TYPE emp IS RECORD (
        id employees.employee_id%TYPE,                  --员工编号
        name VARCHAR2(60),                              --员工姓名
        dept departments.department_name%TYPE);     --部门名称
      emp1 emp;--说明记录类型变量
      emp2 emp1%TYPE;   --此处只能用%TYPE，不能用%ROWTYPE
      emp3 emp1%TYPE;
 BEGIN
    SELECT e.employee_id,e.first_name||' '||e.last_name,d.department_name
        INTO emp1 FROM employees e,departments d
        WHERE employee_id='201'  and e.department_id=d.department_id;
    DBMS_OUTPUT.PUT_LINE('EMP1:'||emp1.id||' '||emp1.name);
    emp2:=emp1;  --同类型记录赋值
DBMS_OUTPUT.PUT_LINE('EMP2:'||emp2.id||' '||emp2.name);
emp1:=emp3; --清空 emp1 记录
    DBMS_OUTPUT.PUT_LINE('EMP1:'||emp1.id||' '||emp1.name);
END;
```

程序运行结果：

```
EMP1:201 Michael Hartstein
EMP2:201 Michael Hartstein
EMP1:
```

从上面运行结果看出，两个记录是一样的，第二次赋值后 emp1 被清空。

13.3.3　表类型

集合（Collection）是同类型元素的集合。每个元素有一个下标，表示元素在表中的位置。

PL/SQL 语言提供了三种集合：索引表、嵌套表和可变大小的数组 VARRAYS。索引表简称为 PL/SQL 表。本节只介绍这种索引表集合。

集合运算类似于其他高级语言中的数组运算，它也可以作为参数进行传递，这样就可以在数据库表或应用程序之间传递表数据。

1. 定义表

与记录类型一样，使用表之前必须先定义表类型，然后说明表类型的变量。可以在任何 PL/SQL 块和子程序中定义表类型。定义索引表的方法如下：

```
TYPE  表类型名 IS TABLE OF 类型 INDEX BY BINARY_INTEGER;
```

其中：表类型名是为表类型定义的名称，类型是指表中元素的类型，它是一个标量类型或者是%TYPE 和%ROWTYPE 属性指定的类型。

定义表类型后，可以说明该类型的变量。说明变量后就可以引用表元素，引用表元素的方法是

```
表名（索引变量）
```

其中：索引变量是 BINARY_INTEGER 类型的变量或是可转换为 BINARY_INTEGER 变量的表达式。

【例 13.20】表的定义与使用。

```
DECLARE
    /* 定义索引表类型 */
    TYPE emp_id IS TABLE OF employees.employee_id%TYPE
        INDEX BY BINARY_INTEGER;
    TYPE id IS TABLE OF INT INDEX BY BINARY_INTEGER;
    tab1 emp_id; 一说明表变量tab1
    tab2 id;
BEGIN
    FOR i IN 190..195 LOOP
        tab2(i):=I; 一为表元素赋值
        /* 查询一个 employee_id 放在 tab1(i)中 */
    SELECT employee_id INTO tab1(I)
        FROM employees WHERE employee_id=I ;
    DBMS_OUTPUT.PUT_LINE('TAB1:'||tab1(I)||
            ' TAB2:'||TO_CHAR(tab2(i)));
 END LOOP;
 END;
```

程序运行结果：

```
TAB1:190  TAB2:190
TAB1:191  TAB2:191
TAB1:192  TAB2:192
TAB1:193  TAB2:193
TAB1:194  TAB2:194
TAB1:195  TAB2:195
```

通常情况下，表类型都是一维的，但可用其他方法来模拟其他语言中的多维数组，如将表的数据类型定义为一个%ROWTYPE。

【例 13.21】二维表的实现方法。

```
DECLARE
    /* 定义索引表类型 */
    TYPE emp_id IS TABLE OF employees%ROWTYPE
        INDEX BY BINARY_INTEGER;
```

```
            tab1 emp_id; --说明表变量 tab1
        BEGIN
            FOR i IN 190..195 LOOP
                /* 查询一个记录的所有字段内容放在 tab1(i)中 */
                SELECT * INTO tab1(I) FROM employees WHERE employee_id=I ;
                DBMS_OUTPUT.PUT_LINE('TAB1:'||tab1(I).employee_id||
                    ' '||tab1(i).first_name);
            END LOOP;
        END;
```

程序运行结果为

```
    TAB1:190   Timothy
    TAB1:191   Randall
    TAB1:192   Sarah
    TAB1:193   Britney
    TAB1:194   Samuel
    TAB1:195   Vance
```

例 13.21 中将表中一个记录作为表的一个元素，每次查询出一条记录赋值给表的第 n 个元素，如 tab1(I)。此时不能用 TAB1(I)来引用表元素，而是用"TAB1(I).字段名"来引用表元素。

2. 表方法

表方法是内置的存储函数或过程，它可以对表进行操作。使用表方法可以使表更加易用，使程序更加易于维护。表方法的使用方式如下：

```
    表变量名.方法名[(参数表)]
```

（1）统计表行数

COUNT 是存储函数，返回自定义表中的行数。

（2）删除表中的行

DELETE 是一个过程，有三种形式：

```
    DELETE           删除表中所有的行
    DELETE(i)        从表中删除由索引 i 所标记的行
    DELETE(i,j)      从表中删除索引 i 和 j 之间的所有行
```

（3）判断表元素是否存在

EXISTS（n）是一个存储函数，如果表中第 n 个表元素存在，则退回 TRUE，否则返回 FALSE。

（4）FIRST 和 LAST 方法

FIRST 和 LAST 都是一个存储函数，分别返回表中第一个（索引值最小）和最后一个（索引值最大）的索引号。如果表为空，FIRST 和 LAST 都返回 NULL。如果表中只有一个元素，FIRST 和 LAST 返回相同的值。

（5）PRIOR 和 NEXT 方法

PRIOR(n)返回第 n 个元素前面一个的索引值。如果前面没有表元素，PRIOR 返回 NULL。NEXT(n)返回第 n 个元素后面的一个的索引值。如果后面没有表元素，NEXT 返回 NULL。

前后顺序是根据索引值的大小决定的，而不是根据插入数据的先后顺序决定的。

【例 13.22】使用表方法来处理表数据。

```
SQL> DECLARE
    2       /* 定义索引表类型 */
    3       TYPE emp_id IS TABLE OF employees.employee_id%TYPE
    4         INDEX BY BINARY_INTEGER;
    5       tab1 emp_id; --说明表变量 tab1
```

```
 6          t_count int;
 7       BEGIN
 8          t_count:=tab1.count;  一返回表的行数;
 9          DBMS_OUTPUT.PUT_LINE('建立表元素前:'||TO_CHAR(t_count));
10          FOR i IN 10..15 LOOP
11             /* 查询一个 employee_id 放在 tab1(i)中 */
12             SELECT  employee_id INTO tab1(I)
13                FROM employees WHERE employee_id=180+I;
14          END LOOP;
15          t_count:=tab1.count;  一返回表的行数
16          DBMS_OUTPUT.PUT_LINE('建立表元素前:'||TO_CHAR(t_count));
17          IF tab1.exists(200)  THEN
18             DBMS_OUTPUT.PUT_LINE('表元素 200 存在');
19             tab1.delete(200);   一删除表元素
20          ELSE
21             DBMS_OUTPUT.PUT_LINE('表元素 200 不存在');
22          END IF;
23       DBMS_OUTPUT.PUT_LINE('第一行索引值:'||TO_CHAR(tab1.FIRST));
24       DBMS_OUTPUT.PUT_LINE('最后一行索引值:'||TO_CHAR(tab1.LAST));
25       DBMS_OUTPUT.PUT_LINE('索引值 13 的前一行'||TO_CHAR(tab1.PRIOR(13)));
26       DBMS_OUTPUT.PUT_LINE('索引值 13 的后一行'||TO_CHAR(tab1.NEXT(13)));
27*      END;
```

程序运行结果为：

```
建立表元素前:0
建立表元素前:6
表元素 200 不存在
第一行索引值:10
最后一行索引值:15
索引值 13 的前一行 12
索引值 13 的后一行 14
```

表是复杂的数据结构，它与普通数组相似但不完全相同，使用时应该注意以下几点：

- 表的行号是作为索引值管理的，对索引值虽然没有约束限制，但最好使用顺序的索引值。
- 给表赋值相当于向表中插入数据，同时也建立了相应的表记录。指定的表记录没有被创建之前是不能使用的，可以使用 EXISTS 属性进行测试。
- 表没有指定元素个数，只要不超过 BINARY_INTEGER 表示的范围。

13.4　游　　标

PL/SQL 的记录和表数据类型可以很方便地进行数据组织。但是，如果要将数据库中的表根据要求选择相应的一组记录放置到内存中来，供以后操作使用，无论使用记录还是表数据结构都不能很方便地实现这一功能；实现这一功能的最好的数据类型是游标。

游标是根据相应条件从数据库表中挑选出来的一组记录，作为一个临时表放置在内存之中。游标分为隐式游标和显式游标。PL/SQL 把所有 SQL 的数据处理语句说明为隐式游标，包括只返回一行的查询。对于返回多行的查询，必须定义显式游标。

13.4.1 显式游标的基本操作

处理显式游标的步骤是说明游标、打开游标、提取游标数据和关闭游标。除了说明游标是在块的说明部分外，其他三个过程都在块的执行部分。

1. 说明游标

在引用游标之前，必须先说明游标。说明游标是给游标命名并将它与一个查询语句关联起来。可以在任何 PL/SQL 块、子程序和包的说明部分说明一个游标。

说明游标的语句：

```
CURSOR  游标名 [（参数名表）] IS  SELECT 语句；
```

其中：

① CURSOR 是声明游标的关键词，游标名是任何合法的 PL/SQL 标识符。

② SELECT 语句是建立游标的任何合法的 SELECT 查询命令。

③ 参数名表是下列形式：（参数名 类型, … ）。

④ 如果游标中指定参数，则定义一个参数化游标，这些参数可以出现在查询语句的WHERE 条件中。

【例 13.23】说明游标。

```
DECLARE
    min_s jobs.min_salary%TYPE;
    CURSOR ms IS SELECT  *  FROM jobs
            WHERE  min_salary>=min_s;  --说明游标语句
BEGIN
    DBMS_OUTPUT.PUT_LINE('定义游标正确! ');
END;
```

上面程序定义一个游标 ms，程序运行后显示"定义游标正确!"。查询语句中使用的变量 min_s 必须在游标说明之前说明。

将上面例子改为参数化游标，此时就不必单独说明参数 min_s。

【例 13.24】说明一个参数化游标。

```
DECLARE
    CURSOR ms( min_s jobs.min_salary%TYPE) IS
        SELECT * FROM jobs WHERE  min_salary>=min_s;
BEGIN
    DBMS_OUTPUT.PUT_LINE('定义参数化游标正确! ');
END;
```

2. 打开游标

在使用说明过的游标之前，必须先打开游标。打开游标的语法如下：

```
OPEN 游标名[(参数名表)];
```

游标名是已说明的游标名。打开游标的过程要做如下几件事：

● 检查变量和参数的取值，如 min_s 的值。如果变量或参数没有值，则打开失败。

● 根据变量取值执行 SELECT 操作，选择其需要的记录并放置到内存中。

● 将指针指向查询结果的第一行。

打开游标后，其记录被保存到内存中，可以随时使用和操作。但是游标中的数据是只读数据，即只可以读出来使用而不能修改。

如果要打开例 13.23 中的无参数游标，用下面语句：

```
min_s: =1000;
```

```
        OPEN MS;
```
如果打开例 13.24 中的参数游标, 用下面语句:
```
        OPEN MS(1000);
```

3. 提出游标的值

提出游标是从多行查询的结果集中地读出数据到指定变量一次一个记录。无论游标是否有参数, 从游标中提出数据的方法是一样的。提取游标中数据的语法如下:
```
        FETCH 游标名 INTO 变量1,变量2,…;
```
变量要与说明游标时 SELECT 后的列名在类型和个数上完成一样。不能只提取游标中的部分列名。但是, 可以从游标中提取一行到一个记录中。

【例 13.25】从游标中提出数据。

```
    DECLARE
        j1 jobs.job_id%TYPE;    --变量名与列名类型保持一致
        j2 jobs.job_title%TYPE;
        m1 jobs.min_salary%TYPE;
        m2 jobs.max_salary%TYPE;
        min_s jobs.min_salary%TYPE;
        job_rec jobs%ROWTYPE;
      CURSOR ms IS
            SELECT * FROM jobs  WHERE  min_salary>=min_s;--说明游标
    BEGIN
        min_s:=1000;                    --先给变量赋值
        OPEN ms;                        --才能打开游标
        FETCH ms INTO j1,j2,m1,m2;       --第一条记录
        DBMS_OUTPUT.PUT_LINE(J1||' '||J2||' '||TO_CHAR(m1+m2));
        FETCH ms INTO job_rec;          --第二条记录
        DBMS_OUTPUT.PUT_LINE(job_rec.job_id|| ' '||job_rec.job_title);
        FETCH ms INTO j1,j2,m1,m2;       --第三条记录
        DBMS_OUTPUT.PUT_LINE(J1||' '||J2||' '||TO_CHAR(m1+m2));
        CLOSE ms;                        --关闭游标
    END;
```
上例中表 jobs 有四个字段, 如果将提出数据的语句修改为
```
        FETCH ms INTO j1,j2,m1;                 --只有三个变量
```
将出现错误: "PLS-00394: 在 FETCH 语句的 INTO 列表中值数量出现错误"。

4. 关闭游标

游标使用完毕后, 就应将其关闭。关闭游标后, 与游标相关联的资源就可以释放, 再对关闭游标提取数据等操作都是非法的。关闭游标的语法如下:
```
        CLOSE 游标名;
```
如上例中的语句:
```
        CLOSE ms;                         --关闭游标
```

13.4.2 游标的属性

游标相当于内存中的一个临时表, 可以通过游标的属性来得知游标的状态。这些属性包括: %FOUND、%NOTFOUND、%ISOPEN 和%ROWCOUNT, 前面三个属性返回逻辑值 TRUE 或 FALSE, %ROWCOUNT 返回数字。

游标属性的使用方法是在游标名或游标变量名后紧跟游标属性, 假若定义游标 ms, 引用

游标属性的正确方法：游标名%属性名，如 ms%FOUND。

1. %FOUND 属性

在游标打开以后，但还没有执行第一个 FETCH 语句时，属性%FOUND 返回 NULL。如果上一个 FETCH 语句提取到一行数据，则%FOUND 返回 TRUE，否则返回 FALSE。

如果在未打开游标以前就使用%FOUND，那么返回异常 INVALID_CURSOR（ORA-01001：无效的游标）。

2. %ISOPEN 属性

使用%ISOPEN 以判定游标是否打开。如果打开了游标，%ISOPEN 将返回 TRUE，否则返回 FALSE。

3. %NOTFOUND 属性

%NOTFOUND 是%FOUND 的逻辑非，它常被作为退出提取数据循环的条件。如果上一个 FETCH 语句提取到一行，则它返回 FALSE，否则返回 TRUE。在第一个 FETCH 语句执行以前，%NOTFOUND 返回 NULL。

4. %ROWCOUNT 属性

%ROWCOUNT 属性用来返回到目前为止已经从游标中提出的行数。打开游标时，该属性的值为零。如果在游标尚未打开时引用该属性，那么会返回错误。

【例 13.26】测试游标属性。

```
DECLARE
    emp employees %ROWTYPE; --说明记录变量
    CURSOR sal IS SELECT * INTO emp FROM employees
        WHERE department_id=100;  --说明游标
BEGIN
    IF NOT sal%ISOPEN THEN   --测试游标打开状态
        OPEN sal;
    END IF;
    dbms_output.put_line('提取行数:'||to_char(sal%rowcount));
    LOOP
        FETCH sal INTO emp; --提出数据到记录 emp 中
        dbms_output.put_line(emp.last_name||'行:'||to_char(sal%rowcount));
        EXIT WHEN sal%NOTFOUND OR sal%ROWCOUNT>=5;
    END LOOP;
    CLOSE sal;--关闭游标
END;
```

上例中先测试游标是否打开，如果没有打开，则将游标打开，然后利用循环从游标中提出数据直到超过 5 行或没有提取到数据为止。

13.4.3 隐式游标的操作

在处理不与显式说明的游标相关的 SQL 语句时，Oracle 都隐含地打开一个游标来处理每个 SQL 语句，这个游标称之为隐式游标，也叫 SQL 游标。

隐式游标与显式游标的不同之处：隐式游标不需要使用命令打开和关闭它，也不能用 FETCH 语句提取数据，并且隐式游标只能处理单行查询数据。

虽然对隐式游标不能使用 OPEN、FETCH 和 CLOSE 语句，但仍可以使用游标属性来处理刚执行过的 INSERT、DELETE、UPDATE 和 SELECT...INTO 语句中的信息。

在 Oracle 打开隐式游标以前，隐式游标的属性返回 NULL。隐式游标属性的使用方法：SQL%FOUND、SQL%NOTFOUND 等。

1. %FOUND 属性

如果 INSERT、DELETE、UPDATE 语句操作一行或多行，或者 SELECT...INTO 语句返回一行，%FOUND 返回 TRUE，否则返回 FALSE。

下面程序段使用%FOUND 属性来判断是否删除记录成功：

```
DELETE FROM emp WHERE empno = my_empno;  --删除记录
IF SQL%FOUND THEN   --成功删除
    INSERT INTO new_emp VALUES (my_empno, my_ename, ...);
    11...
    END IF;
```

2. %NOTFOUND 属性

%NOTFOUND 是%FOUND 的逻辑非。

3. %ISOPEN 属性

SQL%ISOPEN 永远是 FALSE，因为执行完 SQL 语句后游标自动关闭。

4. %ROWCOUNT 属性

%ROWCOUNT 属性返回 INSERT、UPDATE 和 DELETE 语句操作的行数，或SELECT...INTO 语句返回的行数。

```
DELETE FROM emp WHERE ...
IF SQL%ROWCOUNT > 10 THEN   --删除行数大于10时执行下面语句
...
END IF;
```

如果 SELECT...INTO 语句返回多行，PL/SQL 引起预定义异常 TOO_MANY_ROWS，并且%ROWCOUNT 返回 1，但这不是实际的返回行数。

【例 13.27】使用隐式游标的属性。

```
BEGIN
    DELETE FROM jobs WHERE job_id LIKE 'ddAD%';  --删除记录
    IF  SQL%FOUND THEN   --测试是否删除
        DBMS_OUTPUT.PUT_LINE('删除行数: '||TO_CHAR(SQL%ROWCOUNT));
    ELSE
        DBMS_OUTPUT.PUT_LINE('没有删除任何行');
    END IF;
    UPDATE jobs SET max_salary =(max_salary+min_salary)/2,
        min_salary=(max_salary-min_salary)/2  WHERE job_id LIKE 'AD%';
    IF SQL%FOUND THEN   --测试更新的行数
        DBMS_OUTPUT.PUT_LINE('改行数:'||TO_CHAR(SQL%ROWCOUNT));
    ELSE
        DBMS_OUTPUT.PUT_LINE('没有修改任何行');
    END IF;
END;
```

13.4.4 游标变量

前面所讨论的游标属于静态游标（Static Cursor），即该游标与一个 SQL 语句相关联，并且在编译该块时查询语句是已知的。在实际应用过程中，有时希望一个游标在运行时与不同的 SQL 语句相关联,这就需要一种新的变量,即游标变量。

游标变量与 PL/SQL 语言的变量一样,在运行时刻它们都可以取不同的值。静态游标与 PL/SQL 的常量相似,开始运行之前就定义好了。游标变量类似于 C 语言的指针,它指向内存的位置。说明一个游标变量就是建立一个指针。在 PL/SQL 中,游标变量的数据类型为 REF CURSOR。

游标变量主要用在 PL/SQL 存储过程和客户端程序之间传递查询结果集,它们并不真正拥有结果集,而是共享指向存储结果集的查询工作区的指针。

1. 说明游标变量

为了声明游标变量,需要说明游标类型名,游标类型是指定游标变量返回的记录类型。游标变量类型使用类型是 REF CURSOR。定义一个游标变量类型的语法如下:

```
TYPE 类型名 IS REF CURSOR RETURN 返回类型;
```

其中,"类型名"是新的引用类型的名字,而"返回类型"是一个记录类型或是数据库表的一行,它指明了最终游标变量返回的选择列表的类型。返回类型可以用%ROWTYPE 定义的记录类型,也可以是用户自定义的记录类型。

一旦定义了 REF CURSOR 类型,可以在 PL/SQL 块或子程序中说明该类型的游标变量,但不能在包中说明游标变量。

【例 13.28】说明游标变量 dept_vc,返回类型用%ROWTYPE 来定义。

```
DECLARE
    /* 定义返回类型与表 dept 记录类型相同的游标类型 */
    TYPE DeptCurTyp IS REF CURSOR RETURN dept%ROWTYPE;
    dept_cv DeptCurTyp; -- 说明游标变量
BEGIN
    …
END;
```

【例 13.29】说明游标变量,返回类型为自定义记录。

```
DECLARE
    TYPE EmpRecTyp IS RECORD ( --自定义记录类型
    empno NUMBER(4),
    ename VARCHAR2(10),
    sal NUMBER(7,2));
    /* 定义返回类型为自定义记录的游标类型 */
    TYPE EmpCurTyp IS REF CURSOR RETURN EmpRecTyp;
    emp_cv EmpCurTyp; -- 说明游标变量
BEGIN
    …
END;
```

2. 打开游标变量

使用 OPEN-FOR 语句打开游标变量,从而把一个游标变量与一个多行查询联系起来。其语法如下:

```
OPEN 游标变量名 FOR SELECT 语句;
```

从语法可以看出,在打开一个游标变量时是为游标变量指定 SELECT 查询语句。同一游标变量可以跟不同的 SELECT 语句,从而得到不同的游标。游标变量不能带参数。

3. 提取游标变量中的数据

使用 FETCH 语句从游标变量中提取数据，使用方法同显式游标。

4. 关闭游标变量

关闭游标变量用 CLOSE 语句，其语法如下：

```
CLOSE  游标变量；
```

5. 游标变量属性

可以像显式游标那样使用游标属性来测试游标变量的状态。

【例 13.30】使用游标变量的例子。

```
DECLARE
    TYPE t_rec IS RECORD( --说明记录类型
name employees.first_name%TYPE,
    dept departments.department_name%TYPE,
salary employees.salary%TYPE);
 /* 定义游标引用类型 */
TYPE c_emp IS REF CURSOR RETURN employees%ROWTYPE;
TYPE c_t IS REF CURSOR RETURN t_rec;
ce c_emp; --说明游标变量
ct c_t;
tt t_rec;
emp1 employees%ROWTYPE;
BEGIN
    FOR i IN 190..195 LOOP  --循环开始
    /* 游标变量 ct 分别指向不同的 SELECT 语句 */
    OPEN ct FOR SELECT e.first_name,d.department_name,e.salary
        FROM employees e,departments d
        WHERE e.department_id=d.department_id AND e.employee_id=i;
        FETCH ct INTO tt; --从游标变量提取数据
    DBMS_OUTPUT.PUT_LINE(tt.name||' '||tt.dept);
END LOOP;
OPEN ce FOR SELECT * FROM employees WHERE salary>1000;
FETCH ce INTO emp1;
DBMS_OUTPUT.PUT_LINE(emp1.employee_id||' '||emp1.salary);
OPEN ce FOR SELECT * FROM employees WHERE salary=1000;
    FETCH ce INTO emp1;
    DBMS_OUTPUT.PUT_LINE(emp1.employee_id||' '||emp1.salary);
CLOSE ce;
CLOSE ct;
    END;
```

13.5 存储过程和存储函数

对于无名 PL/SQL 块，只能使用操作系统文件名的方式来调用，并不能保存到 Oracle 数据库内部，这样既不方便也不安全。为此，Oracle 提出了命名块的 PL/SQL 程序：存储过程和存储函数、触发器和包等，它们都作为数据库对象存储在 Oracle 数据库内部。

13.5.1 创建和使用存储过程

存储过程是 Oracle 的数据库模式对象，与其他模式对象一样，属于一个用户模式。在自己模式中创建过程，用户必须有 CREATE PROCEDURE 的系统权限。如果在其他模式中创建过程，用户必须有 CREATE ANY PROCEDURE 系统权限。过程的结构与无名块类似，不同之处在于要加上块头部分以说明 PL/SQL 块是存储过程。

1. 创建存储过程

创建存储过程的命令格式如下：

```
CREATE [OR REPLACE ] PROCEDURE 存储过程名
   [(参数 1 [IN|OUT|IN OUT] 类型,参数 2 [IN|OUT|IN OUT] 类型,…)]
IS | AS
   [说明部分]
BEGIN
   执行部分
   [EXCEPTION
     异常处理部分]
END [存储过程名];
```

其中：

① 存储过程名是 PL/SQL 的标识符，每个模式中的存储过程名是唯一的。CREATE 表示创建存储过程。如果使用 OR REPLACE 子句，新编辑的存储过程替换原同名存储过程。PROCEDURE 是过程关键字。

② 如果存储过程需要参数，对每个参数需要指定它的参数数据类型及参数模式。参数类型是 PL/SQL 语言中提供的数据类型。

③ 参数模式有下面三种：

IN   向存储过程传递参数，默认为 IN。

OUT   存储过程通过该参数将值传递给调用者。

IN OUT   即可以向存储过程传送参数，又可以从存储过程返回参数值。

【例 13.31】创建一个存储过程返回指定员工的编号（employee_id）、姓名（first_name 与 last_name）和他的工资（salary）。

```
CREATE OR REPLACE PROCEDURE name_sal(
    emp_id employees.employee_id%TYPE, emp_name OUT VARCHAR2,
    emp_sal  OUT number)   AS
BEGIN
    SELECT first_name||' '||last_name,salary INTO emp_name, emp_sal
       FROM employees WHERE employee_id=emp_id;
END;
```

从上例可以看出，存储过程 name_sal 有三个参数，一个 IN 参数 emp_id，两个 OUT 参数 emp_name 和 emp_sal。

在建立存储过程时，只是将存储过程进行编译，并没运行该存储过程。所以并不知道该存储过程运行的结果是否正确。

当存储过程建立之后，屏幕上显示"过程已创建。"表示建立该存储过程的语法是正确的，即编译已经通过。如果屏幕上显示"警告：创建的存储过程带有编译错误。"，则表示该存储过程有编译错误,该存储过程将来不可以被调用。但是,不管创建存储过程程序中是否有错,它都会作为一个模式对象被写入到数据库中。

如果创建存储过程时出现编译错误,可以通过查询数据字典 USER_ERRORS 来得到错误信息。USER_ERRORS 中包括当前用户所拥有的存储对象(视图、存储函数、过程、包和包体)中的当前错误。

```
SQL> DESC user_errors;
名称                     类型
---------------         ------------------------------
NAME                    VARCHAR2(30)              对象名称
TYPE                    VARCHAR2(12)              对象类型
SEQUENCE               NUMBER                    排序序号
LINE                    NUMBER                    出错行号
POSITION               NUMBER                    出错行中位置
TEXT                    VARCHAR2(4000)            出错信息
SQL>SELECT line,text FROM user_errors WHERE NAME='NAME_SAL';
 LINE                                    TEXT
-------------------------------------------------------------------
    4              PLS-00103: 出现符号 "OUT"在需要下列之一时:
                   :=.),@%defaultcharacter
                   符号 "," 被替换为 "OUT" 后继续
```

数据字典 USER_ERRORS 中的内容是根据当前执行的情况随时刷新。

2. 调用存储过程

存储过程调用是一个独立的语句,它可以出现在程序执行部分的任何位置,但不能出现在表达式中。调用存储过程的方法:

```
存储过程名[(参数1,参数2,…)];
```

3. 使用存储过程注意事项

使用存储过程中应注意如下几点:

- 存储过程调用的参数类型与个数必须与创建存储过程时完全一致;
- 参数类型可以是预定义类型,也可以是用户自定义类型;
- 如果在执行部分给参数赋值,参数模式必须指定为 OUT 或 IN OUT;
- OUT 或 IN OUT 参数在调用时不能对应表达式,必须是变量名;
- 参数对应表的列和行时,建议使用%TYPE 或%ROWTYPE 类型;
- 存储过程调用只能出现在块中,不能出现在表达式中;
- 可以有多个参数模式为 OUT 或 IN OUT 的参数来返回多个值;
- IN 参数在存储过程体中不能赋值;
- 不指明 IN、OUT 或 IN OUT 时,默认参数模式为 IN 类型;
- 存储过程中可以调用自定义的过程、函数等;
- 出错信息在数据字典表 USER_ERRORS(列:LINE,TEXT,..)。

【例 13.32】在存储过程中使用游标和记录参数。

```
CREATE OR REPLACE  PROCEDURE jobk(
j IN jobs.job_id%TYPE, jk OUT jobs%ROWTYPE, n IN int)  AS
CURSOR jc IS SELECT * FROM jobs WHERE job_id <>j;
k INT;
```

```
BEGIN
k:=1;
IF NOT  jc%ISOPEN THEN
    OPEN jc;
END IF;
LOOP
    FETCH  jc  INTO jk;
    EXIT WHEN n=k or jc%NOTFOUND;
    k:=k+1;
END LOOP;
CLOSE  jc;
END;
```

该存储过程定义游标 jc，并在存储过程中使用 jk 记录类型的参数。它从表 jobs 中返回第 n 个工作号（job_id）不等于指定值（参数 J）的记录。

调用上面存储过程：

```
SQL> DECLARE
  2       ss jobs%ROWTYPE;
  3   BEGIN
  4    jobk(101,ss,4);
  5    DBMS_OUTPUT.PUT_LINE(TO_CHAR(ss.job_id));
  6   END;
```

4. 删除存储过程

用户可以删除自己模式中的存储过程。如果要删除其他模式中的存储过程，用户必须有 DROP ANY PROCEDURE 系统权限。删除存储过程的命令格式：

```
DROP  PROCEDURE [模式名.]存储过程名;
```

5. 修改存储过程

如果存储过程以操作系统文件的形式存储在磁盘中，可以在 SQL Plus 中用 GET 命令调入，然后用 EDIT 命令修改。也可以使用 OEM 来修改存储过程。

6. 查询存储过程信息

通过 USER_SOURCE 数据字典视图可以查询存储过程信息，它包括属于当前用户所有存储对象的源代码。

```
SQL> DESC user_source;
名称              类型
-----------     ------------------------------------
NAME            VARCHAR2(30)      对象名称(视图、过程、存储函数、包)
TYPE            VARCHAR2(12)      对象类型
LINE            NUMBER            源代码行数
TEXT            VARCHAR2(4000)    源代码内容
```

其中对象类型可以是 FUNCTION（存储函数）、PACKAGE（包）、PACKAGE BODY（包体）、PROCEDURE（过程）、TRIGGER（触发器）、TYPE（类型）、TYPE BODY（类型体）。

13.5.2 创建和使用存储函数

存储函数与存储过程在定义或结构上类似，都是命名 PL/SQL 块，也是数据库的模式对象，所不同的是存储函数有数据类型且要返回存储函数的值，并且存储函数只能使用在表达式中，而存储过程调用是一个独立的语句。

1. 创建存储函数

在自己模式中创建存储函数的用户必须有 CREATE PROCEDURE 系统权限，在其他模式中创建存储函数要有 CREATE ANY PROCEDURE 的系统权限。

创建存储函数的语法如下：

```
CREATE OR REPLACE FUNCTION 存储存储函数名
    [(参数1 [IN | INOUT | OUT],参数2[IN | INOUT | OUT] 类型,…) ]
    RETURN 返回参数类型
    IS | AS
 [说明部分]
BEGIN
  执行部分
  RETURN 表达式;
  [EXCEPTION
        异常处理]
END;
```

从上面语句可以看出，存储函数与存储过程的不同之处：

- 使用关键字 FUNCTION 作为创建存储函数的对象。
- 在存储函数头部中要用 RETURN 指定整个函数返回值的类型。
- 在存储函数体中至少有一个 RETURN 语句，其格式为：RETURN 表达式。其中表达式的类型与返回参数的类型一致。
- 存储函数必须有返回值，存储函数调用只能出现在表达式中。

除上面介绍的外，存储函数和存储过程在结构和参数处理等方面是一样的，如存储函数可以通过 OUT 参数返回多个数值。

【例 13.33】创建一个判断整数 n 是否为素数的存储函数，如果 n 是素数，存储函数返回 TRUE，否则，存储函数返回 FALSE。

```
CREATE OR REPLACE FUNCTION pri(n int)
    RETURN BOOLEAN AS
k INT;
    flag BOOLEAN;
    ii INT;
 BEGIN
k:=ROUND(sqrt(n));
    flag:=false;
    FOR  i in 2..k LOOP
        ii:=i;
        EXIT WHEN MOD(n,i)=0;
    END LOOP;
    IF ii<k THEN
        flag:=false;                --return false
    ELSIF MOD(n,ii)=0 THEN
        flag:=false;                --return false
    ELSE
        flag:=true;                 --return true
    END IF;
```

```
    RETURN  flag;
    END;
```

下面 PL/SQL 块将调用自定义存储函数 pri 求出 2 到 50 之间的所有素数。

```
BEGIN
FOR i IN 2..50 LOOP
    IF pri(i) THEN  —调用存储函数 PRI
            DBMS_OUTPUT.PUT_LINE(TO_CHAR(i)||' IS A PRIME!');
    END IF;
    END LOOP;
END;
```

程序运行结果：

```
2 IS A PRIME!
3 IS A PRIME!
5 IS A PRIME!
…
47 IS A PRIME!
```

2. 修改存储函数

修改存储函数同修改存储过程的方法一样。即先将创建的存储函数调入内存，修改程序，重新运行就可修改原存储函数，或者使用 OEM 修改存储函数。

3. 删除存储函数

用户可以删除自己模式中的存储函数。如果要删除其他模式中的存储函数，用户必须要有 DROP ANY PROCEDURE 的系统权限。

删除存储函数的语句：DROP FUNCTION [模式名.]函数名;

DROP FUNCTION 语句不能删除定义在包中的函数。

4. 查询存储函数信息

存储函数信息也是存放在数据字典 USER_SOURCE 中。使用方法与存储过程中一样，只是类型字段（TYPE）是 FUNCTION。

5. 存储函数和存储过程的执行权限

存储过程和存储函数都是模式对象，属于指定的模式。在其他模式中调用它们时，需要具有执行 EXECUTE 对象权限。执行权限的授予和回收与其他对象的权限的授予和回收一样，使用 GRANT 和 REVOKE 语句。

【例 13.34】存储过程授予执行权限。

SQL>GRANT EXECUTE ON proc1 TO user1;

上例中当前用户为 hr，它授予用户 user1 有执行 proc1 的权限。

回收权限使用下面命令：

SQL>REVOKE EXECUTE ON proc1 FROM user1;

注意：Oracle 中规定，存储过程、存储函数、包或触发器的使用者是通过显式方式授予权限的，即不是通过角色间接授予执行权限。

13.6 子程序和包

结构化程序设计可以使程序更加简单、易读和易于维护。与其他高级语言一样，PL/SQL

语言是通过将程序模块化来实现程序的结构化。在 PL/SQL 程序中是通过子程序和包来实现程序的模块化。

13.6.1 子程序的应用

在 PL/SQL 语言中，子程序定义为可以有参数并可以被其他程序调用的命名 PL/SQL 块。PL/SQL 中有函数和过程两类子程序，过程是进行处理，函数将返回值。

如果子程序存储在数据字典中，则称为内置子程序，如存储过程和存储函数。如果子程序是在 PL/SQL 块的说明部分定义，则称为本地子程序。

内置子程序一旦建立，因为它是一个模式对象，有权限的用户在任何位置都可以调用它。但是，本地子程序是由本地的 PL/SQL 块说明部分定义的，它只能在定义它的当前 PL/SQL 块中使用。

在定义存储过程和存储函数时，也可以定义只在存储过程或存储函数内部使用的本地子程序。

过程定义语句：

```
PROCEDURE 过程名
   [(参数1 [IN|OUT|IN OUT] 类型,参数2 [IN|OUT|IN OUT] 类型,…)]
[ IS | AS]
   [说明部分]
BEGIN
   执行部分
   [EXCEPTION
     异常处理部分]
END [存储过程名];
```

函数定义的语句：

```
FUNCTION 函数名
    [(参数1 [IN | INOUT | OUT],参数2[IN | INOUT | OUT] 类型,…)]
     RETURN 返回参数类型
  IS | AS
  [说明部分]
BEGIN
   执行部分
   RETURN 表达式;
   [EXCEPTION
     异常处理]
       END;
```

过程和函数的使用方法和存储过程与存储函数的使用方法相似。但是，在使用子程序时应注意下面几点：

- 本地子程序只能放在块的说明部分的尾部；
- 本地子程序只能在说明它的 PL/SQL 块内调用；
- 可以在内置子程序中定义本地子程序；
- 本地子程序可以采用向前说明，即 A 与 B 两个子程序互相调用时可以使用下面形式：

```
DECLARE
   PROCEDURE B(…);              --仅是说明,无过程体,向前说明
```

```
    PROCEDURE A(...) IS...        --定义过程 A
    BEGIN

      ...
      B(...);                      --在 B 定义之前调用它
      ...
    END;
    PROCEDURE B(...) IS ...        --定义过程 B
BEGIN
  ..
  A(...);

                                   --调用 A

  ...
END;
```

【例 13.35】在存储函数中定义函数。下面是求 1!+2!+…+n!的函数。

```
CREATE OR REPLACE FUNCTION jcn(n INT)
RETURN int   AS
s INT :=0;
FUNCTION jc(n in int) RETURN int    --本地子程序（函数）
    AS
k INT:=1;
    BEGIN
        FOR i in 1..n loop
        k:=k*i;
    END LOOP;
    RETURN k;
END;
BEGIN
    FOR I in 1..n loop
        s:=s+jc(I);
END LOOP;
RETURN s;
END;
```

上面的存储函数中定义函数 jc，并在存储函数中调用 jc。jcn 存储函数返回 1 到 n 的阶乘的和。调用上面存储函数的主程序：

```
DECLARE
  s INT;
BEGIN
  s:=jcn(5);
  DBMS_OUTPUT.PUT_LINE(TO_CHAR(s));
  s:=jc(3);   --这个语句调用不能执行,因为 JC 只能用于 JCN 中
END;
```

13.6.2　PL/SQL 包的应用

包与存储过程和存储函数一样，是带名 PL/SQL 块，也是数据库的模式对象。包将相关的 PL/SQL 类型、过程和函数逻辑地组合在一起，有权限的用户可以调用包中的函数和过程，甚至使用包中的变量。

包分为两部分，即包说明（包头）和包体。这两部分是分开存储的，没有包头的包体不

能使用。

1. 包头说明

在一个包中首先要建立包说明，即定义包头。包头中是对包体中要实现的函数、过程或变量进行说明。

如果在自己模式中建立包头，用户必须具有 CREATE PROCEDURE 系统权限；如果在其他模式中建立包头，用户必须具有 CREATE　ANY　PROCEDURE 系统权限。建立包头的语句如下：

```
CREATE [OR REPLACE ] PACKAGE 包名 [IS | AS]
过程说明 | 函数说明 | 变量声明 | 类型定义 | 异常声明 | 游标声明
  END [包名];
```

凡是要在包体中建立的变量、过程、函数等必须先在包头中进行说明。包头部分的声明遵守如下规则：

- 包部件可以任意次序出现。对象必须在被引用之前声明。例如，如果游标中包含一个变量，该变量是 WHERE 子句的一部分，那么该变量必须在游标声明之前进行声明。
- 包中内容是根据需要而自己定义，包中可以只有过程，而没有其他部件，当然可以包含所有的部件。
- 对于过程和函数都必须提前声明。这和块的声明部分不同，后者可以使用提前声明或者直接写出过程或函数的实际代码，而包的实际代码在包体中。
- 在包头的过程说明和函数说明中，只需给出过程名、参数及参数类型或函数的返回类型。
- 包说明中定义的变量或类型可以在包体外使用。

【例 13.36】包头的定义。

```
SQL> CREATE OR REPLACE PACKAGE expp AS
  2    PROCEDURE pr(XX NUMBER);              --仅有名字和参数
  3    FUNCTION fn RETURN VARCHAR2;
  4    var1 NUMBER;                          --定义变量
  5    var2 VARCHAR2(30);
  6    var3 BOOLEAN;
  7 END EXPP;
```

上例的包头中定义一个过程、一个函数名和三个变量。在数据库中建立一个 expp 包头对象。在包头中定义的变量可以在包外引用，引用方法为

```
包名.变量名
```

2. 包体定义

包体和包头被存储在不同的数据字典之中，如果包头编译不成功，则包体编译必定不成功。只有包头、包体编译都成功才能使用包。

包体中定义了在包头中说明的过程、函数、异常等 PL/SQL 块的实际代码。如果在自己模式中建立包体，用户必须具有 CREATE PROCEDURE 系统权限；如果在其他模式中建立包体，用户必须具有 CREATE　ANY　PROCEDURE 系统权限。建立包体的语句格式如下：

```
CREATE [OR REPLACE] PACKAGE BODY  [模式名.]包名
    AS|IS PL/SQL 包体
```

【例 13.37】包体的创建。

```
SQL> CREATE OR REPLACE PACKAGE BODY expp AS
```

```
 2    PROCEDURE pr(xx NUMBER) AS
 3    BEGIN
 4      var1:=xx;
 5    END;
 6    FUNCTION fn RETURN varchar2 AS
 7    BEGIN
 8      var2:='HOW ARE YOU!';
 9      RETURN var2||TO_CHAR(var1);
10    END;
11    END expp;
```

有权限的用户，可以通过下面的方法调用包中定义的函数和过程：

```
包名.函数名或过程名[(参数名表)];
```

【例 13.38】使用包 EXPP 中的函数。

```
SQL> DECLARE
 2      s INT:=10;
 3      cc varchar(15);
 4    BEGIN
 5      expp.pr(s);                  --调用包中的过程
 6      cc:=expp.fn;                 --调用包中的函数
 7      DBMS_OUTPUT.PUT_LINE(cc);
 8      expp.var2:='true';           --为包头中变量赋值
 9      DBMS_OUTPUT.PUT_LINE(expp.var2);
10    END;
```

程序运行后，显示：

```
HOW ARE YOU!10
true
```

3. 修改包和删除包

可以像修改存储过程和存储函数那样修改包，修改后重新运行建立包的程序。用户可以删除自已模式中的包头或包体，删除包时将删除包头和包体。如果要删除其他模式中定义的包，用户必须具有 DROP ANY PROCEDURE 系统权限。删除包的命令如下：

```
DROP PACKAGE [BODY]包名;
```

如果仅删除包体，使用命令：

```
DROP PACKAGE BODY 包名;
```

4. 查询包的信息

可以在 USER_OBJECTS 字典中查询有关包的信息，其类型为 PACKAGE 和 PACKAGE BODY。

```
SQL> SELECT object_name,object_type,status
 2    FROM user_objects
 3    WHERE object_type='PACKAGE' OR object_type='PACKAGE BODY';
OBJECT_NAME    OBJECT_TYPE       STATUS
------------   --------------    ------------------------------
APACK          PACKAGE           VALID
REPLACE        PACKAGE           INVALID
```

从 USER_SOURCE 数据字典视图中可以查询到包和包体的定义。

小　结

PL/SQL 语言把 SQL 语言处理数据的功能与过程化程序设计处理数据的功能有机的结合在一起。PL/SQL 语言有字符集、运算符、表达式、常量、数据类型、变量、函数、表达式等与其他高级语言中的基本元素。

本章先介绍了 PL/SQL 语言的顺序结构、条件结构、循环结构和异常控制的编程方法；然后介绍了 PL/SQL 语言的存储过程、存储函数、子程序和包的建立、修改和使用的方法。

习　题

1. 编写求素数的存储函数 prime(n)，然后利用 prime(n)函数求出 2～300 之间的所有素数并按每行 3 个显示出来。

2. 编写一个存储函数 jc(n)以求出 $n!$，然后利用 jc(n)函数计算 2!+3!+…+19!+20!。

3. %TYPE 和%ROWTYPE 的作用是什么？举例说明它们的用法。

4. 游标的作用是什么？举例说明游标的使用方法。

5. 什么是异常？在 PL/SQL 异常处理的步骤是什么？举例说明异常处理的方法。

6. 编写一个存储过程，显示出 employees 表中第 n 个工资大于 5 000 元的员工姓名。要求使用游标；然后编写一个无名块显示出 $n=3$ 和 $n=5$ 的结果。

7. 编写一个存储过程，求出 employees 中第 n 个记录的员工编号。要求使用游标；然后编写一个无名块显示出 $n=23$ 和 $n=55$ 的结果。

8. 将 1、2、7 和 8 中定义的存储过程和存储函数定义成一个包。

9. 编写一个无名块，先从 employees 表中删除工资大于 5 000 元的员工记录，然后给出删除的行数。

第 14 章

管理多租户数据库 ⫷

学习目标

- 了解多租户技术的概念；
- 理解 Oracle 多租户技术架构；
- 掌握 Oracle 数据库的 CDB 和 PDB 的建立、配置和管理方法；
- 掌握 CDB 和 PDB 的信息查询方法。

Oracle 12c 推出多租户（Multitenant）的新特性，这是甲骨文公司向云计算或者云数据库迈出的一大步。多租户架构通过对不同租户中的数据库内容进行分别管理，既可保障各租户之间的独立性与安全性，保留其自有功能，又能实现对多个数据库的统一管理，从而提高服务器的资源利用率、减少成本、降低管理复杂度。

14.1 多租户技术简介

14.1.1 多租户概念

在一个大型企业的信息管理中 100 台服务器上可能有 100 个数据库，但每个数据库可能只使用 10% 的硬件资源和 10% 的管理时间，而 DBA 却必须管理每个服务器的数据文件、SGA、账号、安全等内容，系统管理员可能必须维护 100 个不同的计算机。当出现故障时，要检查每个服务器的数据库，并且多个数据库实例不能共享后台进程、系统和内存。

上面的情况可能在许多大企业中出现，甚至可能会有运行在多个不同平台服务器上的成百上千个数据库。另一方面，由于硬件技术的进步，特别是 CPU 数量的增加，服务器的处理能力增加，而数据库可能只用到服务器硬件的一小部分，这样会浪费硬件和管理资源。

多租户技术正是为解决上面的应用问题而产生的。多租户技术是指一个单独的实例可以为多个组织服务，可以在共用的数据中心的单一系统架构中为多客户端提供相同甚至可定制化的服务，并且保障客户数据的隔离。一个支持多租户技术的系统需要将它的数据和配置进行虚拟分区，从而使系统的每个租户都能够使用一个单独的系统实例，并且每个租户都可以根据自己的需求对租用的系统实例进行个性化配置。

多租户技术的主要优势表现在下面几个方面：实现多个租户之间系统实例的共享；实现

租户的系统实例的个性化定制；保证系统共性的部分被共享，个性的部分被单独隔离；共享一份系统的核心代码，只需要升级相同的核心代码即可；多租户结构可节约资源，易于升级维护和管理。但多租户技术架构复杂，同时共享也会带来安全和隔离问题。

按照系统实例数量和租户之间的关系可以将多租户分为两类：多实例多租户模式和单实例多租户模式。

多实例多租户模式为每个系统租户分配一个单独隔离的系统实例，每个租户之间的代码和数据都是物理隔离的。因此，这种资源的共享使得系统的安全性较高，隔离性较好，但租户之间的耦合度较低，相互之间的影响小。

单实例多租户模式为多个系统租户共享一个系统实例，每个租户之间的代码和数据物理上是共享的，通过访问权限的控制来隔离不同租户之间的数据和代码。它区别于多实例多租户模式下资源的物理隔离，单实例多租户模式下的资源为逻辑隔离，因此系统的安全性和隔离性低于多实例多租户模式。但是，由于资源共享率较高，因此资源的利用率比多实例多租户模式要高。

作为 Oracle 的核心业务，Oracle 12c 在云端的基础上发展为多租户架构，Oracle 数据库可以在单一物理机器中部署多个数据库，而且每个数据库都能以动态插拔的方式，在多租户架构下扩充、整合、升级与备份。Oracle 全新的多租户架构也开启了传统关系数据库的数据库即服务（DB as a Service，DBaaS）的新时代。

Oracle 多租户功能是 Oracle 企业版中额外付费的插件，但在所有 Oracle 版本中都有一个插接式数据库以供免费使用。如果要使用多租户环境，必须安装 Oracle 12c，并且要将数据库兼容级别设置为 12.0.0 以上。

14.1.2　CDB 结构

1. Oracle 多租户的基本概念

（1）CDB

多租户结构使得 Oracle 数据库可成为容器数据库 CDB（Container Database）。多租户容器数据库是指能够容纳一个或多个插接式数据库的数据库。Oracle 12c 中的每个数据库要么是 CDB，要么是非 CDB（no CDB），即传统的数据库。CDB 的结构如图 14-1 所示。

（2）容器

容器是指 CDB 中的数据文件和元数据的集合。CDB 中的根、种子和 PDB 均称为容器。CDB 中的每个容器有唯一的容器编号（ID）和名称。每个 CDB 都由一个根容器、一个种子容器和若干个（0~N）插接式数据库构成。

（3）Root 容器

根容器（简称为根）是每个 PDB 的对象、模式对象和非模式对象的集合。每个 CDB 只能有一个名字为 CDB$ROOT 的根容器，在根中存储管理 PDB 所需的元数据和公用用户。根中不存储用户数据，即不能在根中添加数据或修改根中的系统模式。可以建立管理数据库的公用用户，具有权限的公用用户可在 PDB 之间切换。

（4）种子容器

每个 CDB 只能有一个名称为 PDB$SEED 的种子，它是创建 PDB 的模板。不能修改种子中的对象，也不能向种子中添加对象。

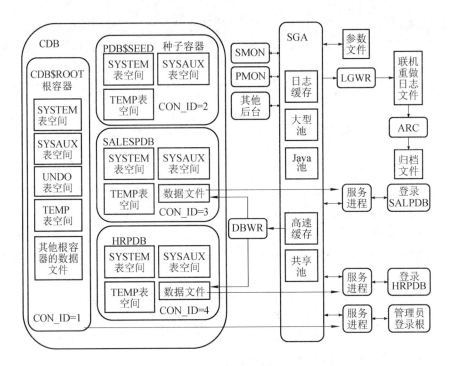

图 14-1　CDB 结构

（5）PDB

插接式数据库（Pluggable Databases，PDB）是由一组可插拔的模式、模式对象和非模式对象组成，包含数据和应用的代码，如支持人力资源或销售应用的 PDB。PDB 可以通过克隆另一个数据库来创建。如果有必要，也可以将 PDB 从一个 CDB 传送到另一个 CDB。每个 CDB 都有一个用于创建其他插接式数据库的种子容器。所有 PDB 都属于某个 CDB。

PDB 完全兼容 Oracle 12c 以前的 Oracle 数据库。可根据应用需求将 PDB 添加到某个 CDB 中。PDB 与非 CDB 的兼容性保证了客户程序可以像以前一样通过 Oracle Net 连接到 PDB 上。基于 CDB 上的应用与基于非 CBD 应用在安装过程和运行后的结果都完全一样。像 Oracle 数据保护、数据库备份与恢复这样对整个数据库而言的操作，在非 CDB 上进行也与整个 CDB 上一样。

（6）公用用户和本地用户

插接式数据库环境中有公用用户和本地用户。

① 公用用户。公用用户是在 Oracle 12c 中引入的新概念，仅存在于多租户数据库环境中。公用用户是指存在于根容器和所有插接式数据库中的用户，即在根和每个 PDB 中都有同一个标识的用户。初始时必须在根容器中创建这种用户，然后其会在所有现存的插接式数据库和将来的插接式数据库中被自动创建。

公用用户可以登录到根和任何有权限的 PDB 中，然后根据相应的权限完成指定操作。建立 PDB 或从 CDB 中拨出 PDB 必须由公用用户来完成。如果在连接容器时为公用用户赋予权限，那么该权限不会传递到插接式数据库中。如果需要为公用用户赋予能够传递到插接式数据库的权限，可创建公用角色并将之分配给公用用户。

数据库管理员以公用用户连接到 CDB 可管理整个 CDB 和根的属性，也可管理 PDB 的部分属性。管理员可建立、插接（Plug in）、拨出（Unplug）和删除 PDB，也可指定整个 CDB

的临时表空间和根的默认表空间，也可以改变 PDB 的打开模式。

公用用户或公用角色的名称必须以 C##开头。SYS 和 SYSTEM 用户是 Oracle 在 CDB 中自动创建的公用用户。

② 本地用户。本地用户是指在插接式数据库中创建的普通用户。在插接式数据库中使用本地用户的方法，与在非 CDB 数据库中使用用户的方法相同。本地用户的管理方法中没有特殊内容。可以使用非 CDB 数据库中管理用户的方法，管理本地用户。

2. CDB 的结构

CDB 的结构与非 CDB 数据库的结构不同。图 14-1 显示一个 CDB 数据库，它含有一个根容器、一个种子容器和两个插接式数据库（SALEPDB 和 HRPDB）。

下面将就图 14-1 中所示的内容进行说明。

（1）图 14-1 展示了一个非 RAC 配置，因此仅有一套内存分配方案和一组后台进程，即仅使用了一个实例。这个 CDB 中的所有 PDB 都使用同一个实例和同一组后台进程。在使用 RAC 配置时，单个 RAC 实例中的所有连接共用该实例和其中的后台进程。

（2）具有权限的用户可连接 CDB。连接 CDB 就是连接 CDB$ROOT 根容器。可通过 SYS 用户访问根容器，就像访问非 CDB 数据库一样。例如：通过操作系统验证方法执行 SQLPLUS / AS SYSDBA 可直接连接根容器。使用 SYS 用户连接根容器后，可以启动和停止 CDB 实例。在连接插接式数据库时，无法启动和停止 CDB 实例。

（3）种子容器（PDB$SEED）只是用于创建插接式数据库的模板，可以连接只读的种子容器，但不能使用它执行任何事务。

（4）CDB 还有两个插接式数据库 SALPDB 和 HRPDB。插接式数据库需要使用独立的命名空间。在 CDB 中每个插接式数据库必须有唯一的名称，但是在插接式数据库的内部可使用非 CDB 数据库的命名空间规则，例如，在某个 PDB 中的表空间和用户必须有唯一的名称。每个 PDB 都拥有 SYSTEM 表空间、SYSAUX 表空间和临时表空间。如果 PDB 没有 TEMP 文件，可以使用根容器的 TEMP 文件。

（5）每个 PDB 的 SYSTEM 表空间中都含有其本身的元数据，如用户和对象定义；通过插接式数据库的 DBA/ALL/USER 级视图和根容器的 CDB 级视图，可以访问这些元数据。

（6）在 CDB 中定义的字符集可以应用于所有 PDB，可以为 CDB 及其所有 PDB 设置时区时间，也可以单独为每个 PDB 设置时区时间。

（7）在启动 CDB 时实例会读取初始化参数文件。有权限的用户连接根容器可以修改所有初始化参数；连接插接式数据库只能修改当前连接的插接式数据库的参数。当连接插接式数据库并修改初始化参数时，这些修改操作仅会应用于当前连接的插接式数据库，并且会被保存下来。

（8）应用程序用户只能通过网络访问插接式数据库。因此，必须使用监听程序监听插接式数据库的相应服务名称。如果监听程序没有运行，应用用户就无法连接插接式数据库。这与非 CDB 应用的连接方式类似。

（9）单个插接式数据库不能单独停止和启动（这不是指数据库实例）。在启动和停止插接式数据库时，无法为其分配内存，以及启动、停止后台进程。插接式数据库仅有打开和关闭两种状态。

（10）CDB 有一组控制文件。当授权用户连接根容器时，可以管理这些控制文件。CDB 有一个撤销表空间 UNDO。CDB 中的所有插接式数据库都使用同一个 UNDO 表空间。在使用 RAC 时，每个实例都有一个活动的撤销表空间。

（11）当授权用户连接到根容器时，可以管理每个实例的重做日志进程。只有使用授权用户连接根容器，才能启用归档日志模式和切换联机重做日志。拥有 SYSDBA 权限的用户连接插接式数据库，无法切换联机重做日志和归档日志模式。

（12）CDB 有一个警告日志文件和一组跟踪文件。所有相关的插接式数据库的信息都会写入同一个 CDB 警告日志中。

（13）每个容器都拥有唯一的容器 ID。根容器的 ID 为 1，种子容器的 ID 为 2，后续创建的所有插接式数据库都会被分配唯一的容器 ID。

每个 PDB 可以方便地插入 CDB 或从 CDB 中拨出。插入 PDB 就是将 CBD 与 PDB 关联起来，拨出 PDB 就是断开 CDB 与 PDB 的关联。在不修改模式或应用的情况下，可以将 PDB 从一个 CDB 拨出然后插入另一个 CDB 中。每个 PDB 有全局唯一的标识符 GUID。PDB 的 GUID 用来生成存储 PDB 文件的目录名称。

每个 PDB 应用于特定的需求，如人事管理、财务管理等，并由 PDB 的管理员管理。公用用户 SYS 可管理根和每个 PDB。CDB 具有数据库实例和数据文件。

14.2 管理容器数据库 CDB

管理多租户的 CDB 类似于非 CDB 的管理，主要的不同在于 CBD 中可管理整个 CDB、管理根容器或管理特定的 PDB。

可以像管理非 CDB 一样，完成以下 CDB 的管理操作：建立、修改、删除 CDB；启动 CDB 实例、启动或关闭管理 CDB 进程和内存、管理数据库安全、管理控制文件、管理联机重做日志和归档日志、管理数据文件、管理表空间、删除 CDB、根和 PDB 等。

14.2.1 用 DBCA 建立 CDB

像建立任何其他数据库一样，建立 CDB 也需要进行规划设计。除一般非 CDB 要考虑的因素外，建立 CDB 还要考虑插入每个 CDB 的 PDB 数量、规划 CDB 所需的资源，以及整个 CDB 和每个 PDB 的配置选项等。建立多租户容器数据库 CDB 的过程和方法与建立非 CDB 类似。可以用 DBCA、SQL 语句等多种方法建立 CDB。在 Oracle 中推荐使用 DBCA。

1. DBCA 建立 CDB 的步骤

用 DBCA 创建 CDB 的方法与创建非 CDB 一样，可以用交互式或安静方式。按照 7.3.1 节创建非 CDB 数据库的方法，当出现"数据库标识"页面时，按图 14-2 输入内容。即选中"创建为容器数据库"复选框和"创建包含一个或多个 PDB 的容器数据库"单选按钮，并指定 PDB 的数量和 PDB 名称。

如果要创建一个没有 PDB 的空容器数据库，可在图 14-2 中选择"创建容器数据库"和"创建空容器数据库"。

按照图 14-2 中的输入，要创建的 PDB 数量为 3，每个 PDB 名称的前缀为 PDB，所以将创建一个具有三个 PDB 的容器数据库 CDB，每个 PDB 的名称分别是 PDB1、PDB2 和 PDB3。

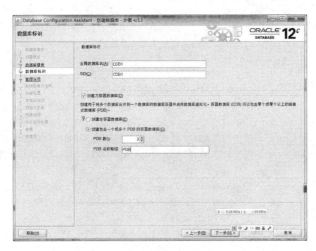

图 14-2　数据库标识

在图 14-2 选择后的页面都与 7.3.1 节所述的后续操作一样，这里不在重复过程。

2. 验证和查看 CDB 信息

按照 7.3.1 节中的过程创建完 CDB1 后，可以在 e:\app\orauser\oradata 文件夹中看到 CDB1 文件夹。CDB1 文件夹中除了有非 CDB 数据库建立后的对应文件外（参见 7.3.1 节），在该文件中还有 PDB1、PDB2、PDB3 和 PDBSEED 四个文件夹。

通过 Windows 控制面板的服务功能只能看到"OracleServiceCDB1"服务，而不会出现 PDB1 等其他服务，从而说明一个实例管理着多个插接式数据库 PDB1、PDB2 和 PDB3。

要查看 CDB 的信息，可以 SYS 用户连接根容器，然后通过动态性能视图查看相关信息。

```
SQL> CONNECT  SYSTEM/Ysj639636@CDB1;
```

【例 14.1】从 V$DATABASE 动态性能视图中查找是否建立了 CDB，CDB 列为 YES 表示建立。

```
SQL> SELECT name,cdb FROM V$DATABASE;
NAME        CDB
--------    --------

CDB1        YES
```

【例 14.2】从动态性能视图 V$CONTAINERS 中查看 CDB 的容器信息，即容器编号和容器名称。

```
SQL> SELECT con_id,name FROM V$CONTAINERS;
CON_ID          NAME
----------      --------------------------------
1               CDB$ROOT
2               PDB$SEED
3               PDB1
4               PDB2
5               PDB3
```

上例中显示 CDB1 有一个根容器 CDB$ROOT、一个种子容器 PDB$SEED 和三个插接式数据库容器 PDB1、PDB2 和 PDB3。

【例 14.3】从数据字典 CDB_DATA_FILES 中查看与每个容器关联的数据文件。显示容器编号和对应的文件名称。

```
SQL> SELECT con_id,file_name FROM CDB_DATA_FILES;
```

```
CON_ID      FILE_NAME
----------  ------------------------------------------------
3           e:\APP\ORAUSER\ORADATA\CDB1\PDB1\SYSTEM01.DBF
3           e:\APP\ORAUSER\ORADATA\CDB1\PDB1\SYSAUX01.DBF
3           e:\APP\ORAUSER\ORADATA\CDB1\PDB1\PDB1_USERS01.DBF
5           e:\APP\ORAUSER\ORADATA\CDB1\PDB3\SYSTEM01.DBF
5           e:\APP\ORAUSER\ORADATA\CDB1\PDB3\SYSAUX01.DBF
5           e:\APP\ORAUSER\ORADATA\CDB1\PDB3\PDB3_USERS01.DBF
4           e:\APP\ORAUSER\ORADATA\CDB1\PDB2\SYSTEM01.DBF
4           e:\APP\ORAUSER\ORADATA\CDB1\PDB2\SYSAUX01.DBF
4           e:\APP\ORAUSER\ORADATA\CDB1\PDB2\PDB2_USERS01.DBF
1           e:\APP\ORAUSER\ORADATA\CDB1\SYSTEM01.DBF
1           e:\APP\ORAUSER\ORADATA\CDB1\SYSAUX01.DBF
1           e:\APP\ORAUSER\ORADATA\CDB1\UNDOTBS01.DBF
1           e:\APP\ORAUSER\ORADATA\CDB1\USERS01.DBF
2           e:\APP\ORAUSER\ORADATA\CDB1\PDBSEED\SYSTEM01.DBF
2           e:\APP\ORAUSER\ORADATA\CDB1\PDBSEED\SYSAUX01.DBF
```

PDB1、PDB2、PDB3 文件夹分别存放三个插接式数据库对应的数据文件，如 PDB1 文件夹中有：SYSTEM 表空间的数据文件 SYSTEM01.DBF、SYSAUX 表空间的数据文件 SYSAUX01.DBF、用户表空间的数据文件 PDB1_USERS01.DBF、临时表空间对的应数据文件 PDBSEED_TEMP01.DBF。

PDBSEED 文件夹中有种子容器对应的数据文件：SYSTEM 表空间的数据文件 SYSTEM01.DBF、SYSAUX 表空间的数据文件 SYSAUX01.DBF 和临时表空间的数据文件 PDBSEED_TEMP01.DBF。

14.2.2　用 CREATE DATABASE 语句建立 CDB

用 CREATE DATABASE 语句建立 CDB 与建立非 CDB 数据库的步骤一致，参见 7.3.2 节。主要的不同是在执行 CREATE DATABASE 语句建立 CDB 时必须指定的几个子句或参数，即激活 PDB、指定根容器文件位置与名称和种子容器文件的位置与名称等几个方面。

（1）激活 PDB

用 CREATE DATABASE 语句建立具有根和种子的 CDB，必须用子句 ENABLE PLUGGABLE DATABASE；没有该子句建立的数据库是非 CDB。CREATE DATABASE 不能单独建立根和种子，只能建立包括根和种子的 CDB。

（2）指定根文件和种子文件的名称与位置

CREATE DATABASE 语句用根文件名来生成种子文件名，因此必须指定根文件和种子文件的名称和位置。建立 CDB 后，可用种子和种子的文件名建立新的 PDB。种子建立后不可修改。

指定种子文件名称和位置的子句可以用 SEED FILE_NAME_CONVERT 子句、Oracle 管理文件、初始化参数 PDB_FILE_NAME_CONVERT。如果使用了多种方式，也按上面的顺序选择。

SEED FILE_NAME_CONVERT 子句指定用根文件名来生成种子文件名的方法。例如：

```
SEED FILE_NAME_CONVERT = ('e:\oracle\dbs', 'e:\oracle\pdbseed')
```

上面子句将按照 "e:\oracle\dbs" 目录的文件名来生成种子文件，并存储在 "e:\oracle\pdbseed" 目录中。

（3）要建立 CDB，初始化参数 ENABLE_PLUGGABLE_DATABASE 必须设置为 TRUE。在 CDB 中 DB_NAME 参数的值指定根的名字，通常也用 SID 作为根的名称。

（4）如果根 SYSTEM 和 SYSAUX 表空间的数据文件的属性不适合种子，此时可用表空间的数据文件子句来设置种子的 SYSTEM 和 SYSAUX 表空间中所有数据文件的属性，没有指定的属性将使用根的属性。

【例 14.4】用 CREATE DATABSE 语句在根中指定了表空间 SYSTEM 和 SYSAUX 所有数据文件的名称、名字和属性：

```
DATAFILE  'c:\app\oracle\oradata\newcdb\system01.dbf ' SIZE 325M REUSE
SYSAUX DATAFILE 'c:\app\oracle\oradata\newcdb\sysaux01.dbf ' SIZE 325M REUSE
```

可以用表空间子句为 SYSTEM 和 SYSAUX 表空间的数据文件指定不同的属性。在下面例子中，种子的 SYSTEM 和 SYSAUX 表空间继承了根的数据文件的 REUSE 属性，但种子的 SYSTEM 表空间大小为 125 MB，AUTOEXTEND 属性激活；根的表空间大小为 325 MB，AUTOEXTEND 属性取默认值为禁止；种子 SYSAUX 表空间的数据文件为 100 MB，而根的 SYSAUX 表空间的数据文件为 325 MB。

```
SEED
SYSTEM DATAFILES SIZE 125M AUTOEXTEND
ON NEXT 10M MAXSIZE UNLIMITED
SYSAUX DATAFILES SIZE 100M
```

（5）如果要在种子容器中创建额外的表空间，可用 USER_DATA_TABLESPACE 子句。

【例 14.5】建立名之为 newcdb 的 CDB。初始化参数 CONTROL_FILES 指定了控制文件的位置，存放文件的目录 d:\logs\my、e:\logs\my、e:\app\orauser\oradata\newcdb 和 e:\app\orauser\oradata\newpdb\pdbseed 均已存在。

```
CREATE DATABASE newcdb
USER SYS IDENTIFIED BY sys_password
USER SYSTEM IDENTIFIED BY system_password
LOGFILE GROUP 1 ('d:\logs\my\redo01a.log','e:\logs\my\redo01b.log')
    SIZE 100M BLOCKSIZE 512,
    GROUP 2 (' d:\logs\my\redo02a.log',' e:\logs\my\redo02b.log')
    SIZE 100M BLOCKSIZE 512,
    GROUP 3 (' d:\logs\my\redo03a.log',' e:\logs\my\redo03b.log')
SIZE 100M BLOCKSIZE 512
MAXLOGHISTORY 1
MAXLOGFILES 16
MAXLOGMEMBERS 3
MAXDATAFILES 1024
CHARACTER SET AL32UTF8
NATIONAL CHARACTER SET AL16UTF16
EXTENT MANAGEMENT LOCAL
DATAFILE 'e:\app\orauser\oradata\newcdb\system01.dbf '
    SIZE 700M REUSE AUTOEXTEND ON NEXT 10240K MAXSIZE UNLIMITED
SYSAUX DATAFILE ' e:\app\orauser\oradata\newcdb \sysaux01.dbf '
    SIZE 550M REUSE AUTOEXTEND ON NEXT 10240K MAXSIZE UNLIMITED
DEFAULT  TABLESPACE  deftbs  DATAFILE ' e:\app\orauser\oradata\newcdb
\deftbs01.dbf '
    SIZE 500M REUSE AUTOEXTEND ON MAXSIZE UNLIMITED
DEFAULT TEMPORARY TABLESPACE tempts1
    TEMPFILE ' c:\app\oracle\oradata\newcdb\temp01.dbf '
SIZE 20M REUSE AUTOEXTEND ON NEXT 640K MAXSIZE UNLIMITED
UNDO TABLESPACE undotbs1
    DATAFILE ' c:\app\oracle\oradata\newcdb\undotbs01.dbf '
```

```
        SIZE 200M REUSE AUTOEXTEND ON NEXT 5120K MAXSIZE UNLIMITED
ENABLE PLUGGABLE DATABASE
SEED
FILE_NAME_CONVERT =
('e:\app\orauser\oradata\newcdb','e:\app\orauser\oradata\newcdb \pdbseed')
SYSTEM DATAFILES SIZE 125M AUTOEXTEND
ON NEXT 10M MAXSIZE UNLIMITED
SYSAUX DATAFILES SIZE 100M
USER_DATA TABLESPACE usertbs
DATAFILE 'c:\app\oracle\oradata\pdbseed\usertbs01.dbf '
SIZE 200M REUSE AUTOEXTEND ON MAXSIZE UNLIMITED;
```

上面语句执行后建立的名字为 newcdb 的 CDB 具有下面特性：

① IDENTIFIED BY 子句指定公用用户 SYS 和 SYSTEM 的口令为 password。

② 用 LOGFILE 子句指定新建 CDB 的三个联机重做日志文件组，每组有两个成员文件。用 MAXDATAFILES 指定了 CDB 中可同时打开的数据文件数量。

③ 用子句 ENABLE PLUGGABLE DATABASE 建立具有根和种子的 CDB。指定 FILE_NAME_CONVERT 子句和数据文件子句时需要在前面加上 SEED 子句。FILE_NAME_CONVERT 子句生成种子文件的名称，SYSTEM DATAFIELS 子句指定了不同于根的 SYSTEM 表空间的数据文件属性。SYSAUX DATAFILES 子句指定了不同于根的 SYSAUX 表空间的数据文件属性。

④ USER_DATA_TABLESAPCE 子句建立并命名种子表空间。此表空间存储用户数据和 Oracle XML DB 的数据库选项。利用这个种子建立的 PDB 包括表空间和它的数据文件，根不使用这个子句指定的表空间和数据文件。

新建的 CDB 由根和种子组成。根包括系统元数据和能够管理 PDB 的公用用户。种子是一个模板，可以用来建立新的 PDB。CDB 的根包含最小的用户数据或没有用户数据。用户数据都存储在 PDB，因此建立 CDB 后，首先要添加 PDB 到 CDB 中才能存储用户数据。

当 CDB 中添加了 PDB 后，CDB 的物理结构类似于非 CDB 的物理结构。一个 CDB 包括下列文件：一个控制文件；一个活动的联机重做日志文件（单个实例）或每个 Oracle RAC CDB 有一个活动的联机重做日志文件；一组临时文件（整个 CDB 只有一个默认临时表空间，可为每个 PDB 建立额外的临时表空间）；一个活动的撤销表空间（单个实例）或每个 Oracle RAC CDB 有一个活动的撤销表空间；一组系统数据文件（CDB 与非 CDB 的基本差别就是在非撤销数据文件，非 CDB 只有一组系统数据文件，CDB 中每个容器有一组系统数据文件，每个 PDB 有一组用户数据文件）；一组用户建立的数据文件（每个 PDB 有它自己的非系统数据文件，这些数据文件中包含 PDB 中用户定义的模式和数据库对象）。

14.2.3　用 SQL Plus 管理 CDB

公用用户完成 CDB 的管理任务，它用唯一标识可登录到根或所有有权限的 PDB。

1.　当前容器

CDB 中每个容器的数据字典是独立的。当前容器就是指正在进行名称解析和权限认证的数据字典所在的那个容器。当前容器可以是根或任何 PDB。每次会话只能有一个当前容器，但可在不同容器间切换当前容器。

每个容器在 CDB 中有唯一的编号和名字。可使用 SYS_CONTEXT 函数查询 USERENV

环境变量的 CON_ID 和 CON_NAME 参数来确定当前容器编号和名称

```
SQL> SELECT SYS_CONTEXT ('USERENV', 'CON_NAME')  FROM DUAL;
```

上面语句显示"CDB$ROOT"表示当前容器是根容器。可以用 SQL*Plus 的 CONNECT 语句连接到容器，也可用语句 ALTER SESSION SET CONTAINER 来切换会话的当前容器。

用 SQL Plus 的 SHOW 命令也可显示当前容器及当前连接的用户：

```
SQL> SHOW  CON_ID  CON_NAME  USER;
```

公用用户的当前容器可以是根容器（CDB$ROOT）或者是特定 PDB，本地用户的当前容器只能是 PDB，即本地用户不能登录到根容器。

2. 连接根容器

在管理根容器时，通常要以 SYS 用户连接根容器，并执行与管理非 CDB 数据库一样的任务。维护 CDB 数据库只能以 SYSDBA 权限的用户连接数据库，才能完成启动和停止实例、启用和禁用归档日志模式、管理备份和恢复、管理控制文件、管理联机重做日志文件、管理公用用户和公用角色等任务。

用 SQL*Plus 的 CONNECT 命令可以连接到任何容器，用 ALTER SESSION SET CONTAINER 语句可在容器间切换。

如果同一计算机系统中有多个 CDB 使用相同的监听程序，或在 CDB 中两个或多个 PDB 有相同的服务名，使用这个服务名将随机地连接到某个 PDB 中。为避免不正确的连接，要确保在同一计算机系统中的所有 PDB 的服务名是唯一的，或者为同一计算机系统中的每个 CDB 配置不同的监听程序。

如果连接到 CDB 的根，就像非 CDB 数据库连接一样的操作，启动 SQL* Plus，然后使用 SQL *Plus 的 CONNECT 命令即可。

【例 14.6】用本地连接连到 CDB 的根。

```
e:\> sqlplus /nolog
SQL> CONNECT  SYSTEM/Ysj639636@CDB1
```

【例 14.7】用操作系统授权连接到 CDB 的根。

```
SQL> CONNECT  /AS SYSDBA
```

【例 14.8】用网络服务名连接 CDB 的根。

如果客户配置有 CDB 根的网络服务名 mydb，公用用户名 c##dba 连接 CDB 根的命令：

```
SQL > CONNECT  c##dba @mydb
```

3. 创建公用用户和角色

在 CDB 中建立用户或角色时，除了遵守常用的用户和角色命名规则外，CDB 中的用户名和角色名必须以 C## 或 c##开头，且只包括 ASCII 码；而本地用户名或角色名不能用 C## 或 c## 开头。

【例 14.9】当前用户是公用用户且有执行 DDL 的权限，在 CDB 和所有 PDB 中有表空间 users。下面语句建立公用用户 c##testcdb：

```
SQL> CREATE USER c##testcdb IDENTIFIED BY password
  1 DEFAULT TABLESPACE  users
  2 QUOTA UNLIMITED ON  users
  3 CONTAINER=ALL;
```

执行上面语句后，再给公用用户 c##testcdb 授予 CREATE SESSION 权限就可连接到 CDB 和 PDB 中。

下面语句用来创建公用角色 c##dbaprivs：

```
SQL > CREATE ROLE c##dbaadmin CONTAINER=ALL;
SQL> GRANT dba TO c##dbaadmin CONTAINER=ALL;ne
SQL> GRANT c##dbaadmin TO c##testdba  CONTAINER=ALL;
```

4. 修改 CDB 属性

当以公用用户连接到当前容器根时，可用 ALTER DATABASE 语句的下面子句修改整个 CDB 的属性：startup_clauses、recovery_clauses、logfile_clauses、controlfile_clauses、standby_database_clauses、instance_clauses、security_clause、RENAME GLOBAL_NAME 子句、ENABLE BLOCK CHANGE TRACKING 子句和 DISABLE BLOCK CHANGE TRACKING 子句。此时，用 ALTER DATABASE 语句修改 CDB 与修改非 CDB 一样。

RENAME_GLOBAL_NAME 子句修改 CDB 的域时，会影响以该 CDB 域为默认域的每个 PDB 域。当前容器是根时，公用用户用带有 pdb_change_state 子句的 ALTER PLUGGABLE DATABASE 可修改一个或多个 PDB 的打开模式。如果当前容器是 PDB，ALTER DATABASE 和 ALTER PLUGGABLE DATABASE 语句都只能修改当前 PDB。

要修改整个 CDB，当前用户必须是具有 ALTER DATABASE 权限的公用用户。如果用 recovery_clause 子句，必须具有 SYSDBA 系统权限并以 AS SYSDBA 连接数据库。在确定当前容器是根后，执行带有修改整个 CDB 的子句 ALTER DATABASE 语句。

【例 14.10】对整个 CDB 进行操作的例子。

备份 CDB 的控制文件：

```
SQL>ALTER DATABASE BACKUP CONTROLFILE TO  'e:\dbs\backup\control.bkp';
```

为例 14.2 中新建的 CDB 添加联机重做日志文件：

```
SQL> ALTER DATABASE newcdb ADD LOGFILE
  2  GROUP 4 (' d:\logs\my\redo04a.log',' d:\logs\my\redo04b.log')
  3  SIZE 100M BLOCKSIZE 512 REUSE;
```

如果当前容器是根，那么可用 ALTER DATABASE 的下列子句修改根的属性：DATABASE_FILE_CLAUSES、DEFAULT EDITION 子句、DEFAULT TABLESPACE 子句。带有下面子句的 ALTER DATABASE 语句可修改根并设置 PDB 的默认值：DEFAULT TEMPORARY TABLESPACE 子句、FLASHBACK_MODE_CLAUSE、SET DEFAULT { BIGFILE |SMALLFILE } TABLESPACE 子句、SET_TIME_ZONE_CLAUSE。

【例 14.11】修改 CDB 的根属性。

改变根的默认永久表空间为 root_tbs，此时要求 root_tbs 必须存在：

```
SQL> ALTER DATABASE DEFAULT TABLESPACE root_tbs;
```

改变根的数据文件 "e:\oracle\cdb_01.dbf" 联机状态：

```
SQL> ALTER DATABASE DATAFILE ' e:\oracle\cdb_01.dbf ' ONLINE;
```

【例 14.12】修改根的表空间属性。

将默认表空间类型改为大文件类型，在后续根中或 PDB 中建立的表空间类型都是大文件类型（Bigfile）。

```
SQL> ALTER DATABASE SET DEFAULT BIGFILE TABLESPACE;
```

修改根的默认临时表空间为 cdb_temp，要求根中存在表空间 cdb_temp。cdb_temp 同时也是 PDB 的默认临时表空间：

```
SQL> ALTER DATABASE DEFAULT TEMPORARY TABLESPACE cdb_temp;
```

5. 在 CDB 中使用 ALTER SYSTEM SET

使用 ALTER SYSTEM SET 语句可动态地设置 CDB 中的一个或多个容器的初始化参数。

CDB 使用初始化参数的继承模式，即 PDB 继承根的初始化参数值。

PDB 的每个初始化参数有继承属性。如果参数的继承属性为 TRUE，PDB 将继承该参数在根中的值；否则 PDB 不继承根的参数值。有些参数继承属性必须为 TRUE，另一些可在当前容器是 PDB 时进行修改。如果在动态性能视图 V$SYSTEM_PARAMETER 中的列 ISPDB_MODIFIABLE 为真的参数值，参数继承属性可为 FALSE。

当前容器是根时，可用 ALTER SYSTEM SET 语句的 CONTAINER 子句来控制 PDB 是否要继承初始化参数值。

CONTAINER = CURRENT 是默认设置，此时参数设置只对当前容器生效。当前容器是根，初始化参数只对根和参数的继承属性为 TRUE 的 PDB 生效。

CONTAINER = ALL 参数设置适应 CDB 中的根和所有 PDB。指定 ALL 将把所有 PDB 的参数的继承属性设置为 TRUE。

【例 14.13】ALTER SYSTEM SET 例子。

① 设置所有容器的初始化参数 OPEN_CURSORS 值为 200，同时每个 PDB 的继承属性为 TRUE。

```
SQL> ALTER SYSTEM SET OPEN_CURSORS = 200 CONTAINER=ALL;
```

② 如果要改变 PDB 的初始参数的继承属性从 FALSE 到 TRUE，当前容器为指定 PDB 时，可用 ALTER SYSTEM RESET 复位参数值。

```
SQL> ALTER SYSTEM RESET OPEN_CURSORS SCOPE = SPFILE;
```

6. 在 CDB 中执行 DDL 语句

在 CDB 中，DDL 语句作用于所有容器或只作用于当前容器，由 CONTAINER 子句来决定。只能在 CREATE USER、ALTER USER、CREATE ROLE、GRANT 和 REVOKE 语句中使用 CONTAINER 子句指定对所有容器或当前容器进行操作，所有其他 DLL 只对当前容器生效。

CONTAINER = CURRENT，表示语句只对当前容器生效。

CONTAINER = ALL，表示语句对所有容器生效，包括根和所有 PDB 容器。

【例 14.14】在当前容器 PDB 中建立本地用户 testpdb。这里假设 PDB 的表空间 pdb1_tbs 存在。.

```
SQL> CREATE USER testpdb IDENTIFIED BY password
  2    DEFAULT TABLESPACE pdb1_tbs  QUOTA UNLIMITED ON pdb1_tbs
  3    CONTAINER = CURRENT;
```

7. 管理 CDB 中的模式对象

Oracle 数据库存储像表、索引和目录等数据库对象。属于某个模式的数据库对象称为模式对象，不属于模式的对象称为非模式对象。根和 PDB 包含模式，而模式包含模式对象。根和 PDB 也包含非模式对象，如用户、角色、表空间、目录等。

在 CDB 中，根中包含 Oracle 提供的模式和数据库对象。Oracle 提供的公用用户，如 SYS 和 SYSTEM，拥有这些模式和数据库对象。根和 PDB 中也有自己的本地对象。

可在根中建立公用用户来管理 CDB 的容器。新建的公用用户可以在根中建立数据库对象，可在 PDB 中建立本地用户。PDB 中的本地用户能在 PDB 中建立模式对象和非模式对象。不能在根中建立本地用户。

8. 关闭 CDB 实例

当前容器是根，且 CDB 实例必须处于加载（MOUNTED）或打开（OPEN）状态，同时当前用户必须是具有 SYSDBA、SYSOPER、SYSBACKUP 或 SYSDG 管理权限的公用用户，即必须用 AS SYSDBA、AS SYSOPER、AS SYSBACKUP 或 AS SYSDG 连接到 CDB 的根，此时像关闭非 CDB 数据库实例的方法一样关闭 CDB 实例。

14.3 管理插接式数据库 PDB

管理 PDB 实际上是管理非 CDB 任务的子集，它们的大部分操作是相同的，如表空间管理、数据文件和临时文件管理和模式对象的管理等，但也有一些操作是不同的。

14.3.1 用 DBCA 管理 PDB

利用 DBCA 可以建立新的 PDB、删除 PDB、从 CDB 中拔出 PDB 或插入 PDB 到 CDB 中等管理操作。

按照 7.3.1 节的方法启动 DBCA，然后在图 7-1 中选择"管理插接式数据库"，最后单击"确定"按钮将显示图 14-3 所示的"管理插接式数据库"窗口。

在管理插接式数据库窗口有下面几个选项：创建插接式数据库（在容器数据库中创建插接式数据库）、取消插入插接式数据库（从容器数据库取消插入插接式数据库。系统会创建数据文件的备份，以便可以重新插入数据库）、删除插接式数据库和配置插接式数据库［可以配置 Oracle Database Vault、Oracle Label Security，并可以将数据库注册到 Oracle Internet Directory（OID）］。

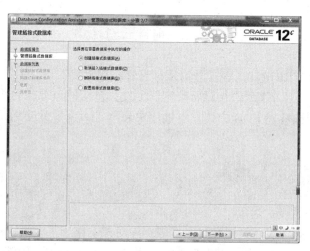

图 14-3　管理插接式数据库

1. 创建插接式数据库

用 DBCA 工具在 CDB 中创建插接式数据库的步骤如下：

（1）在图 14-3 中选择"创建插接式数据库"单选按钮，然后单击"下一步"按钮将显示所有数据库列表（CDB 和非 CDB 名称）。在此窗口只能选择 CDB 数据库名称。

（2）在"数据库列表"窗口中选择一个 CDB 名称，单击"下一步"按钮将显示图 14-4 所示的"创建插接式数据库"窗口。此时有如下三个选项。

① 创建新的插接式数据库：在已存在的 CDB 中创建新的插接式数据库。

② 从 PDB 档案创建插接式数据库：可根据 TAR 文件创建插接式数据库，该文件是根据已取消插入的数据库的数据文件创建的。此时，单击"浏览"按钮可指定插接式数据库 TAR 文件档案位置。

③ 使用 PDB 文件集创建插接式数据库：RMAN 实用程序可创建的已取消插入数据库的备份文件，利用这地文件可创建插接式数据库。此时，单击"浏览"按钮可指定插接式数据库元数据文件和数据文件备份位置。

图 14-4　创建插接式数据库

（3）在图 14-4 中选择"创建新的插接式数据库"，然后单击"下一步"按钮将显示如图 14-5 所示的"插接式数据库选项"窗口。

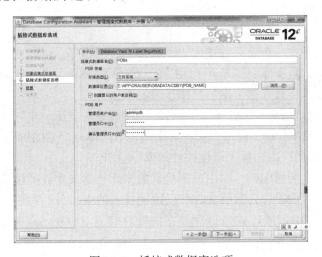

图 14-5　插接式数据库选项

在"插接式数据库名"输入插接式数据库的唯一名称，如 PDB4。

从"PDB 存储"选择存储类型（文件系统、自动存储管理或 Oracle-Managed Files，即使用 Oracle-Managed Files 来管理数据库文件）。

选择"文件系统"时要指定 PDB 数据库文件的位置。文件系统可在当前文件系统的目录中保存和维护单实例数据库文件。选择"自动存储管理（Oracle ASM）"可将 Oracle ASM 用作存储选项。Oracle ASM 是一项可简化数据库文件管理的 Oracle 数据库功能，只须管理少量的磁盘组而无须管理众多的数据库文件。

为插接式数据库存储指定一个公共位置时，如果选择 Oracle ASM 磁盘组作为存储选项，则默认情况下，所有插接式数据库数据文件将置于 Oracle ASM 磁盘组的根目录中。如果选择 Oracle Managed Files，则将根据根合并数据库的 OMF（Oracle Managed Files）目录设置将所有数据文件置于一个结构目录中。

选择"创建默认用户表空间"将创建默认的用户表空间。在"插接式数据库管理员"指定插接式数据库的管理员用户名和口令。如果不选择此项，将不会在"Database Vault 与 Oracle Label Security"属性页可配置用 Database Vault 所有者和 Database Vault 账户管理员的口令保护数据库的安全。在安装期间指定这两个账户的用户名和口令。这些数据库角色可将数据安全和账户管理与传统的 DBA 角色分开。如果将数据库注册到目录服务，则可以选择利用 Oracle Internet Directory 配置 Oracle Label Security。

（4）在图 14-5 中选择完相关选项后，将显示容器数据库概要信息，如容器数据库为 CDB1，要新建的插接式数据库为 PDB4，插接式数据库源为默认值，PDB 数据文件的位置为 e:\APP\ ORAUSER\ORADATA\CDB1\PDB4，没有配置 Database Vault 和 Label Security。

（5）如果对概要窗口中显示的内容需要修改，可以连续单击"上一步"按钮返回到指定窗口对相关内容进行修改。如果不做任何修改，单击"完成"按钮将显示进度页。

经过一段时间后，创建插接式数据库完成。可在 e:\app\orauser\oradata\CDB1 文件夹看到 PDB4 子文件夹，并有表空间对应的数据文件：PDBSEED_TEMP01.DBF（临时表空间的数据文件）、PDB4_USERS01.DBF（用户表空间的数据文件）、SYSTEM01.DBF（SYTEM 表空间的数据文件）和 SYSAUX01.DBF（SYSAUX 表空间的数据文件）。

如要在图 14-5 中没有选择"创建默认的用户表空间"复选框，将没有 PDB4_USERS01.DBF（用户表空间的数据文件）。

2. 取消插入（拔出）插接式数据库

插接式数据库用于在一个合并数据库中承载多个应用程序。可以在合并数据库中取消插入（也叫拔出）插接式数据库，即断开 PDB 与源 CDB 的关联关系，此时系统会创建数据文件的备份，以便可以重新插入数据库。具体步骤如下：

在图 14-3 中选择"取消插入插接式数据库"，然后单击"下一步"按钮将显示所有数据库列表（CDB 和非 CDB 名称）窗口。从数据库列表中选择一个 CDB 后，单击"下一步"按钮将显示图 14-6 所示的"取消插入插接式数据库"窗口。

在取消插入插接式数据库时，可生成插接式数据库档案或生成插接式数据库文件集。生成插接式数据库档案将创建包含数据文件和已取消插入的 XML 文件的 tar.gz 档案。生成的文件可用于重新插入 PDB。插接式数据库档案的默认位置在 Oracle 主目录下。如：e:\app\ ORAUSER\product\12.1.0\dbhome_1\assistants\dbca\templates\{DB_UNIQUE_NAME}_{PDB_NAME}.tar.gz。

如果可插入数据库的数据文件位于 Oracle ASM 中，则无法创建数据文件和已取消插入的 xml 文件的 tar 档案。在这种情况下，将会禁用此选项。此时选择"生成插接式数据库文件集"复选框可取消插入插接式数据库，并创建插接式数据库数据文件的 RMAN 备份集，要指定元数据文件和数据文件备份位置。

单击"浏览"按钮可改变存储位置。

在图 14-6 中单击"下一步"按钮将显示概要信息，例如：CDB 名称 CDB1、要取消插入的插接式数据库 PDB4 和备份插接式数据库元数据文件和接式数据库数据文件备份的位置：e:\app\ORAUSER\product\12.1.0\dbhome_1\assistants\dbca\templates\CDB1_PDB4.xml 和 e:\app\ORAUSER\product\12.1.0\dbhome_1\assistants\dbca\templates\CDB1_PDB4.dfb。

取消插入插接式数据库完成后，执行下列语句将不在显示 PDB4，但在 CDB1 文件夹下的 PDB4 文件夹及其文件还存在。

```
SQL> SELECT con_id,name FROM V$CONTAINERS;
```

如果要将取消插入的 PDB 再插入到 CDB 中（CDB 可以是原来的，也可以是另一个新的 CDB），在图 14-3 中选择"创建插接式数据库"单选按钮，选定要插入的 CDB 后，可在图 14-4 中选择"从 PDB 档案创建插接式数据库"单选按钮，将显示"创建插接式数据库选项"窗口。

在此窗口可指定插入时的 PDB 名称、插接式数据库元数据文件和接式数据库数据文件备份位置、PDB 存储和管理 PDB 的用户名称和口令（也可保持原来的）。

通过这种插入或取消插入的方式可方便地将一个 PDB 从一个 CDB 中移动到另一个 CDB 中。

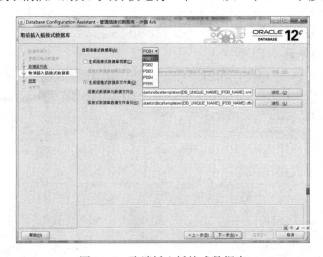

图 14-6　取消插入插接式数据库

3. 删除插接式数据库

在图 14-3 中选择"创建插接式数据库"，选定要删除的 PDB 所在的 CDB 和要删除的 PDB 后，单击"下一步"将显示要删除 PDB 的信息，如 CDB 名称、要删除的 PDB 名称和要删除的数据文件列表。单击"完成"将从指定的 CDB 中删除 PDB，同时从磁盘中删除 PDB 的数据文件（保留文件夹和 SYSTEM 表空间对应的数据文件）。

注意：删除 PDB 和取消插入 PDB 是不同的。

4. 配置插接式数据库

配置插接式数据库就是对打开的 PDB 的 Database Vault 和 Oracle Label Security 选项进行修改。在图 14-3 中选择"配置插接式数据库"，选定要配置的 PDB 所在的 CDB 和 PDB 后，单击"下一步"将配置窗口。

14.3.2　用 SQL*Plus 连接 PDB

使用 SQL *Plus 工具可连接到 PDB。连接到 PDB 的用户必须在 PDB 中具有 CREATE SESSION 系统权限，同时 PDB 必须处于打开状态，除非用户是以 SYSDBA、SYSOPER、SYSBACKUP 或 SYSDG 的管理员权限连接。

客户可通过数据库服务访问 CDB 的根或 PDB。数据库服务有一个可选的 PDB 属性。当建立 PDB 时，自动建立 PDB 的默认数据库服务名，服务名与 PDB 数据库有相同的名字。利用数据库服务名，可以用 CONNECT 语句或网络服务名（tnsnames.ora 文件中）访问 PDB。像传统数据库一样，要用 Oracle Net 配置网络服务名。

当用户使用带有 PDB 属性的服务名连接 PDB 时，指定的 PDB 将解析用户名。当没有指定服务名或用空的 PDB 属性的服务名连接时，将在 CDB 的根中解析用户名。可以查询数据字典 CDB_SERVICES 或利用 SRVCTL 应用工具中执行 CONFIG SERVICE 命令来得到服务的 PDB 的属性，

可用 SESSIONS 初始化参数来指定 CDB 中的用户会话数，包括连接到 PDB 的会话数。也可在 PDB 设置 SESSIONS 初始化参数以限制 PDB 的会话数。

1. 通过切换容器来连接 PDB

要建立本地连接连接到 PDB，先用 SYS 等公用用户连接根容器，然后用修改会话命令 ALTER SESSION 的 SET CONTAINER 子句切换到插接式数据库 PDB。

```
e:\> SQLPLUS SYS/Ysj6319636@CDB1 AS SYSDBA
SQL>ALTER SESSION SET CONTAINER = pdb1;
```

建立这个连接无须使用监听程序和密码文件。可以用下面的 SQL Plus 命令查看在当前连接的数据库名称、编号及用户名称：

```
SQL>SHOW CON_ID NAME USER
CON_ID              CON_NAME             USER
------------        ---------------      ----------
3                   PDB1                 SYS
```

上面结果显示当前容器为 PDB1，容器编号为 3，当前连接 PDB1 的用户为 SYS。如果要切换到根容器，可执行下面语句：

```
SQL>ALTER SESSION SET CONTAINER = CBD$ROOT;
```

2. 以网络服务名连接 PDB

利用 Oracle Net Configuration Assistant 可以像传统数据库一样建立 PDB 的网络服务名，然后通过网络服务名来连接 PDB。可以通过 V$SERVICES 查看当前每个监听程序启动的服务名称，然后用 CONNECT 直接连接到指定的 PDB 中。通常 PDB 的服务名称也与 PDB 数据库名称一致。

```
e:\>SQLPLUS /NOLOG
SQL>CONNECT SYS/Ysj639636@CDB1;
```

上面语句连接到 CDB1 的根容器中，通过下面语句查看当前启动的服务名：

```
SQL> SELECT name,network_name,pdb FROM V$SERVICES;
NAME                NETWORK_NAME             PDB
------------        -----------------        -----------------
clonepdb1           clonepdb1                CLONEPDB1
pdbtest2            pdbtest2                 PDBTEST2
```

pdb5	pdb5	PDB5
CDB$ROOT	CDB1	CDB1

要连接 CDB1 中的 PDB5，可直接在 CONNECT 命令中指定主机名（xxgcysj-pc）、监听程序端口（1521）和插接式数据库的服务名称（pdb5），如下面语句：

```
SQL>CONNECT SYS/Ysj639636@'xxgcysj-pc:1512/pdb5' AS SYSDBA;
```

下面 SQL Plus 命令将显示当前容器为 PDB5，用户名为 SYS：

```
SQL>SHOW con_id con_name user
con_id       con_name        user
7            PDB5            "SYS"
```

如果用户利用网络配置助手 ONCA 建立了 CDB1 中的 PDB5 的网络服务名为 CDB1-PDB5，可通过下面命令连接 PDB5：

```
SQL> CONNECT SYS/Ysj639636@CDB1-PDB5 AS SYSDBA;
```

注意：在创建 PDB 时，系统会自动为其分配一个与 PDB 数据库同名的服务名。如果 PDB 的服务名在所有 CDB 中都是唯一的，那么在建立网络服务名时可直接使用这个服务名。如果不是唯一的，则要用 SRVCTL 命令为每个 PDB 创建一个唯一的服务名，然后才可建立相应的网络服务名。关于 SRVCTL 的使用可参考 Oracle 的管理员手册。

14.3.3 用 CREATE PLUGGABLE DATABASE 语句建立 PDB

创建容器数据库 CDB 后，可以在 CDB 中创建插接式数据库。创建插接式数据库就是从现存的容器中（种子容器、插接式数据库或非 CDB 数据库）复制数据文件，然后使用新建插接式数据库的元数据实例化 CDB，即将 PDB 与一个 CDB 关联起来的过程。如果想将 PDB 作为一个 CDB 的部分，就可在该 CDB 中建立相应的 PDB。

有权限的公用用户可以通过 CREATE PLUGGABLE DATABSE 命令、DBCA 工具和云控制企业管理器（Oracle Enterprise Manager Cloud Control）来创建 PDB。用 DBCA 管理 PDB 参见 14.3.1 节。本节将介绍在多租户环境中用 CREATE PLUGGABLE DATABASE 命令建立 PDB 的方法。

1. 用种子建立 PDB

用 CREATE PLUGGABLE DATABASE 语句可根据种子文件建立新的 PDB，此时将把种子的指定文件复制到新位置，并把这些文件与新 PDB 关联起来。必须在语句中为 PDB 指定本地管理员用户（ADMIN USER 子句），并将 PDB_ROLE 中指定的角色赋给管理员用户（ROLES 子句）。

【例 14.15】使用 Oracle Managed File 管理文件时，在 CDB1 容器数据库新建插接式数据库 pdbtest。

```
e:\> SQLPLUS SYS/Ysj639636@CDB1 AS SYSDBA
SQL> CREATE PLUGGABLE DATABASE pdbtest1
  2 ADMIN USER pdbadm IDENTIFIED BY password ROLES=(DBA);
```

在例 14.15 中没有指定 FILE_NAME_CONVERT 子句，此时必须激活 Oracle Managed Files 或者定义 PDB_FILE_NAME_CONVERT 初始化参数。种子文件将复制到初始化参数指定的位置或 Oracle Managed Files 配置的文件位置。如果目标位置没有与新的临时文件名同名的文件，可以省略 TEMPFILE REUSE 子句。

例 14.15 建立名为 pdbtest1 的 PDB，同时建立 PDB 本地管理员 pdbadm，并将 PDB_DBA 角色赋予 pdbadm。

【例 14.16】使用文件系统存储文件时，在 CDB1 中建立新的插接式数据库 pdbtest2。

```
SQL> CREATE PLUGGABLE DATABASE pdbtest2
  2  ADMIN USER pdbadm IDENTIFIED BY password
  3  STORAGE (MAXSIZE 2G MAX_SHARED_TEMP_SIZE 100M)
  4  DEFAULT TABLESPACE pdbtest
  5  DATAFILE 'e:\app\ORAUSER\oradata\CDB1\pdbtest\pdbtest.dbf'
  6  SIZE 250M AUTOEXTEND ON
  7  PATH_PREFIX ='E:\app\ORAUSER\oradata\CDB1\pdbtest'
  8  FILE_NAME_CONVERT = ('E:\app\ORAUSER\oradata\CDB1\pdbseed',
  9   'E:\app\ORAUSER\oradata\CDB1\pdbtest');
```

对于例 14.16 中使用的子句的说明：

① STORAGE 子句控制 PDB 所有表空间的存储总量（MAXSIZE）和所有 PDB 共享的临时表空间的存储量（MAX_SHARED_TEMP_SIZE）。这两参数的值可以为固定值或 UNLIMITED。如果使用子句 STORAGE UNLIMITED 或没有存储子句，那么 PDB 没有存储限制。STORAGE 指定存储空间的最大值为 2 GB。

② DEFAULT TABLESPACE…DATAFILE 子句指定新建 PDB 的默认表空间及对应的数据文件。本例中默认表空间为 pdbtest，'e:\app\orauser\oradata\CDB1\pdbtest\pdbtest.dbf' 为默认表空间的数据文件，并指定对应的数据文件为自动增长。

③ PATH_PREFIX 子句指定 PDB 所有的文件的相对目录位置，这样可保证 PDB 的文件存储到指定目录或子目录。目录对象用绝对路径时将忽略此子句。本例 PATH_PREFIX 指定 PDB 文件的路径都是相对于路径 e:\app\ORAUSER\oradata\CDB1\pdbtest，即 PDBTEST 的所有文件都在此文件夹下。

④ 用 FILE_NAME_CONVERT 指定系统中种子数据文件的位置和新建 PDB 文件的位置。Oracle 数据库将把 'e:\app\ORAUSER\oradata\CDB1\pdbseed 目录下的文件复制到目录 e:\app\ORAUSER\oradata\CDB1\pdbtest 下。

⑤ 本例没有指定临时表空间，将复制种子的临时表空间文件。

例 14-16 执行完成后，将在 e:\app\ORAUSER\oradata\CDB1 文件夹下新建 pdbtest 文件夹，并将种子文件夹 pdbseed 文件下的 SYSTEM 表空间、SYSAUX 表空间和临时表空间对应的数据文件 SYSTEM01.DBF、SYSAUX01.DBF 和 PDBSEED_TEMP01.DBF 复制到 pdbtest 文件夹，同时新建 pdbtest 插接式数据库的用户表空间文件 pdbtest.dbf。

新建的 PDB 是处于装载模式，其状态为 NEW。通过查询 V$PDBS 视图的 OPEN_MODE 列得到 PDB 的打开模式，通过查询 CDB_PDBS 或 DBA_PDBS 视图的 STATUS 列了解 PDB 的状态。新建的 PDB 有一个与 PDB 同样名称的服务名。可以用 OracleNET 来为客户配置访问服务名的网络服务。

如果要正常使用新建的 PDB，必须将 PDB 置于读写模式并设置状态为 NORMAL。在新建的 PDB 中可建立本地管理员用户，并指定 PDB_DBA 权限。如果在 PDB 建立时没有指定 PDB_DBA 权限，那么可用 SYS 和 SYSTEM 普通用户来管理 PDB。

如果建立 PDB 时返回错误，那么要建的 PDB 可能处于 UNUSABLE 状态。可通过查看警告文件日志来了解建立 PDB 的出错情况。处于 UNUSABLE 状态的 PDB 必须被删除。

2. 克隆本地 PDB 来建立 PDB

用 CREATE PLUGGABLE DATABASE 可从现有的 PDB 中克隆一个新的 PDB，即将源 PDB 相关的文件复制到新的位置，并将其与目标 PDB 关联，最后将目标 PDB 插入 CDB 中。

此时要用FROM子句来指定源PDB。源PDB必须是已存在的本地CDB或远程CDB中的PDB。通常利用克隆PDB，然后在新的PDB中进行应用程序测试。

不管是克隆本地PDB还时远程PDB，克隆完成后都必须以读写方式打开新建的PDB才可将它与CDB建立起关联。

完成克隆本地PDB的用户必须在根和源PDB中有CREATE PLUGGABLE DATABASE系统根权限。克隆PDB与利用种子建立PDB的方法和要求类似，只是要使用FROM子句来指定源PDB。克隆本地PDB后，源PDB和目录PDB在同一个CDB中。

【例14.17】在容器数据库CDB1中克隆本地PDB1来新建插接式数据clonepdb1。

（1）公用用户SYS连接到CDB1的根容器：

```
e:>SQLPLUS SYS/Ysj639636@CDB1 AS SYSDBA
```

（2）将源PDB切换为只读模式：

```
SQL> ALTER  PLUGGABLE DATABASE pdb1 CLOSE IMMEDIATE;
SQL> ALTER  PLUGGABLE DATABASE pdb1 OPEN  READ ONLY;
```

（3）执行CREATE PLUGGABLE DATABASE语句：

如果Oracle Managed Files启用或PDB_FILE_NAME_CONVERT初始化参数设置有值，同时在新的位置的临时文件不会重名，对新建PDB没有存储限制。可用下面语句：

```
SQL> CREATE PLUGGABLE DATABASE pdb2 FROM pdb1;
```

如果要在克隆时指定源PDB（e:\oracle\pdb1）和目标PDB（e:\oracle\pdb2）的数据文件位置，同时指定新增数据文件所在的目录（e:\oracle\pdb2），可利用下面语句：

```
SQL> CREATE PLUGGABLE DATABASE clonepdb1 FROM pdb1
  2  PATH_PREFIX ='e:\app\ORAUSER\oradata\CDB1\clonepdb1'
  3  FILE_NAME_CONVERT = ('e:\app\ORAUSER\oradata\CDB1\pdb1',
  4  'e:\app\ORAUSER\oradata\CDB1\clonepdb1');
```

上面语句执行完成后，将在e:\app\ORAUSER\oradata\CDB1文件夹下新建clonepdb1文件夹（如果不存在），并将PDB1数据库的用户表空间、SYSTEM表空间、SYSAUX表空间和临时表空间对应的数据文件PDB1_USERS01.DBF、SYSTEM01.DBF、SYSAUX01.DBF和PDBSEED_TEMP01.DBF复制到clonepdb1文件夹。

3. 克隆远程PDB来建立PDB

如果源PDB和目标PDB不在同一个CDB中，可以先建立从目标PDB的CDB到源PDB所在的远程CDB的数据库链接，就可克隆远程PDB。数据库链接可以是链接到远程CDB也可链接到远程源PDB。在执行语句时必须在FROM子句中指定与远程CDB的数据库链接。当前用户必须在目标PDB所在的CDB根中有CREATE PLUGGABLE DATABASE系统权限。

【例14.18】现有两个容器数据库CDB1和CDB2，将CDB1中的PDB1克隆到CDB2中，并重新命名为clonepdb2。

（1）连接到目标PDB（新建的PDB）所在的CDB的根，即CDB2的根。

```
e:> SQLPLUS SYS/Ysj639636@CDB2 /AS SYSDBA
```

（2）创建指向源PDB或源CDB数据库（CDB1）链接，即建立到当前CDB2到CDB1中的PDB1的数据库链接：

```
SQL>create database link pdblink1
  2  connect to SYSTEM identified by Ysj639636
  3  USING ' xxgcysj-pc:1521/pdb1 ';
```

（3）连接含有源插接式数据库的CDB（CDB1），关闭源PDB（PDB1），然后将PDB1

启动到只读模式：

```
e:> SQLPLUS  SYS/Ysj639636@CDB1  as SYSDBA
SQL> a lter pluggable database pdb1 cLOSe;
SQL> a lter Pluggable database pdb1 open read only;
```

（4）连接到目标 CDB（CDB2），执行 CREATE PLUGGABLE DATABASE 语句：

```
e:>SQLPLUS SYS/Ysj639636@CDB2/AS SYSDBA:
SQL>CREATE PLUGGABLE DATABASE clonepdb2  FROM PDB1@pdblink1
   FILE_NAME_CONVERT = ('E:\app\ORAUSER\oradata\CDB1\pdb1',
   'e:\app\ORAUSER\oradata\CDB2\clonepdb2');
```

14.3.4 启动/关闭插接式数据库 PDB

由于 PDB 没有自己独立的数据库实例，启动和停止插接式数据库时只是切换插接式数据库的打开或关闭数据库状态。

PDB 有四种打开模式：

（1）READ WRITE：正常操作模式，允许用户查询或执行事务并产生重做日志。

（2）READ ONLY：只允许用户查询，而不能修改。

（3）MIGRATE：可以对 PDB 运行升级脚本程序。

（4）MOUNTED：与非 CDB 的装载模式一样，即只允许管理员访问 PDB，不能修改任何对象，也不能读写数据文件，关于 PDB 的信息也从缓存中删除。通常是做 PDB 的冷备份时进入该模式。

启动和关闭 PDB 数据库可以用 SQL Plus 的 STARTUP/SHUTDOWN 命令或利用 ALTER PLUGGABLE DATABASE 来切换状态。

1. 用 STARTUP 启动 PDB

如果插接式数据库处于关闭状态时，以 SYS 用户连接容器或直接连接插接式数据库，可以像启动 CDB 或非 CDB 数据库一样来启动 PDB。

【例 14.19】连接到容器数据库 CDB1 的根容器来启动 CDB1 中的 PDB1 数据库。

（1）连接到根容器：

```
SQL>CONNECT  SYS/Ysj639636@CDB1  AS SYSDBA
```

（2）将插接式数据库启动到读写模式（READ WRITE）：

```
SQL > STARTUP PLUGGABLE DATABASE pdb1 OPEN;
```

（3）启动到只读模式：

```
SQL > STARTUP PLUGGABLE DATABASE pdb1 OPEN READ ONLY ;
```

（4）启动到装载模式：

```
SQL > STARTUP PLUGGABLE DATABASE pdb1 OPEN MOUNTED ;
```

在装载模式中，如果要正常使用 PDB，必须用 ALTER PLUGGABLE DATABASE 语句将 PDB 切换到打开模式：

2. 用 ALTER PLUGGABLE DATABASE 语句切换状态

```
SQL> ALTER PLUGGABLE DATABASE pdb1 OPEN;
```

要关闭插接式数据库，可指定插接式数据库的名称：

```
SQL> ALTER PLUGGABLE DATABASE salespdb CLOSE IMMEDIATE;
```

以 SYS 用户连接根容器时，可以打开或关闭所有插接式数据库：

```
SQL> ALTER PLUGGABLE DATABASE ALL OPEN;
```

```
SQL> ALTER PLUGGABLE DATABASE ALL CLOSE IMMEDIATE;
```

如果要将当前 PDB 改变到只读或读写打开状态，数据库必须处在关闭状态，除非使用 FORCE 子句：

```
SQL> ALTER PLUGGABLE DATABASE pdb1 OPEN FORCE;
```

14.3.5 管理插接式数据库 PDB

当用户具有相应权限时，可以完成连接插接式数据库、打开和关闭 PDB、重新命名 PDB、从 CDB 中拔出 PDB、插入 PDB 到 CDB 中、删除 PDB、修改 PDB 属性、检查 PDB 状态、查看当前连接它的用户等数据库管理任务。

当使用 SYS 用户连接 CDB 中的插接式数据库时，只能对当前连接的插接式数据库执行 SYS 权限的操作。此时无法启动和停止 CDB 容器实例，也不能查看 CDB 中其他插接式数据库的数据字典信息。

1. 重新命名 PDB

要重命名插接式数据库，应先使用拥有 SYSDBA 的用户连接到指定 PDB，然后用 ALTER PLUGGABLE DATABASE 语句重新命名 PDB。

【例 14.20】将容器数据库 CDB1 中的 PDB1 重新命名为 HRPDB。

（1）必须先连接到 PDB：

```
SQL> CONNECT SYS / Ysj639636@ 'xxgcysj-pc:1521/PDB1'AS SYSDBA;
```

（2）将 PDB1 打开到 READ WRITE RESTRITED：

```
SQL> ALTER PLUGGABLE DATABASE pdb1 OPEN READ WRITE RESTRICTED;
```

（3）重新命名：

```
SQL>ALTER PLUGGABLE DATABASE pdb1 RENAME GLOBAL_NAME TO hrpdb;
```

可插接式数据库的名称修改后，对应的网络服务名必须重新定义。

2. 拔出 PDB

如果要将一个 PDB 从一个 CDB 中移动到另一个 CDB，或都不在使用某个 PDB 时，必须先将其从当前 CDB 中拔出。从 CDB 中拔出插接式数据库是指使插接式数据库不再与当前所在的 CDB 关联，并生成一个描述插接式数据库已拔出状态的 XML 文件。XML 文件中包含有在目标 CDB 中插入 PDB 所需的各种信息。

如果当前用户具有 SYSDBA 或 SYSOPER 系统权限，并且已连接到根容器，那么可将插接式数据库插入到另一个 CDB 中。

【例 14.21】将插接式数据库 PDB2 从容器数据库 CDB1 中拔出。

（1）必须以 SYSDBA 连接到根容器 CDB1 中：

```
SQL> CONNECT SYS / Ysj639636@ 'xxgcysj-pc:1521/CDB1' AS SYSDBA;
```

（2）关闭可插拔数据：

```
SQL> ALTEL PLUGGABLE DATABASE pdb2 CLOSE IMMEDIATE;
```

（3）使用 ALTER PLUGGABLE DATABASE 命令拔出插接式数据库 PDB2：

```
SQL>ALTER PLUGGABLE DATABASE pdb2
  2 UNPLUG INTO 'e:\app\orauser\oradata\cdb1-pdb2.xml';
```

上面完成后将从 CDB1 中拔出 pdb2，并生成 e:\app\orauser\oradata\cdb1-pdb2.xml 文件。XML 文件中含有插接式数据库的元数据，如关于数据文件的元数据。当需要将该插接式数据库插入到另一个 CDB 时，需要使用这个 XML 文件。一旦拔出了插接式数据库，在将其插回原 CDB 前必须先将其删除。

3. 插入 PDB

因为 PDB 都是属于某个 CDB，而不是独立存在的。插入 PDB 就是将一个从源 CDB 拔出的 PDB，插入到另一个新的 CDB（目标 CDB）中。实际上也可看成是在新的 CDB 中创建 PDB 的过程。源 CDB 和目标 CDB 可是相同也可以不同。

【例 14.22】插入一个拔出的 PDB 到另一 CDB 的步骤如下：

（1）连接到目标 CDB 的根容器。

（2）检查 PDB 与目标 CDB 的兼容性。

在将 PDB 插入 CDB 之前，要用 DBMS_PDB 软件包的 CHECK_PLUG_COMPATIBILITY 函数从数据文件字节顺序和已安装的数据库选件等方面来检查 PDB 与 CDB 之间的兼容性，即检查一个 PDB 是否可以插入到一个 CDB 中。

用 DBMS_PDB.CHECK_PLUG_COMPATIBILITY 函数有两个参数：一个是拔出 PDB 时创建的 XML 文件的名称及位置，另一个是要插入的 PDB 名称。省略 PDB 名称时将从 XML 文件中读取。如果这两个数据库之间没有兼容性问题，该函数返回真，否则返回假。如果返回假值，可查询 PDB_PLUG_IN_VIOLATIONS 视图详细了解不兼容的原因。

（3）执行 CREATE PLUGGABLE DATABASE 命令。

利用 CREATE PLUGGABLE DATABASE 命令插入插接式数据库，此时要使用 USING 子句和 COPY FILE_NAME_CONVERT 子句。USING 子句指定在拔出插接式数据库时创建的 XML 文件存储位置和名称；COPY FILE_NAME_CONVERT 子句指定源 PDB 的数据文件位置及在 CDB 中存储 PDB 数据文件的位置。

要插入插接式数据库，可使用特权用户连接 CDB，然后运行下列命令：

```
SQL> CREATE PLUGGABLE DATABASE dkpdb
  2  USING  'e:\orahome\oracle\dba\dkpdb.xml'
  3  COPY FILE_NAME_CONVERT ('e:\app\oracle\oradata\cdb1\dkpdb',
  4  'e:\dbfile\cdb2\dkpdb ');
```

（4）打开 PDB。

执行完（3）中的语句后，必须以读写方式（Read/Write）打开 PDB 才能完成新插入 PDB 与目标 CDB 的关联。以只读方式（READ ONLY）打开新 PDB 会出错。

4. 删除 PDB

当不再需要某个 PDB 时或者要传输从 CDB 拔下的插接式数据库时，需要从源 CDB 中删除 PDB。从 CDB 中删除 PDB 就是从 CDB 的控制文件中删除对 PDB 的所有引用。删除 PDB 可以同时删除插拔数据库及其数据文件（永久删除），或者只删除插接式数据库但保留其数据文件。

如果将插接式数据库移动到另一个 CDB 中，就不应该删除它的数据文件，并在移动插接式数据库时移动它们。

要删除 PDB 时，必须确保当前容器是根容器，并且用户要有 SYSDBA 或 SYSOPER 管理权限；同时要被删除的 PDB 处于关闭状态或是从某个 CDB 中拔出。

【例 14.23】从 CDB 中删除 PDB。

（1）删除 PDB 但保留数据文件：

```
SQL> DROP PLUGGABLE DATABASE salespdb KEEP DATAFILES;
```

（2）删除 PDB 和同时删除数据文件：

```
SQL> DROP PLUGGABLE DATABASE salespdb INCLUDING DATAFILES;
```

5. 修改 PDB 属性

当前容器为 PDB 时，用带有下面子句的 ALTER PLUGGABLE DATABASE 语句可修改当前容器 PDB 的相应内容：database_file_clauses（数据文件子句）、set_time_zone_clause（设置时区子句）、DEFAULT TABLESPACE（默认表空间子句）、DEFAULT TEMPORARY TABLESPACE 子句、RENAME GLOBAL_NAME 子句、SET DEFAULT { BIGFILE | SMALLFILE } TABLESPACE 子句、DEFAULT EDITION 子句、pdb_storage_clause（PDB 存储参数子句）、pdb_state_clause（PDB 状态子句）等。

当前用户是 PDB 时，调用带有 ALTER PLUGGABLE DATABASE 子句的 ALTER DATABASE 语句与使用 ALTER PLUGGABLE DATABASE 语句具有相同作用，但这些语句不能包括像 pdb_storage_clause 和 pdb_state_clause 等 PDB 专有的子句。用 ALTER PLUGGABLE DATABASE 语句对 PDB 的修改重写 PDB 的根的设置，但不影响根和其他 PDB 的设置。

执行 ALTER PLUGGABLE DATABASE 的用户必须有 ALTER DATABASE 系统权限。

【例 14.24】将当前容器 PDB 的数据文件 pdb1_01.dbf 改变成联机。

```
SQL> ALTER PLUGGABLE DATABASE DATAFILE 'e:\app\pdb1_01.dbf' ONLINE;
```

【例 14.25】改变 PDB 的默认表空间，要求指定的表空间名必须存在。用户的当前容器必须是指定 PDB，而不是显式使用默认表空间的那个 PDB。

① 改变默认永久表空间：

```
SQL> ALTER PLUGGABLE DATABASE DEFAULT TABLESPACE pdb1_tbs;
```

② 改变默认临时表空间：

```
SQL>ALTER PLUGGABLE DATABASE
  2 DEFAULT TEMPORARY TABLESPACE pdb1_temp;
```

③ 改变默认表空间的类型为大文件类型。

```
SQL> ALTER PLUGGABLE DATABASE SET DEFAULT BIGFILE TABLESPACE;
```

④ 设置 PDB 的存储参数限制

```
SQL> ALTER PLUGGABLE DATABASE STORAGE(MAXSIZE 2G);
```

下面语句设置表空间的最大值不受限制：.

```
SQL> ALTER PLUGGABLE DATABASE STORAGE(MAXSIZE UNLIMITED);
```

下面语句设置连接到 PDB 的会话可共享的临时表空间的大小为 500 MB：

```
ALTER PLUGGABLE DATABASE STORAGE(MAX_SHARED_TEMP_SIZE 500M);
```

下面语句指定 PDB 的表空间不受存储限制，并且连接 PDB 的会话使用的共享临时表空间也没有限制：

```
SQL> ALTER PLUGGABLE DATABASE STORAGE UNLIMITED;
```

14.3.6 用 ALTER SYSTEM 语句管理 CDB 和 PDB

ALTER SYSTEM 语句动态修改数据库实例的属性，只要数据库处于加载（MOUNT）状态，修改内容就会生效。

1. 用 ALTER SYSTEM 语句管理 CDB

所有 ALTER SYSTEM 语句影响整个 CDB。如果修改 CDB 的属性，当前容器必须是根，并且用户必须具有 ALTER SYSTEM 系统。用 ALTER SYSTEM 修改 CDB 属性与修改非 CDB 几乎是完全一样的。这里不在重复叙述。

2. 用 ALTER SYSTEM 语句管理 PDB

如果修改 PDB 的属性，当前容器必须是 PDB，并且用户必须具有 ALTER SYSTEM 系统。下面几种语句可以在特定的 PDB 中运行。

（1）清除 SGA 中的共享池数据

```
SQL> ALTER SYSTEM FLUSH SHARED_POOL;
```

（2）清除 SGA 中高速缓存的数据

```
SQL> ALTER SYSTEM FLUSH BUFFER_CACHE;
```

（3）激活或废除 PDB 数据库登录

激活受限的数据库用户（具有 RESTRICTED SESSION 权限）登录 PDB：

```
SQL> ALTER SYSTEM ENABLE RESTRICTED SESSION;
```

废除数据库登录限制：

```
SQL> ALTER SYSTEM DISABLE RESTRICTED SESSION;
```

（4）挂起或恢复所有数据库写操作

挂起就是禁止所有实例要进行的 I/O 操作（包括数据文件、控制文件和文件头），只能进行查询操作，此时可以复制数据库，而不必处理后续的事务。

```
SQL> ALTER SYSTEM SUSPEND;
```

要恢复数据库实例的正常读写操作：

```
SQL> ALTER SYSTEM RESUME;
```

（5）强制生成检查点

```
SQL> ALTER SYSTEM CHECKPOINT;
```

在数据库打开状态时，上面语句显式的强迫数据库完成检查点操作，即让所有已提交的事务所做的修改都写到磁盘文件中。

（6）修改初始化参数

通常所有初始化参数都为根设置，对 PDB 中没有显式设置的初始化参数时，PDB 将继承根的参数值。当通过直接连接插接式数据库修改初始化参数时，这些修改只对当前连接的 PDB 有效，不会影响根容器和其他插接式数据库。ALTER SYSTEM SET 修改当前 PDB 的初始化参数。

通过查询 V$SYSTEM_PARAMETER 视图的 ISPDB_MODIFIABLE 列的值，可了解那些 PDB 的初始化参数可以修改。ISPDB_MODIFIABLE 列的值为 TRUE 表示可以修改。

```
SQL> SELECT name FROM V$SYSTEM_PARAMETER
  2  WHERE ISPDB_MODIFIABLE='TRUE' ORDER BY name;
e:\>SQLPLUS sys/password @salepdb AS SYSDBA
SQL> ALTER SYSTEM SET OPEN_CURSORS=40;
```

上面语句只对插接式数据库 salepdb 的初始化参数 OPEN_CURSORS 有效，即设置可同时打开的游标数为 40。在重新启动 salepdb 之前，这个修改一直生效。

14.4　查看 CDB 和 PDB 信息

新建的 PDB 是处于装载模式，其状态为 NEW。通过查询 V$PDBS 视图的 OPEN_MODE 列得到 PDB 的打开模式，通过查询 CDB_PDBS 或 DBA_PDBS 视图的 STATUS 列了解 PDB 的状态。新建的 PDB 有一个与 PDB 同样名称的服务名。可以用 OracleNET 来为客户配置访问服务名的网络服务。

在 CDB 中，关于 CDB 整体的数据字典表和视图定义的元数据只存储在根中。但每个 PDB 中存储有关 PDB 中数据库对象的视图和数据字典表的元数据。

14.4.1　查看 CDB 信息

当前容器是根时，公用用户通过查询容器数据对象可查询根和 PDB 的数据字典视图信息。容器数据对象是一个表或视图，它们包括有一个或多个容器信息或 CDB 容器的信息。容器数据对象包括 V$、GV$ 和 CDB_ 视图。

1. CDB_*视图应用

Oracle 12c 的数据库除了有一组 DBA_*视图，每个 DBA_*还有一个与之对应的 CDB_* 视图。与 DBA_*视图不同的是，在 CDB_*视图中只是增加了 CON_ID 列。对于非 CDB 数据库，对应的 CDB_ 视图的 CON_ID 列的值为 0。对于 CDB 数据库，CON_ID 列对应着容器的编号。CON_ID 的值为 0 表示数据是整个 CDB 的数据，CON_ID 值为 1 表示这行是根的数据，CON_ID 值为 2 表示这是行是种子的数据，CON_ID 的值为 3~254 时表示是每个 PDB 的数据。每个 PDB 都有自己唯一的容器 ID。

在 CDB 的根中，用 CDB_*视图可获得关于根或 PDB 的表、表空间、用户、权限和参数等信息。在 PDB 中，CDB_ 视图只显示在对应的 DBA_ 视图中显示的对象。

当用户连接到根容器时，从 CDB_ 视图中显示的内容取决于 CONTAINER_DATA 参数的值。利用 ALTER USER 可修改 CONTAINER_DATA 的值。如果当前容器是根，可以设置 CONTAINER_DATA=ALL 或 CONTAINER_DATA=CURRENT。如果当前容器是 PDB，只能设置 CONTAINER_DATA=CURRENT。

CDB_*视图的所有者是 SYS 用户，因此必须以具有 SYSDBA 权限的用户连接到根容器才可查看对应的视图。

2. 确定数据库是否为 CDB

查询视图 V$DATABASE 的列可确定数据库是 CDB 或非 CDB。该视图的 CDB 列返回 YES，表示数据库是 CDB；返回 NO 表示数据库是非 CDB。

```
SQL> SELECT CDB FROM V$DATABASE;
```
输出结果：
```
CDB
---
YES
```

3. 查询 CDB 中的容器信息

通过 V$CONTAINER 视图可查询 CDB 中所有容器的信息，包括根和所有 PDB。执行这个查询只能是公用用户，并且该用户的当前容器是根。如果当前容器 PDB，这个视图只显示当前 PDB 的信息。

V$CONTAINER 视图的主要内容有：

CON_ID	容器的编号
CON_UID	PDB 容器的的唯一标识符
NAME	容器的名称
OPEN_MODE	容器的打开方式，有装载 (MOUNTED)、读写 (READ WRITE)、只读 (READ ONLY) 和升级 (MIGRATE)
RESTRICTED	用户是否用 RESTRICTED SESSION 权限连到到 PDB

TOTAL_SIZE PDB 打开时数据文件和临时文件占用的总磁盘空间。PDB 关闭时为 0

【例 14.26】显示出 CDB 中所有容器的名称和容器编号。

```
SQL>SELECT name, con_id FROM V$CONTAINERS ORDER BY CON_ID;
```

查询结果：

NAME	CON_ID
CDB$ROOT	1
PDB$SEED	2
HRPDB	3
SALESPDB	4

14.4.2 查看 PDB 信息

由于每个 PDB 有不同的数据和模式对象，所以每个 PDB 数据字典视图中显示不同信息，即使是同一个数据字典视图。通过元数据链接的内部机制可以使 PDB 访问根中的这些元数据。或用对象链接使 PDB 可以访问根中的元数据和视图中的数据。

1. 查询 PDB 的信息

如果用户是公用用户，且它的当前容器是根，查询 CDB_PDBS 视图和 DBA_PDBS 视图将提供一个 CDB 中的所有 PDB 信息，包括每个 PDB 的状态。如果当前容器是 PDB，所有查询不返回任何结果。

【例 14.27】查询 PDB 的状态信息。

```
SQL>SELECT PDB_ID, PDB_NAME, STATUS FROM DBA_PDBS ORDER BY PDB_ID;
```

输出结果：

PDB_ID	PDB_NAME	STATUS
2	PDB$SEED	NORMAL
3	HRPDB	NORMAL
4	SALESPDB	NORMAL

2. 显示每个 PDB 的打开模式

V$PDBS 视图显示当前数据库实例的 PDB 信息。查询 V$PDBS 将显示每个 PDB 的打开模式。如果 PDB 是打开的，将显示 PDB 最后一次打开的时间。当前容器是根或 PDB 时，公用用户可查询该视图。如果当前容器是 PDB，该视图只显示当前 PDB 的信息。

【例 14.28】查询每个 PDB 的打开模式。

```
SQL>SELECT NAME, OPEN_MODE, RESTRICTED, OPEN_TIME FROM V$PDBS;
```

输出结果：

NAME	OPEN_MODE	RESTRICTED	OPEN_TIME
PDB$SEED	READ ONLY	NO	21-MAY-12 12.19.54.465 PM
HRPDB	READ WRITE	NO	21-MAY-12 12.34.05.078 PM
SALESPDB	MOUNTED	NO	22-MAY-12 10.37.20.534 AM

3. 查询容器数据对象

在根中，容器数据对象可显示包含在根和 PDB 中关于数据库对象（表和用户等）。公用用户的 CONTAINER_DATA 列决定了是否可访问 PDB 信息。每个容器数据对象有 CON_ID 列表示 PDB 的容器 ID。查询 DBA_PDBS 视图可得到 PDB 的名称。

【例 14.29】显示多个 PDB 中指定模式的表。

通过查询 DBA_PDBS 视图和根的 CDB_TABLES 视图显示 PDB 中 hr 用户和 oe 用户的表。本例只返回 PDB_ID 号大于 2 的容器。

```
COLUMN PDB_NAME FORMAT A15
COLUMN OWNER FORMAT A15
COLUMN TABLE_NAME FORMAT A30
SELECT p.PDB_ID, p.PDB_NAME, t.OWNER, t.TABLE_NAME
FROM DBA_PDBS p, CDB_TABLES t
WHERE p.PDB_ID > 2 AND t.OWNER IN('HR','OE') AND  p.PDB_ID = t.CON_ID
ORDER BY p.PDB_ID;
```

输出结果:

PDB_ID	PDB_NAME	OWNER	TABLE_NAME
3	HRPDB	HR	COUNTRIES
3	HRPDB	HR	JOB_HISTORY
3	HRPDB	HR	EMPLOYEES
3	HRPDB	HR	JOBS
3	HRPDB	HR	DEPARTMENTS
3	HRPDB	HR	LOCATIONS
3	HRPDB	HR	REGIONS
4	SALESPDB	OE	PRODUCT_INFORMATION
4	SALESPDB	OE	INVENTORIES

...

【例 14.30】显示多个 PDB 中的用户。

查询根中的 DBA_PDBS 视图和 CDB_USERS 视图将显示每个 PDB 中的用户。例子中使用条件 PDB_ID>2 可避免显示根和种子容器中的用户。

```
SQL> COLUMN PDB_NAME FORMAT A15
SQL> COLUMN USERNAME FORMAT A30
SQL> SELECT p.PDB_ID, p.PDB_NAME, u.USERNAME
  2   FROM DBA_PDBS p, CDB_USERS u
  3   WHERE p.PDB_ID > 2 AND p.PDB_ID = u.CON_ID
  4   ORDER BY p.PDB_ID;
```

查询结果:

PDB_ID	PDB_NAME	USERNAME
3	HRPDB	HR
3	HRPDB	OLAPSYS
3	HRPDB	MDSYS
3	HRPDB	ORDSYS
...		
4	SALESPDB	OE
4	SALESPDB	CTXSYS
4	SALESPDB	MDSYS

...

【例 14.31】显示 CDB 中每个 PDB 的所有数据文件。

查询 DBA_PDBS 和 CDB_DATA_FILES 视图显示 CDB 中所有 PDB(包含种子容器)的

每个数据文件的位置和名称。

```
SQL> SELECT p.PDB_ID, p.PDB_NAME, d.FILE_ID,
  2  d.TABLESPACE_NAME, d.FILE_NAME
  3  FROM DBA_PDBS p, CDB_DATA_FILES d
  4  WHERE p.PDB_ID = d.CON_ID ORDER BY p.PDB_ID;
```

输出结果：

PDB_ID	PDB_NAME	FILE_ID	TABLESPACE	FILE_NAME
2	PDB$SEED	6	SYSAUX	e:\oracle\dbs\pdbseed\cdb1_ax.f
2	PDB$SEED	5	SYSTEM	e:\oracle\dbs\pdbseed\cdb1_db.f
3	HRPDB	9	SYSAUX	e:\oracle\dbs\pdbseed\hrpdb_ax.f
3	HRPDB	8	SYSTEM	e:\oracle\dbs\pdbseed\hrpdb_db.f
3	HRPDB	13	USER	e:\oracle\dbs\pdbseed\hrpdb_usr.dbf
4	SALESPDB	15	SYSTEM	e:\oracle\dbs\pdbseed\salespdb_db.f
4	SALESPDB	16	SYSAUX	e:\oracle\dbs\pdbseed\salespdb_ax.f
4	SALESPDB	18	USER	e:\oracle\dbs\pdbseed\salespdb_usr.dbf

【例 14.32】显示 PDB 的服务名。

通过查询 CDB_SERVICES 视图将显示 PDB 的名称、网络名、每个服务的容器编号。

```
SQL> SELECT PDB, NETWORK_NAME, CON_ID FROM CDB_SERVICES
  2  WHERE PDB IS NOT NULL AND CON_ID > 2 ORDER BY PDB;
```

输出结果：

PDB	NETWORK_NAME	CON_ID
HRPDB	hrpdb.example.com	3
SALESPDB	salespdb.example.com	4

4. 查询 PDB 历史

CDB_PDB_HISTROY 视图显示 CDB 中每个 PDB 创建时间和如何创建的信息及 PDB 历史信息。

```
SQL> SELECT DB_NAME,CON_ID,PDB_NAME,OPERATION,OP_TIMESTAMP,
  2  CLONED_FROM_PDB_NAME
  3  FROM CDB_PDB_HISTORY  WHERE CON_ID > 2 ORDER BY CON_ID;
```

输出结果：

DB_NAME	CON_ID	PDB_NAME	OPERATION	OP_TIMESTA	CLONED_FROM_PDB
NEWCDB	3	HRPDB	CREATE	10-APR-12	PDB$SEED
NEWCDB	4	SALESPDB	CREATE	17-APR-12	PDB$SEED
NEWCDB	5	TESTPDB	CLONE	30-APR-12	SALESPDB

其中：DB_NAME 列为包括 PDB 的 CDB 名称，CON_ID 列显示 PDB 容器编号，PDB_NAME 列是 PDB 的名称，OPERATION 列显示 PDB 历史完成的操作，OP_TIMESTAMP 列操作的日期。如果 PDB 是克隆的，CLONED_FROM_PDB 列将显示被克隆的 PDB 名称。

如果当前容器是一个 PDB，那么 CDB_PDB_HISTORY 视图只显示当前 PDB 的历史。当前容器 PDB 的本地用户可查询 DBA_PDB_HISTORY 视图，此时没有 CON_ID 列。

小 结

Oracle 12c 推出了一个叫多租户（Multitenant）的新特性，这是甲骨文公司向云计算或者云数据库迈出的一大步。多租户技术是指一个单独的实例可以为多个组织服务，可以在共用的数据中心的单一系统架构中为多客户端提供相同甚至可定制化的服务，并且保障客户数据的隔离。

Oracle 多租户技术提出了 CDB 和 PDB 两个重要概念。多租户容器数据库 CDB 是指能够容纳一个或多个插接式数据库 PDB 的数据库。插接式数据库（Pluggable Databases，PDB）是由一组可插拔的模式、模式对象和非模式对象组成，包含数据和应用的代码。管理 CDB 与管理非 CDB 使用的工具类似，只是在 CDB 中会增加 PDB 的管理。管理 PDB 及其 PDB 中的对象与管理非 CDB 中的对象类似。关于 CDB 和 PDB 的信息都存储在数据字典或动态性能视图中，通过 SQL 的查询内容可了解相关信息。

习 题

1. 解释下列名词：多租户技术、CDB、PDB、容器。

2. 解释 Oracle 12c 多租户的结构。

3. 用 DBCA 创建一个具有两个 PDB 的 CDB，PDB 的名称为 TEST1 和 TEST2，文件位置等参数自主设定。查看新建 CDB 中的容器名称、数量及每个容器对应的数据文件。

4. 在 3 题中的 TEST1 建立用户 PDBUSER，并给其分配 CREATE SESSION、CREATE TABLE 系统权限，然后在 TEST1 数据库创建两个表，表的属性和表的行数由自己定义。

5. 从 Oracle 公司网站中找到关于数据字典和动态性能视图的帮助文档，从文档找到 CDB 和 PDB 有哪些数据字典或动态性能视图？在 SQL Developer 环境中查询到每个字典或动态性能视图的所有字段（列），并给出每个列的含义。

参考文献

[1] Oracle Corporation. Oracle 12c Database Administrator's Guide, 2014.

[2] Oracle Corporation. Oracle 12c Database Concept, 2013.

[3] Oracle Corporation. Oracle 12c Database Reference, 2013.

[4] Oracle Corporation. Oracle 12c Database Utilities, 2013.

[5] Oracle Corporation. SQL* Plus User's Guide and Reference, 2014.

[6] Oracle Corporation. Oracle 12c SQL Reference, 2014.

[7] Oracle Corporation. Oracle 12c PL/SQL User's Guide and Reference, 2013.

[8] Oracle Corporation. Oracle 12c Net Service Administrator's Guide, 2014.

[9] Oracle Corporation. Oracle 12c Net Services Reference Guide, 2014.

[10] Oracle Corporation. Oracle 12c Backup and Recovery User's Guide. September, 2013.

[11] Oracle Corporation. Oracle 12c Backup and Recovery Reference. September, 2013.

[12] Kuhn D. Pro Oracle Database 12c Administration[M]. 2nd, 2013.

[13] 王珊，萨师煊. 数据库系统概论[M]. 4 版. 北京：高等教育出版社，2014.

[14] BORRA R. CLOOD COMPUTING Principles and Paradigms[M]. John Wiley & Sons, 2011.